全国水利行业"十三五"规划教材

"十四五"时期水利类专业重点建设教材

江苏省高等学校重点教材（编号：2021-1-080）

水资源规划及利用（第4版）

（原水利水能规划）

主　编　河海大学　方国华

中国水利水电出版社
www.waterpub.com.cn

·北京·

内 容 提 要

　　本书全面系统地介绍了水资源规划及利用的基本理论和分析计算方法，内容包括：水资源综合利用概述，水库兴利调节计算，水库洪水调节计算，水能计算及水电站在电力系统中的运行方式，水电站及水库的主要参数选择，水库群的水利水能计算，水库调度，水资源评价与水资源供需平衡分析，水资源管理与保护等。

　　本书为高等学校水利水电工程专业本科生教材，可供工程管理、水文水资源、农田水利工程等专业教学参考，也可供水利水电工程专业技术人员参考。

图书在版编目（CIP）数据

水资源规划及利用 : 原水利水能规划 / 方国华主编
. -- 4版. -- 北京 : 中国水利水电出版社，2023.11
　全国水利行业"十三五"规划教材　"十四五"时期
水利类专业重点建设教材　江苏省高等学校重点教材
　ISBN 978-7-5226-1977-4

　Ⅰ. ①水… Ⅱ. ①方… Ⅲ. ①水资源管理-高等学校
-教材②水资源-资源利用-高等学校-教材 Ⅳ.
①TV213

　　中国国家版本馆CIP数据核字（2023）第224388号

书　　名	全国水利行业"十三五"规划教材 "十四五"时期水利类专业重点建设教材 江苏省高等学校重点教材 **水资源规划及利用**（第 4 版）（原水利水能规划） SHUIZIYUAN GUIHUA JI LIYONG
作　　者	主编　河海大学　方国华
出版发行	中国水利水电出版社 （北京市海淀区玉渊潭南路 1 号 D 座　100038） 网址：www.waterpub.com.cn E-mail：sales@mwr.gov.cn 电话：(010) 68545888（营销中心）
经　　售	北京科水图书销售有限公司 电话：(010) 68545874、63202643 全国各地新华书店和相关出版物销售网点
排　　版	中国水利水电出版社微机排版中心
印　　刷	天津嘉恒印务有限公司
规　　格	184mm×260mm　16 开本　18.25 印张　444 千字
版　　次	1986 年 11 月第 1 版　1997 年 5 月第 2 版　2015 年 3 月第 3 版 2023 年 11 月第 4 版　2023 年 11 月第 1 次印刷
印　　数	0001—3000 册
定　　价	**55.00 元**

第 4 版前言

　　水是生命之源、生产之要、生态之基，确保水资源的可持续利用是实现经济社会可持续发展的重要前提条件。站在促进经济社会可持续发展，保障国家粮食安全、经济安全和生态安全的战略高度，强调水利的战略地位，切实做好水资源规划及利用工作，是十分必要和迫切的。

　　本教材长期以来一直作为水利水电工程等专业的水利水能规划课程或水资源规划及利用课程教材，受到使用单位的一致好评。教材第 1 版于 1986 年 11 月出版，书名为《水利水能规划》（河海大学周之豪主编，清华大学施熙灿、天津大学李惕先、河海大学沈曾源参编），印刷 3 次，印数 24000 册。教材在 1992 年优秀教材评选活动中同时获水利部和电力工业部的奖励。教材第 2 版于 1997 年 5 月出版（周之豪、沈曾源、施熙灿、李惕先合编），印刷 19 次，印数 99000 册。为了很好地满足"水资源规划及利用"课程的教学需要，经周之豪教授推荐和授权，本教材编者在周之豪教授等合编的 1997 年出版的《水利水能规划》（第 2 版）教材知识体系基础上，根据新的教学要求，进行适当的调整和拓展，更新和补充有关资料，并吸收编者多年来的教学科研积累，编写完成了教材《水资源规划及利用》（第 3 版）（原水利水能规划），于 2015 年出版；第 3 版教材于 2015 年 3 月第 1 次印刷，2018 年 4 月第 2 次印刷，2019 年 6 月第 3 次印刷，2020 年 11 月第 4 次印刷，2022 年 12 月第 5 次印刷，共计印刷发行 15000 册。2014 年入选全国水利行业规划教材，2023 年入选"十四五"时期水利类专业重点建设教材，2021 年入选江苏省高等学校重点教材（修编）。第 4 版是在第 3 版基础上，结合最新的水利发展形势和人才培养要求，吸收现行的有关规范规程，进一步更新和补充有关资料编写完成的。与第 3 版教材相比，第一章增加了新中国成立以来我国水电发展历程内容，第八章水库调度中增加了水风光互补调度内容，第十章水资源管理与保护中增加了智慧水利和河湖长制内容。另外，也补充了一些章节名称和术语的英文对照。

本教材共分为十章，主要内容包括水资源综合利用概述、水库兴利调节计算、水库洪水调节计算、水能计算及水电站在电力系统中的运行方式、水电站及水库的主要参数选择、水库群的水利水能计算、水库调度、水资源评价与水资源供需平衡分析、水资源管理与保护等。

本教材的编写，紧密结合我国水资源规划及利用的实际情况和学科发展趋势，力争全面反映水资源规划及利用的基本理论、基本知识和有关的分析计算方法，注重内容的系统性、完整性、科学性和实用性，并附有较多算例，每章均附有思考题与习题，以期更好地满足教学需要，便于读者学习和掌握。

本书第一章至第七章由方国华编写，第八章由方国华、黄显峰共同编写，第九章、第十章由黄显峰编写。全书由方国华统稿。本书的编写，得到了周之豪教授的大力支持和指导。书稿完成之后，周教授进行了认真审阅，提出了许多宝贵意见，这对提高教材质量很有帮助。在此，向周之豪教授表示衷心的感谢！此外，本教材的编写，还参考和引用了一些相关专业书籍的论述，参阅了大量的国内外文献，谨向这些书籍和文献的作者一并表示感谢。最后，向热情关心、支持我们编写出版工作的其他所有领导、同行专家和编辑同志表示衷心的感谢！

对于教材中的疏漏和不足之处，敬请读者批评指正。

编者

2023 年 5 月

第 1 版前言

水利水电工程建筑专业（简称水工专业）教学计划中的工程水文和水利水能规划两门课，1981 年前曾合称为水文及水利水电规划课程，与其相应的第一轮统编教材是《水文及水利水电规划》，此教材分上、下两册：上册为《工程水文》、下册为《水利水电规划》，于 1981 年 2 月出版。

1982 年 12 月水电部在南京召开高等学校水利水电类专业教材编审委员会正副主任扩大会议。会议审定各专业的教学计划时，一致同意将《工程水文》及《水利水能规划》分开设课，并将后者改称为《水利水能规划》。同时，会上讨论"1983—1987 年教材编审出版规划"（即第二轮教材出版规划）时，同意将第一轮教材《水文及水利水电规划》下册修订再版，作为水工专业"水利水能规划"课程的统编教材。

由于本教材的编写学时（42 学时）仅为第一轮教材的 3/4，计划稿面字数（16.8 万）仅为第一轮的 2/3，因此，修订教材时不得不对教材内容作较多的删节，这样才有可能对课程内容作必要的充实与更新。我们通过调查研究，广泛征求意见后，才提出教材编写大纲。1983 年 10 月在天津大学召开的"水电站教材编审小组"扩大会议上，对编写大纲进行了充分的讨论，强调在教材中应结合专业要求，着重介绍水利水能规划方面的基本理论、基本知识和基本计算方法，较深的内容只能在专业选修课中再作介绍。

本教材由河海大学周之豪负责主编。清华大学施熙灿、天津大学李惕先、河海大学沈曾源参加编写。各章修订人为：绪论、第七章和第八章由周之豪编写；第一章和第三章由沈曾源编写；第二章由李惕先编写；第四章、第五章和第六章由施熙灿编写。

本教材由中国水力发电工程学会理事长、清华大学水利系施嘉炀教授主审。施嘉炀教授对教材提出了许多宝贵意见，这对提高教材质量很有帮助，编者表示衷心感谢。此外，还要感谢向编者提供资料、提出意见和建议以及关心本教材编写、出版的所有同志。

对于教材中的不足之处，希望读者批评指正，提出改进意见，并函寄南京市河海大学水力发电工程系。

编者

1985 年 11 月

第 2 版前言

本书是水利水电工程建筑专业（简称水工专业，亦称水建专业）必修课"水利水能规划"（有些学校称为"水利水电规划"）的教材。该课程在 1981 年前曾和工程水文合在一起称"水文及水利水电规划"，其相应教材是《水文及水利水电规划》，分为上、下两册，上册为《工程水文》，下册为《水利水电规划》。水利水能规划课程单独设置后，在第二轮教材出版规划（1983—1987 年）中的相应教材就是《水利水能规划》，1986 年出版。

《水利水能规划》从 1986 年出版发行以来，得到使用单位的一致好评，因此在 1992 年优秀教材评选活动中同时得到水利部和电力工业部的奖励。正因为如此，我们在编写第三轮教材时，仍以第二轮教材为基础进行修订，修订教材时，吸取了《中华人民共和国水法》和新出版或修订再版的有关规程规范中的新规定，并且尽可能地更新或补充了有关资料，当然，也改正了原教材中存在的不当之处。

本教程由河海大学周之豪、沈曾源，清华大学施熙灿，天津大学李惕先等四位教授合编，周之豪负责统稿。各章编写人为：周之豪编写绪论、第七章和第八章；沈曾源编写第一章和第三章；第二章由李惕先编写；施熙灿编写第四、五、六章。

需要说明：第三轮教材出版规划中本教材的主审人仍为中国水力发电工程学会名誉理事长、清华大学教授施嘉炀先生。施老对本教材体系的完善、重点的把握、内容的取舍都提出了很多有益的意见，对我们编写的工作有很大的帮助，我们一直铭记在心，并表示由衷的感谢。这次实在由于他年事已高，不能再为我们审阅教材，经他推荐并由水利部科教司最后确定，本教材由清华大学林翔岳教授主审。林教授对教材送审稿认真审阅，提出了许多好意见，编者们表示衷心感谢。此外，我们仍要感谢关心和支持本教材编写、出版的所有领导、同行专家和编辑同志。

对于教材中的不足之处，希望读者批评，并提出改进意见。

编者

1996 年 6 月

第 3 版前言

　　水是生命之源、生产之要、生态之基，确保水资源的可持续利用是实现经济社会可持续发展的重要前提条件。随着经济社会的发展、人口的增长以及自然条件的变化，我国在水资源领域还面临着严峻的挑战。站在促进经济社会可持续发展，保障国家粮食安全、经济安全和生态安全的战略高度，强调水利的战略地位，切实做好水资源规划及利用工作，是十分必要和迫切的。

　　为了适应新时期水利水电工程建设及我国经济社会发展形势对水利水电工程专业人才培养的需要，新的水利水电工程专业规范已将"水利水能规划"课程调整为"水资源规划及利用"，并列为该专业的核心课程，在教学内容上也做了相应调整。周之豪、沈曾源、施熙灿、李惕先合编的《水利水能规划》（第一版，1986 年；第二版，1997 年）长期以来一直作为水利水电工程等专业的水利水能规划课程教材，受到使用单位的一致好评，并在 1992 年优秀教材评选活动中同时获得水利部和电力工业部的奖励。为了很好地满足"水资源规划及利用"课程的教学需要，经周之豪教授推荐和授权，本书编者在他们合编的 1997 年出版的《水利水能规划》（第二版）教材基础上，进行适当的调整和拓展，编写了本教材《水资源规划及利用》（第三版）（原水利水能规划）。

　　本教材共分为十章，主要内容包括水资源综合利用概述、水库兴利调节计算、水库洪水调节计算、水能计算及水电站在电力系统中的运行方式、水电站及水库的主要参数选择、水库群的水利水能计算、水库调度、水资源评价与水资源供需平衡分析、水资源管理与保护等。

　　本教材的编写，紧密结合我国水资源规划及利用的实际情况和学科发展趋势，力争全面反映水资源规划及利用的基本理论、基本知识和有关的分析计算方法，注重内容的系统性、完整性、科学性和实用性，并补充了较多算例，每章均附有思考题与习题，以期更好地满足教学需要，便于读者学习和掌握。

　　本书第一章至第七章由方国华编写，第八章由方国华、黄显峰共同编写，第九章、第十章由黄显峰编写。全书由方国华统稿。教材编写完成之际，编者特别感谢周之豪、沈曾源、施熙灿、李惕先四位教授。本教材是在他们合编的 1997 年出版的《水利水能规划》（第二版）教材知识体系基础上，根据新的教学要求，吸收现行有关规范规程，更新和补充有关资料，并吸收编者多年来的教学科研积累编写完成的。本教材的编写，得到了周之豪教授的大力支持和指导。书稿完成之后，周教授进行了认真审阅，提出了许多宝贵意见，这对提高教材质量很有帮助。在此，向周之豪教授表示衷心的感谢！此外，本教材的编写，还参考和引用了一些相关专业书籍的论述，参阅了大量的国内外文献，谨向这些书籍和文献的作者一并表示感谢。最后，向热情关心、支持我们编写出版工作的其他所有领导、同行专家和编辑同志表示衷心的感谢！

　　对于教材中的疏漏和不足之处，敬请读者批评指正。

编者

2014 年 8 月

目 录

第一章　绪　　论

水，是生命之源，是人类赖以生存和发展的不可缺少的一种宝贵资源，又是自然环境的重要组成部分，确保水资源的可持续利用是实现经济社会可持续发展的重要前提条件。本章简要介绍水资源的概念和特点，我国水资源、水能资源概况，我国水资源开发利用的主要成就和展望，以及本课程的任务和主要内容。

一、水资源的涵义和特点

水是人类生活和生产劳动必不可少的重要物质。从人们认识到水是一种具有多种用途的宝贵资源起，就认真考虑水资源（water resources）的正确涵义。对水资源的正确涵义一直存在着不同的见解，直到 1977 年联合国召开的水会议后，联合国教科文组织（UNESCO）和世界气象组织（WMO）共同提出了如下水资源的涵义："水资源是指可资利用或有可能被利用的水源，这种水源应当有足够的数量和可用的质量，并在某一地点为满足某种用途而得以利用。"这一涵义为联合国经社理事会所采纳。

作为重要资源的水必须具有可以更新补充、可供永续开发利用这样一种不同于其他矿物资源的特点。因此，作为参加水的供需关系分析中的水资源，应当是指不断通过蒸发、降水、径流的形式参与全球水循环平衡活动的，人类可以控制、开发利用的动态水源。

关于水资源的特点，可归纳为以下几点。

（1）流动性。所有的水都是流动的，大气水、地表水、地下水可以相互转化。因此，水资源难以按地区或城乡的界限硬性分割，而只应按流域、自然单元进行开发、利用和管理。

（2）多用途性。水资源是具有多种用途的自然资源，水量、水能、水体均各有用途。人们对水的利用十分广泛，主要的用水部门有：①农业（包括林、牧、副业）生产；②工业生产；③城镇居民生活；④水力发电；⑤船筏水运；⑥水产养殖；⑦水利环境保护等。

（3）公共性。许多部门都需要利用水，这就使水资源具有了公共性，它应为社会所有，共同合理使用。《中华人民共和国水法》明确规定，水资源属于国家所有，任何单位和个人引水、截（蓄）水、排水，不得损害公共利益和他人合法权益。

（4）永续性。处在自然界水循环中的水具有可以更新补充、可供永续开发利用的特点，所以计算水资源量、水能资源量时（尤其是和别的不能永续使用的资源进行比较时），不能只看到一年内的数量。

（5）利与害的两重性。水作为重要资源给人类带来各种利益，但当水量集中得过快、过多时，又会形成洪涝灾害，给人类带来严重灾难。人类在开发利用水资源的过程中，一定要用其利、避其害。"除水害、兴水利"是我们水利工作者的光荣使命。

水资源大体上包括江河、湖泊、井泉以及高山积雪、冰川等可供长期利用的水源；河川水流、沿海潮汐等所蕴藏的天然水能；江河、湖泊、海港等可供发展水运事业的天然航道以及可用来发展水产养殖事业的天然水域等等。其中天然水能又专门称为水能资源，它是一种重要的可再生的清洁能源。上面提到的用水部门中，水力发电是一个特殊的用水部门，它利用天然水能生产电能，是发展国民经济的重要能源之一。发过电之后下泄的水量，仍可以供给其他用水部门利用。

二、我国的水资源和水能资源概况

我国水资源蕴藏量，从总量来看是比较丰富的。流域面积在 $100km^2$ 以上的河流有5000多条，河流总长度约有42万多km，还有众多的天然湖泊。根据20世纪80年代完成的全国水资源调查评价的结果，我国多年平均水资源总量为28124亿 m^3（其中河川径流量27115亿 m^3），仅次于巴西、俄罗斯、加拿大、美国和印度尼西亚，居世界第6位。全国水资源量及分布情况见表1-1。

表1-1　　　　　　　　全国水资源量及分布情况表

分区名称	计算面积/km²	降水资源/亿 m³	地表水资源/亿 m³	地下水资源/亿 m³	水资源总量/亿 m³
东北诸河	1248500	6377	1653	625	1928
海河、滦河流域	318200	1781	288	265	421
淮河和山东半岛	329200	2830	741	393	961
黄河流域	794700	3691	661	406	744
长江流域	1808500	19360	9513	2464	9613
华南诸河	580600	8967	4685	1116	4708
东南诸河	239800	4216	2557	613	2592
西南诸河	851400	9346	5853	1544	5853
内陆诸河[①]	3374400	5321	1164	862	1304
全国	9545300	61889	27115	8288	28124

① 内陆诸河区包括额尔齐斯河。

我国可通航的内河水道总里程达16万km，还有约2万km长的海岸线，有许多优良的不冻海湾可供建设海港。

我国河湖可供淡水水产养殖的水面面积约有7万 km^2，沿海还有大面积的海岸水产养殖场可供利用。

我国水能资源极其丰富，居世界首位已是公认的事实。根据水力资源最新复查统计结果，我国水力资源技术可开发量为6.87亿kW。我国的海洋水能资源也很丰富，仅潮汐资源一项，初步估算有1.1亿kW。应该说明，水能资源蕴藏量中可能开发利用的仅是其中的一部分。根据普查资料，单站装机1万kW以上的可能开发水电站共1946座。总装机容量达3.6亿kW。

我国水能资源的分布，按地区划分，集中在西部地区，其中以西南地区为最多，占全国的70%；其次为中南及西北地区，分别约占10%及13%。按流域划分，长江流域最多，约占全国的40%。特别值得一提的是长江上的三峡水利枢纽，除有巨大的防洪效益和航运效益外，水电站装机容量达2250万kW（设计蓄水位为175m）。

应该指出，我国水资源总量虽较丰富，但人均占有量仅为 2098.5m³，从人均占有量来看，是不容乐观的，仅居世界第 121 位。按耕地亩均占有量计算，约相当于世界平均数的 2/3。特别是由于季风气候的影响，我国水资源具有地区、时程分配上不均匀和变率大的特点。水资源比较集中于长江、珠江及西南国际水系。它的地区分布与人口、耕地的分布不相适应。从全国范围来说，南方水多，水资源总量占全国的 80.9%，人口占全国的 54.7%，耕地只占全国的 35.9%；北方水资源总量只占全国的 19.1%，人口占全国的 45.3%，耕地却占全国的 64.1%。这种分布不相适应的情况是水资源开发利用中的一个突出问题。

水资源在时程分配上的不均，常会在不同地区形成洪、涝、旱灾，给国民经济和人民生命财产带来严重损失。因此，在开发利用水资源的同时，还必须十分重视防洪、治涝与抗旱问题。

要兴水利、除水害，就要兴建一系列的水利工程。为某一单独水利部门服务的水利工程，称为单用途水利工程，如防洪工程、水电工程等。同时为好几个水利部门服务的工程，称为综合利用水利工程。

三、我国水资源开发利用的主要成就和展望

"水利"（water conservancy）是人类在充分掌握水的客观变化规律的前提下，采用各种工程措施和非工程措施，以及经济、行政、法制等手段，对自然界水循环过程中的水进行调节控制、开发利用和保护管理的各项工作的总称。其目的是避免或尽可能减轻水旱灾害，供给人类生活和生产活动必需的水（符合水质标准）和动力（直接利用或转换成电力后利用），以及提供其他服务。因此，水利建设包括的范围是很广的，应该也包括水电建设。鉴于水电建设有其特别的重要意义，故常并列称为水利水电建设。有的工具书中将"利用工程所在地的水土资源开展的养殖业、种植业、旅游业等的开发建设"也包括在水利建设中。这样水利建设的涵义就更广泛了。

我国历史悠久，通过长期的生产斗争，逐步积累了大量兴水利、除水害的宝贵经验，陆续兴建了不少举世闻名的水利工程。例如：四川岷江上的都江堰（建于公元前 256—前 251 年）、纵贯南北的大运河（始建于公元前 486 年，亦称京杭运河）和沟通湘江与漓江的灵渠（公元前 219 年，亦称兴安运河）等。在水能的利用方面，早在 2000—3000 年前，在我国已经出现了用来磨粉和提水灌溉的水磨、筒车等古老的水力机械。但几千年的封建制度极大地阻滞了我国水利科技事业的发展，而且水资源和水利工程常被统治阶级以及侵略者所霸占，用来作为剥削、压迫甚至屠杀人民的工具。日本帝国主义侵占我国东北时期强迫我国人民在松花江上修建的丰满水电站，修建期间被折磨迫害而惨死在工地的我国工人达数万人，侵略者用水电站发出的电力制造军火，进一步镇压、侵略我国人民；再如，1938 年 6 月国民党军队为了自己逃命，非但不抵抗日本侵略军，竟炸开黄河花园口大堤，以致淹没了 3000 万亩❶土地，淹死 80 多万无辜群众，受灾人口达 1250 余万人，这一罪行是极为骇人听闻的。

新中国成立前，全国仅有大型水库 6 座、中型水库 17 座，实在是少得可怜。新中国成立以后，党和政府十分重视水利水电建设，有计划地积极防治水旱灾害、开发利用水资

---

❶ 1 亩 ≈ 666.67m²。

源。先后有计划地开始综合治理黄河、淮河、海河等灾害较多的水系，同时又对水资源较丰富的长江、珠江等流域分期进行综合开发，取得了显著成就。

至 2021 年年底，全国已累计建成各类水库 98862 座，水库总库容达 9050 亿 m³，其中：大型水库 763 座，总库容 7205 亿 m³，约占全部总库容的 79.6%；中型水库 3954 座，总库容 1132 亿 m³，约占全部总库容的 12.5%。全国大中型水库大坝安全达标率为 100%；全国水电装机 3.55 亿 kW，居世界第一，2021 年年发电量达 13401 亿 kW·h；全国已建流量为 5m³/s 及以上的水闸 10.53 万座，其中大型水闸 1897 座；在已建水闸中，分洪闸 2797 座，排涝闸 14676 座，挡潮闸 4694 座，引水闸 8182 座，节制闸 12951 座；全国已建成五级以上江河堤防 31.2 万 km，累计达标堤防 17.75 万 km，堤防达标率为 64.0%，其中一、二级达标堤防长度为 2.79 万 km，达标率为 73.6%。全国已建成江河堤防保护人口 5.7 亿人，保护耕地 4259.7 万 hm²；修建固定排灌站 46.1 万处，排灌机械保有量达 6437 万 kW；全国农田有效灌溉面积达到 6913 万 hm²，占全国耕地面积的 54.1%。全国工程节水灌溉面积达到 3121.7 万 hm²，占全国农田有效灌溉面积的 46.1%。有效灌溉面积万亩以上的灌区达到了 7756 处；全国已开发农村水电的县 1515 个，其中由农村水电供电为主的县 760 个；农村水电已遍布全国 1/2 的地域、1/3 的县市、1/4 的人口，使 3 亿多无电人口用上了电；共建成农村水电站 45799 万座，装机容量 6568.6 万 kW。全国农村水电年发电量达到 2173 亿 kW·h，约占全国水电发电量的 25.1%；农村饮水安全人口已达 6.7 亿人，农村自来水普及率达 54.7%；全国水土流失综合治理面积达到 102.95km²，累计实施生态修复面积超 74.6 万 km²，建成生态清洁型小流域 301 条；黄河、淮河、海滦河、长江、珠江、辽河和松花江等七大江河的防洪标准普遍得到提高。

在水资源开发利用方面，2021 年总供水量 5920.2 亿 m³，其中，地表水源占 83.2%，地下水源占 14.5%，其他水源占 2.3%。全年总用水量 5920.2 亿 m³，其中居民生活用水 909.4 亿 m³，占总用水量的 15.4%；工业用水 1049.6 亿 m³，占总用水量的 17.7%；农业用水 3644.3 亿 m³，占总用水量的 61.6%；生态环境用水 316.9 亿 m³，占总用水量的 5.3%。

总之，经过 70 多年的努力，我国已初步形成防洪、排涝、灌溉、供水、发电等工程体系，以上这些建设成就在抗御水旱灾害、保障经济社会安全、促进工农业生产持续稳定发展、保护水土资源和改善生态环境等方面发挥了重要作用。但是，也应该看到，随着经济社会发展和人口增加，以及自然条件的变化，我国在水资源领域还面临着严峻的挑战，主要表现在洪水灾害依然频繁，水资源供需矛盾仍然非常突出，水污染依然严重、水环境状况仍不乐观，水土流失尚未得到有效控制、生态脆弱四个方面（可概括为"水多""水少""水脏"和"水浑"）。

一是洪水灾害依然频繁，并有加重的趋势。全国约 1/3 的耕地面积位于常受到洪水威胁的大江大河的中、下游地区，因洪涝灾害造成的粮食减产约占同期全国平均粮食产量的 3% 左右。

二是水资源供需矛盾仍然非常突出。一方面，随着经济、社会的发展，用水需求持续增长；另一方面，由于比较容易开发利用的水源大部分已被开发利用，开发新水源的难度将越来越大，开发的成本也越来越高，同时水利工程对移民安置以及对生态环境影响的处理等问题愈加困难，致使供水工程建设受到越来越多的制约，进而导致供需矛盾日益突出。目前，全国663座建制市中有400多座缺水，其中110个城市严重缺水。

三是水污染依然严重，水环境状况仍不乐观。在部分流域和地区，水污染已呈现出从支流向干流延伸、从城市向农村蔓延、从地表向地下渗透、从陆域向海域发展的趋势。经过近年来的积极努力和治理，我国水污染恶化的趋势已得到一定程度的遏制，但还没有从根本上得到扭转。据统计，2012年全国废污水排放总量达785亿m^3，比1980年增加了两倍多。大量的工业和生活污水未经处理直接排放，农业生产中大量使用化肥和农药，造成水体的严重污染，不仅加剧了可用水资源的短缺，而且恶化了水环境，甚至直接威胁人民健康，影响社会的稳定和发展。

四是水土流失尚未得到有效控制，生态脆弱。我国众多的山地、丘陵，因季风型暴雨，极易造成水土流失。因暴雨引发的泥石流、滑坡等突发性地质灾害也很突出。此外，对水土资源不合理的开发利用，加剧了水土流失。严重的水土流失，导致土地退化、沙化和生态恶化，造成河道、湖泊泥沙淤积，加剧了江河下游地区的洪涝灾害。

当前，我国经济社会发展进入一个新的历史时期。习近平总书记提出"节水优先、空间均衡、系统治理、两手发力"治水思路，赋予了新时期治水的新内涵、新要求、新任务，为强化水治理、保障水安全指明了方向，是做好水利工作的科学指南。为了适应新时期我国经济社会发展战略的要求，水利工作必须坚持以科学发展观为统领，以实现人与自然和谐为核心理念，全面规划、统筹兼顾、标本兼治、综合治理，努力解决面临的水资源问题，为全面建设小康社会提供有力的水利支撑和保障。

一是在防洪减灾方面，要按照"给洪水以出路"的思路，在进一步完善江河防洪工程体系的同时，重点加强蓄滞洪区建设等防洪减灾体系中的薄弱环节，充分发挥水利工程的作用，科学合理地运用行蓄洪区和分洪河道，形成河道、湖泊、水利枢纽、蓄滞洪区"四位一体"，拦、分、蓄、滞、排功能协调的综合防洪减灾体系，实现对洪水的科学有效防控，并使洪水资源得到合理利用，实现"人水和谐"的理念。

二是在水资源配置和保障方面，从我国水资源短缺、时空分布不均的特点出发，在继续加强水资源配置工程建设的同时，必须以建设节水型社会为根本，以用水总量和用水效率控制为核心，逐步建立最严格的水资源管理制度。

三是在水污染防治和水资源保护方面，通过制定重要江河的水资源保护规划，合理划分水功能区，确定河流水体的纳污总量，对污染物实施总量控制。依法划定生活饮用水水源地保护区，严格限制保护区内的各项开发活动，严禁一切排污行为，确保城乡居民饮用水安全。积极推进清洁生产、污水处理和污水资源化。恢复和改善水功能，保护水资源。

四是在水土保持和生态修复方面，进一步实施小流域综合治理，加强封育保护，充分依靠生态的自我修复能力，促进大范围的水土保持生态环境建设。要按照"预防为主、保护优先"的方针，进一步加大对各类开发建设项目的水土保持监管力度，控制人为造成的水土流失。对生态脆弱或生态严重破坏的河流，因地制宜、分区实施、分类指导，采取节水、防污、调水等措施予以修复。要有计划地进行湿地补水，保护湿地生态系统，促进人与自然和谐相处。

此外，水电是清洁的可再生能源，优先发展水电是世界各国能源开发中的一条重要经验，不论水能资源较多而矿物燃料资源较少的国家，还是水能资源较少而矿物燃料资源较多的国家，都是优先发展水电。我国水能资源较为丰富，开发条件比较优越，开发潜力很大。在开发水电的同时，要特别注意防治水害和水资源的综合利用，为供水、航运和农、林、牧、渔业的发展服务。水能资源开发利用的发展趋势是：提高单机容量，扩大水电站规模；提高水电站自动化和管理运行水平；大力发展抽水蓄能电站；提高水电容量比重；运用系统工程理论，研究水电站群的规划设计和控制。

为了实现以上几个方面的任务，必须科学制定规划，在进一步加强水利基础设施建设的同时，要特别重视统筹水利、环境与经济、社会的协调发展；建立和完善水法规体系，加强制度建设，规范各项水事活动；重视科技进步和创新，以水利信息化推动水利现代化；重视和鼓励公众参与，调动各方面的积极性，通过全社会的共同努力，真正实现从传统水利向现代水利、可持续发展水利的转变。

四、新中国成立以来我国水电发展历程

新中国成立初期，我国水电装机容量仅 36 万 kW，基础十分薄弱。前期以学习苏联等国家和地区的水电技术为基础，通过艰苦奋斗，水电建设者逐步掌握了 100m 级混凝土坝和土石坝、100 万千瓦级电站建设关键技术，分别建成了我国第一座自行设计、自制设备、自主建设，坝高达到 105m 的大型新安江水电站和我国首座百万千瓦级（122.5 万 kW）刘家峡水电站，初步奠定了我国水电发展的基业。至 1977 年，全国水电装机容量达到 1576 万 kW。

1978 年党的十一届三中全会的召开，标志着我国进入改革开放和社会主义现代化建设新时期，水电行业开始逐步探索投资体制和建设体制改革：实施"拨改贷"政策，逐步解决建设资金瓶颈问题；培育市场定价机制；积极推进实施公司制；提出"流域、梯级、滚动、综合"的水电开发八字方针。以鲁布革、二滩等水电站建设为起点，引进外资、国际先进管理经验和技术，水电建设技术和设备制造能力不断提高。

1988 年，有着"万里长江第一坝"之称的葛洲坝水利枢纽工程全面完工，成为 20 世纪我国自主设计、施工和运行管理的最大水利枢纽工程，也是世界上最大的低水头、大流量径流式水电站。1994 年，在我国湖北省宜昌市境内的长江西陵峡段，世界最大水力发电工程——三峡水利枢纽工程开工建设，百年三峡梦想从宏伟蓝图变成伟大工程实践，以此为契机，小浪底、大朝山、五强溪等一批大型水电站陆续开工建设。

2000 年以来以全国水力资源复查数据为依据，我国全面形成了十三大水电基地的开发蓝图。党中央实施西部大开发战略，正式拉开了西部水电集中开发的新篇章，水电建设也全面步入流域梯级开发的新阶段。2002 年国务院正式批准《电力体制改革方案》，推动水电开发市场主体多元化。自 21 世纪以来，水电建设步伐明显加快，全面推进金沙江、澜沧江、雅砻江、大渡河、黄河上游、红水河、东北诸河、湘西诸河、乌江、闽浙赣诸河和黄河北干流等水电基地建设，以龙滩、向家坝为代表的一批大型水电站建成投产，有力推动了我国东西部区域经济平衡发展。

党的十八大以来，习近平总书记对能源发展高度重视，创造性提出"四个革命、一个合作"能源安全新战略❶，为新时代我国能源发展指明了前进方向。按照新发展理念和高质量发展的根本要求，水电行业步入科学有序开发大型水电、严格控制中小水电、加快建设抽水蓄能电站、加强流域管理的新阶段。开工建设两河口、双江口、乌东德、白鹤滩等大型调节水库电站，有力提升流域的发电、防洪、供水和生态调度能力，有效保障流域经济社会可持续发展和水环境安全。藏东南"西电东送"接续能源基地建设扎实推进，苏洼龙等水电站相继开工建设，拉开"藏电外送"序幕，有力促进了西藏等少数民族地区的经济社会发展。开展抽水蓄能电站体制机制和电价形成机制改革试点工作，形成新一轮建设高潮。"一带一路"水电国际合作持续深化，中国水电已逐步成为引领和推动世界水电发展的重要力量。

五、本课程的任务和主要内容

水资源规划及利用是指在指定的流域或者区域范围内，配合国民经济发展的需要，根据各地段水资源实际情况和特定的兴利除害要求，拟定出开发治理河流的若干方案，包括各项水利工程的整体布置，工程规模、尺寸、功能和效益的分析计算，从经济、社会和生态环境效益三个方面进行权衡，选出最佳的开发利用方案。

"水资源规划及利用"是水利水电工程专业的重要专业课。它的任务是让学生在掌握工程水文、工程经济知识的基础上，学习水资源规划及利用的基本理论和基本知识，初步掌握有关的分析计算方法，以使学生毕业后，经过一段生产实际的锻炼，能从事这方面的技术工作和管理工作。对从事水利水电工程设计、施工和管理的工程技术人员来说，掌握必要的规划知识也是很有必要的。

本课程主要讲授水资源规划及利用的基本理论和分析计算方法，涉及水资源开发、利用、治理、节约、配置、保护等诸多方面，主要内容包括：水资源综合利用概述，水库兴利调节计算，水库洪水调节计算，水能计算及水电站在电力系统中的运行方式，水电站及水库主要特征参数选择，河流综合利用规划及水库群的水利水能计算，水库调度，水资源评价与水资源供需平衡分析以及水资源管理与保护等。

应该指出，随着经济、社会的不断发展，水资源规划及利用工作需要考虑的因素愈来愈复杂。按照科学发展观的要求，必须坚持水资源可持续利用的原则。在具体制定规划方案时，不仅要考虑水资源对经济社会发展的支撑作用，更要重视水利水电工程建设对生态环境产生的影响；不仅要将地表水资源与地下水资源的开发问题统一考虑，而且要协调水资源的开发、利用、治理、节约、配置、保护等方面的关系；不仅要考虑工程措施，还要重视非工程措施。

思 考 题

1. 简述水资源的涵义和特点。
2. 我国水资源和水能资源的分布情况如何？我国可开发的水能资源有多少？
3. 简述我国水利水电建设所取得的成就和面临的问题。

---

❶ 习近平总书记在中央财经领导小组第六次会议上提出。

第二章 水资源综合利用概述

综合利用是进行水资源规划和开发时必须遵循的基本原则。本章主要讲解水资源综合利用的概念和原则，水力发电的基本原理，各用水部门的特点、用水要求及采取的主要措施，各用水部门间的矛盾与协调，以及水资源综合规划的主要内容。

第一节 水资源综合利用的概念和原则

由于降水量在年内和年际分布的不均匀性，雨水较丰年份常会出现暴雨和霪雨，以致某些地区或河段在短期内汇集了过多的径流不能迅速排出而形成洪涝灾害。所以，自古以来，除水害就成为水利事业中的首要任务。人们在除水害的同时，千方百计地为各种不同的目的去兴建各种水利工程，以求充分利用水资源。于是，除水害、兴水利就构成整个水利事业，包括防洪、治涝、水力发电、灌溉、航运、木材浮运、给水、渔业和水利环境保护等。各种不同的水利工程，是根据上述某一项或某几项的需要而兴建的。

不同的兴利部门，对水资源的利用方式各不相同。例如，灌溉、给水要耗用水量，发电只利用水能，航运则依靠水的浮载能力。这就有可能也有必要使同一河流或同一地区的水资源，同时满足几个水利部门的需要，并且将除水害和兴水利结合起来统筹解决。这种开发水资源的方式，称为水资源的综合利用（comprehensive utilization of water resources）。我国大多数大中型水利工程在不同程度上实现了水资源的综合利用。例如，汉江的丹江口水利枢纽就是一个例子：它能大大减轻汉江中下游广大地区的洪灾；给鄂西北、豫西南数百万亩农田提供灌溉水源；为鄂、豫两省工农业提供 90 万 kW 的廉价电力；水库内可形成 220km 长的深水航道，并大大改善下游河道的通航条件；辽阔的水库库区还可发展渔业，每年产出数百万斤淡水鱼；等等。实际上，水资源综合利用是我国水利建设的一项重要原则，能够使宝贵的水资源得到比较充分的利用，以较少的代价取得较大的综合效益。我们在进行水资源及水利水能规划时，必须重视这一重要原则。

然而，由于人们认识上的局限性、片面性，以及囿于局部利益等原因，我国有些大中型水利工程，尽管具备水资源综合利用的有利条件，却仍然在这方面存在某种缺陷。例如，有些拦河闸坝忽视了过船、过木、过鱼的需要；有些水电站的水库没有兼顾灌溉或下游防洪的要求；等等。

在水资源综合利用方面，环境保护与生态平衡常被人们忽视。修建大中型水利工程常常要集中大量人力、资金、设备，并耗用大量建筑材料；工程本身常需占用大片土地，特别是水库建设常造成大面积的淹没；此外，水利工程是人们改造自然的一种重要手段，必然对河流的水灾情况产生重大的影响；等等。人们通过实践，逐步认识到忽视这类问题会给国家和人民带来巨大损失。例如，某些位于林区的水利工地，由于忽视森林资源的保护，几年施工期间就造成工地周围童山濯濯。因此，我们在进行水资源及水利水能规划时，还必须尽量避免工程对自然环境和生态可能产生的不良影响。

各河流的自然条件千变万化，各地区需水的内容和要求也差异很大，而且各水利部门间还不可避免地存在一定的矛盾（见本章第六节）。因此，要做好水资源的综合利用，就必须从当地的客观自然条件和用水部门的实际需要出发，抓住主要矛盾，从国民经济总效益最大的角度来考虑，因时因地制宜地来制定水资源及水利水能规划，切忌凭主观愿望盲目决定，尤其不应只顾局部利益而使整个国民经济遭受不应有的损失。

第二节 水 力 发 电

一、水力发电的基本原理

水力发电（hydropower）是利用天然水能（水能资源）生产电能。河川径流相对于海平面而言（或相对于某基准面）具有一定的势能。因径流有一定流速，就具有一定的动能。这种势能和动能组合成一定的水能——水体所含的机械能。

在地球引力（重力）作用下，河水不断向下游流动。在流动过程中，河水因克服流动阻力、冲蚀河床、挟带泥沙等，使所含水能分散地消耗掉了。水力发电的任务，就是要利用这些被无益消耗掉的水能来生产电能。如图 2-1 所示，表示一任意河段，其首尾断面分别为断面 1—1 和断面 2—2。若取 O—O 为基准面，则按伯努利方程，流经首尾两断面的单位重量水体所消耗掉的水能应为

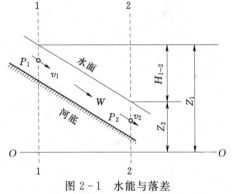

图 2-1 水能与落差

$$H=(Z_1-Z_2)+\frac{P_1-P_2}{\gamma}+\frac{\alpha_1v_1^2-\alpha_2v_2^2}{2g} \tag{2-1}$$

但是，平均动水压强 P_1 与 P_2 近似地相等，流速水头 $\frac{\alpha_1v_1^2}{2g}$ 与 $\frac{\alpha_2v_2^2}{2g}$ 的差值也相对微小而可忽略不计。于是，这一单位重量水体的水能就可近似地用落差 H_{1-2} 来表示，$H_{1-2}=Z_1-Z_2$，即首尾两断面间的水位差。

若以 Q 表示时间 t（单位为 s）内流经此河段的平均流量（m^3/s），γ 表示水的单位重量（通常取 $\gamma=9807N/m^3$），则在 t(s) 内流经此河段的水体重量应是 $\gamma W=\gamma Qt$。于是，在 t(s) 内此河段上消耗掉的水能为

$$E_{1-2}=\gamma QtH_{1-2}=9807QtH_{1-2}(J) \tag{2-2}$$

但是，在电力工业中，习惯于用"kW·h"（或称"度"）作为能量的单位，$1kW·h=3.6\times10^6J$。于是，在 T 小时内此河段上消耗掉的水能为

$$E_{1-2}=\frac{1}{367.1}H_{1-2}Qt=9.81H_{1-2}QT \quad (kW·h) \tag{2-3}$$

此即代表该河段所蕴藏的水能资源，它分散在河段的各微小长度上。要开发利用这许多微小长度上的水能资源，首先需将它们集中起来，并尽量减少其无益消耗。然后，引取集中了水能的水流去转动水轮发电机组，在机组转动的过程中，将水能转变为电能。这里，发生变化的只是水能，而水流本身并没有消耗，仍能为下游用水部门利用。上述这种河川水能，因降水而陆续得到补给，使水能资源成为不会枯竭的再生性能源。

在电力工业中，电站发出的电力功率称为出力，因而也用河川水流出力来表示水能资源。水流出力是单位时间内的水能。所以，在图2-1中所表示的河段上，水流出力为

$$N_{1-2} = \frac{E_{1-2}}{T} = 9.81QH_{1-2} \quad (\text{kW}) \tag{2-4}$$

式（2-4）常被用来计算河流的水能资源蕴藏量。

二、河川水能资源蕴藏量的估算和我国水能资源概况

由式（2-4）可见，落差和流量是决定水能资源蕴藏量（potential hydropower resources）的两项要素。因为单位长度河段的落差（即河流纵比降）和流量都是沿河长而变化的，所以在实际估算河流水能资源蕴藏量时，常沿河长分段计算水流出力，然后逐段累加以求全河总水流出力。在分段时，应注意将支流汇入等流量有较大变化处以及河流纵比降有较大变化处（特别是局部的急滩和瀑布等），划分为单独的计算河段。在计算中，流量取首尾断面流量的平均值，根据多年平均流量 Q_0 计算所得的水流出力 N_0，称为水能资源蕴藏量。

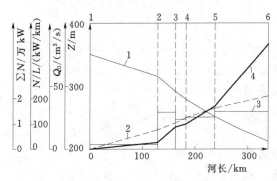

图2-2 水能资源蕴藏量示意图

1—河底高程 Z（m）；2—流量 Q_0（m^3/s）；3—单位长度出力 N/L（kW/km）；4—累积出力 $\sum N$（万 kW）

为估算河流蕴藏的水能资源，应对河流水文、地形和流域面积等进行勘测和调查，然后按式（2-4）进行计算（表2-1），并将计算结果绘成如图2-2的蕴藏图。表2-1和图2-2乃是掌握河流水能资源分布情况并研究其合理开发的重要资料。水能资源的普查和估算，由国家专门机构统一组织进行，并正式公布。我国曾于1980年进行了全国水能资源普查，2003年又完成了水能资源复查，根据复查结果统计，我国河川水能资源理论蕴藏量达 6.94 亿 kW，其相应的年电量约为 6.08 万亿 kW·h；技术可开发量为 5.42 亿 kW，年发电量 2.47 万亿 kW·h；经济可开发量为 4.02 亿 kW，年发电量为 1.75 万亿 kW·h，具体见表2-2。

从表2-2可以看出两点：

（1）经济上合理而技术上又便于开发的水能资源，大约只有理论值的一半多一些，有些资源因受客观条件限制而无法利用。

（2）西南地区的水能资源占全国 70%，其中四川、云南、贵州（蜀、滇、黔）三省水能资源占全国的 40.3%，而仅西藏自治区就占全国的 29.7%。

表 2-1　　　　　　　　　　　某河水能资源蕴藏量计算示例

断面序号	高程 Z/m	落差 H/m	间距 L/km	断面处流量 Q_i/(m³/s)	河段平均流量 Q_0/(m³/s)	河段水流出力 N_0/kW	单位长度水流出力 N_0/L/(kW/km)	水流出力累积值 ΣN_0/kW
1	350	35	129	0	8	2750	21	2750
2	315	27	34	16	18.5	5000	147	7750
3	288	10	19	21	23	2250	118	10000
4	278	26	60	25	29.5	7650	128	17650
5	252	39	100	34	40	15300	153	32950
6	213			46				

表 2-2　　　　　　　全国各地区水能资源理论蕴藏量及可开发量统计表

地区	理论蕴藏量		技术开发量		经济可开发量	
	数量/MW	占全国比重/%	数量/MW	占全国比重/%	数量/MW	占全国比重/%
西南	490309.6	70.61	361279.8	72.86	236748.1	65.32
西北	89811.3	12.93	58412.9	9.50	48118.6	10.75
中南	59733.4	8.60	75517.8	12.12	73596.3	16.67
东北	13052.8	1.88	15044.7	1.68	13998.1	2.20
华东	27767.1	4.00	22982.5	2.91	21542.0	3.84
华北	13721.6	1.98	8396.2	0.93	7793.6	1.23
全国总计	694395.8	100.00	541633.9	100.00	401796.7	100.00

注　表中数值统计范围不含港澳台地区；"占全国比重"栏内数据为按相应发电量值计算。

　　我国东部和中部人口比较集中，工农业生产较为发达，水能资源就开发较多。西南地区水能资源极其丰富，但开发尚少，潜力很大。

三、河川水能资源的基本开发方式

　　要开发利用河川水能资源，首先要将分散的天然河川水能集中起来。由于落差是单位重量水体的位能，而河段中流过的水体重量又与河段平均流量成正比，所以集中水能的方法就表现为集中落差和引取流量的方式，见式（2-2）和式（2-3）。根据开发河段的自然条件之不同，集中水能的方式主要有以下几类（图 2-3）。

　　1. 坝式（或称抬水式）（Dam-type hydropower station）

　　拦河筑坝或闸来抬高开发河段水位，使原河段的落差 H_{AB} 集中到坝址处，从而获得水电站的水头 H。所引取的平均流量为坝址处的平均流量 Q_B，即河段末的平均流量。显然，Q_B 要比河段首 A 处的平均流量 Q_A 要大些。由于筑坝抬高水位而在 A 处形成回水段，因而有落差损失 $\Delta H = H_{AB} - H$。坝址上游 A、B 之间常因形成水库而发生淹没。若淹没损失相对不大，有可能筑中、高坝抬水，来获得较大的水头。这种水电站称为坝后式水电站，如图 2-3（a_1）所示，其厂房建在坝下游侧，不承受坝上游面的水压力。若地形、地质等条件不允许筑高坝，也可筑低坝或水闸来获得较低水头，此时常利用水电站厂房作为挡水建筑物的一部分，使厂房承受坝上游侧的水压力，如图 2-3（a_2）所示。这种

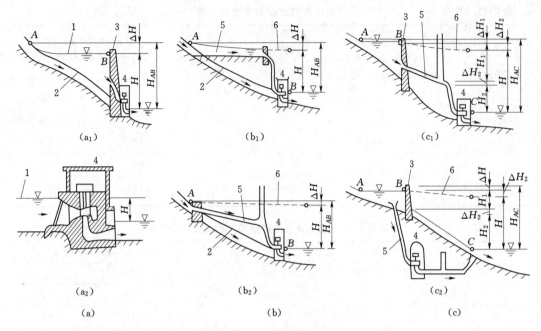

图 2-3　集中水能的方式

（a）坝式；（b）引水式；（c）混合式

1—抬高后的水位；2—原河；3—坝；4—厂房；5—引水道；6—能坡线

水电站称为河床式水电站。坝式开发方式有时可以形成比较大的水库，因而使水电站能进行径流调节，成为蓄水式水电站。若不能形成供径流调节用的水库，则水电站只能引取天然流量发电，成为径流式水电站。

2. 引水式（Water conveyance hydropower station）

沿河修建引水道，以使原河段的落差 H_{AB} 集中到引水道末厂房处，从而获得水电站的水头 H。引水道水头损失 $\Delta H = H_{AB} - H$，即为引水道集中水能时的落差损失。所引取的平均流量为河段首 A 处（引水道进口前）的平均流量 Q_A，AB 段区间流量（$Q_B - Q_A$）则无法引取。图 2-3（b_1）是沿河岸修筑坡度平缓的明渠（或无压隧洞等）来集中落差 H_{AB}，这种水电站称为无压引水式水电站。图 2-3（b_2）则是用有压隧洞或管道来集中落差 H_{AB}，称为有压引水式水电站。利用引水道集中水能，不会形成水库，因而也不会在河段 AB 处造成淹没。因此，引水式水电站通常都是径流式开发。当地形、地质等条件不允许筑高坝，而河段坡度较陡或河段有较大的弯曲段处，建造较短的引水道即能获得较大水头时，常可采用引水式集中水能。

3. 混合式（Mixed-type hydropower station）

在开发河段上，有落差 H_{AC}，见图 2-3（c_1）和（c_2）。BC 段上不宜筑坝，但有落差 H_{BC} 可利用。同时，可以允许在 B 处筑坝抬水，以集中 AB 段的落差 H_{AB}。此时，就可在 B 处用坝式集中水能，以获得水头 H_1（有回水段落差损失 ΔH_1），并引取 B 处的平均流量 Q_B；再从 B 处开始，筑引水道（常为有压的）至 C 处，用引水道集中 BC 段水能；获得水头 H_2（有引水道落差损失 ΔH_2），但 BC 段的区间流量无法引取。所开发的

河段总落差为 $H_{AC}=H_{AB}+H_{BC}$，所获得的水电站水头为 $H=H_1+H_2$，两者之差即为落差损失。这种水电站称为混合式水电站，它多半是蓄水式的。

除了以上三种基本开发方式外，尚有跨流域开发方式、集水网道式开发方式等。此外，还有抽水蓄能发电方式、利用潮汐发电方式等。

由于集中水能的过程中有落差损失、水量损失及机电设备中的能量损失等，所以水电站的出力要小于式（2-4）中的水流出力，该内容将在第五章中进一步讨论。通常，在初步估算时，可用下式来求水电站出力 $N_水$，即

$$N_水=AQH \quad (kW) \tag{2-5}$$

式中　Q——水电站引用流量，m^3/s；

　　　H——水电站水头，m；

　　　A——出力系数，一般采用 6.5～8.5，大型水电站取大值，小型水电站取小值。

第三节　防 洪 与 治 涝

一、防洪

我国洪水有凌汛、桃汛（北方河流）、春汛、伏汛、秋汛等，但防洪的主要对象是每年的雨洪以及台风暴雨洪水。因为雨洪往往峰高量大，汛期长达数月；而台风暴雨洪水则来势迅猛，历时短而雨量集中，更有狂风助浪，两者均易酿成大灾。但是，洪水是否成灾，还要看河床及堤防的状况而定。如果河床泄洪能力强，堤防坚固，即使洪水较大，也不会泛滥成灾。反之，若河床浅窄、曲折、泥沙淤塞、堤防残破等，使安全泄量（即在河水不发生漫溢或堤防不发生溃决的前提下，河床所能安全通过的最大流量）变得较小，则退到一般洪水也有可能漫溢或决堤。所以，洪水成灾是由于洪峰流量超过河床的安全泄量，因而泛滥（或决堤）成灾。由此可见，防洪的主要任务是：按照规定的防洪标准，因地制宜地采用恰当的工程措施，以削减洪峰流量，或者加大河床的过水能力，保证安全度汛。采用的工程措施主要有以下几种。

1. 水土保持（Soil and water conservation）

这是一种针对高原及山丘区水土流失现象而采取的根本性治山治水措施，它对减少洪灾很有帮助。水土流失是因大规模植被被破坏而形成的一种自然环境被破坏现象。为此，要与当地农田基本建设相结合，综合治理并合理开发水、土资源；广泛利用荒山、荒坡、荒滩植树种草，封山育林，甚至退田还林；改进农牧生产技术，合理放牧、修筑梯田、采用免耕或少耕技术；大量修建谷坊、塘坝、小型水库等工程。这些措施有利于尽量截留雨水，减少山洪，增加枯水径流，保持地面土壤防止冲刷，减少下游河床淤积，不但对防洪有利，还能增加山区灌溉水源，改善下游通航条件等。

2. 筑堤防洪与防汛抢险（Embankment and emergency protect in flood defense）

筑堤是平原地区为了扩大洪水河床以加大泄洪能力，并防护两岸免受洪灾的有效措施。但这种措施必须与防汛抢险相结合，即在每年汛前加固堤防，消除隐患；洪峰来临时监视水情，及时堵漏、护岸，或突击加高培厚堤防；汛后修复险工，堵塞决口等。除堤防

工程要防汛外，水库、闸坝等也要防汛，以防止意外事故发生。有时，为了防止特大暴雨酿成溃坝巨灾，还须增建非常溢洪道。

3. 疏浚与整治河道（Dredging and river regulation）

这一措施的目的是拓宽和浚深河槽、裁弯取直（图 2-4）、消除阻碍水流的障碍物等，以使洪水河床平顺通畅，从而加大泄洪能力。疏浚是用人力、机械和炸药来进行作业，整治则要修建整治建筑物来影响水流流态。两者常互相配合使用。内河航道工程也要疏浚和整治，但目的是改善枯水航道，而防洪却是为了提高洪水河床的过水能力。因此，它们的工程布置与要求不同，但在一定程度上可以互相结合。

4. 分洪、滞洪与蓄洪（Flood diversion, detention and storage）

分洪、滞洪与蓄洪三种措施的目的都是为了减少某一河段的洪峰流量，使其控制在河床安全泄量以下。分洪是在过水能力不足的河段上游适当地点修建分洪闸，开挖分洪水道的渠道。滞洪是利用水库、湖泊、洼地等，暂时滞留一部分洪水，以削减洪峰流量〔图 2-5（a）〕。待洪峰一过，再腾空滞洪容积迎接下次洪峰。蓄洪则是蓄留一部分或全部洪水水量，待枯水期供给兴利部门使用〔图 2-5（b）〕。第四章将介绍水库调洪，包括滞洪与蓄洪两方面。滞洪或蓄洪的水库可以结合兴利需要，成为综合利用水库。

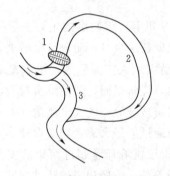

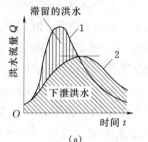

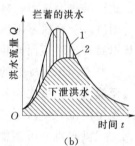

图 2-4 裁弯取直示意图
1—堵口锁坝；2—原河道；3—新河道

图 2-5 滞洪与蓄洪
1—入库洪水过程线；2—泄流过程线

上述各种防洪措施，常因地制宜地兼施并用，互相配合。往往要全流域统一规划，蓄泄兼筹，综合治理，还要尽量兼顾兴利需要。在选择防洪措施方案以及决定工程主要参数时，都应进行必要的水利计算，并在此基础上对不同方案进行分析比较，切忌草率确定。

二、治涝

形成涝灾的因素有两点。

（1）因降水集中，地面径流集聚在盆地、平原或沿江沿湖洼地，积水过多或地下水位过高。

（2）积水区排水系统不健全，或因外河外湖洪水顶托倒灌，使积水不能及时排出，或者地下水位不能及时降低。

上述两方面合并起来，就会妨碍农作物的正常生长，以致减产或失收，或者使工矿区、城市淹水而妨碍正常生产和人民正常生活，这就成为涝灾。因此必须治涝。治涝的任务是：尽量阻止易涝地区以外的山洪、坡水等向本区汇集，并防御外河、外湖洪水倒灌；

健全排水系统，使能及时排除设计暴雨范围内的雨水，并及时降低地下水位。治涝主要有以下工程措施。

1. 修筑围堤和堵支联圩

修筑围堤用以防护洼地，以免外水入侵，所圈围的低洼田地称为圩或垸。有些地区，圩、垸划分过小，港汊交错，不利于防汛，排涝能力也分散、薄弱。最好并小圩为大圩，堵塞小沟支汊，整修和加固外围大堤，并整理排水渠系，以加强防汛排涝能力，称为堵支联圩。必须指出，有些河湖滩地，在枯水季节或干旱年份可以耕种一季农作物，但不宜筑围堤防护。若筑围堤，必然妨碍防洪，有可能导致大范围的洪灾损失，因小失大。若已筑有围堤，应按统一规划，从大局出发，拆堤还滩，废田还湖。

2. 开渠撇洪

开渠即沿山麓开渠，拦截地面径流，引入外河、外湖或水库，不使向圩区汇集。若与修筑围堤配合，效果更好。并且，撇洪入水库可以扩大水库水源，有利于提高兴利效益。当条件合适时，还可以和灌溉措施中的"长藤结瓜"水利系统以及水力发电的集水网道式开发方式相结合进行。

3. 整修排水系统

整修排水系统包括整修排水沟渠和排水闸，必要时还包括排涝泵站。排水干渠可兼作航运水道，排涝泵站有时也可兼作灌溉泵站使用。

根据《治涝标准》（SL 723—2016）中的规定，通常表示为：保证涝区不发生涝灾的设计暴雨频率（重现期）暴雨历时及涝水排除时间、排除程度。

第四节　灌　溉

农作物所消耗的水量，主要是参与体内营养物质的输送和代谢，然后通过茎叶的蒸腾作用散发到大气中去。此外，作物棵间土面与水面也均有水量蒸发，土层还有水量渗漏。而水是农作物需水量的重要来源。但是，由于降水在时间上和地区上分布的不均匀性，单靠雨水供给农作物水分，就不免会因某段时间无雨而发生旱灾，导致农业减产或失收。因此，用合理的人工灌溉来补充雨水之不足，是保证农业稳产的首要措施。但也要看到作物对干旱有一定耐受能力，只有久旱不雨超过这种耐受能力时，才会形成旱灾。

灌溉的主要任务是：在旱季雨水稀少时，或在干旱缺水地区，用人工措施向田间补充农作物生长必需的水分。兴建灌溉工程，首先要选择水源，水源主要如下。

（1）蓄洪补枯。即利用水库、湖泊、塘坝等拦蓄雨季水量，供旱季灌溉用。

（2）引取水量较丰的河湖水。流域面积较大的河湖，在旱季还常有较多水量。为此，可修渠引水到缺水地区，甚至可考虑跨流域引水。

（3）汲取地下水。多用于干旱地区地面径流比较枯涸而地下水资源比较丰富的情况，常需打井汲水。

为配合以上水源，需修建相应的工程。主要包括以下几种。

（1）蓄水工程。如修建水库、塘坝等，或在天然湖泊出口处建闸控制湖水位。蓄水工程常可兼顾防洪或其他兴利需要。

（2）自流灌溉引水渠首工程。不论是从水库引水或从河湖引水，一般尽量采用自流灌

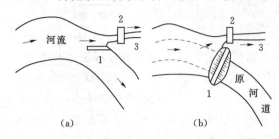

图 2-6 引水渠首示意图
(a) 无坝引水；(b) 有坝引水
1—导堤 (a) 或坝 (b)；2—进水闸；3—灌溉干渠

溉方式，这适用于水源水位高于灌区高程的情况。自流灌溉需筑渠首工程，它分无坝引水［图 2-6 (a)］与有坝引水［图 2-6 (b)］两种。无坝引水投资较小，但常只能引取河水流量的一小部分。有坝引水则投资较大，但可拦截并引取河水流量的全部或大部。从综合利用水库中引水自流灌溉，也属于有坝引水性质。自流灌溉渠首工程包括进水闸、沉沙池、消能工等，有时还包括渠首引水隧洞。

（3）提水灌溉工程。当水源水位低于灌区高程时，就需提水灌溉。其年运行费用较贵，灌溉成本较高。提水灌溉工程包括泵站、压力池、分水闸等。山区小灌区常用水轮泵、水锤泵等提水，以天然水能为能源，费用低廉，当从水电站的水库中引水自流灌溉下游低田时，可能使水能损失较大而降低发电效益。此时，也可自水库中引水自流灌溉下游高程较高的田，同时自下游河流中提水灌溉下游低田，两者相结合，常可获较大的综合效益。

（4）渠系。指渠首或泵站下游的输水及配水渠道，以及各类渠系建筑物，如：节制闸、分水闸、斗门等控制、调节和配水建筑物，涵洞、倒虹吸管等交叉建筑物，泄水闸、退水闸等泄水建筑物。

（5）"长藤结瓜"水利系统。在山丘区盘山开渠，将若干水库、塘坝及干支渠等串联起来，形成蓄水、输水、配水相结合的统一体系，称为长藤（指渠道）结瓜（指库、塘等）水利系统。它能扩大水库的集水面积，提高水源利用率，增大蓄水容积，扩大灌溉效益，并有利于实现水资源综合利用。

设计灌溉工程，需要求出灌溉用水量及其随时间的变化，它是根据作物灌溉制度推求出来的。所谓作物灌溉制度，是指某种作物在全生育期内规定的灌水次数、灌水时间、灌水定额和灌溉定额。这里，灌水定额是指某一次灌水时每亩田的灌水量（m^3/亩），也可以表示为水田某一次灌水的水层深度（mm）。灌溉定额则是指全生育期历次灌水定额之和。灌溉制度要按照作物田间需水量、降水量、土壤含水量等情况，并根据当地生产经验和试验资料等制定。若是水田，则还要看田间水层深度与土壤渗漏量。各地农业试验站或水利机构常有制定的灌溉制度资料可供查阅，如表 2-3 和表 2-4 的例子。由于不同年份气候不同，作物田间需水量与灌溉制度也不同。通常，设计干旱年的田间需水量和灌溉制度是设计灌溉工程的主要依据。

表 2-3   陕西关中平原某地冬小麦干旱年灌溉制度

生 育 阶 段	播种、出苗	越冬、分蘖	返青	拔节	抽穗、灌浆	全生长期
起讫日期/（日/月）	11/10 至 31/10	1/11 至 20/2	21/2 至 31/3	1/4 至 30/4	1/5 至 10/6	
天数/d	21	112	39	30	41	243

续表

生育阶段	播种、出苗	越冬、分蘖	返青	拔节	抽穗、灌浆		全生长期
田间需水量/(m³/亩)	21.78	51.29	60.28	70.35	103.74		307.44
日需水率/[m³/(亩·d)]	1.04	0.458	1.546	2.345	2.53		
灌水次序	—	1	2	3	4	5	共5次
灌水定额/(m³/亩)		60	40	40	40	40	
灌溉定额/(m³/亩)							220

表 2 - 4　　　　　　　　浙江某灌区某年双季稻的早稻灌溉制度

生育阶段	移植返青		分蘖	拔节孕穗			抽穗开花			乳熟		黄熟			全生育期
起讫日期/(日/月)	1/5至12/5		13/5至9/6	10/6至25/6			26/6至3/7			4/7至10/7		11/7至23/7			
天数/d	12		28	16			8			7		13			84
田间需水量/mm	38.6		93.7	111.2			77.9			60.5		103.1			485
日需水率/(mm/d)	3.2		3.4	7			9.7			8.7		8			
日渗透率/(mm/d)	2.4		2.4	2.4			2.4			2.4		2.4			总计 201mm
日耗水率/(mm/d)	5.6		5.8	9.4			12.1			11.1		10.4			
田间耗水量/mm	67		161	150			97			77		134			686
田间适宜水层深/mm	20~40		20~50	30~60			40~70			30~60		20~50			
雨后田间水深上限/mm	50		60	70			80			70		60			
降雨日数/d	5		17	8			1			3		4			38
降雨量/mm	22.6		255.4	102.9			1.4			7.9		14.8			405
排水量/mm	—		95.3	18.3			—			—		—			113.6
灌水日期/(日/月)	6/5	12/5	—	10/6	14/6	18/6	26/6	29/6	2/7	5/7	9/7	13/7	16/7	21/7	
灌水次序	1	2	—	3	4	5	6	7	8	9	10	11	12	13	
灌水定额/mm	23.0	21.6	—	31.7	34.4	12.4	31.7	34.9	36.3	24.3	36.5	30.8	31.2	19.5	368.3
灌水定额/(m³/亩)	15.3	14.4	—	21.1	22.9	8.3	21.1	23.3	24.2	16.2	24.4	20.5	20.8	13.0	
灌溉定额/(m³/亩)															245.5
月灌水量/(m³/亩)	5月 29.7			6月 96.7						7月 119.1					

注　1. 在移植前的泡田水 60m³/亩未计在内。

　　2. 5月1日前田间水深40mm，7月23日田间水深为10mm。

　　3. 田间耗水量为田间需水量与渗漏量之和。

当已知灌区全年各种农作物的灌溉制度、品种搭配、种植面积后，就可分别算出各种作物的灌溉用水量，即

$$某作物某次净灌水量 \quad W_净 = mA \quad (m^3)$$

$$毛灌水量 \quad W_毛 = W_净 + \Delta W = W_净/\eta \quad (m^3)$$

$$毛灌水流量 \quad Q_毛 = W_毛/Tt = mA/Tt\eta \quad (m^3/s)$$

式中　m——灌水定额，m³/亩；

　　　A——作物种植面积，亩；

ΔW——渠系及田间灌水损失，m^3；

η——灌溉水量利用系数，$0<\eta<1$；

T，t——该次灌水天数和每天灌水秒数。

每天灌水时间 t 在自流灌溉情况下可采用 86400s（24h），在提水灌溉情况下则小于该数，因为抽水机要间歇运行。决定灌水延续天数 T 时，应考虑使干渠流量比较均衡，全灌区统一调度分片轮灌，以减小工程投资。

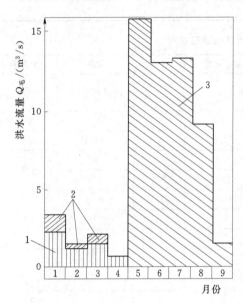

图 2-7　灌溉需水流量过程线
1—冬麦；2—油菜；3—水稻

当某作物各次灌水的毛灌水流量 $Q_毛$ 分别求出后，就可按月、旬列出，并绘成此作物的灌溉流量过程线。全灌区全年各种作物的灌溉流量过程线分别绘出后，按月、按旬予以叠加，就成为全灌区全年的灌溉需水流量过程线（图 2-7），根据它可求出全年灌溉用水量。各年灌溉制度不同，需水流量过程线也不同，所以应以设计干旱年的需水流量过程线作为决定渠首设计流量的依据，此外，若需水流量过程线上流量变幅很大，应设法调整灌区各渠段各片的灌水延续时间和轮灌方式，使干渠和渠首设计流量尽可能减小些，以节省工程量和投资。

正确地选择灌水方法是进行合理灌溉、保证作物丰产的重要环节。灌水方法按照向田间输水的方式和湿润土壤的方式分为地面灌溉、地下灌溉、喷灌和滴灌四大类。

地面灌溉（surface irrigation）是田间的水靠重力作用和毛管作用湿润土壤的灌水方法，此法投资省、技术简单，是我国目前广泛使用的灌水方法，但用水量较大，且易引起地表土壤板结。

地下灌溉（subirrigation）是利用埋设在地下的管道，将灌溉水引至田间作物根系吸水层，主要靠毛管吸水作用湿润土壤的灌水方法。此法能使土壤湿润均匀，为作物生长创造良好的环境，还可避免地表土壤板结和节约灌溉用水量，但所需资金及田间工程量较大。

喷灌（sprinkling irrigation）是要利用专门设备的灌水方法，利用专门设备把有压水流喷射到空中并散成水滴洒落在地面上，像天然降雨那样湿润土壤。喷灌可以灵活掌握喷洒水量，采用较小的灌水定额，得到省水、增产的效果。缺点是投资较高，且需要消耗动力，灌水质量受风力影响较大。

滴灌（drip irrigation）的灌水方法，是利用低压管道系统，把水或溶有化肥的水溶液，一滴一滴地、缓慢地滴入作物根部土壤，使作物主要根系分布区的土壤含水量经常保持在最优状态。滴灌是一种先进的灌水技术，具有省水（因灌水时只湿润作物根部附近的土壤，可避免输水损失和深层渗漏损失，减少棵间蒸发损失）、省工（不需开渠、平地和打畦作埂等）、省地和省肥等优点，与地面灌溉相比，滴灌能使作物有较大幅度的增产。此法的主要缺点是投资较高，其滴头容易堵塞。滴灌在干旱缺水地区有比较广阔的发展前途。

随着农业节水技术的不断创新与进步，一些新型的灌溉方式也逐渐得到推广，如膜下滴灌技术、低压管道灌溉技术、波涌灌技术、渗灌技术等，根据作物类型、土壤性质及当地气候等因素合理选择合适的灌溉技术，能有效降低田间水量损失，提高水资源的利用效率。

第五节　其他水利部门

除了防洪、治涝、灌溉和水力发电之外，尚有内河航运、水利环境保护、城市和工业供水、淡水水产养殖等水利部门。

一、内河航运

内河航运（inland water transport）是指利用天然河湖、水库或运河等陆地内的水域进行船、筏浮运，它既是交通运输事业的一个重要组成部分，又是水利事业的一个重要部门。作为交通运输来说，内河航运由内河水道、河港与码头、船舶三部分组成一个内河航运系统，在规划、设计、经营管理等方面，三者紧密联系、互相制约。特别是在决定其主要参数的方案经济比较中，常常将三者作为一个整体来进行分析评价。但是，将它作为一项水利部门来看时，我们的着眼点主要在于内河水道，因为它在水资源综合利用中是一个不可分割的组成部分。至于船舶，通常只将其最大船队的主要尺寸作为设计内河水道的重要依据之一，而对于河港和码头，则只看作是一项重要的配套工程，因为它们与水资源利用和水利计算并没有直接关系。因此，这里我们只简要介绍有关内河水道的概念及其主要工程措施，不介绍船舶与码头。

一般来说，内河航运只利用内河水道中水体的浮载能力，并不消耗水量。利用河、湖航运，需要一条连续而通畅的航道，它一般只是河流整个过水断面中较深的一部分。它应具有必需的基本尺寸，即在枯水期的最小深度和最小宽度、洪水期的桥孔水上最小净高和最小净宽等。并且，还要具有必需的转弯半径，以及允许的最大流速。这些数据取决于计划通航的最大船筏的类型、尺寸及设计通航水位，可查阅内河水道工程方面的资料。天然航道除了必须具备上述尺寸和流速外，还要求河床相对稳定和尽可能全年通航。有些河流只能季节性通航，例如，有些多沙河流以及平原河流，常存在不断的冲淤交替变化，因而河床不稳定，造成枯水期航行困难；有些山区河流在枯水期河水可能过浅，甚至干涸，而在洪水期又可能因山洪暴发而流速过大；还有些北方河流，冬季封冻，春季漂凌流冰。这些都可能造成季节性的断航。

如果必须利用为航道的天然河流不具备上述基本条件，就需要采取工程措施加以改善，这就是水道工程的任务。其工程措施大体上有以下几种。

1. 疏浚与整治工程（Dredging and training work）

对航运来说，疏浚与整治工程是为了修改天然河道枯水河槽的平面轮廓，疏浚险滩，清除障碍物，以保证枯水航道的必需尺寸，并维持航道相对稳定。但这主要适用于平原河流。整治建筑物有多种，用途各不相同。疏浚与整治工程的布置最好通过模型试验决定。

2. 渠化工程与径流调节（Channelization works and runoff regulation）

这是两个性质不同但又密切相关的措施。渠化工程是沿河分段筑闸坝，以逐段升高河水水位，保证闸坝上游枯水期航道必需的基本尺寸，使天然河流运河化（渠化）。渠化工程主要适用于山丘区河流。平原河流，由于防洪、淹没等原因，常不适于渠化。径流调节是利用湖泊、水库等蓄洪，以补充枯水期河水之不足，因而可提高湖泊、水库下游河流的枯水期水位，改善通航条件。

3. 运河工程（Canal project）

这是人工开凿的航道，用以沟通相邻河湖或海洋。我国主要河流多半横贯东西，因此开凿南北方向的大运河具有重要意义。而且运河可兼作灌溉、发电等的渠道。运河跨越高地时，需要修建船闸，并要拥有补给水源，以经常保持必要的航深。运河所需补给水量，主要靠河湖和水库等来补给。

在渠化工程和运河工程中，船筏通过船闸时，要耗用一定的水量。尽管这些水量仍可供下游水利部门使用，但对于取水处的河段、水库、湖泊来说，是一种水量支出。船闸耗水量的计算方法可参阅内河水道工程方面的书籍。由于各月逐旬船筏过闸次数有变化，因而船闸月耗水量及月平均流量也有一定变化。通常在调查统计的基础上，求出船闸月平均耗水流量过程线，或近似地取一固定流量，供水利计算作依据。此外，用径流调节措施来保证下游枯水期通航水位时，可根据下游河段的水文资料进行分析计算，求出通航需水流量过程线，或枯水期最小保证流量，作为调节计算的依据。

二、水利环境保护

水利环境保护是自然环境保护的重要组成部分，大体上包括防治水域污染、生态保护及与水利有关的自然资源合理利用和保护等。

地球上的天然水中，经常含有各种溶解的或悬浮的物质，其中有些物质对人或生物有害。尽管人和生物对有害物质有一定的耐受能力，天然水体本身又具有一定的自净能力（即通过物理、化学和生物作用，使有害物质稀释、转化），但水体自净能力有一定限度。如果侵入天然水体的有害物质，其种类和浓度超过了水体自净能力，并且超过了人或生物的耐受能力（包括长期积蓄量），就会使水质恶化到危害人或生物的健康与生存的程度，这称为水域污染。污染天然水域的物质，主要来自工农业生产废水和生活污水，大体上见表2-5。

表2-5　　　　　　　　　　　　**污染水域的主要物质及其危害**

污染物种类	主要危害	净化的可能性
耗氧的有机物，如碳水化合物、蛋白质、脂肪、纤维素等	分解时大量耗氧，使水生物窒息死亡，厌氧分解时产生甲烷、硫化氢、氨等，使水质恶化	水域流速很小时，会积蓄而形成臭水沟、塘；流速较大时，经过一定时间和距离，能使水体自净，河面封冻时，不能自净
浓度较大的氮、磷、钾等植物养料（称"富营养化"）	藻类过度繁殖，水中缺氧，鱼类死亡，水质恶化，并能产生亚硝酸盐，致癌	水域流速小时，污染严重；流速较大时，能稀释、净化
热污染，即因工厂排放热水而使河水升温	细菌、水藻等迅速繁殖，鱼类死亡，水中溶解氧挥发，水质恶化，并使其他有毒污染物毒性加大	水域流速较大时，可使热水稀释冷却；流速小时，污染严重，水质恶化

续表

污染物种类	主 要 危 害	净化的可能性
病原微生物及其寄生水生物	传播人畜疾病，如肝炎、霍乱、疟疾、血吸虫等	若水域流速小，水草丛生，水质污秽等，则有利于病原微生物及其寄主繁殖，反之，则这种污染较轻
石油类	漂浮于水面，使水生物窒息死亡，对鱼类有毒害，并使水和鱼类带有臭味不能食用，易引起水面火灾，难以扑灭	一部分可蒸发，能由微生物分解和氧化，也可用人工措施从水面吸取、回收而净化水域
酸、碱、无机盐类	腐蚀管道、船舶、机械、混凝土等，毒害农作物、鱼类及水生物，恶化水质	水域流速大时，可稀释，因而减轻危害
有机毒物，如农药、多氯联苯、多环芳烃等	有慢性毒害作用，如破坏肝脏、致癌等	不易分解，能在生物体内富集，能通过食物链进入人体，并广泛迁移而扩大污染
酚及氰类	酚类：低浓度使鱼类及水有恶臭不能食用，浓度稍高能毒死鱼类，并对人畜有毒；氰类：极低浓度也有剧毒	易挥发，在水中易氧化分解，并能被黏土吸附
无机毒物，如砷、汞、镉、铬、铅等	对人和生物毒害较大，分别损害肝、肾、神经、骨骼、血液等，并能致癌	化学性质稳定，不易分解，能在生物体内富集，能通过食物链进入人体，易被泥沙吸附而沉积于湖泊、水库的底泥中
放射性元素	剂量超过人或生物的耐受能力时，能导致各种放射病，并有一定遗传性，也能致癌	有其自身的半衰期，不受外界影响，能随水流广泛扩散迁移，长期危害

防治水域污染的关键在于废水、污水的净化处理和生产技术的改进，使有害物质尽量不侵入天然水域。为此，必须对污染源进行调查和对水域污染情况进行监测，并采取各种有效措施制止污染源继续污染水域。经过净化处理的废水、污水中，可能仍含有低浓度的有害物质，为防止其积累富集，应使排水口尽可能分散在较大范围中，以利于稀释、分解、转化。

对于已经污染的水域，为促进和强化水体的自净作用，要采取一定人工措施。如：保证被污染的河段有足够的清水流量和流速，以促进污染物质的稀释、氧化；引取经过处理的污水灌溉，促使污水氧化、分解并转化为肥料（但不能使有毒元素进入农田）等等。在采取某种措施前，应进行周密的研究与试验，以免导致相反效果或产生更大的危害。目前，比较困难的是水库和湖泊污染的治理，因为其流速很小，污染物质容易积累，水体自净作用很弱。特别是库底、湖底沉积的淤泥中，积累的无机毒物较难清除。

在第一节中已初步谈到，水利水电工程建设常会涉及生态平衡、改善环境和自然资源的合理利用与保护问题，这类问题面广而复杂。例如，森林、草地的破坏，以及不合理的耕作方式等，常会导致水土流失，而水土保持工作就是防治水土流失的重要措施。又如，修水库除主要实现水利目标外，还可美化风景和调节局部气候；引水灌溉沙漠，既可使林、农、牧增产，又可以改造沙漠为绿洲。再如，河网地区重新修整灌溉与排水渠系，可以兼顾消灭钉螺，防治血吸虫病；排水改造沼泽地，也可同时消灭蚊蝇滋生场所，防治疟疾等。但在水利建设中，也应注意避免对自然环境造成不应有的损害。例如，在多沙河流上建造水库要注意避免因水库淤积而引起上游两岸额外的淹没和浸没，以及下游河床被清水冲刷而失去相对稳定；抽取地下水时要注意地层可能下沉，应采取季节性的回灌措施；建造水利工程，要尽量不破坏名胜古迹；等等。这类问题性质各不相同，应具体分析研究，采取合理措施。总之，在水利水电建设中，一定要重视环境保护问题，将其作为水资源综合利用中的一项重要任务。

三、城市和工业供水

城市和工业供水的水源大体上有水库、河湖、井泉等。例如，密云水库的主要任务之一，即是保证北京市的供水。在综合利用水资源时，对供水要求，必须优先考虑，即使水资源量不足，也一定要保证优先满足供水。这是因为居民生活用水决不允许长时间中断，而工业用水若匮缺超过一定限度，也将使国民经济遭到严重损失。一般说来，供水所需流量不大，只要不是极度干旱年份，往往不难满足。通常，在编制河流综合利用规划时，可将供水流量取为常数，或通过调查作出需水流量过程线备用。

供水对水质要求较高，尤其是生活用水及某些工业用水（如食品、医药、纺织印染及产品纯度较高的化学工业等）。在选择水源时，应对水质进行仔细的检验。供水虽属耗水部门，但很大一部分用过的水成为生活污水和工业废水排出。废水与污水必须净化处理后，才允许排入天然水域，以免污染环境引起公害。

四、淡水水产养殖（或称渔业）

这是指在水利建设中如何发展水产养殖。修建水库可以形成良好的深水养鱼场所，但是拦河筑坝妨碍洄游性的鱼类繁殖。所以，在开发利用水资源时，一定要考虑渔业的特殊要求。为了使水库渔场便于捕捞，在蓄水前应做好库底清理工作，特别要清除树木、墙垣等障碍物；还要防止水库的污染，并保证在枯水期水库里留有必需的最小水深和水库面积，以利鱼类生长；也应特别注意河湖的水质和最小水深。

特别要重视的是洄游性野生鱼类的繁殖问题。有些鱼类需要在河湖淡水中甚至山溪浅水急流中产卵孵化，却在河口或浅海育肥成长；另一些鱼类则要在河口或近海产卵孵化，却上溯到河湖中育肥成长。这些鱼类称为洄游性鱼类，其中有不少名贵品种，例如鲥鱼、刀鱼等。水利建设中常需拦河筑坝、闸，以致截断了洄游性鱼类的通路，使它们有绝迹的危险。因鱼类洄游往往有季节性，故采取的必要措施大体如下。

（1）在闸、坝旁修筑永久性的鱼梯（鱼道），供鱼类自行过坝，其型式、尺寸及布置，常需通过试验确定，否则难以收效。

（2）在洄游季节，间断地开闸，让鱼类通行，此法效果尚好，但只适用于上下游水位差较小的情况。

（3）利用机械或人工方法，捞取孕卵活亲鱼或活鱼苗，运送过坝，此法效果较好，但工作量大。

利用鱼梯过鱼或开闸放鱼等措施，需耗用一定水量，在水利水能规划中应计及。

第六节　各水利部门间的矛盾及其协调

在许多水利工程中，常有可能实现水资源的综合利用。然而，各水利部门之间，也还存在一些矛盾。例如，当上中游灌溉和工业供水等大量耗水，则下游灌溉和发电用水就可能不够。许多水库常是良好航道，但多沙河流上的水库，上游末端（也称尾端）常可能淤积大量泥沙，形成新的浅滩，不利于上游航运。疏浚河道有利于防洪、航运等，但降低了河水位，可能不利于自流灌溉引水；若筑堰抬高水位引水灌溉，又可能不利于泄洪、排涝。利用水电站的水库滞洪，有时汛期要求腾空水库，以备拦洪，削减下泄流量，但却降低了水电站的水头，使所发电能减少。为了发电、灌溉等的需要而拦河筑坝，常会阻碍船、筏、鱼通行等。可见，不但兴利、除害之间存在矛盾，在各兴利部门之间也常存在矛盾，若不能妥善解决，常会造成不应有的损失。例如，埃及阿斯旺水库虽有许多水利效益，但却使上游造成大片次生盐碱化土地，下游两岸农田因缺少富含泥沙的河水淤灌而渐趋瘠薄；在我国也不乏这类例子。其结果是：有的工程建成后不能正常运用，不得不改建，或另建其他工程来补救，事倍功半；有的工程虽然正常运用，但未能满足综合利用要求而存在缺陷，带来长期的损失。所以，在研究水资源综合利用的方案和效益时，要重视各水利部门之间可能存在的矛盾，并妥善解决。

上述矛盾，有些是可以协调的，应统筹兼顾、"先用后耗"，力争"一水多用、一库多利"。例如，水库上游末端新生的浅滩妨碍航运，有时可以通过疏浚航道，或者洪水期降低水库水位，借水力冲沙等方法解决。又如，发电与灌溉争水，有时（灌区位置较低时）可以先取水发电，发过电的尾水再用来灌溉。再如，拦河闸坝妨碍船、筏、鱼通行的矛盾，可以建船闸、筏道、鱼梯来解决等等。但也有不少矛盾无法完全协调，这时就不得不分清主次。合理安排，保证主要部门、适当兼顾次要部门。例如，若水电站水库不足以负担防洪任务，就只好采取其他防洪措施去满足防洪要求；反之，若当地防洪比发电更重要，而又没有更好代替办法，则也可以在汛期降低库水位，以备蓄洪或滞洪，宁愿汛期少发电。再如，蓄水式水电站虽然能提高水能利用率，并使出力更好地符合用电户要求，但若淹没损失太大，只好采用径流式等等。总之，要根据当时当地的具体情况，拟定几种可能方案，然后从国民经济总利益最大的角度来考虑，选择合理的解决办法。

现举一例来说明各部门之间的矛盾及其解决方法。

某丘陵地区某河的中下游两岸有良田约 200 万亩，临河有一工业城市 A。因工农业生产急需电力，拟在 A 城下游约 100km 处修建一蓄水式水电站，要求水库回水不淹 A 城，并尽量少淹近岸低田。因此，只能建成一个平均水头为 25m 的水电站，水库兴利库容约 6 亿 m^3，而多年平均年径流量约达 160 亿 m^3。水库建成前，枯水季最小日平均流量还不足 $30m^3/s$，要求通过水库调蓄，将枯水季的发电日平均流量提高至 $100m^3/s$，以保证水电站月平均出力不小于 2 万 kW。同时还要兼顾以下要求。

（1）适当考虑沿河两岸的防洪要求。

（2）尽量改善灌溉水源条件。

（3）城市供水的水源要按远景要求考虑。

（4）根据航运部门的要求，坝下游河道中枯水季最小日平均流量不能小于 $80\text{m}^3/\text{s}$。

（5）其他如渔业、环保等也不应忽视。

以上这些要求间有不少矛盾，必须妥善解决。例如，水库相对较小，径流调节能力较差，若从水库中引取过多灌溉水量，则发电日平均流量将不能保证在 $100\text{m}^3/\text{s}$ 以上，也不能保证下游最小日平均通航流量 $80\sim100\text{m}^3/\text{s}$。经分析研究，该工程应是以发电为主的综合利用工程，首先要满足发电要求。其次，应优先照顾供水部门，其重要性不亚于发电。再次考虑灌溉、航运要求。至于防洪，因水库太小，只能适当考虑。具体说来，解决矛盾的措施如下。

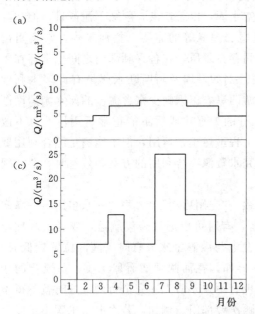

图 2-8　自水库取水的兴利部门需水流量过程线
(a) 船闸用水；(b) 供水；(c) 灌溉

（1）发电。保证发电最小日平均水流量为 $100\text{m}^3/\text{s}$，使水电站月平均出力不小于 2 万 kW。同时，在兼顾其他水利部门的要求之后，发电最大流量达 $400\text{m}^3/\text{s}$，即水电站装机容量达 8.5 万 kW，平均每年生产电能 4 亿 kW·h。若不兼顾其他水利部门的要求，还能多发电约 1 亿 kW·h，但为了全局利益，少发这 1 亿 kW·h 电是应该的。具体原因从下面的叙述中可以弄清楚。

（2）供水。保证供水所耗流量并不大 [图 2-8 (b)]，从水库中汲取，每年所耗水量相当于 0.12 亿 kW·h 电能，对水电站影响很小。

（3）防洪。关于下游两岸的防洪，因水库相对较小，无法承担（防洪库容的需 10 亿 m^3），只能留待以后上游建造的大水库去承担。暂在下游加固堤防以防御一般性洪水。至于上游防洪问题，建库后的最高库水位，以不淹没工业城市 A 及市郊名胜古迹为准，但洪水期水库回水曲线将延伸到该城附近。若将水库最高水位进一步降低，则发电水头和水库兴利库容都要减少很多，从而过分减小发电效益；若不降低水库最高水位，则回水曲线将使该城及名胜古迹受到洪水威胁。衡量得失，最后采取的措施是：在 4—6 月（汛期），不让水库水位超过 88m 高程，即比水库设计蓄水位 92m 低 4m，以保证 A 城及市郊不受洪水威胁。在洪水期末，再让水库蓄水至 92m，以保证枯水期发电用水，这一措施将使水电站平均每年少发电能约 0.45 亿 kW·h，但枯水期出力不受影响，同时还可起到水库上游末端的冲沙作用。

（4）灌溉。近 200 万亩田的灌溉用水若全部取自水库，则 7 月、8 月旱季取水流量将达 $200\text{m}^3/\text{s}$，而枯水期取水流量约 $50\text{m}^3/\text{s}$。这样就使发电要求无法满足，还要影响航运。因此，只能在保证发电用水的同时适当照顾灌溉需要。经估算，只能允许自水库取水灌溉

28 万亩田，其需水流量过程线见图 2-8（c）。其中 20 万亩田位于大坝上游侧水库周围，无其他水源可用，必须从水库提水灌溉。建库前，这些土地系从河中提水灌溉，扬程高、费用大，而且水源无保证。建库后，虽然仍是提水灌溉，但水源有了保证，而且扬程平均减小约 10m，农业增产效益显著。另外 8 万亩田位于大坝下游，距水库较近，比下游河床高出较多，宜从水库取水自流灌溉。这 28 万亩田自水库引走的灌溉用水，虽使水电站平均每年少发约 0.22 亿 kW·h 电能，但这样每年可节约提水灌溉所需的电能 0.13 亿 kW·h，并使农业显著增产，因而是合算的。其余 170 万亩左右农田位于坝址下游，距水库较远，高程较低，可利用发电尾水提水灌溉。由于水库的调节作用，使枯水流量提高，下游提灌的水源得到保证，虽然不能自流灌溉，仍是受益的。

（5）航运。库区航运的效益很显著。从坝址至上游 A 城间的 100km 形成了深水航道，淹没了浅滩、礁石数十处。并且，如前所述，洪水期水库降低水位 4m 运行，可避免水库上游末端形成阻碍航运的新浅滩。为了便于船筏过坝，建有船闸一座，可通过千吨级船舶，初步估算平均耗用流量 10m³/s，相当于水电站每年少发 0.2 亿 kW·h 电能。至于下游航运，按通过千吨级船舶计算，最小通航流量需要 80～100m³/s。枯水期水电站及船闸下泄最小日平均流量共 110m³/s。在此期间下游灌溉约需提水 42.5m³/s 的流量。可见下游最小日平均流量不能满足需要，即灌溉与航运之间仍然存在一定矛盾。解决的办法是：①使下游提水灌溉的取水口位置尽量选在距坝址较远处和支流上，以充分利用坝下游的区间流量来补充不足。②使枯水期通航的船舶在千吨级以下，从而使最小通航流量不超过 80m³/s，当坝下游流量增大后再放宽限制。③用疏浚工程清除下游浅滩和礁石，改善航道。这些措施使灌溉和航运间的矛盾初步得到解决，基本满足航运要求。

（6）渔业。该河原来野生淡水鱼类资源丰富。水库建成后，人工养鱼，年产约 100 万kg。但坝旁未设鱼梯等过鱼设备，尽管采取人工捞取亲鱼及鱼苗过坝等措施，仍使野生鱼类产量大减，这是一个缺陷。

（7）水利环境保护。未发现水库有严重污染现象。由于洪水期降低水位运行，名胜古迹未遭受损失。水库改善了当地局部气候，增加了工业城市市郊风景点和水上运动场。但由于水库库周地下水位升高，使数千亩果园减产。

以上实例并非水资源综合利用的范例，只是用以解释各水利部门间的矛盾及其协调过程，供读者参考。在实际规划工作中，往往要拟定若干可行方案，然后通过技术经济比较和分析，选出最优方案。

第七节　水资源综合规划的主要内容

水资源的开发利用要经历勘测和调查、水利水能规划、工程设计、施工安装和运行管理等几大阶段。在过去一个不短的时期，不少人思想上不同程度地存在着重设计、重施工、轻规划的错误倾向，其结果是造成了数以亿元人民币的经济损失和本可避免的水资源浪费现象，教训是严重的。其实，规划的重要性绝不亚于设计与施工。对于一个工程项目来说，设计与施工好比是"一次战争中的战术行动"，而规划则好比是"总体战略部署，战术不当将会造成损失，但若战略决策错误，所造成的损失将会大得多"。

1. 水资源综合规划的主要内容

一般地说，水资源综合规划的主要内容大体上可归纳为如下几个方面。

（1）研究和选择河流治理方案和流域水资源开发方案或区域性水系群治理方案和水资源跨流域开发方案。

（2）研究和选择流域中或者区域中水资源工程群的建设顺序，初步选择第一期工程的位置、开发方式、规模和主要参数。

（3）研究和编制近期待建水资源工程的可行性研究报告，研究和选定其初步设计中的工程总体布置方案、水资源综合利用开发方式、建设规模和主要参数等。

（4）研究和拟定待建或已建水资源工程群体和个体的综合利用优化调度运用方案和水电站运行计划。

2. 水资源综合规划的主要步骤

进行以上各项规划工作，通常要经过下面这些主要步骤。

（1）收集、整理、分析和研究水利勘测和水利调查所获得的资料、数据和图幅等，其中包括：流域的、区域的或单个工程所在地的长系列水文气象记录和未来中长期预测和估计成果；工程地址及其附近的工程地质和水文地质查勘成果；工程地址和水库区及其附近的地形地貌测量和查勘成果；工程附近地区的经济和社会情况调查成果（例如城乡居民点分布、土地、人口、国家和个人财产、已有的各类工程设施、工农业生产现状及发展前景、自然资源、物产、文教卫生、交通运输、水旱灾患、名胜古迹和文物等的概况及其对河流治理与水资源开发的要求）；工程附近地区的劳动力资源、商品性建筑材料供应和当地建筑材料（如上料和砂石料等）分布概况等等。

（2）进行水文方面的分析计算，参见工程水文教材。

（3）拟定水能资源利用开发方式和工程总体布置初步方案，粗略拟定各主要水工建筑物和主要设备的型式和主要尺寸。

（4）拟定待建水资源工程主要参数的若干个可能方案，并对各方案进行水利计算。本教材第三章、第四章的内容就是水利计算的部分主要内容，对于水电站还要进行水能计算（参见第五章、第六章）。

（5）对上述主要参数的各个方案进行经济计算与评价。

（6）对上述主要参数的各个方案，分析其非货币指标的社会效益和环境保护、政治、社会等方面的定性评价，将这些分析评价的结果与上述经济评价的结果一起进行多因素综合评价，从而选出最佳方案，作为选用方案。

（7）对选定的方案，制定工程综合利用优化调度初步方案和水电站运行的初步计划，供运行管理单位参考。

3. 各水利部门的主要参数

可见，拟定水资源开发方式与选择主要参数是水资源规划和水利水能规划工作的核心。但是，不同的水利部门，主要参数各不相同，相应的计算工作具体内容也不同。一般地说，各水利部门的主要参数大体如下。

（1）水力发电的主要参数为设计蓄水位（指水库的或水电站上游侧的）、水库死水位（或水库工作深度）和装机容量（参见第六章）。

（2）灌溉的主要参数为水库蓄水库容（相应水位）、渠首或抽水站设计流量、多年平均年供水量等。

（3）城市供水的主要参数与灌溉部门类似。

（4）防洪的主要参数是水库设计蓄洪库容（相应水位）和设计下泄流量、河道整治后各河段的设计洪水位和设计流量、堤防各段的堤距与堤顶高程等。

（5）治涝的主要参数是排涝站设计流量和围堤顶高程。

其他水利部门的主要参数均与各部门的特点有关，这里不一一列举。

思　考　题

1. 什么是水资源的综合利用？

2. 与水资源利用相关的部门有哪些？简述其用水特点。

3. 水力发电的原理是什么？试推求水流出力基本公式。

4. 河川水能资源的基本开发方式有哪几种？有何特点？

5. 洪灾的成因是什么？防洪的主要任务是什么？防洪的工程措施和非工程措施有哪些？

6. 治涝的主要工程措施有哪些？

7. 灌溉的主要任务是什么？有哪些工程措施？

8. 兴建灌溉工程有哪些水源？何谓作物灌溉制度？

9. 内河航运的基本条件是什么？主要任务是什么？有哪些工程措施？

10. 水利环境保护包括哪些部分？什么是水体的自净？为什么说环境保护问题是水利建设中的一项重要任务？

11. 水资源规划中，如何考虑渔业问题？

12. 各水利部门之间有哪些矛盾？如何协调解决？

13. 按照水资源综合利用的原则和要求，水资源综合规划的主要内容有哪些？

第三章 水库兴利调节计算

人类在实践中创造了许多除水害、兴水利的措施和方法，径流调节就是其中的一种。所谓径流调节，即按人们的需要，通过水库的蓄水、泄水作用，控制径流和重新分配径流。为了拦蓄洪水、削减洪峰而进行的径流调节，称为洪水调节，此内容将在第四章中讨论。本章的重点是讨论为兴利目的而进行的径流调节。

第一节 水 库 特 性

水库是径流调节的工具，在讨论径流调节原理和计算方法之前，需要了解水库有关特性。

一、水库面积特性和容积特性

（一）水库面积特性

水库面积特性指水库水位与水面面积的关系曲线。库区内某一水位高程的等高线和坝轴线所包括的面积，即为该水位的水库水面面积。水面面积随水库水位的变化而改变的情况，取决于水库河谷平面形状。在 1/5000～1/50000 比例尺地形图上，采用求积仪法、数方格法、网点法、图解法或光电扫描与电子计算机辅助设备，均可量算出不同水库水位的水库水面面积，从而绘成如图 3-1 所示的水库面积特性。绘图时，高程间距可取 1m、2m、5m。

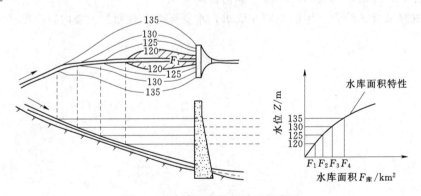

图 3-1 水库面积特性绘法示意图

显然，平原水库具有较平缓的水库面积特性曲线，表明增加坝高将迅速扩大淹没面积和加大水面蒸发量，故平原地区一般不宜建高坝。

（二）水库容积特性

水库容积特性指水库水位与容积的关系曲线。它可直接由水库面积特性推算绘制。两相邻等高线间的水层容积 ΔV，可按简化式（3-1）或较精确式（3-2）计算：

$$\Delta V = \frac{\Delta Z}{2}(F_{下} + F_{上}) \tag{3-1}$$

$$\Delta V = \frac{\Delta Z}{3}(F_{下} + \sqrt{F_{下} \ F_{上}} + F_{上}) \tag{3-2}$$

式中 $F_{下}$、$F_{上}$——相邻两等高线各自包括的水库水面面积，如图3-2中的 F_1 和 F_2；

ΔZ——两等高线之间的高程差。

从库底 $Z_{底}$ 逐层向上累加，得每一水位 Z 的库容 $V = \sum\limits_{Z_{底}}^{Z} \Delta V$，从而绘成水库容积特性（图3-2）。

应该指出，上述水库水面是按水平面进行计算的。实际上仅当库中流速为零时，库水面才呈水平，故称上述计算所得库容为静库容。库中水面由坝址起沿程上溯呈回水曲线，越靠上游水面越上翘，直至进库端与天然水面相交为止。因此，每一坝前水位所对应的实际库容比静库容大（图3-3）。特别是山谷水库出现较大洪水时，由于回水而附加的容积更大。一般情况下，按静库容进行径流调节计算，精度已能满足要求。当需详细研究水库淹没、浸没等问题和梯级水库衔接情况时，应计及回水影响。对于多沙河流，应按相应设计水平年和最终稳定情况下的淤积量和淤积形态，修正库容特性曲线。

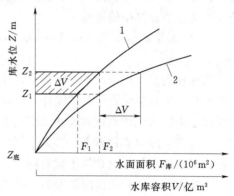

图3-2 水库容积特性和面积特性
1—水库面积特性；2—水库容积特性

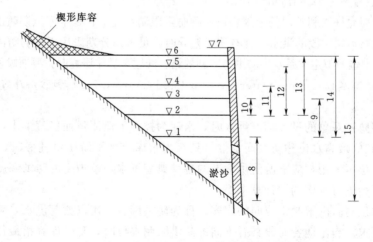

图3-3 水库特征水位和特征库容示意图
1—死水位；2—防洪限制水位；3—正常蓄水位；4—防洪高水位；5—设计洪水位；6—校核
洪水位；7—坝顶高程；8—死库容；9—兴利库容；10—重叠库容；11—防洪
库容；12—拦洪库容；13—调洪库容；14—有效库容；15—总库容

二、水库的特征水位和特征库容

水库工程为完成不同任务在不同时期和各种水文情况下，需控制达到或允许消落的各种库水位，统称特征水位（characteristic water level）。相应于水库特征水位以下或两特征水位之间的水库容积，称特征库容（characteristic storage）。确定水库特征水位和特征库容是水利水电工程规划、设计的主要任务之一，具体方法将在第六章讨论，这里仅介绍各种特征水位和特征库容的概念。

图 3-3 为水库各种特征水位和特征库容的示意图。

（一）死水位（dead water level，$Z_{死}$）和死库容（dead reservoir capacity，$V_{死}$）

在正常运用的情况下，允许水库消落的最低水位称死水位。死水位以下的水库容积称死库容或垫底库容。死库容一般用于容纳水库泥沙、抬高坝前水位和库内水深。在正常运用中，死库容不参与径流调节，也不放空，只有在特殊情况下，如排洪、检修和战备需要等，才考虑泄放其中的蓄水。

（二）正常蓄水位（nomarl water level，$Z_{蓄}$）和兴利库容（beneficial reservoir capacity，$V_{兴}$）

水库在正常运用情况下，为满足设计兴利要求而在开始供水时应蓄到的高水位，称正常蓄水位，又称正常高水位或设计兴利水位。它决定水库的规模、效益和调节方式，在很大程度上决定水工建筑物的尺寸、型式和水库淹没损失。当采用无闸门控制的泄洪建筑物时，它与泄洪堰顶高程齐平；当采用闸门控制的泄洪建筑物时，它是闸门关闭时允许长期维持的最高蓄水位，也是挡水建筑物稳定计算的主要依据。

正常蓄水位与死水位间的库容，称兴利库容或调节库容，用以调节径流，提高枯水时的供水量或水电站出力。

正常蓄水位与死水位的高程差，称水库消落深度或工作深度。

（三）防洪限制水位（flood control level，$Z_{限}$）

水库在汛期允许兴利蓄水的上限水位，称防洪限制水位。它是水库汛期防洪运用时的起调水位。当汛期不同时段的洪水特性有明显差异时，可考虑分期采用不同的防洪限制水位。

防洪限制水位的拟定关系水库防洪与兴利的结合问题，具体研究时，要兼顾两方面要求。

（四）防洪高水位（upper water level for flood control，$Z_{防}$）和防洪库容（flood control capacity，$V_{防}$）

当遇下游防护对象的设计标准洪水时，水库为控制下泄流量而拦蓄洪水，这时在坝前（上游侧）达到的最高水位称防洪高水位。只有当水库承担下游防洪任务时，才需确定这一水位。此水位可采用相应下游防洪标准的各种典型洪水，按拟定的防洪调度方式，自防洪限制水位开始进行水库调洪计算求得。

防洪高水位与防洪限制水位间的库容，称为防洪库容，用以拦蓄洪水，满足下游防护对象的防洪要求。当汛期各时段具有不同的防洪限制水位时，防洪库容指最低的防洪限制水位与防洪高水位之间的库容。

当防洪限制水位低于正常蓄水位时，防洪库容与兴利库容的重叠部分，称重叠库容或共用库容（$V_{共}$）。此库容在汛期腾空作为防洪库容或调洪库容的一部分，汛末充蓄，作为兴利库容的一部分，以增加供水期的保证供水量或水电站的保证出力。在水库设计中，根据水库及水文特性，有防洪库容和兴利库容完全重叠（防洪高水位与正常蓄水位处于同一高程）、部分重叠、不重叠三种形式。在我国南方河流上修建的水库，多采用前两种形式，以达到防洪和兴利的最佳结合。图3-3所示为部分重叠的情况。

（五）设计洪水位（design flood level，$Z_{设洪}$）和拦洪库容（reservoir capacity of a flood interceptor，$V_{拦}$）

水库遇大坝设计洪水时，在坝前达到的最高水位称设计洪水位。它是正常运用情况下允许达到的最高库水位，也是挡水建筑物稳定计算的主要依据。可采用相应大坝设计标准的各种典型洪水，按拟定的调洪方式，自防洪限制水位开始进行调洪计算求得。$Z_{限}$与$Z_{设洪}$之间的库容称拦洪库容（$V_{拦}$）。

（六）校核洪水位（maximum flood level，$Z_{校洪}$）和调洪库容（reservoir capacity for flood control，$V_{调洪}$）

水库遇大坝校核洪水时，在坝前达到的最高水位称校核洪水位。它是水库非常运用情况下允许达到的临时性最高洪水位，是确定坝顶高程及进行大坝安全校核的主要依据。可采用相应大坝校核标准的各种典型洪水，按拟定的调洪方式，自防洪限制水位开始进行调洪计算求得。

校核洪水位与防洪限制水位之间的库容称为调洪库容，用以拦蓄洪水，确保大坝安全。当汛期各时段分别拟定不同的防洪限制水位时，这一库容指最低的防洪限制水位至校核洪水位之间的库容。

（七）总库容（total reservoir capacity，$V_{总}$）和有效库容（effective reservoir capacity，$V_{效}$）

校核洪水位以下的全部库容称总库容，即$V_{总}=V_{死}+V_{兴}+V_{调洪}-V_{共}$。总库容是表示水库工程规模的代表性指标，可作为划分水库等级、确定工程安全标准的重要依据。水库工程等别见表3-1。

表3-1   水 库 工 程 等 别

工程等别	Ⅰ	Ⅱ	Ⅲ	Ⅳ	Ⅴ
工程规模	大（1）型	大（2）型	中型	小（1）型	小（2）型
水库总库容/亿 m^3	≥10	10～1.0	1.0～0.10	0.10～0.01	0.01～0.001

校核洪水位与死水位之间的库容，称有效库容，即$V_{效}=V_{总}-V_{死}=V_{兴}+V_{调洪}-V_{共}$。

三、水库水量损失

水库蓄水后，改变了河流的天然状态和库内外水力关系，从而引起额外水量损失。水库水量损失（reservoir water loss）主要包括蒸发损失（evaporation loss）和渗漏损失（seepage loss），在冰冻地区可能还有结冰损失。

（一）蒸发损失

水库建成后，库区原有陆地变成了水面，原来的陆面蒸发也就变成了水面蒸发，由此而增加的蒸发量构成水库蒸发损失。各计算时段（月、年）的蒸发损失可按下式计算：

$$W_{蒸}=(h_水-h_陆)(\overline{F}_库-f)(m^3) \tag{3-3}$$

式中 $h_水$——计算时段内库区水面蒸发深度，m；

       $h_陆$——计算时段内库区陆面蒸发深度，m；

$\overline{F}_库$——计算时段内平均水库水面面积，m^2；

f——原天然河道水面面积，m^2。

水面蒸发计算方法有经验公式法、水量平衡法、热量平衡法、紊动混合和交换理论法等四类。我国多采用第一类方法，即以库区及其附近地区蒸发皿观测的蒸发深度（面积加权平均值），乘以某一经验性折算系数（与蒸发皿面积、材料、安装方式及地区等有关）求得。

对陆面蒸发尚无成熟的计算方法，目前常采用多年平均降雨和多年平均径流深之差，作为陆面蒸发的估算值，或从各地水文手册中的陆面蒸发量等值线图上直接查得。

蒸发与饱和水汽压差、风速、辐射及温度、气压、水质等有关，按月计算蒸发量较合理。当水库水面面积变化不大，或蒸发损失占年水量比重很小时，可计算年蒸发损失并平均分配给各月份。为留有余地，年调节水库采用最大年蒸发量，年内分配按多年平均情况考虑。多年调节水库采用多年平均年蒸发量。

水库蒸发损失在地区间差别很大。例如，在干旱地区建库，伴随坝高增加，水面扩大将引起蒸发损失的大幅度增加，有可能并不增加水库的有效供水量。

（二）渗漏损失

水库蓄水后，水位抬高，水压增大，渗水面积加大，地下水情况也将发生变化，从而产生渗漏损失。渗漏损失可分三类：①通过坝身及水工建筑物止水不严实处（包括闸门、水轮机、通航建筑物的）的渗漏损失；②通过坝基及绕坝两翼的渗漏损失；③由坝底、库边流向较低渗水层的渗漏损失。近代修建的挡水建筑物，均采取了较可靠的防渗措施，在水利计算中通常只考虑第③类损失，根据水文地质条件，参照相似地区已建水库的实测资料推算，或按每年水库的平均蓄水面积渗漏损失的水层计或按水库平均蓄水量（年或月）的百分率计，其经验估算式如下

$$W_{年渗}=k_1\overline{F}_库 \tag{3-4}$$
$$W_渗=k_2W_蓄 \tag{3-5}$$

式中　$W_{年渗}$——水库年渗漏损失，m^3；

$W_渗$——计算时段内（年或月）水库渗漏损失，m^3；

$\overline{F}_库$——水库年平均蓄水面积，m^2；

$W_蓄$——计算时段内（年或月）水库蓄水量，m^3；

k_1、k_2——经验取值，可参阅表3-2。

实际上，水库运行若干年后，由于库床淤积、岩层裂隙逐渐被填塞等原因，渗漏损失会有所减小。对喀斯特溶洞发育的石灰岩地区的渗漏问题，应作专门研究，例如可在上游采用人工放淤的办法减少水库渗漏损失。

表3-2　　渗漏计算经验数值表

水文地质条件	经验数值	
	k_1/m	k_2/%
地质优良（库床无透水层）	0~0.5	0~1.0
地质中等	0.5~1.0	1.0~1.5
地质较差	1.0~2.0	1.5~3.0

（三）结冰损失

严寒地区的水库，冬季水面形成冰盖，其中部分冰层将因水库供水期间库水位的消落而滞留岸边，引起水库蓄水量的临时损失。这项损失一般不大，通常多按结冰期库水位变动范围内库面面积之差乘以0.9倍平均结冰厚度估算。

四、水库淤积

河水中挟带的泥沙在库内沉积，称为水库淤积（reservoir sedimentation）。挟沙水流进入库内后，随着过水断面逐渐扩大，流速和挟沙能力沿程递减，泥沙由粗到细地沿程沉积于库底。水库淤积的分布和形态取决于入库水量、含沙量、泥沙组成、库区形态、水库调度和泄流建筑物性能等因素的影响。纵向淤积形态分为三类：①多沙河流上水位变幅较小的湖泊型水库，泥沙易于在库尾集中淤积形成类似于河口处的三角洲，并且随着淤积的发展，三角洲逐年向坝前靠近，如官厅水库、刘家峡水库等就属于三角洲淤积形态。②少沙河流上水位变幅较大的河道型水库，多形成沿库床比较均匀的带状淤积，如丰满水库就属于这种类型。③多沙河流上库容及壅水相对较小的中小型水库，洪水期间库内仍有一定流速，泥沙被挟带到坝前落淤，形成逐渐向上游方向发展、下大上小的锥体淤积，如甘肃省泾河支流蒲河巴家咀水库就是典型的锥体淤积形态。三角洲形淤积后期接近平衡时，往往转化成锥体淤积。横向淤积形态可分为全断面淤积、主槽淤积及沿湿周均匀淤积三类。

泥沙淤积对水库的运用会产生多方面影响：水库淤积（特别是三角洲淤积）常侵占调节库容，逐步减少综合利用效益；淤积末端上延，抬高回水位，增加水库淹没、浸没损失；变动回水易使宽浅河段主流摆动或移位，影响航运；坝前堆淤（特别是锥体淤积）将增加作用于水工建筑物上的泥沙压力，有碍船闸及取水口正常运行，使进入电站的水流中含沙量增加而加剧对过水建筑物和水轮机的磨损，影响建筑物和设备的效率和寿命；随着泥沙淤积，某些化学物质沉淀将污染水质，并影响水生生物的生长；泥沙淤积，使下泄水流变清，引起下游河床被冲、变形，水位下降使下游取水困难，影响建筑物安全，并增大水轮机吸出高度，不利于水电站的可靠运行。这些问题都需妥善解决。

在水库工程的规划、设计中，为预测水库泥沙淤积过程、相对平衡状态和水库寿命所进行的分析、计算，称为水库淤积计算。计算任务是探明水库淤积对防洪、发电、航运、引水及淹没等的影响，并为研究水库运行方式、确定泄洪排沙设施规模提供依据。水库淤积计算需要的基本资料有：①水文泥沙资料，包括入库流量、悬移质和推移质输沙量与颗粒级配、河床质级配及河道糙率；②库区纵、横断面或地形图，库容曲线；③水库调度运用资料，包括不同时期的坝前水位及出库流量过程；④工程资料，如水工建筑物布置，泄流排沙设施型式、尺寸及泄流曲线。水库淤积计算的基本方程为：水流连续方程、水流动量方程和泥沙连续方程。运用有限差分法，可计算淤积过程；用三角洲法可计算淤积量、淤积形态，并可分时段求得淤积过程。

在规划阶段，为探讨水库使用年限（寿命），可按某一平均的水、沙条件估算水库平均年淤积量和水库淤损情况。库容淤损法就是较常采用的一种经验估算方法，其主要计算式为

$$\beta_{拦沙} = \frac{V_{调}/\overline{W}_{年}}{0.012 + 0.0102 V_{调}/\overline{W}_{年}} \tag{3-6}$$

$$\overline{\alpha}_{淤损} = \frac{\overline{W}_{淤}}{V_{调}} = \beta_{拦沙}\frac{\overline{W}_{沙}}{V_{调}} \tag{3-7}$$

$$\overline{\alpha}_{淤损} = 0.0002 M_{蚀}^{0.95}\left(\frac{V_{调}}{F}\right)^{-0.8} \tag{3-8}$$

$$T = \frac{kV_{调}}{\overline{\alpha}_{淤损}V_{调}} = \frac{k}{\overline{\alpha}_{淤损}} \tag{3-9}$$

式中 $\beta_{拦沙}$——拦沙率，指年内拦在水库内的泥沙占该年入库泥沙的百分数，%；

$\overline{W}_{淤}$——平均年淤积量，m^3；

$\overline{W}_{沙}$——平均年入库泥沙量，m^3；

$V_{调}$——水库调节库容，m^3，一般采用 $V_{兴}$；

$\overline{W}_{年}$——平均年入库水量，m^3；

$\overline{\alpha}_{淤损}$——库容平均淤损率，%，指水库每年因淤积而损失的库容占原有库容的百分比，采用多年平均情况；

$M_{蚀}$——流域平均侵蚀模数，$t/(km^2 \cdot 年)$；

F——流域面积，m^2；

T——水库淤至某种程度的年限，年；

k——表示水库淤积程度的系数，例如 $k=0.6$ 指淤积掉的库容达原库容的 60%。

按照水库淤积的平衡趋向性规律，运用初期，拦沙率 $\beta_{拦沙}$ 较高排沙较少，随着库容逐渐淤损，拦沙率将逐年减小，排沙逐年增加。影响水库拦沙率高低的因素很多，据国内外数十座水库实测资料分析，以调节库容与平均水量之比 $\dfrac{V_{调}}{\overline{W}_{年}}$ 对拦沙率的影响较为明显。统计资料表明：当 $\dfrac{V_{调}}{\overline{W}_{年}}$ 比值达 0.5 以上时，拦沙率接近 100%，即几乎全部泥沙淤在库里。这是因为 $\dfrac{V_{调}}{\overline{W}_{年}}$ 比值高表示水库具有较大的相对库容，调节程度高，汛期弃水少，拦沙率自然就高。

除水库调节程度对拦沙率起主要作用外，其他如泥沙颗粒粗细（粗沙情况拦沙率高）、泄流建筑物型式（表面泄洪比底孔泄洪对拦沙率高）及水库运用方式等因素也有影响。根据仅考虑调节程度影响的上述数十座水库的统计资料，计及其他影响因素的中等情况，给出平均的中值拦沙率近似式（3-6），注意式中 $\beta_{拦沙}$ 和 $\dfrac{V_{调}}{\overline{W}_{年}}$ 均用百分数（%）表示。且由于淤积使库容逐年减小，将影响水库调节能力，在计算时应按平均调节能力考虑，即式（3-6）中的 $\dfrac{V_{调}}{\overline{W}_{年}}$ 应取值 $\dfrac{1}{2}\left(\dfrac{V_{调}+V_{调终}}{\overline{W}_{年}}\right)$。其中 $V_{调终}$ 指规定或假定的要求水库保留的最终库容，例如需计算水库淤积掉的库容为原库容的 60% 的年限时，其 $V_{调终}$ 为 $0.4V_{调}$。

估算水库平均年淤积量和使用年限的具体步骤为：①根据已知的调节库容 $V_{调}$ 和平均入库年水量 $\overline{W}_{年}$，由式（3-6）求拦沙率 $\beta_{拦沙}$；②将 $\beta_{拦沙}$、$V_{调}$ 及平均年入库泥沙量 $\overline{W}_{沙}$ 代入式（3-7），求出库容平均淤损率 $\overline{\alpha}_{淤损}$〔当入库水、沙资料不全，特别是中小型水库的规划，可采用式（3-8）粗略估算 $\overline{\alpha}_{淤损}$〕；③由库容平均淤损率定义知 $\overline{W}_{淤}=\overline{\alpha}_{淤损} V_{调}$〔式（3-7）〕，据此可算出水库平均年淤积量 $\overline{W}_{淤}$；④根据预期的库容淤积程度，确定系数 k，由式（3-9）计算库容达到预期淤积程度的年限。

当入库水、沙量资料不全时，特别是对中、小型水库规划时，可采用较粗略的式（3-8）直接计算水库库容平均淤损率 $\overline{\alpha}_{淤损}$。

为防止、减轻水库淤积，要做好流域面上的水土保持工作，也可在来沙较多的支流上修建拦沙坝库。此外，采用"蓄清排浑"的运用方式，常能获得良好效果。水库在汛期降低水位运用，使大部分来沙淤在死库容内，或排出库外，或定期泄空冲刷，恢复淤积前库容；汛后则拦蓄清水，以发挥水库综合利用效益。这时，需设置较大的泄洪排沙底孔或隧洞，使水库在汛期能保持低水位运行。

五、水库的淹没和浸没

修建水库，特别是高坝大库，可调节径流，获得较大的防洪、兴利综合利用效益，但往往也会引起淹没和侵没问题。水库蓄水后，将会淹没土地、森林、村镇、交通、电力和通信设施及文物古迹，甚至城市建筑物等。由于库周地下水位抬高，水库附近受到浸没影响，使树木死亡，旱田作物受涝，耕地盐碱化，形成局部沼泽地，恶化卫生条件，滋生疟蚊，增加矿井积水，使原有工程建筑物的基础产生塌陷等；还会引起库周塌岸，毁坏农田和居民点，减小水库容积。

正常蓄水位以下库区为经常淹没区，影响所及均需改线、搬迁。正常蓄水位以上一定标准的洪水回水和风浪、冰塞壅水等淹没的地区为临时淹没区，或迁移或防护，要根据具体情况确定。对于特别稀遇洪水时才出现的淹没区，要考虑其土地合理利用问题。在多沙河流上确定回水淹没范围，要考虑一定年限的泥沙淤积对抬高回水水位，特别是回水末端水位的影响。在水面开阔、顺程较长的淹没区和容易发生冰塞壅水的水域，要在正常蓄水位以上适当考虑风浪爬高和冰塞壅水对回水的影响。

淹没区、浸没影响区和库周影响区（水库蓄水后失去生产、生活条件，需采取措施的库边及孤岛上的居民点）里所有迁移对象都应按规定标准给予补偿，此补偿加上各种资源损失，统称淹没损失，计入水库总投资内。

处理水库淹没中的移民问题，往往十分棘手。在移民安置工作中，要正确处理国家、集体和个人的关系。充分利用当地自然资源，因地制宜地开拓多种途径。安置方式和出路有：①在库区附近调整行政单元，调剂土地和生产手段，就近安置；②远迁安置；③无论就近或远迁，均有成建制集中安置或按户分散安置的方式。不论采用何种安置方式，都要广开生产门路。农村移民以农为主，农工商牧副渔各业并举；城镇居民原则上随城镇迁建安置。城镇迁建规划可照顾其近期发展。城乡移民安置后的生产和生活条件要不低于或略高于迁建以前。在少数民族地区，要尊重其风俗习惯。

移民安置补偿费用于移民的迁移安置，也用于安置区的经济补助，务必使安置区原有居民利益不受损害。

根据国家经济改革方针，总结过去经验，20 世纪 90 年代初提出开发性移民的方针，主要是把移民安置同安置区自然资源、人力资源的开发有机地结合起来，采取多种途径为移民创造能不断发展生产和改善生活的条件，移民能在新环境安居乐业，使移民安置成为振兴当地经济的促进因素。实现这种设想，不单纯依靠工程建设单位安排的移民补偿投资，还要多渠道集资并建立移民基金。在工程建成后一定时期内，要对有困难的移民安置区在经济上继续予以扶持。

水库淹没损失是一项重要的技术经济指标。在人口稠密地区，不仅淹没损失很大，有时达工程总投资的 40%～50%，而且还会带来其他方面的影响，移民安置具有很强的政策性，因此，淹没、浸没问题，常常成为限制水库规模的主要因素之一。对于巨型和大型水库，可根据国民经济发展的需要，有计划地分期抬高蓄水位，以求减小近期淹没损失和迁移方面的困难。

第二节 兴利调节分类

除了只能按天然径流供水的无调节水利水电工程外，凡具有调节库容者，均能进行一定程度的兴利调节。

水库兴利调节可按调节周期、水库任务和供水方式等进行分类。

一、按调节周期分类

所谓调节周期，指水库的兴利库容从库空→蓄满→放空的完整的蓄放过程。

（一）日调节 （Daily regulation）

日调节的调节周期为一昼夜，即利用水库兴利库容将一天内的均匀来水，按用水部门的日内需水过程进行调节。以水力发电为例，发电用水是随负荷的变化而改变的，而河川径流在一昼夜里基本上是均匀的（汛期除外），在一天 24h 之内，当用水小于来水时，将多余水量蓄存在水库中，供来水不足时使用（图 3-4）。

应该注意，在洪水期，由于天然来水甚丰，水电站总是以全部可用容量投入运行，整天都处于满负荷工作状态，不进行日调节。而在枯水期，当水电站水库具有枯水日来水量的 20%~25% 的兴利库容时，一般即可进行日调节。

（二）周调节 （Weekly regulation）

周调节的调节周期为一周，即将一周内变化不大的入库径流按用水部门的周内需水过程进行径流调节。仍以水力发电为例，枯水期河川径流在一周之内变化不大，而周内休假日电力负荷较小，发电用水也少，这时可将多余水量存入水库，用于高负荷日发电（图 3-5）。周调节比日调节需稍大的兴利库容。周调节水库也可进行日调节。

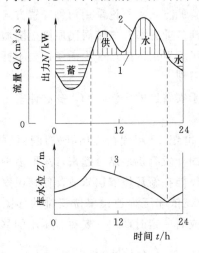

图 3-4 径流日调节
1—天然日平均流量；2—用水流量；3—库水位变化过程线

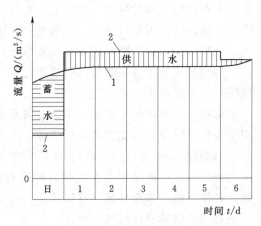

图 3-5 径流周调节
1—天然流量；2—用水流量

（三）年调节 （Annual regulation）

年内河川径流变化很大，丰水期和枯水期的来水量相差很大。径流年调节的任务是按照用水部门的年内需水过程，将一年中丰水期多余水量蓄存起来，用以提高缺水时期的供水量，调节周期在一年以内。如图 3-6 所示，横线阴影面积表示蓄水量，竖线阴影面积表示水库补充供水量。当水库蓄满而来水仍大于用水时，将发生弃水（由泄洪设施排往下游），图中也示出了弃水期，通常称这种仅能存蓄丰水期部分多余水量的径流调节为季调节（或不完全年调节），而对能将年内全部来水量按用水要求重新分配而不发生弃水的径流调节，则称为完全年调节。显然，完全与不完全调节的概念是相对的，例如对同一水库而言，可能在一般年份能进行完全年调节，但遇丰水年则很可能发生弃水，只能进行不完全年调节。

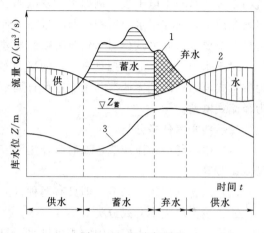

图 3-6 径流年调节
1—天然流量过程；2—用水流量过程；
3—库水位变化过程线

通常用库容系数 β $\left(\beta=\dfrac{V_{兴}}{W_{年}}\right)$ 反映水库的兴利调节能力，当 $\beta=8\%\sim30\%$ 时，一般可进行年调节。当天然径流年内分配较均匀时，$\beta=2\%\sim8\%$，即可进行年调节。年调节水库一般可同时进行周调节和日调节。

（四）多年调节 （Overyear regulation）

径流多年调节的任务是利用水库兴利库容将丰水年多余水量蓄存起来，用以提高枯水年份的供水量。这时，水库兴利库容可能要经过若干丰水年才能蓄满，然后将蓄水量在若干个枯水年份里用掉，其调节周期要超过一年（图 3-7）。

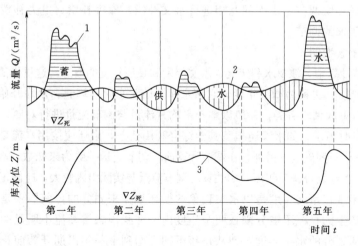

图 3-7 径流多年调节
1—天然流量过程；2—用水流量过程；3—库水位变化过程线

根据经验，若年水量变差系数 C_V 值较小，年内水量分配较均匀，$\beta > 30\%$ 便可进行多年调节，否则，需要有更大库容才能进行多年调节。多年调节水库一般可同时进行年调节、周调节和日调节。

以上曾多次提到长期调节水库可同时进行较短周期的径流调节。但对于具有长引水建筑物系统的水利水电工程（例如水力发电的混合式开发方式），由坝形成的水库往往仅进行长期调节，而在引水建筑物尾部附近另选合适地址，修建专用日调节池，以便更好地满足日调节要求，并可减少引水建筑物断面尺寸，降低造价。

对于水力发电，通常把具有一定的兴利库容、有能力调节天然日径流量的水电站，称为蓄水式电站。而把无调节和仅能进行日调节的水电站（其日电能受控于天然径流），称为径流式电站。

二、按水库任务分类

（1）单一任务径流调节，如灌溉径流调节、工业及城市生活给水径流调节、水力发电径流调节等。

（2）综合利用径流调节，即具有两种以上任务的水库的径流调节。

三、按水库供水方式分类

（1）固定供水。水库按固定要求供水，与供水期水库来水量和蓄水量无关，如工业及城市生活给水多属这种类型的径流调节。

（2）变动供水。水库供水随蓄水量和用户不同的要求而变动，如灌溉按农田需水要求供水；水电站按电力负荷要求供水等。

四、其他分类

（1）反调节（re-regulation）。下游水库按照用水部门的需水过程，对上游水库泄流的再调节。

（2）单一水库补偿调节。水库与水库下游区间来水互相补偿，以满足有关部门用水要求的调节。

（3）水库群补偿调节。水库间互相进行水文补偿、库容补偿、电力补偿，共同满足水利、电力系统要求的调节。

五、相关概念说明

在径流调节计算中，涉及水利年度、水文年度和日历年度的概念，这里作简要分析说明。

（1）水利年度：也称为调节年度，它从水库开始蓄水时间算起。水库开始蓄水时间与来水年份和调节流量的大小有关，一般以多年平均月流量与调节流量进行对照，多年平均月流量大于调节流量时蓄水。如水库还担负其他综合利用任务，则还应按用水流量过程线与多年平均月流量过程线对照确定。另外，在调节计算前，调节流量一般为未知数，故常需事先估算一个调节流量，大致划分调节年度，如估算的调节流量与实际出入较大，应修正调节年度。

（2）水文年度：水文年度是以水文现象的循环规律来划分的，其原则是在一个水文年度内降雨和它产生的径流不被分割在两个年度内。在我国融雪径流不明显的地区，是以一年最枯水的日期划分的水文年度，即从每年汛期开始到下一年汛期开始前止；在北方具有春汛的河流，则是以冬季降雪开始日期来划分水文年度。

（3）日历年度：日历年度是指每年 1—12 月为一个完整的年份。当年径流资料经过审查、插补延长、还原计算和资料一致性和代表性论证以后，应按逐年逐月统计其径流量，组成年径流系列和月径流系列。

第三节 设 计 保 证 率

一、工作保证率和设计保证率的含义

水利水电部门的正常工作的保证程度，称为工作保证率。工作保证率有不同的表示形式。一种是按照正常工作相对年数计算的"年保证率"，它是指多年期间正常工作年数占运行总年数的百分比，即

$$P = \frac{正常工作年数}{运行总年数} \times 100\% = \frac{运行总年数 - 工作遭破坏年数}{运行总年数} \times 100\% \qquad (3-10)$$

显然，这种表示保证率的方式是不够确切的，因为不论破坏程度和历时如何，凡不能维持正常工作的年份，均同样计入破坏年数之中。

另一种工作保证率表示形式是按照正常工作相对历时计算的"历时保证率"，指多年期间正常工作历时（日、旬或月）占总历时的百分比，即

$$P' = \frac{正常工作历时（日、旬或月）}{运行总历时（日、旬或月）} \times 100\% \qquad (3-11)$$

年保证率与历时保证率之间的换算式为

$$P = \left(1 - \frac{1-P'}{m}\right) \times 100\% \qquad (3-12)$$

式中　m——破坏年份的破坏历时与总历时之比，可近似按枯水年份供水期持续时间与全年时间的比值来确定。

采用哪种形式计算工作保证率，视用水特性、水库调节性能及设计要求等因素而定。蓄水式电站、灌溉用水等，一般可采用年保证率；径流式电站、航运用水和其他不进行径流调节的用水部门，其工作多按日计算，故多采用历时保证率。

应该说明，枯水年对用水部门适当减少供水，效益不一定会下降，可通过挖掘潜力或其他措施补救。例如，当水电站由于不利水文条件（水量或水头不足）使其正常工作遭到破坏时，特别是在破坏并不严重的情况下，常可通过动用电力系统内的空闲容量来维持系统的正常工作。这也说明电力系统工作保证率与水电站工作保证率并不完全是一回事情，前者大于或等于后者。

众所周知，河川径流过程每年不同，年际水量亦不相等，若要求遇特别枯水年份仍保证兴利部门的正常用水，往往需修建规模较大的水库工程和其他有关水利设施，这在技术上可能有困难，经济方面也不一定合理，因此，一般允许水库适当减少供水量。也就是说，要为拟建的水利水电工程选定一个合理的工作保证率，显然，该选定的工作保证率是水利水电工程规划、设计时的重要依据，称为设计保证率（design dependability，$P_设$）。

二、设计保证率的选择

水利水电工程设计保证率的选择是一个复杂的技术经济问题。设计保证率选得太低，正常工作遭受破坏的概率将加大，破坏所带来的国民经济损失及其他不良后果加重；相

反，设计保证率定得过高，虽可减轻破坏带来的损失，但工程投资和其他费用将增加，或者不得不减小工程的效益。可见，设计保证率理应通过技术经济计算，并考虑其他影响，综合分析确定。但由于破坏损失及其他后果涉及许多因素，情况复杂，并难以全部用货币价值准确表达，使计算非常困难，尚需继续深入研究。目前，水利水电工程设计保证率主要根据生产实践经验，参照规程推荐的数据，综合分析后确定。

（一）水电站设计保证率

水电站设计保证率的取值关系供电可靠性、水能资源利用程度及电站造价。一般地讲，水电站装机规模越大，系统中水电所占比重越大，系统中重要用户越多，正常工作遭到破坏时的损失越严重，常采用较高设计保证率，见表3-3。而对于河川径流变化剧烈和水库调节性能好的水电站，也多采用较高的设计保证率。此外，水电站设计保证率的取值还与电力系统用户组成和负荷特性，以及可能采取的弥补不足出力的措施等因素有关。

表3-3　水电站设计保证率

系统中水电容量比重/%	<25	25~50	>50
水电站设计保证率/%	80~90	90~95	95~98

注　摘自 NB/T 35061—2015《水电工程动能设计规范》。

装机容量小于25000 kW的小型水电站，设计保证率一般采用65%~90%；以灌溉为主的农村小水电工程的设计保证率，常与灌溉设计保证率取同值；大、中型水电站的设计保证率可参照表3-3选值。

同一电力系统中，规模和作用相近的联合运行的几座水电站，可当作单一水电站选择统一的设计保证率。

（二）灌溉设计保证率

灌溉设计保证率指设计灌溉用水量的保证程度。通常根据灌区水、土资源情况，作物组成，气象与水文条件，水库调节性能，国家对当地农业生产的要求，以及地区工程建设和经济条件等因素分析确定。

一般说来，南方水源丰富地区的灌溉设计保证率比北方的高；大型工程的比中、小型工程的高；自流灌溉的比提水灌溉的高；远期规划工程的比近期工程的高。设计时可根据具体条件，参照表3-4选值。

表3-4　灌溉设计保证率

灌水方法	地区	农作物种类	年设计保证率/%
地面灌溉	缺水地区或水资源紧缺地区	以旱作物为主	50~75
		以水稻为主	70~80
	半干旱、半湿润地区或水资源不稳定地区	以旱作物为主	70~80
		以水稻为主	75~85
	湿润地区或水资源丰富地区	以旱作物为主	75~85
		以水稻为主	80~95
喷灌、微灌	各类地区	各类作物	85~95

注　1. 作物经济价值较高的地区，宜选用表中较大值；作物经济价值不高的地区，可选用表中较小值。
　　2. 引洪淤灌系统的灌溉设计保证率可取30%~50%。

有的地区采用抗旱天数作为设计标准，旱作物和单季稻灌区抗旱天数可取 30～50d，双季稻灌区抗旱天数可为 50～70d。

有条件的地区可酌情提高灌溉设计保证率。对于灌溉设计标准以外的大旱年份，应本着挖掘潜力、节约用水原则，提出灌溉用水要求。

（三）供水设计保证率

工业及城市民用供水若遭破坏将直接影响人民生活和造成生产上的严重损失，故采用较高的设计保证率，一般取值范围为年保证率的 95％～99％，大城市和重要工矿区取较高值。对于由两个以上水源供水的城市或工矿企业，在确定可靠性时，常按下列原则考虑：任一水源停水时，其余水源除应满足消防和生产紧急用水外，要保证供应一定数量的生活用水。

（四）通航设计保证率

通航设计保证率一般指最低通航水位（水深）的保证程度，以计算时期内通航获得满足的历时百分率表示。最低通航水位是确定枯水期航道标准水深的起算水位。

通航设计保证率，一般根据航道等级结合其他因素综合分析比较并征求有关部门意见，报请审批部门确定，设计时可参表 3-5 选值。

此外，过木河流上的水利水电工程设计，应根据具体条件通过综合分析比较并征求有关部门意见，报请审批部门确定过木的设计标准和设计保证率。

在综合利用水库的水利水能计算中，首先要按式（3-12）将历时保证率换算成年保证率。再者，针对各用水部门设计保证率常不相同的情况，一般以其中主要部门的设计保证率为准进行径流调节计算，凡设计保证

表 3-5　通航设计保证率

通航等级	历时设计保证率/％
一级～二级	97～99
三级～四级	95～97
五级～六级	90～95

率高于主要部门的用水部门，其需水应得到保证；而设计保证率较低的用水部门的用水量可适当缩减。此外，还要对年水量频率与各用水部门设计保证率相应的年份，分别进行校核计算，取稍偏于安全方面的结果。必要时，可根据任务主次关系，适当调整各部门的用水要求或设计保证率。

第四节　设计代表期

在水利水电工程规划设计过程中，要进行多方案的大量的水利水能计算，根据长系列水文资料进行计算，可获得较精确的结果，但工作量大。在实际工作中可采用简化方法，即从水文资料中选择若干典型年份或典型多年径流系列作为设计代表期进行计算，其成果精度一般能满足规划设计的要求。

一、设计代表年

在水利水电规划设计中，常选择有代表性的枯水年、中水年（也称平水年）和丰水年作为设计典型年（design typical year），分别称为设计枯水年、设计中水年和设计丰水年。以设计枯水年的效益计算成果代表恰好满足设计保证率要求的工程兴利情况；设计中水年代表中等来水条件下的兴利情况；设计丰水年则代表多水条件下的兴利情况。据此，一般

可由 $P_设$（设计保证率）、50% 及 $1-P_设$ 三种频率，在年水量频率曲线上分别确定设计枯水年、设计中水年、设计丰水年的年水量。至于水量年过程，对设计枯水年要考虑不利的年内分配；设计中水年、设计丰水年可分别采用多年平均和来水较丰年份平均的年内分配。

各设计代表年的年径流整编要以调节年度为准，即由丰水期水库开始蓄水统计到次年再度蓄水前为止。径流式水电站的设计代表年的径流资料，要给出日平均流量过程线，也可直接绘制天然来水日平均流量频率曲线，供设计使用。

对于年调节水电站，满足设计保证率要求的关键在设计枯水年的供水期。因此，可根据水文资料和用水要求，划分各年一致的供水期，计算各年供水期天然水量并绘出供水期水量的频率曲线，由设计保证率即可在曲线上查出供水期水量保证值及相应的年份。这就是按枯水季水量选定设计枯水年的方法。

由于径流年内分配不稳定，各年供水期起讫时间不一致，采取统一的时间不够恰当。因此，可根据初定的兴利库容，用 $Q_调=\dfrac{W_供+V_兴}{T_供}$ 试算求出逐年供水期的调节流量［见式（3-16）及其说明］，作出调节流量频率曲线，然后按设计保证率定出调节流量保证值及与它相应的年份，便可选出设计枯水年。这种按调节流量选定设计枯水年的方法综合考虑了来水和水库调节的影响，比较合理，但工作量较大。

二、设计多年径流系列

多年调节水库的调节周期长达若干年，应选择包括多年的径流系列进行水利水能计算。设计多年径流系列是从长系列资料中选出的有代表性的短系列。

（一）设计枯水系列

对于多年调节，由于水文资料的限制，能获得的完整调节周期数是不多的，难以应用枯水系列频率分析法选择设计枯水系列。通常采用扣除允许破坏年数的方法加以确定，即先按式（3-13）计算设计保证率条件下正常工作允许破坏的年数 $T_破$：

$$T_破=n-P_设(n+1) \tag{3-13}$$

式中　　n——表示水文系列总年数。

然后，在实测资料中选出最严重的连续枯水年组，并从该年组最末一年起逆时序扣除允许破坏年数 $T_破$，余下的即为所选的设计枯水系列。这时，尚需注意以下两点：①用设计枯水系列调节计算结果对其他枯水年组进行校核，若另有正常工作遭破坏的时段，则该时段为允许破坏年份要从 $T_破$ 中扣除，在此基础上进一步分析得出新的允许破坏年份（总年数为 $T_破$），并用它重新确定设计枯水系列；②有时需校核破坏年份供水量和电站出力能否满足最低要求，若不能满足，则水库应在允许破坏时段前预留部分蓄水量。

（二）设计中水系列

为探求水库运用的多年平均状况，一般取 $10\sim15$ 年作为代表期，称设计中水系列，选择时要求：①系列连续径流资料要有一个及以上完整的调节循环；②系列年径流均值应等于或接近于多年平均值；③系列应包括枯水年、中水年、丰水年，它们的比例关系与长系列大体相当，使设计中水系列的年径流变差系数 C_V 与长系列的相近。

当电力系统中有若干电站联合运行并进行补偿调节时，最好按长系列进行计算，或以补偿电站为主，选出统一的设计代表系列。

应该指出，在目前广泛应用电子计算机的情况下，采用计算机编程方法进行长系列水利水能计算，很快即能得出成果。因此，可根据具体工程情况及各设计阶段对计算精度的要求，确定采用设计代表期或长系列进行电算。

第五节　兴利调节计算基本原理

根据国民经济各有关部门的用水要求，利用水库重新分配天然径流所进行的计算，称兴利调节计算。对单一水库，计算任务是求出各种水利水能要素（供水量、电站出力、库水位、蓄水量、弃水量、损失水量等）的时间过程以及调节流量、兴利库容和设计保证率三者间的关系，作为确定工程规模、工程效益和运行方式的依据。对于具有水文、水力、水利及电力联系的水库群，径流调节计算还包括研究河流上下游及跨流域之间的水量平衡，提出水文补偿、库容补偿、电力补偿的合理调度方式。

按照对原始径流资料描述和处理方式的差异，兴利调节计算方法主要分为时历法和概率法（也称数理统计法）两大类。时历法是以实测径流资料为基础，按历时顺序逐时段进行水库水量蓄泄平衡的径流调节计算方法，其计算结果（调节流量、水库蓄水量等）也是按历时顺序给出；概率法是应用径流的统计特性，按概率论原理对入库径流的不均匀性进行调节的计算方法，成果以调节流量、蓄水量、弃水量、不足水量等的概率分布或保证率曲线的形式给出。

由于在开发、利用水资源的规划设计中出现了许多复杂的课题，从20世纪60年代开始，H. A. 小托马斯等人相继提出径流调节随机模拟法。它是应用随机过程和时间序列分析理论与时历法相结合的径流调节计算方法，即先根据历史径流资料和径流过程的物理特性，建立径流系列的随机模型，并据以模拟出足够长的径流系列，而后再按径流调节时历法进行计算。随机模拟法不能改善历史径流系列的统计特性，但可给出与历史径流系列在统计特性上基本保持一致的足够长的系列，以反映径流系列的各种可能组合情况。可见，随机模拟法兼有时历法与概率法的特点，而对于径流系列随机模型的选择、识别、参数估计、检验、适用性分析以及调节后径流系列的统计检验等，需进行大量的计算工作，其中某些环节尚有待进一步探讨。

径流调节计算的基本依据是水量平衡原理。计算时段的水库水量平衡方程为

$$W_{末}=W_{初}+W_{入}-W_{出} \tag{3-14}$$

式中　$W_{末}$——计算时段末水库蓄水量，m^3；

　　　$W_{初}$——计算时段初水库蓄水量，m^3；

　　　$W_{入}$——计算时段入库水量，m^3；

　　　$W_{出}$——计算时段出库水量，包括向各用水部门提供的水量、弃水量及水库水量损失等，m^3。

采用的计算时段长短取决于调节周期及径流、用水随时间的变化程度，日调节水库一般以小时为单位；对于年或多年调节水库，一般是枯水期以月、丰水期以旬为单位。

由式（3-14）知

$$W_入 - W_出 = W_末 - W_初 = \pm \Delta W (或 \Delta V) \qquad (3-15)$$

式（3-15）表示水库在计算时段内蓄水量的增、减值 ΔW 实际上即水库在该时段必须具备的库容值 ΔV。具体计算时，来水量 $W_入$ 和时段初水库蓄水量 $W_初$ 是已知的，故水库兴利调节计算主要可概括为下列三类课题：①根据用水要求，确定兴利库容；②根据兴利库容，确定设计保证率条件下的供水水平（调节流量）；③根据兴利库容和水库操作方案，推求水库运用过程。

三类课题的实质是找出天然来水、各部门在设计保证率条件下的用水和兴利库容三者的关系。下面将具体讨论水库兴利调节计算时历法和概率法。

第六节　兴利调节时历列表法

一、根据用水过程确定水库兴利库容

根据用水要求确定兴利库容是水库规划设计时的重要内容。由于用水要求为已知，根据天然径流资料（入库水量）不难定出水库补充放水的起止时间。逐时段进行水量平衡算出不足水量（个别时段可能有余水），再有分析地累加各时段的不足水量（注意扣除局部回蓄水量），便可得出该入库径流条件下为满足既定用水要求所需的兴利库容。显然，为满足同一用水过程对不同的天然径流资料求出的兴利库容值是不相同的。

按照对径流资料的不同取舍，水库兴利调节时历法可分为长系列法和代表期（年、系列等）法。其中，长系列法是针对实测径流资料（年调节不少于 20～30 年，多年调节至少 30～50 年）算出所需兴利库容值，然后按由小到大顺序排列并计算、绘制兴利库容频率曲线。然后根据设计保证率即可在该库容频率曲线上定出欲求的水库兴利库容；代表期法是以设计代表期的径流代替长系列径流进行调节计算的简化方法，其精度取决于所选设计代表期的代表性好坏，而具体调节计算方法则与长系列法相同。

下面以年调节水库为例，说明根据用水过程确定兴利库容的时历列表法中的代表年法，计算时段采用一个月。

（一）不计水量损失的年调节计算

某坝址处的多年平均年径流量为 $1104.6 \times 10^6 \mathrm{m}^3$，多年平均流量为 $35 \mathrm{m}^3/\mathrm{s}$。设计枯水年的天然来水过程及各部门综合用水过程分别列入表 3-6（2）、（3）栏和（4）、（5）栏。径流资料均按调节年度给出，本例年调节水库的调节年度为当年 7 月初到次年的 6 月末。其中 7—9 月为丰水期，10 月初到次年 6 月末为枯水期。

计算一般从供水期开始，数据列入表 3-6。10 月份天然来水量为 $23.67 \times 10^6 \mathrm{m}^3$，兴利部门综合用水量为 $24.99 \times 10^6 \mathrm{m}^3$，用水量大于来水量，要求水库供水，10 月不足水量为 $1.32 \times 10^6 \mathrm{m}^3$，将该值填入表 3-6 中第（7）栏，即（7）=（5）-（3）。依次算出供水期各月不足水量。将 10 月到次年 6 月的 9 个月的不足水量累加起来，即求出设计枯水年供水期总不足水量为 $152.29 \times 10^6 \mathrm{m}^3$，填入第（7）栏合计项内。显然，水库必须在丰水期存蓄 $152.29 \times 10^6 \mathrm{m}^3$ 水量，才能补足供水期天然来水之不足，故水库兴利库容应为 $152.29 \times 10^6 \mathrm{m}^3$。由于计算是针对设计枯水年进行的，故求得的兴利库容使各部门用水得到满足的保证程度是与设计保证率一致的。

表 3 - 6　　　　　　　　水库年调节时历列表计算（未计水库水量损失）

时段/月		天然来水		各部门综合用水		多余或不足水量		弃　水		时段末兴利库容蓄水量/($10^6 m^3$)	出库总流量/(m^3/s)	备注
		流量/(m^3/s)	水量/($10^6 m^3$)	流量/(m^3/s)	水量/($10^6 m^3$)	多余/($10^6 m^3$)	不足/($10^6 m^3$)	水量/($10^6 m^3$)	流量/(m^3/s)			
(1)		(2)	(3)	(4)	(5)	(6)	(7)	(8)	(9)	(10)	(11)	(12)
丰水期	7	50.5	132.82	30.0	78.90	53.92		0	0	53.92	30.0	水库蓄水
	8	100.5	264.32	30.0	78.90	185.42		87.05	33.1	152.29	63.1	库满有弃水
	9	25.0	65.75	25.0①	65.75					152.29	25.0	保持满库
枯水期	10	9.0	23.67	9.5	24.99		1.32			150.97	9.5	水库供水期，库水位逐月下降
	11	7.5	19.73	9.5	24.99		5.26			145.71	9.5	
	12	4.0	10.52	9.5	24.99		14.47			131.24	9.5	
	1	2.6	6.84	9.5	24.99		18.15			113.09	9.5	
	2	1.0	2.63	9.5	24.99		22.36			90.73	9.5	
	3	10.0	26.30	15.0	39.45		13.15			77.58	15.0	
	4	8.0	21.04	15.0	39.45		18.41			59.17	15.0	
	5	4.5	11.84	15.0	39.45		27.61			31.56	15.0	六月末兴利库容放空
	6	3.0	7.89	15.0	39.45		31.56			0	15.0	
合计		225.6	593.35	192.5	506.30	239.34	152.29	87.05				
平均		18.8		16.0								

注　1. $\sum(3) - \sum(5) = \sum(8)$，可用以校核计算。

　　2. $\sum(6) - \sum(7) = \sum(8)$，可用以校核计算。

①　9 月份原计划要求用水流量为 $20 m^3/s$，由于库满，可按天然来水运行，提高水量利用率。

　　在丰水期，7 月份天然径流量为 $132.82 \times 10^6 m^3$，兴利部门综合用水量等于 $78.90 \times 10^6 m^3$，多余水量 $53.92 \times 10^6 m^3$，全部存入水库 [见第 (6) 栏]。8 月份来水量为 $264.32 \times 10^6 m^3$，用水量为 $78.90 \times 10^6 m^3$，多余水量为 $185.42 \times 10^6 m^3$。由于 7 月末在兴利库容中已蓄水量为 $53.92 \times 10^6 m^3$，只剩下 $98.37 \times 10^6 m^3$ 库容待蓄，故 8 月份来水除将兴利库容 $V_兴$ 蓄满外，尚有弃水 $87.05 \times 10^6 m^3$，填入第 (8) 栏。9 月份来水量为 $65.75 \times 10^6 m^3$，这时 $V_兴$ 已蓄满，天然来水量虽大于兴利部门需水，但仍小于最大用水流量，为减少弃水，水库按天然来水供水（见表 3 - 6①注）。

　　分别累计 (6)、(7) 两栏，并扣除弃水（逐月计算时以水库蓄水为正，供水为负），即得兴利库容内蓄水量变化情况，填入 (10) 栏。此算例表明，水库 6 月末放空至死水位，7 月初开始蓄水，8 月份库水位升达正常蓄水位并有弃水，9 月份维持满蓄，10 月初水库开始供水直至次年 6 月末为止，这时兴利库容正好放空，准备迎蓄来年丰水期多余水量。水库兴利库容由空到满，又再放空，正好是一个调节年度。

　　表 3 - 6 中第 (11) 栏 [(4)、(9) 两栏之和] 给出了各时段出库总流量，它就是各时段下游可资应用的流量值，同时，由它确定下游水位。

　　图 3 - 8 给出了水库蓄水年变化过程，图中标明水库死库容为 $50 \times 10^6 m^3$，兴利库容

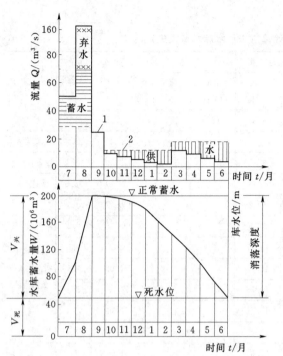

图 3-8　某水库径流年调节过程
1—设计枯水年来水过程；2—综合用水过程

为 $152.29 \times 10^6 \, \mathrm{m}^3$。已知坝址处多年平均年径流量 $\overline{W}_{年}$ 为 $1104.60 \times 10^6 \, \mathrm{m}^3$，则库容系数为 $\beta = \dfrac{V_{兴}}{\overline{W}_{年}} = \dfrac{152.29 \times 10^6}{1104.60 \times 10^6} \approx 13.8\%$。

（二）考虑水量损失的年调节计算

此算例的各月损失水层深度见表 3-7。表中蒸发损失是根据当地水面蒸发资料和多年平均陆面蒸发等值线图求得。渗漏损失的数据是由库区水文地质调查报告提供的。

由于各月蒸发、渗漏损失与当月库水面面积有关，故计算时应先算出每月库水面面积。一种办法是先暂不计入水量损失，进行如同表 3-6 所示的调节计算，在此基础上，根据各月水库蓄水量确定平均水面面积，用各月损失水层深度乘以相应的平均水面面积，得出各月损失水量。再根据天然来水、兴利用水及水量损失，采用与表 3-6 相同的方法进行水量平衡，从而求出所需兴利库容。全部计算列入表 3-8 中。表中（4）栏为时段末水库蓄水量，即前

表 3-7　　　　　　　　　　　　　某水库蒸发和渗漏损失深度　　　　　　　　　　　　　单位：mm

月份	（1）	1	2	3	4	5	6	7	8	9	10	11	12	全年
蒸发损失深度	（2）	15	30	80	110	150	150	130	115	90	75	35	20	1000
渗漏损失深度	（3）	60	60	60	60	60	60	60	60	60	60	60	60	720
总损失深度	（4）	75	90	140	170	210	210	190	175	150	135	95	80	1720

表 3-8　　　　　　　　　　　　　计入水量损失的年调节列表计算

时段/月	天然来水量/$(10^6 \mathrm{m}^3)$	未计入水量损失情况				水量损失		计入水量损失情况				
		用水量/$(10^6 \mathrm{m}^3)$	时段末水库蓄水量/$(10^6 \mathrm{m}^3)$	时段平均蓄水量/$(10^6 \mathrm{m}^3)$	时段内平均水面面积/$(10^6 \mathrm{m}^2)$	水量损失深度/m	水量损失值/$(10^6 \mathrm{m}^3)$	毛用水量/$(10^6 \mathrm{m}^3)$	多余水量/$(10^6 \mathrm{m}^3)$	不足水量/$(10^6 \mathrm{m}^3)$	时段末水库蓄水量/$(10^6 \mathrm{m}^3)$	弃水量/$(10^6 \mathrm{m}^3)$
（1）	（2）	（3）	（4）	（5）	（6）	（7）	（8）	（9）	（10）	（11）	（12）	（13）
丰水期			（时段初死库容）50								（时段初）50	
7	132.82	78.90	103.92	76.96	9.6	0.190	1.824	80.72	52.10		102.10	0
8	264.32	78.90	202.29	153.10	15.2	0.175	2.660	81.56	182.76		218.20	66.66
9	65.75	63.11[①]	202.29	202.29	17.6	0.150	2.640	65.75			218.20	

续表

时段/月		天然来水量/($10^6 m^3$)	未计入水量损失情况				水量损失		计入水量损失情况				
			用水量/($10^6 m^3$)	时段末水库蓄水量/($10^6 m^3$)	时段平均蓄水量/($10^6 m^3$)	时段内平均水面面积/($10^6 m^2$)	水量损失深度/m	水量损失值/($10^6 m^3$)	毛用水量/($10^6 m^3$)	多余水量/($10^6 m^3$)	不足水量/($10^6 m^3$)	时段末水库蓄水量/($10^6 m^3$)	弃水量/($10^6 m^3$)
(1)		(2)	(3)	(4)	(5)	(6)	(7)	(8)	(9)	(10)	(11)	(12)	(13)
枯水期	10	23.67	24.99	200.97	201.63	17.00	0.135	2.295	27.29		3.62	214.58	
	11	19.73	24.99	195.71	198.34	16.40	0.095	1.558	26.55		6.82	207.76	
	12	10.52	24.99	181.24	188.48	16.20	0.080	1.296	26.29		15.77	191.99	
	1	6.84	24.99	163.09	172.66	16.00	0.075	1.200	26.19		19.35	172.64	
	2	2.63	24.99	140.73	151.91	15.15	0.090	1.363	26.35		23.72	148.92	
	3	26.30	39.45	127.58	134.15	14.24	0.140	1.994	41.44		15.14	133.78	
	4	21.04	39.45	109.17	118.38	13.00	0.170	2.210	41.66		20.62	113.16	
	5	11.84	39.45	81.56	95.36	11.00	0.210	2.310	41.76		29.62	83.24	
	6	7.89	39.45	50.00	65.78	8.00	0.210	1.680	41.13		33.24	50.00（死库容）	
合计		593.35	503.66					23.030	526.69	234.86	168.20		66.66

注 1. $\sum(2)-[\sum(3)+\sum(8)]=\sum(2)-\sum(9)=\sum(13)$，可用来校核所进行的计算。

　　2. $\sum(10)-\sum(11)=\sum(13)$，可用来校核计算。

① 兴利库容 8 月蓄满，9 月可按天然流量运行，但有水量损失，故月用水量为 $63.11\times10^6 m^3$。

述表 3-6 第（10）栏加上死库容（本例为 $50\times10^6 m^3$）。第（5）栏时段平均蓄水量即第（4）栏月初和月末蓄水量的平均值。第（6）栏时段内平均水面面积，由第（5）栏平均蓄水量在水库面积特性上查定。第（7）栏摘自表 3-7 第（4）行。第（8）栏等于（6）栏乘上（7）栏。第（9）栏指毛用水量，即计入水量损失后的用水量，（9）栏等于（3）栏加（8）栏。而后逐时段进行水量平衡，将（2）栏减（9）栏的正值记入（10）栏，负值记入（11）栏。累计整个供水期不足水量即求得所需兴利库容，本例 $V_兴=168.20\times10^6 m^3$，比不计水量损失情况增加 $15.91\times10^6 m^3$，此增值恰等于供水期水量损失之和。应该指出，表 3-8 仍有近似性，这是由于计算水量损失时采用了不计水量损失时的水面面积值。为修正这种误差，可在第一次计算的基础上，按同法再算一次。

上述时历列表法计算也可由供水期末开始，采用逆时序进行逐月试算。年调节水库供水期末（本例为 6 月末）的水位应为死水位，这时，先假定月初水位，根据月末死水位及假定的月初水位算出该月平均水位，从而由水库面积特性查定相应的平均水面面积，进而计算月损失水量。再根据该月天然来水量、用水量和损失水量，计算 6 月初水库应有蓄水量及其相应水位，若此水位与假定的月初水位相符，说明原假定是正确的，否则重新假定，试算到相符为止。依次对供水或倒数第二个月（本例为 5 月）进行试算。逐项类推，便可求出供水期初的水位（即正常蓄水位），该水位和死水位之间的库容即为所求的兴利库容。

在中、小型水库的设计工作中，为简化计算，可按下述方法考虑水量损失：首先不计水量损失算出兴利库容，取此库容之半加上死库容，作为水库全年平均蓄水量，从水库特性曲线中查定相应的全年平均水位及平均水面面积，据此求出年损失水量，并平均分配在

12个月份。不计损失时的兴利库容加上供水期总损失水量，即为考虑水量损失后的兴利库容近似解。现仍沿用前述表3-6的算例，对应于全年蓄水量$126.2\times10^6\,m^3$的水库水面面积为$13.7\times10^6\,m^2$（图3-9），则年损失水量为$[1720(mm)\times13.7\times10^6]/1000(mm)=23.6\times10^6\,(m^3)$，每月损失水量约$1.97\times10^6\,m^3$，供水期9个月总损失水量为$17.7\times10^6\,m^3$。因此，计入水量损失后所需兴利库容为$(152.29+17.7)\times10^6=170\times10^6\,(m^3)$。

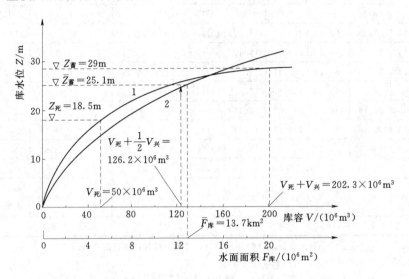

图3-9 某水库的库容特性和面积特性
1—水库库容特性曲线；2—水库面积特性曲线

计算结果表明，简化法获值较大。一方面由于表3-8仅为一次近似计算，算值稍偏小；另一方面，在简化计算中水量损失按年内均匀分配考虑，又使结果稍偏大，因为实际上冬季水量损失比夏季小些。

通过以上算例，可归纳出以下几点。

（1）径流来水过程与用水过程差别愈大，则所需兴利库容愈大。

（2）在一次充蓄条件下，累计整个供水期总不足水量和损失水量之和，即得兴利库容。任意改变供水期各月用水量，只要整个供水期总用水量不变，其不足水量是不会改变的，所求兴利库容也将保持不变，只是各月的库存水量有所变动而已。因此，为简化计算，可用供水期各月用水量的均值代替各月实际用水量，即假定整个供水期为均匀供水。称这种径流调节计算为等流量调节。

（3）上述算例中，供水期总调节水量为$(5\times24.99+4\times39.45)\times10^6=282.75\times10^6$ (m^3)，除以供水期时长（以秒计）可得相应调节流量为$11.9\,m^3/s$。通常将设计枯水年供水期调节流量（多年调节时为设计枯水系列调节流量）与多年平均流量的比值称为调节系数α，用以度量径流调节的程度。上述算例的$\alpha=\dfrac{Q_{调}}{Q}=11.9/35.0=0.34$。

（4）上述算例的水库，在调节年度内是进行一次充蓄（7—9月）、一次供水（10月至次年6月）的情况。有时水库在一年内会充水、供水两次以上。如图3-10所示，图3-

10（a）表示运用过程中各次水库供水量均小于前期蓄水量，即 $W_{供1}<W_{蓄1}$，$W_{供2}<W_{蓄2}$。这时，每次供水前水库均能单独存蓄所需水量。放两次（或多次）供水量中较大者即为所需兴利库容，此图例中 $V_{兴}=W_{供1}$。图 3-10（b）中第二次供水量大于前面的蓄水量，即 $W_{供2}>W_{蓄2}$。这时，为了满足兴利用水要求，应在水库中为第一次供水预留水量 $W_{供2}-W_{蓄2}$，故

$$V_{兴}=W_{供1}+(W_{供2}-W_{蓄2})(\text{m}^3)$$

两次充、供水的列表计算的格式和步骤，仍似前述。这就是我们前面提及的供水过程中个别时段有余水的情况。$W_{蓄2}$ 只是供水期中的局部回蓄水量。供水期仍应指图中 a～b 的全部时间 [图 3-10（b）]。

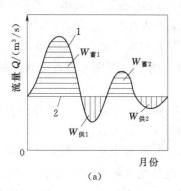 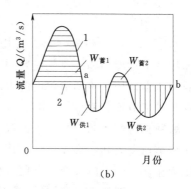

图 3-10　水库两次运用示意图
1—天然来水过程；2—用水过程

（5）兴利部门全年用水量不大于设计枯水年来水量时，枯水期不足水量可由径流年调节解决。当全年用水量大于设计枯水年来水量时，仅靠径流年内重新分配是不可能满足要求的，必须借助于丰水年份之水量，即需进行径流多年调节才能解决问题。

上面以年调节水库为例说明了确定兴利库容的径流调节时历列表法，其水量平衡原理和逐时段推算的步骤和方法，对于调节周期更长的多年调节和周期短的日（周）调节都基本适用。

如同前述，水库多年调节的调节周期长达若干年，且不是常数，即使有较长的水文资料，其周期循环数目仍然不多，难于保证计算精度。一般认为，只是在具有 30～50 年以上水文资料时才有可能应用长系列法，否则便采用代表期（设计枯水系列）法进行径流调节时历列表计算。

对于周期短的日（周）调节，其计算时段常按小时（日）计，当采用代表期法时，则针对设计枯水日（周）进行径流调节时历列表计算。

二、根据兴利库容确定调节流量

具有一定调节库容的水库，能将天然枯水径流提高到什么程度，也是水库规划设计中经常碰到的问题。例如在多方案比较时常需推求各方案在供水期能获得的可用水量（调节流量 $Q_{调}$），进而分析每个方案的效益，为方案比较提供依据；对于选定方案则需进一步进行较为精确的计算，以便求出最终效益指标。

这时，由于调节流量为未知值，不能直接认定蓄水期和供水期。只能先假定若干调节

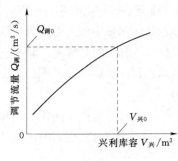

图 3-11　调节流量与兴利库容
关系曲线

流量方案，对每个方案采用上述方法求出各自需要的兴利库容，并一一对应地点绘成 $Q_调$-$V_兴$ 曲线。根据给定的兴利库容 $V_兴$，即可由 $Q_调$-$V_兴$ 曲线查定所求的调节流量 $Q_调$（图 3-11）。

对于年调节水库，也可直接用式（3-16）计算：

$$Q_调 = (W_{设供} - W_{供损} + V_兴)/T_供 (m^3/s) \quad (3-16)$$

式中　$W_{设供}$——设计枯水年供水期来水总量，m^3；

$\quad\quad W_{供损}$——设计枯水年供水期水量损失，m^3；

$\quad\quad T_供$——设计枯水年供水期历时，s。

应用式（3-16）时要注意以下两个问题。

（1）水库调节性能问题。首先应判明水库确属年调节，因只有年调节水库的 $V_兴$ 才是当年蓄满且存水全部用于该调节年度的供水期内。

如同前述，一般库容系数 $\beta = 8\% \sim 30\%$ 时为年调节水库，$\beta > 30\%$ 即可进行多年调节，这些经验数据可作为初步判定水库调节性能的参考。通常还以对设计枯水年按等流量进行完全年调节所需兴利库容 $V_完$ 为界限，当实际兴利库容大于 $V_完$ 时，水库可进行多年调节。否则为年调节。显然，令各月用水量均等于设计枯水年平均月水量，对设计枯水年进行时历列表计算，即能求出 $V_完$ 值。按其含义，$V_完$ 也可直接用式（3-17）计算：

$$V_完 = \overline{Q}_{设年}\ T_枯 - W_{设枯} (m^3) \quad (3-17)$$

式中　$\overline{Q}_{设年}$——设计枯水年平均天然流量，m^3/s；

$\quad\quad W_{设枯}$——设计枯水年枯水期来水总量，m^3；

$\quad\quad T_枯$——设计枯水年枯水期历时，s。

（2）划定蓄、供水期的问题。应用式（3-16）计算供水期调节流量时，需正确划分蓄、供水期。前面已经提到，径流调节供水期指天然来水小于用水，需由水库放水补充的时期。水库在调节年度内一次充蓄、一次供水的情况下，供水期开始时刻应是天然流量开始小于调节流量之时，而终止时刻则应是天然流量开始大于调节流量之时。可见，供水期长短是相对的，调节流量愈大，要求供水的时间愈长。但在此处，调节流量是未知值，故不能很快地定出供水期，通常需试算。先假定供水期，待求出调节流量后进行核对，如不正确则重新假定后再算。

现通过一个算例介绍式（3-16）的应用。

【例 3-1】　某拟建水库坝址处多年平均流量为 $\overline{Q} = 162.11 m^3/s$，多年平均年水量 $\overline{W}_年$ $= 162.11 \times 12 \times 2.63 \times 10^6 m^3 = 5116 \times 10^6 m^3$。按设计保证率 $P_设 = 90\%$ 选定的设计枯水年流量过程如图 3-12 所示。初定兴利库容 $V_兴 = 576 \times 10^6 m^3 = 219 [(m^3/s) \cdot 月]$，试计算调节流量和调节系数。

解

1. 判定水库调节性能

水库库容系数 $\beta = 576 \times 10^6/(5116 \times 10^6) \approx 0.11$，初步认定为年调节水库。

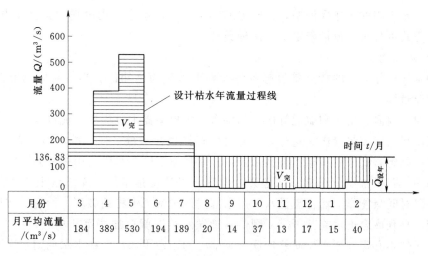

图 3-12　某水库设计枯水年完全年调节

月份	3	4	5	6	7	8	9	10	11	12	1	2
月平均流量 /(m³/s)	184	389	530	194	189	20	14	37	13	17	15	40

进一步分析设计枯水年进行完全年调节的情况，以确定完全年调节所需兴利库容，其步骤如下。

（1）计算设计枯水年平均流量和年水量。

$$\overline{Q}_{设年}=136.83\mathrm{m^3/s},\overline{W}_{设年}=4318.4\times10^6\mathrm{m^3}$$

（2）定出设计枯水年枯水期。进行完全年调节时，调节流量为 $\overline{Q}_{设年}$，由图 3-12 可见，其丰、枯水期十分明显，即当年 8 月到次年 2 月为枯水期。

$$T_{枯}=7\times2.63\times10^6=18.41\times10^6(\mathrm{s})$$

（3）求设计枯水年枯水期总水量。

$$W_{设枯}=(20+14+37+13+17+15+40)\times2.63\times10^6=156\times2.63\times10^6=410\times10^6(\mathrm{m^3})$$

（4）确定设计枯水年进行完全年调节所需兴利库容 $V_{完}$。根据式（3-17）得

$$V_{完}=136.83\times7\times2.63\times10^6-410\times10^6=2110\times10^6(\mathrm{m^3})$$

已知兴利库容小于 $V_{完}$，判定拟建水库是年调节水库。

2. 按已知兴利库容确定调节流量（不计水量损失）

该调节流量一定比 $\overline{Q}_{设年}$ 小，先假定 9 月到次年 2 月为供水期，由式（3-16）得

$$Q_{调}=(576\times10^6+136\times2.63\times10^6)/(6\times2.63\times10^6)\approx59.17(\mathrm{m^3/s})$$

计算得到的 $Q_{调}$ 大于 8 月份天然流量，故 8 月份也应包含在供水期之内，即实际供水期应为 7 个月。按此供水期再进行计算，得

$$Q_{调}=(576\times10^6+156\times2.63\times10^6)/(7\times2.63\times10^6)\approx53.57(\mathrm{m^3/s})$$

计算得到的 $Q_{调}$ 小于 7 月天然流量，大于 8 月和 2 月的天然流量，说明供水期按 7 个月计算是正确的。该水库所能获得的调节流量为 53.57m³/s，其调节系数为

$$\alpha=Q_{调}/\overline{Q}=53.57/162.11=0.33$$

三、根据既定兴利库容和水库操作方案推求水库运用过程

所谓推求水库运用过程，主要内容为确定库水位、下泄量和弃水等的时历过程，并进

而计算、核定工程的工作保证率。在既定库容条件下，水库运用过程与其操作方式有关，水库操作方式可分为定流量和定出力两种类型。

（一）定流量操作

这种水库操作方式的特点是设想各时段调节流量为已知值。当各时段调节流量相等时，称等流量操作。

水库对于灌溉、给水和航运等部门的供水，多根据需水过程按定流量操作。在初步计算时也可简化为等流量操作。这时，可分时段直接进行水量平衡，推求出水库运用过程。显然，对于既定兴利库容和操作方案来讲，入库径流不同，水库运用过程亦不同。以年调节水库为例，若供水期由正常蓄水位开始推算，当遇特枯年份，库水位很快消落到死水位，后一段时间只能靠天然径流供水，用水部门的正常工作将遭破坏。而且，在该种年份的丰水期，兴利库容也可能蓄不满，则供水期缺水情况就更加严重。相反，在丰水年份，供水期库水位不必降到死水位便能保证兴利部门的正常用水，而在丰水期则水库可能提前蓄满并有弃水。显而易见，针对长水文系列进行径流调节计算，即可统计得出工程正常工作的保证程度。而对于设计代表期（日、年、系列）进行定流量操作计算，便得出具有相应特定含义的水库运用过程。

【例 3-2】 某拟建水库坝址处多年平均流量为 $\overline{Q}=162.11\mathrm{m}^3/\mathrm{s}$，多年平均年水量 $W_年=5116\times10^6\mathrm{m}^3$。按设计保证率 $P_设=90\%$ 选定的设计枯水年流量见【例 3-1】，设计平水年、设计丰水年流量见表 3-9（库容特性曲线和下游水位流量关系曲线略）。初定兴利库容 $V_兴=576\times10^6\mathrm{m}^3$（219[$(\mathrm{m}^3/\mathrm{s})\cdot$月]），试分别计算设计枯、平、丰三年的调节流量（包括蓄水期和供水期）。

表 3-9　　　　　　某拟建水库坝址处设计年径流量　　　　　　单位：m^3/s

月份	3	4	5	6	7	8	9	10	11	12	1	2
平水年	184	377	685	294	118	47	80	24	19	11	24	33
丰水年	111	497	753	382	197	122	94	64	35	19	11	13

解

1. 设计枯水年

供水期调节流量计算见【例 3-1】。

假定 3 月到 7 月为蓄水期，则蓄水期调节流量 $Q'_调$ 为

$$Q'_调=(184+389+530+194+189-219)/5=253.4(\mathrm{m}^3/\mathrm{s})$$

该调节流量大于 3 月、6 月、7 月的天然流量，假定错误。

重新假定 4 月、5 月为蓄水期，则

$$Q'_调=(389+530-219)/2=350(\mathrm{m}^3/\mathrm{s})$$

计算结果表明假定正确。

则设计枯水年 8 月至次年 2 月为供水期，调节流量 $53.57\mathrm{m}^3/\mathrm{s}$；4 月、5 月为蓄水期，调节流量为 $350\mathrm{m}^3/\mathrm{s}$。3 月、6 月、7 月为不蓄不供期，按天然来水供水。

2. 设计平水年

假定当年 8 月至次年 2 月为供水期，则其调节流量 $Q_调$ 为

$$Q_调=(47+80+24+19+11+24+33+219)/7=65.29(m^3/s)$$

$Q_调$ 小于 9 月天然来水量但大于 8 月天然来水量，且 $80-65.29<65.29-47$ 即 9 月蓄水后库水位不会超过水库正常蓄水位，假定正确。

假定 4 月、5 月、6 月为蓄水期，则

$$Q'_调=(377+685+294-219)/3=379(m^3/s)$$

$Q'_调$ 大于 4 月、6 月天然来水量，假定错误。

重新假定 5 月为蓄水期，则

$$Q'_调=685-219=466(m^3/s)$$

计算结果表明假定正确。

则设计平水年 8 月至次年 2 月为供水期，调节流量 65.29m^3/s；5 月为蓄水期，调节流量为 466m^3/s。3 月、4 月、6 月、7 月按天然来水供水。

3. 设计丰水年

假定 9 月至次年 2 月为供水期，则

$$Q_调=(94+64+35+19+11+13+219)/6=75.83(m^3/s)$$

$Q_调$ 小于 9 月天然来水量，假定错误。

重新假定 10 月至次年 2 月为供水期，则

$$Q_调=(64+35+19+11+13+219)/5=72.2(m^3/s)$$

$Q_调$ 大于 10 月、2 月天然来水量，假定正确。

假定 4—6 月为蓄水期，则

$$Q'_调=(497+753+382-219)/3=471(m^3/s)$$

$Q'_调$ 大于 6 月天然来水量，假定错误。

重新假定 4—5 月为蓄水期，则

$$Q'_调=(497+753-219)/2=515.5(m^3/s)$$

$Q'_调$ 大于 4 月天然来水量，假定错误。

重新假定 5 月为蓄水期，则

$$Q'_调=753-219=534(m^3/s)$$

计算结果表明假定正确。

则设计丰水年 10 月至次年 2 月为供水期，调节流量 72.2m^3/s；5 月为蓄水期，调节流量 534m^3/s；其余月份按天然来水供水。

（二）定出力操作

为满足用电要求，水电站调节水量要与负荷变化相适应，这时，水库应按定出力操作。

定出力操作又有两种方式。第一种是供水期以 $V_兴$ 满蓄为起算点，蓄水期以 $V_兴$ 放空为起算点，分别顺时序算到各自的期末。其计算结果表明水电站按定出力运行水库在各种来水情况下的蓄、放水过程。类似于定流量操作，针对长水文系列进行定出力顺时序计算，可统计得出水电站正常工作的保证程度。第二种方式是供水期以期末 $V_兴$ 放空为起算点，蓄水期以期末 $V_兴$ 满蓄为起算点，分别逆时序计算到各自的期初，其计算结果表明水

电站按定出力运行且保证 $V_兴$ 在供水期末正好放空、蓄水期末正好蓄满，各种来水年份各时段水库必须具有的蓄水量。

由于水电站出力与流量和水头两个因素有关，而流量和水头彼此又有影响，定出力调节常采用逐次逼近的试算法。表 3-10 给出顺时序一个时段的试算示例。如上所述，计算总是从水库某一特定蓄水情况（库满或库空）开始，即第 (11) 行起算数据为确定值。表中第 (4) 行指电站按第 (2) 行定出力运行时应引用的流量，它与水头值有关，先任意假设一个数值（表中为 70m³/s），依此进行时段水量平衡，求得水库蓄水量变化并定出时段平均库水位 $\overline{Z}_上$ [第 (16) 行]。根据假设的发电流量并计及时段内通过其他途径泄往下游的流量，查出同时段下游平均水位 $\overline{Z}_下$，填入第 (17) 行。同时段上、下游平均水位差即为该时段水电站的平均水头 $\overline{H}$，填入 (18) 行。第 (4) 行的假设流量值和第 (18) 行的水头值代入公式 $N' = AQ_电\overline{H}$（本算例出力系数 A 取值 8.3），求得出力值并填入第 (19) 行。比较第 (2) 行的 N 值和第 (19) 行的 N' 值，若两者相等，表示假设的 $Q_电$ 无误，否则另行假定重算，直至 N' 和 N 相符为止。本算例第一次试算 $N' = 47.58 \times 10^3 kW$，与要求出力 $N = 49.0 \times 10^3 kW$ 不符，而第二次试算求得 $N' = 48.96 \times 10^3 kW$，与要求值很接近。算完一个时段后继续下个时段的试算，直至期末。在计算过程中，上时段末水库蓄水量就是下个时段初的水库蓄水量。

表 3-10　　　　　　　　　定出力操作水库调节计算（顺时序）

时间/月	(1)		某月	
水电站月平均出力 N/(10^3kW)	(2)		49	
月平均天然流量 $Q_天$/(m³/s)	(3)		64	
水电站引用流量 $Q_电$/(m³/s)	(4)	70.0	(假定)	72.2
其他部门用水流量/(m³/s)	(5)	0		0
水库水量损失 $Q_损$/(m³/s)	(6)	0		0
水库存入或放出的流量 ΔQ/(m³/s) 多余水量	(7)			
水库存入或放出的流量 ΔQ/(m³/s) 不足水量	(8)	6.0		8.2
水库存入或放出的水量 $\Delta\overline{W}$/(10^6m³) 多余水量	(9)			
水库存入或放出的水量 $\Delta\overline{W}$/(10^6m³) 不足水量	(10)	15.8		21.6
时段初水库蓄水量 $W_初$/(10^6m³)	(11)	1042.0	1042.0	1020.4
时段末水库蓄水量 $W_末$/(10^6m³)	(12)	1026.2	1020.4	
弃水量 $W_弃$/(10^6m³)	(13)	0	0	
时段初上游水位 $Z_初$/m	(14)	184.0	184.0	183.4
时段末上游水位 $Z_末$/m	(15)	183.5	183.4	
上游平均水位 $\overline{Z}_上$/m	(16)	183.8	183.7	
下游平均水位 $\overline{Z}_下$/m	(17)	101.9	102.0	
平均水头 $\overline{H}$/m	(18)	81.9	81.7	
校核出力值 N'/(10^3kW)	(19)	47.58	48.96	

注　1. 已知正常蓄水位为 184.0m，相应的库容为 1042×10^6 m³。
　　2. 出力计算公式 $N = AQ_电\overline{H} = 8.3Q_电\overline{H}$。

根据列表计算结果，即可点绘出水库蓄水量或库水位 [表 3-10 中第 (12) 行或

(15) 行] 过程线、兴利用水 [表 3-10 中第 (4)、(5) 行] 过程线和弃水流量 [表 3-10 第 (13) 行] 过程线等。

定出力逆时序计算仍可按表 3-10 格式进行。这时，由于起算点控制条件不同，供水期初库水位不一定是正常蓄水位，蓄水期初兴利库容也不一定正好放空。针对若干典型天然径流进行定出力逆时序操作，绘出水库蓄水量（或库水位）变化曲线组，它是制作水库调度图的重要依据之一。

第七节 兴利调节时历图解法

时历图解法（以下简称图解法）常用于年调节和多年调节水库的兴利调节计算中，此法解算速度快，特别是对于多方案比较的情况，优点更为明显。

一、水量累积曲线和水量差积曲线

图解法是利用水量累积曲线或水量差积曲线进行计算的。因此，在讨论图解法之前，先介绍此两条曲线的绘制及特性。

（一）水量累积曲线

图解法的计算原理与列表法相同，都是以水量平衡为原则，即通过天然来水量和兴利部门用水（可计入水量损失）之间的对比求得供需平衡。

来水或用水随时间变化的关系可用流量过程线表示，也可用水量累积曲线表示。这两种曲线均以时间为横坐标，如图 3-13 所示。在流量过程线上，纵坐标表示相应时刻的流量值，而水量累积曲线上纵坐标则表示从计算起始时刻 t_0（坐标原点）到相应时刻 t 之间的总水量，即水量累积曲线是流量过程线的积分曲线，而流量过程线则是水量累积曲线的一次导数线，表示两者关系的数学式为

$$W = \int_{t_0}^{t} Q \, \mathrm{d}t \qquad (3-18)$$

$$Q = \mathrm{d}W/\mathrm{d}t \qquad (3-19)$$

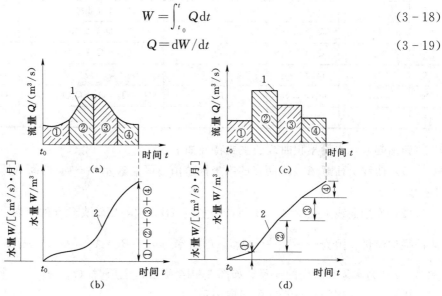

图 3-13 流量过程线和水量累积曲线
1—流量过程线；2—水量累积曲线

在绘制累积曲线时，为简化计算，可采用近似求积法，即将流量过程线历时分成若干时段 Δt，求各时段平均流量 $\overline{Q}$，并用它代替时段内变化的流量［图 3-13（c）］，则式（3-18）可改写为

$$W = \sum \Delta W = \sum_{t_0}^{t} \overline{Q} \Delta t \qquad (3-20)$$

Δt 的长短可视天然流量变化情况、计算精度要求及调节周期长短而定，在长周期调节计算中一般采用一个月、半个月或一旬。

显然，针对流量过程资料即能绘出水量累积曲线，计算步骤见表 3-11。计算时段取一个月（即 $\Delta t = 2.63 \times 10^6$ s），表中第（5）栏就是从某年 7 月初起，逐月累计来水量增值而得出各月末的累积水量值，若以月份（表中第（1）栏）为横坐标，各月末相应的第（5）栏 $\sum \Delta W$ 值为纵坐标，便可绘出水量累积曲线（图 3-14）。

为了便于计算和绘图，常以 ［(m³/s)·月］ 为水量的计算单位。其含义是 1m³/s 的流量历时一个月的水量，即

$$1[(m^3/s) \cdot 月] = 1(m^3/s) \times 2.63 \times 10^6(s) = 2.63 \times 10^6 m^3$$

表 3-11 中的第（4）栏和第（6）栏就是以 ［(m³/s)·月］ 为单位的各月水量增值 ΔW 和水量累积值 W。按表中（1）栏和（6）栏对应数据点绘成的水量累积曲线，其纵坐标即以 ［(m³/s)·月］ 为单位。

表 3-11   **水量累积曲线计算表**

月份	月平均流量$\overline{Q}_月$ /(m³/s)	水量增值 ΔW		水量累积值 $W = \sum \Delta W$	
		按 $10^6 m^3$ 计	按［(m³/s)·月］计	按 $10^6 m^3$ 计	按［(m³/s)·月］计
(1)	(2)	(3)	(4)	(5)	(6)
				0（月初）	0（月初）
7	Q_7	$Q_7 \times 2.63$	Q_7	$Q_7 \times 2.63$	Q_7
8	Q_8	$Q_8 \times 2.63$	Q_8	$(Q_7 + Q_8) \times 2.63$	$Q_7 + Q_8$
9	Q_9	$Q_9 \times 2.63$	Q_9	$(Q_7 + Q_8 + Q_9) \times 2.63$	$Q_7 + Q_8 + Q_9$
10	Q_{10}	$Q_{10} \times 2.63$	Q_{10}	$(Q_7 + Q_8 + Q_9 + Q_{10}) \times 2.63$	$Q_7 + Q_8 + Q_9 + Q_{10}$
⋮	⋮	⋮	⋮	⋮	⋮

归纳起来，水量累积曲线的主要特性如下。

（1）曲线上任意 A、B 两点的纵坐标差值 ΔW_{AB} 表示 $t_A \sim t_B$ 期间（即 Δt_{AB}）的水量（图 3-14）。

（2）连接曲线上任意 A、B 两点得割线 AB，它与横轴夹角 β 的正切，正好表示 Δt_{AB} 内的平均流量。因为 $\dfrac{BC \times m_w}{AC \times m_t} = \overline{Q}_{AB}$，即斜率 $\tan\beta = BC/AC = \overline{Q}_{AB} \times m_t/m_w$，式中的 m_w 和 m_t 分别为水量和时间的比尺。如图 3-14 所示，全历时（$t_0 \sim t_D$）的平均流量可用连接曲线首、末两端的直线 OD 的斜率表示。

（3）如使曲线上 B 点逐渐逼近 A 点，最后取时段的为无限小，则割线 AB 将成为曲

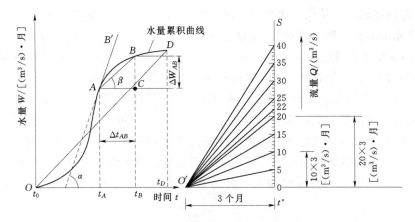

图 3-14　水量累积曲线及其流量比尺

线在 A 点处的切线 AB'。这时，AB' 的斜率 $\tan\alpha = dw/dt$ 表示时刻 t_A 的瞬时流量（应计入坐标比尺关系，下同）。即水量累积曲线上任意一点的切线斜率代表该时刻的瞬时流量。可见，若某时段流量为常数，则该时段内水量累积曲线应为直线段。也就是说按时段平均流量绘成的水量累积曲线呈折线状［图 3-13（c）、（d）］；而按瞬时流量绘制时，则呈曲线状［图 3-13（a）、（b）］。

　　由上述切线斜率表示流量的特性可见，当选定比尺绘成水量累积曲线后，必然产生与之相对应的流量比尺。为绘出这种比尺，先取任意历时（图 3-14 的比尺是取 3 个月），针对所取定历时计算水量和流量的关系（表 3-12）再取水平线段 $O't''$，令其长度代表水量累积曲线时间比尺 3 个月（或 7.89×10^6 s）。根据表 3-11 中若干水量值，例如 0、5×3、10×3 和 15×3［单位为（m³/s）·月］等，在图 3-14 中的垂直线 $t''S$ 上按水量比尺截取 0、5、10、15 等点，则这些点与 O' 点的连线（呈射线状）的斜率就分别代表流量为 0、5、10、15（单位为 m³/s）。同理，在 $t''S$ 纵线上可按水量比尺截取各水量值的点，或在若干水量值内按比例内插其他水量值，作出刻度，各刻度点与 O' 连线的斜率即分别表示各刻度所示流量值（图 3-14 中的 22m³/s 等）。显然，水平线 $O't''$ 的斜率为零，它所代表的流量即等于零。绘成流量比尺后，可很方便地在水量累积曲线上直接读出各时刻的瞬时流量或各时段的平均流量。

　　天然径流不会是负值，故水量累积曲线呈逐时上升状，当历时较长时，图形在纵向将有大幅度延伸，使绘制和使用均不方便；若缩小水量比尺，又会降低图解精度。针对这个缺点，在工程设计中常采用水量差积曲线来代替水量累积曲线。

表 3-12　　　　　　　　　　　流量与水量计算关系表

流量 Q/(m³/s)		0	5	10	15	20	···
水量 W	(m³/s)·月	0	5×3	10×3	15×3	20×3	···
	10^6m³	0	5×7.89	10×7.89	15×7.89	20×7.89	···

（二）水量差积曲线

　　如图 3-15 所示，图（b）是斜坐标网格内的水量累积曲线（称斜坐标水量累积曲线）。斜坐标网格的绘制是保持横坐标网格（即时间间隔）原有宽度不变，使水平根轴向下倾斜一个角度即做一种"错动"，也就是说把表示流量值等于零的水平横轴 Ot 错动到 Ot' 位置。而通常把所需绘制水量累积曲线的平均流量值 $\overline{Q}$ "错动"到水平横轴上，即让横轴 Ot 方向线代表平均流量 $\overline{Q}$。这样所绘制水量累积曲线的最后一点正好落在横轴上［图 3-15（b）上的 f' 点］。但在实际绘制工作中，为便于计算，往往让水平方向线代表接近于平均流量值的整值数，如平均流量为 47.5 m^3/s，则可令水平方向线代表 45 m^3/s 流量，那么，绘制出的水量累积曲线终值点将略高于横轴；如果令水平方向线代表 50 m^3/s 流量，则水量累积曲线终值点将略低于横轴。斜坐标累积曲线是一条围绕横轴上下起伏的曲线［图 3-15（b）］，实际使用时，只需查用图 3-15（b）中水平点划线间的带状区域。

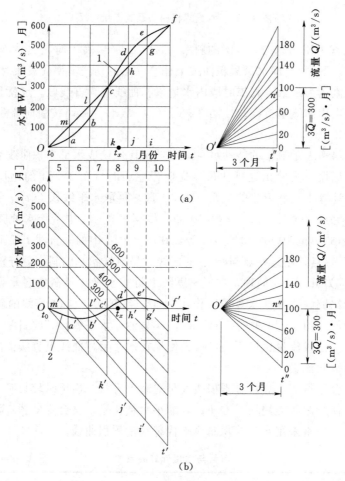

图 3-15 水量差积曲线及其流量比尺
1—直坐标水量累积曲线；2—斜坐标水量累积曲线

斜坐标累积曲线的纵距仍代表水量累积值，只不过量度的起始线不是横轴，而是倾斜的 Ot' 轴。例如某年 5 月初到 8 月底的总水量在直坐标里以 jd 线段量度［图 3-15（a）］，等于 450(m^3/s)·月；而在斜坐标里则以 $j'd'$ 量度［图 3-15（b）］，$jd=j'd'$，但读数时

要过 d' 作与 Ot' 平行的线在纵轴上读出，仍为 450（m³/s）·月。在斜坐标水量累积曲线上，$j'd'=j'h'+h'd'$，故 $h'd'=j'd'-j'h'$。其中 $j'h'=4\overline{Q}$[（m³/s）·月]$=jh$（因水平轴方向代表平均流量 $\overline{Q}$）。同理，$k'c'=3\overline{Q}=kc$，$i'g'=5\overline{Q}=ig$，…可见，从斜坐标水平轴上 t_x 时刻量到水量累积曲线的纵距，表示自起始时刻 t_0 到 t_x 期间的总水量与以水平轴方向所代表流量（图 3-15 为平均流量 $\overline{Q}$）的同期水量之差，称差积水量。其读数可在直坐标纵轴上读出，例如 d' 点的差积水量 $h'd'=j'd'-j'h'=450-400=50$[（m³/s）·月]，它可由过 d' 点作平行于横轴的水平线在纵轴上读出。因此，这种在斜坐标里绘成的水量累积曲线对水平轴而言，称为水量差积曲线。即把斜坐标网格换成水平横坐标网格，却不变动其曲线，这时曲线就成水量差积曲线。差积水量的数学表达式为

$$W_{差积}=\int_{t_0}^{t}(Q-Q_{定})\mathrm{d}t=\int_{t_0}^{t}Q\mathrm{d}t-\int_{t_0}^{t}Q_{定}\,\mathrm{d}t \qquad (3-21)$$

或近似表示为

$$W_{差积}=\sum_{t_0}^{t}(Q-Q_{定})\Delta t \qquad (3-22)$$

式中　Q——在式（3-21）和式（3-22）中分别为瞬时流量和时段平均流量；

　　　$Q_{定}$——接近于绘图历时平均流量的整数值，图 3-15 中的 $Q_{定}$ 等于 $\overline{Q}$。

根据上述讨论，绘制水量差积曲线的具体计算可按表 3-13 格式进行。表中数例与图 3-15 所示者一致。在此例中，水平轴方向表示的流量值等于绘图历时（共 6 个月）的平均流量 $\overline{Q}$，即 $Q_{定}=\overline{Q}=100\mathrm{m}^3/\mathrm{s}$。根据表 3-13 中（1）、（5）两栏数据，即可在直坐标网上点绘出水量差积曲线来。再次指出，差积曲线上水量的量度仍以水平轴为基准，但量度的数值不是总水量累积值，而是水量差积值（表 3-13）。这差积值有正有负，遇正值往水平轴上部量取，如图 3-15 中 $h'd'=50$(m³/s)·月，$g'e'=50$(m³/s)·月，即表 3-13 中 8 月末和 9 月末的情况；遇负值则自水平轴向下量取，如图中 $m'a'=-50$(m³/s)·月，$l'b'=-50$(m³/s)·月，即表中 5 月末和 6 月末的情况；表中水量差积值为零的点则恰好落在横轴上，如图 3-15 中 c' 点及 f' 点，即表 3-13 中 7 月末和 10 月末的情况。

再研究水量差积曲线上的流量表示法。对式（3-21）取一次导数，得

$$\mathrm{d}W_{差积}/\mathrm{d}t=Q-Q_{定} \qquad (3-23)$$

或

$$Q=\mathrm{d}W_{差积}/\mathrm{d}t+Q_{定} \qquad (3-24)$$

式（3-24）说明水量差积曲线也有以切线斜率表示流量的特性。但曲线上某点切线斜率并不等于该时刻实际流量值 Q，而等于实际流量与某固定流量 $Q_{定}$ 的差值。或者说，任意时刻的实际流量等于水量差积曲线上该时刻切线斜率（计及坐标比尺关系）与 $Q_{定}$ 的代数和。可见，水量差积曲线也具有与水量和时间比尺相适应的流量比尺，只不过这时水平方向不表示流量为零，而表示接近于绘图历时平均流量的整数流量 $Q_{定}$。流量等于零的射线已"错动"到倾向右下方的 $O't''$ 位置，如图 3-15（b）所示。

表 3 - 13   水量差积曲线计算表（$\Delta t = 1$ 月）

月份	月平均流量 $\overline{Q}_月$ /(m³/s)	月水量 $W_月 (= \overline{Q}_月 \Delta t)$ /[(m³/s)·月]	水量差值 $W_月 - W_定 (= \overline{Q}_月 \Delta t - Q_定 \Delta t)$ /[(m³/s)·月]	水量差积值 $\sum(W_月 - W_定)$ /[(m³/s)·月]
(1)	(2)	(3)	(4)	(5)
				0(月初值)
5	50	50	(50−100=)−50	−50
6	100	100	(100−100=)0	−50
7	150	150	(150−100=)50	0
8	150	150	(150−100=)50	50
9	100	100	(100−100=)0	50
10	50	50	(50−100=)−50	0
平均值	$\overline{Q} = 100 = Q_定$			

水量差积曲线流量比尺的具体做法是：先画水平线段 $O'n''$，使它按时间比尺表示某一定时段 Δt（图中为 $\Delta t = 3$ 个月的例子）。然后由 n'' 点垂直向下作线段 $n''t''$，使它按水量比尺等于 $Q_定 \times \Delta t$ [(m³/s)·月]。图 3 - 15（b）中 $n''t'' = 3\overline{Q} = 300$(m³/s)·月。这时，水平线 $O'n''$ 的方向即代表 $Q_定 = 100 \mathrm{m^3/s}$，而 $O't''$ 的指向即是流量等于零的方向。将 $t''n''$ 及其延长线等分，即可绘出水量差积曲线的流量比尺。不难证明，按上述方法绘出的流量比尺，是与式（3 - 24）所描述的关系相符的。

归纳起来，水量差积曲线的主要特性如下。

（1）$Q > Q_定$ 时，曲线上升；$Q < Q_定$ 时，曲线下降。当 $Q_定$ 等于或接近于绘图历时的平均流量时，曲线将围绕水平轴上下摆动。

（2）水量差积曲线上任一时刻 t_x 的纵坐标（对水平轴而言，读数仍用直坐标），表示从起始时刻 t_0 到该时刻 t_x 期间的水量差积值 $\sum\limits_{t_0}^{t_x}(Q - Q_定)\Delta t = \sum\limits_{t_0}^{t_x} Q \Delta t - \sum\limits_{t_0}^{t_x} Q_定 \Delta t$。而从水平轴到倾斜线 Ot' 的垂直距离，则表示同期累积水量 $\sum\limits_{t_0}^{t_x} Q_定 \Delta t$。也就是说，从倾斜线 Ot' 量到差积曲线上的纵距表示某时刻为止的实际总累积水量。为便于定出曲线上的总累积水量，通常利用斜坐标网格，即在坐标系里按比尺绘制一些与 Ot' 线平行的斜线组，并注明各斜线的水量值，见图 3 - 13（b）中斜线上的 300、400 等，单位是 [(m³/s)·月]，以便读数。

（3）曲线上任意两点量至斜线 Ot' 的垂直距离之差，即该两点历时内的实际水量。

（4）任一时刻的流量可由水量差积曲线上该点切线斜率按流量比尺确定。当某时段流量为常数时，该时段内差积曲线呈直线状。某时段的平均流量可由水量差积曲线相应两点的连线斜率，按流量比尺确定。

可见，水量差积曲线具有与水量累积曲线十分相似的基本特性。

二、根据用水要求确定兴利库容的图解法

解决这类图解的途径是在来水水量差积曲线坐标系中，绘制用水水量差积曲线，按水量平衡原理对来水和用水进行比较、解算。

（一）确定年调节水库兴利库容的图解法（不计水量损失）

当采用代表期法时，首先根据设计保证率选定设计枯水年，然后针对设计枯水年进行图解，其步骤如下。

（1）绘制设计枯水年水量差积曲线及其流量比尺（图 3 - 16）。

（2）在流量比尺上定出已知调节流量的方向线（$Q_调$ 射线），绘出平行于 $Q_调$ 射线并与天然水量差积曲线相切的平行线组。

（3）供水期（bc 段）上、下切线间的纵距，按水量比尺量取，即等于所求的水库兴利库容 $V_兴$。

图 3 - 16 中给出的例子为：当 $Q_调 = 20\text{m}^3/\text{s}$ 时，年调节水库兴利库容 $V_兴 = b'c \times m_w = bc' \times m_w [(\text{m}^3/\text{s}) \cdot 月]$。它的正确性是不难证明的，作图方法本身确定了图 3 - 16 中 a 点（t_1 时刻）、b 点（t_2 时刻）和 c 点（t_3 时刻）处天然流量均等于调节流量 $Q_调$。而在 b 点前和 c 点后天然流量均大于调节流量，不需水库补充供水，b 点后和 c 点前的 $t_2 \sim t_3$ 期间，天然流量小于调节流量，为水库供水期。过 b 点作平行于零流量线（$Q = 0$ 射线）的辅助线 bd，由差积曲线特性可知：纵距 cd 按水量比尺等于供水期天然来水量。同时，在坐标系中，bb' 也是一条流量为 $Q_调$ 的水量差积曲线，即水库出流量差积曲线，则 $b'd \times m_w [(\text{m}^3/\text{s}) \cdot 月]$ 为供水期总需水量。水库兴利库容应等于供水期总需水量与同期天然来水量之差，即 $V_兴 = (b'd - cd) \times m_w = b'c \times m_w [(\text{m}^3/\text{s}) \cdot 月]$。

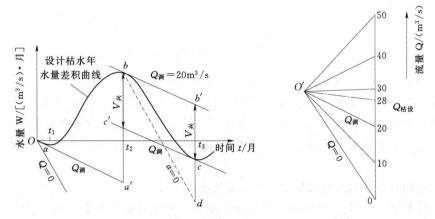

图 3 - 16 确定年调节水库兴利库容图解法（代表期法）

十分明显，上切线 bb' 和天然来水量差积曲线间的纵距表示各时刻需由水库补充的水量，而切线 bb' 和 cc' 间纵距为兴利库容 $V_兴$，它减去水库供水量即为水库蓄水量（条件是供水期初兴利库容蓄满）。因此，天然水量差积曲线与下切线 cc' 之间的纵距表示供水期水库蓄水量变化过程。例如 t_2 时 $V_兴$ 蓄满，为供水期起始时刻，t_3 时 $V_兴$ 放空。

应该注意，图中 aa' 和 bb' 虽也是与 $Q_调$ 射线同斜率且切于天然水量差积曲线的两条平行线，但其间纵距 ba' 却不表示水库必备的兴利库容。这是因为 $t_1 \sim t_2$ 为水库蓄水期，故 ba' 表示多余水量而并非不足水量。因此，采用调节流量平行切线法确定兴利库容时，首先应正确地定出供水期，要注意供水期内水库局部回蓄问题，不要把局部回蓄当作供水期结束；然后遵循由上切线（在供水期初）顺时序计量到相邻下切线（在供水期末）的规则。

以上是等流量调节情况。实际上，对于变动的用水流量也可按整个供水期需用流量的平均值进行等流量调节，这对确定兴利库容并无影响。但是，当要求确定枯水期水库蓄水量变化过程时，则变动的用水流量不能按等流量处理。这时，水库出流量差积曲线不再是一条直线。

当采用径流调节长系列时历法时，首先针对长系列实测径流资料，用与上述代表期法相同的步骤和方法进行图解，求出各年所需的兴利库容。再按由大到小顺序排列，计算、绘制兴利库容 $V_{兴}$ 的频率曲线。最后，根据设计保证率 $P_{设}$ 由兴利库容频率曲线查定所求的兴利库容［图 3-17（a）］。

显然，改变 $Q_{调}$ 将得出不同的 $V_{兴}$。针对每一个 $Q_{调}$ 方案进行长系列时历图解、将求得各自特定的兴利库容经验频率曲线，如图 3-17（b）所示。

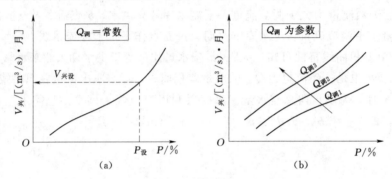

图 3-17　年调节水库兴利库容频率曲线

（二）确定多年调节水库兴利库容的图解法（不计水量损失）

利用水量差积曲线求解多年调节兴利库容的图解法，比时历列表法更加简明，在具有长期实测径流资料（30～50 年以上）的条件下，是水库工程规划设计中常用的方法。

针对设计枯水系列进行多年调节的图解方法，与上述年调节代表用法相似，其步骤如下。

（1）绘制设计枯水系列水量差积曲线及其流量比尺。

（2）按照式（3-13）计算在设计保证率条件下的允许破坏年数。图 3-18 示例具有 30 年水文资料，即 $n=30$，若 $P_{设}=94\%$，则 $T_{破}=30-0.94\times31\approx1$（年）。

（3）选出最严重的连续枯水年系列，并自此系列末扣除 $T_{破}$，以划定设计枯水系列。如图 3-18 所示，由于 $T_{破}=1$ 年，在最严重枯水年系列里找出允许被破坏的年份为 1971—1972 年，则 1965—1971 年即为设计枯水系列。

（4）根据需要与可能，确定在正常工作遭破坏年份的最低用水流量 $Q_{破}$，$Q_{破}<Q_{调}$。

（5）在最严重枯水年系列末期（最后一年）作天然水量差积曲线的切线，使其斜率等于 $Q_{破}$（图中 ss'）。差积曲线与切线 ss' 间纵距表示正常工作遭破坏年份里水库蓄水量变化情况，如图 3-18 中竖阴影线所示，其中 $gs'\times m_w[(\text{m}^3/\text{s})\cdot\text{月}]$ 表示应在破坏年份前一年枯水期末预留的蓄水量（只有这样才能保证破坏年份内能按照 $Q_{破}$ 放水），从而得出特

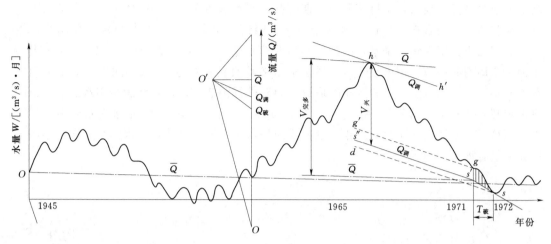

图 3-18 确定多年调节水库兴利库容图解法（代表期）

定的 s' 点位置。

（6）自点 s' 作斜率等于 $Q_调$ 的线段 $s's''$。同时在设计枯水系列起始时刻作差积曲线的切线 hh'，其斜率也等于 $Q_调$，切点为 h。$s's''$ 与 hh' 间的纵距表示该多年调节水库应具备的兴利库容，即 $V_兴 = hs'' \times m_w [(\text{m}^3/\text{s}) \cdot \text{月}]$。

（7）当长系列水文资料中有两个以上的严重枯水年系列而难以确定设计枯水系列时，则应按上述步骤分别对各枯水年系列进行图解，取所需兴利库容中的最大值，以保证安全。

显然，多年调节的调节周期和兴利库容值均将随调节流量的改变而改变。多年调节水库调节流量的变动范围为：大于设计枯水年进行等流量完全年调节时的调节流量（即 $\overline{Q}_设枯$），小于整个水文系列的平均流量 $\overline{Q}$。在图 3-18 中用点划线示出确定完全多年调节（按设计保证率）兴利库容 $V_完多$ 的图解方法。

也可对长系列水文资料，运用推调节流量平行切线的方法，求出各种年份和年组所需的兴利库容，而后对各兴利库容值进行频率计算，按设计保证率确定必需的兴利库容。在图 3-19 中仅取 10 年为例，说明确定多年调节兴利库容的长系列径流调节时历图解方法。首先绘出与天然水量差积曲线相切、斜率等于调节流量 $Q_调$ 的许多平行切线。画该平行切线组的规则是：凡天然水量差积曲线各年低谷处的切线都绘出来，而各年峰部的切线，只有不与前一年差积曲线相交的才有效，若相交则不必绘出（图 3-19 中第三、四、五、十年）。然后将每年天然来水量与调节水量比较。不难看出，在第一、二、六、七、八、九年等 6 个年度里，当年水量即能满足兴利要求，确定兴利库容的图解法与年调节时相同。如图 3-19 所示，由上、下 $Q_调$ 切线间纵距定出各年所需兴利库容为 V_1、V_2、V_6、V_7、V_8 及 V_9。对于年平均流量小于 $Q_调$ 的枯水年份（如第三、四、五、十年等），各年丰水期水库蓄水量均较少（如图 3-19 中阴影线所示），必须连同它前面的丰水年份进行跨年度调节，才有可能满足兴利要求。例如第十年连同前面来水较丰的第九年，两年总来水量超过两倍要求的用水量，即 $\overline{Q}_{10} + \overline{Q}_9 > 2Q_调$。这一点可由图中第十年末 $Q_调$ 切线延线与差积曲线交点 a 落在第九年丰水期来说明。于是，可把该两年看成一个调节周期，仍用绘制调节流量平行切线法，求得该调节周期的必需兴利库容 V_{10}。再看第三年，也是来水不足，且与前一年组合在一块的来水总量仍小于两倍需水量，必须再与更前一年组合。第一、二年和第三年 3 年总来水量已超过三倍调节水量。即 $\overline{Q_1}+\overline{Q_2}+\overline{Q_3}>3Q_调$。对这样 3 年为一个周期的调节，也可用平行切线法求出必需的兴利库容 V_3 来。同理，对于第四年和第五年，则分别应由 4 年和 5 年组成调节周期进行调节，这样才能满足用水要求，由图解确定其兴利库容分别为 V_1 和 V_2。由图 3-19 (a) 可见，在该 10 年水文系列中，从第二年到第五年连续出现 4 个枯水年，它们成为枯水年系列。显然，枯水年系列在多年调节计算中起着重要的作用。

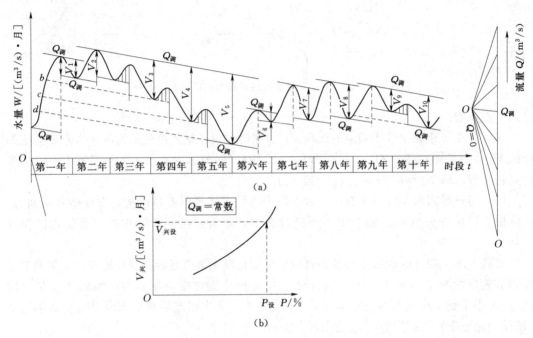

图 3-19 确定多年调节水库兴利库容的图解法（长系列法）

在求出各种年份和年组所需的兴利库容 V_1、V_2、V_3、$\cdots$、V_{10} 之后，按由小到大顺序排列，计算各兴利库容值的频率，并绘制兴利库容频率曲线，根据 $P_设$ 便可在该曲线上查定所需多年调节水库的兴利库容 $V_{兴设}$ [图 3-19 (b)]。

（三）计入水库水量损失确定兴利库容的图解法

图解法对水库水量损失的考虑，与时历列表法的思路和方法基本相同。常将计算期（年调节指供水期；多年调节指枯水系列）分为若干时段，由不计损失时的蓄水情况初定各时段的水量损失值。以供水终止时刻放空兴利库容为控制，逆时序操作并逐步逼近地求出较精确的解答。

为简化计算，常采用计入水量损失的近似方法。即根据不计水量损失求得的兴利库容定出水库在计算期的平均蓄水量和平均水面面积，从而求出计算期总水量损失并折算成损失流量。用既定的调节流量加上损失流量得出毛调节流量，再根据毛调节流量在天然水量差积曲线上进行图解，便可求出计入水库水量损失后的兴利库容近似解。

三、根据兴利库容确定调节流量的图解法

如同前述，采用时历列表法解决这类问题需进行试算，而图解法可直接给出答案。

（一）确定年调节水库调节流量的图解法

当采用代表期法时，针对设计枯水年进行图解的步骤如下。

（1）在设计枯水年水量差积曲线下方绘制与之平行的满库线，两者间纵距等于已知的兴利库容 $V_兴$（图 3-20）。

（2）绘制枯水期天然水量差积曲线和满库线的公切线 ab。

（3）根据公切线的方向，在流量比尺上走出相应的流量值，它就是已知兴利库容所能获得的符合设计保证率要求的调节流量。切点 a 和 b 分别定出按等流量调节时水库供水期的起讫日期。

（4）当计及水库水量损失时，先求平均

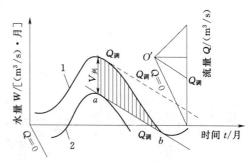

图 3-20 确定调节流量的图解法（代表期法）
1—设计枯水年水量差积曲线；2—满库线

损失流量，从上面求出的调节流量中扣除损失流量，即得净调节流量（有一定近似性）。

在设计保证率一定时，调节流量值将随兴利库容的增减而增减（图 3-11）；当改变 $P_设$ 时，只需分别对各个 $P_设$ 相应的设计枯水年，用同样方法进行图解，便可绘出一组以 $P_设$ 为参数的兴利库容与调节流量的关系曲线（图 3-21）。

可按上述步骤对长径流系列进行图解（即长系列法），求出各种来水年份的调节流量（$V_兴$＝常数）。将这些调节流量值按大小顺序排列，进行频率计算并绘制调节流量频率曲线。根据规定的 $P_设$，便可在该频率曲线上查定所求的调节流量值，见图 3-22（a）。对若干兴利库容方案，用相同方法进行图解，就能绘出一组调节流量频率曲线，如图 3-22（b）所示。

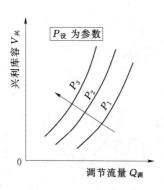

图 3-21 $P_设$ 为参数的
$V_兴$-$Q_调$ 曲线图

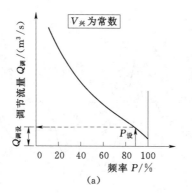

（a）

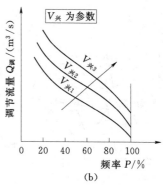

（b）

图 3-22 年调节水库调节流量频率曲线
（a）$V_兴$ 为常数；（b）$V_兴$ 为参数

（二）确定多年调节水库调节流量的图解法

图 3-23 中给出从长水文系列中选出的最枯枯水年组。若使枯水年组中各年均正常工

作，则将由天然水量差积曲线和满库线的公切线 ss'' 方向确定调节流量 $Q_调$。实际上，根据水文系列的年限和设计保证率，按式（3-13）可算出正常工作允许破坏年数。据此在图中确定 s' 点位置。自 s' 点做满库线的切线 $s's''$，可按其方向在流量比尺上定出调节流量 $Q_调$。

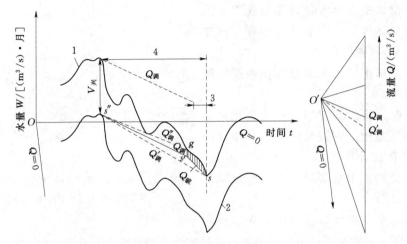

图 3-23 确定多年调节水库调节流量的图解法（代表期法）

1—天然来水差积曲线；2—满库线；3—允许破坏时间；4—最枯水年组

这类图解也可对长系列水文资料进行，如图 3-24 所示。表示用水情况的调节水量差积曲线，基本上由天然水量差积曲线和满库线的公切线组成。但应注意，该调节水量差积曲线不应超越天然水量差积曲线和满库线的范围。例如图 3-24 中 T 时期内就不能再拘泥于公切线的做法，而应改为两种不同调节流量的用水方式（即 $Q_{调7}$ 和 $Q_{调8}$）。

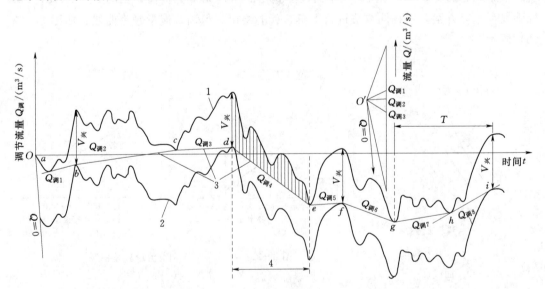

图 3-24 确定多年调节水库调节流量的图解法（长系列法）

1—天然来水差积曲线；2—满库线；3—调节方案；4—最枯水年组

以上这种作图方法所得调节方案，就好似一根细线绷紧在天然水量差积曲线与满库线之间的各控制点上（要尽量使调节流量均衡些），所以又被形象地称为"绷线法"。

根据图解结果便可绘制调节流量的频率曲线，然后按 $P_设$ 即可查定相应的调节流量 [类似图 3-22（a）]。

综合上述讨论，可将 $V_兴$、$Q_调$ 和 $P_设$ 三者的关系归纳为以下几点。

(1) $V_兴$ 一定时，$P_设$ 越高，可能获得的供水期 $Q_调$ 越小，反之则大（图 3-22）。

(2) $Q_调$ 一定时，要求的 $P_设$ 越高，所需的 $V_兴$ 也越大，反之则小 [图 3-17 和图 3-19（b）]。

(3) $P_设$ 一定时，$V_兴$ 越大，供水期 $Q_调$ 也越大（图 3-21）。

显然，若将图 3-17、图 3-21 和图 3-22 上的关系曲线绘在一起，则构成 $V_兴$、$Q_调$ 和 $P_设$ 三者的综合关系图。这种图在规划设计阶段，特别是对多方案的分析比较，应用起来很方便。

四、根据水库兴利库容和操作方案，推求水库运用过程

利用水库调节径流时，在丰水期或丰水年系列应尽可能地加大用水量，使弃水减至最少。对于灌溉用水，由于丰水期雨量较充沛，需用水量有限。而对于水力发电来讲，充分利用丰水期多余水量增加季节性电能是十分重要的。因此，在保证蓄水期末蓄满兴利库容的前提下，在水电站最大过水能力（用 Q_T 表示）的限度内，丰水期径流调节的一般准则是充分利用天然来水量。在枯水期，借助于兴利库容的蓄水量，合理操作水库，以便有效地提高枯水径流，满足各兴利部门的要求。

下面以年调节水电站为例，介绍确定水库运用过程的图解方法。

（一）等流量调节时的水库运用过程

为了便于确定水库蓄水过程，特别是具体确定兴利库容蓄满的时刻，先在天然水量差积曲线下绘制满库线。若水库在供水期按等流量操作，则作天然水量差积曲线和满库线的公切线 [图 3-25（a_1）上的 cc' 线]，它的斜率即表示供水期水库可能提供的调节流量 $Q_{调1}$。在丰水期，则作天然水量差积曲线的切线 aa' 和 $a''m$，使它们的斜率在流量比尺上对应于水电站的最大过流能力 Q_T。切线 aa' 与满库线交于 a' 点（t_2 时刻），说明水库到 t_2 时刻恰好蓄满。$a''m$ 线与天然水量差积曲线切于 m 点（t_3 时刻）。显然，t_3 时刻即天然来水流量 $Q_天$ 大于和小于 Q_T 的分界点，这就定出了丰水期的放水情况。总起来讲是：在 $t_1 \sim t_2$ 期间，放水流量为 Q_T，因为 $Q_天 > Q_T$，故水库不断蓄水，到 t_2 时刻将 $V_兴$ 蓄满；$t_2 \sim t_3$ 期间，$Q_天$ 仍大于 Q_T，天然流量中大于 Q_T 的那一部分流量被弃往下游，总弃水量等于 $qp \times m_w$ [（m^3/s）·月]；$t_3 \sim t_4$ 期间，$Q_天 < Q_T$，但仍大于 $Q_{调1}$，水电站按天然来水流量运行，$V_兴$ 保持蓄满，以利提高枯水流量。而 $t_4 \sim t_5$ 期间，水库供水，水电站用水流量等于 $Q_{调1}$，至 t_5 时刻，水库水位降到死水位。

综上所述，$aa'qc'c$ 就是该年内水库放水水量差积曲线。任何时刻兴利库容内的蓄水量将由天然水量差积曲线与放水水量差积曲线间的纵距表示。根据各时刻库内蓄水量，可绘出库内蓄水量变化过程。借助于水库容积特性，可将不同时刻的水库蓄水量换算成相应的库水位，从而绘成库水位变化过程线 [图 3-25（c_1）]。在图 3-25（b_1）中，根据水库操作方案，给出水库蓄水、供水、不蓄不供及弃水等情况。整个图 3-25 清晰地表示出水库全年运用过程。

显然，天然来水不同，则水库运用过程也不相同。实际工作中常选择若干代表年份进行计算，以期较全面地反映实际情况。图3-25（a_2）中所示年份的特点是来水较均匀。丰水期以Q_T运行，$V_兴$可保证蓄满而并无弃水，供水期具有较大的$Q_{调2}$。图3-25（a_3）所示年份为枯水年，丰水期若仍以Q_T发电，则$V_兴$不能蓄满，其最大蓄水量为$ij' \times m_w$ $[(m^3/s) \cdot 月]$，枯水期可用水量较少，调节流量仅为$Q'_{调3}$。为了在这年内能蓄满$V_兴$以提高供水期调节流量，则在丰水期应降低用水，其用水流量值Q_n由天然水量差积曲线与满库线的公切线方向确定 [在图3-25（a_3）中，以实线表示]。显然$Q_n < Q_T$。由于$V_兴$蓄满，使供水期能获得较大的调节流量$Q_{调3}$（即$Q_{调3} > Q'_{调3}$）。

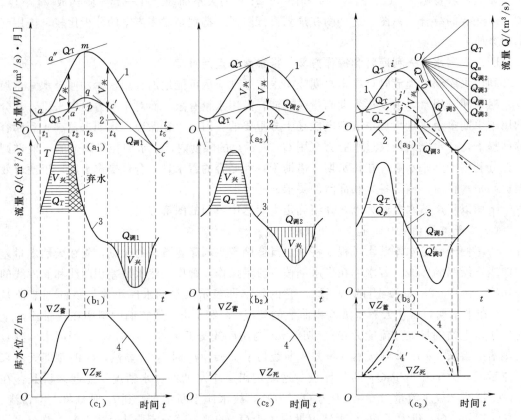

图3-25 年调节水库运用过程图解（等流量调节）

1—天然来水差积曲线；2—满库线；3—天然流量过程线；4—库水位变化过程

通常用水量利用系数$K_{利用}$表示天然径流的利用程度，即

$$K_{利用} = \frac{利用水量}{全年总水量} = \frac{全年总水量 - 弃水量}{全年总水量} \times 100\%$$

对于无弃水的年份，$K_{利用} = 100\%$。

对于综合利用水库，放水时应同时考虑兴利部门的要求，大多属于变流量调节。如图3-26所示，为满足下游航运要求，通航期间（$t_1 \sim t_2$）水库放水流量不能小于$Q_航$。这时，供水期水库的操作方式就由前述按公切线斜率作等流量调节改变为折线 $c'c''c$ 放水方案。其中 $c'c''$ 线段斜率代表 $Q_航$，并与满库线相切于 c'，而全年的放水水量差积曲线为 $aa'qc'c''c$。这样，就满足了整个通航期的要求。当然，$t_2 \sim t_3$ 期间所能获得的调节流量，将比整个枯水期均按等流量调节时有所减小。当然，实际综合利用水库的操作方式可能远比图 3-26 中给出的例子复杂，但图解的方法并无原则区别。

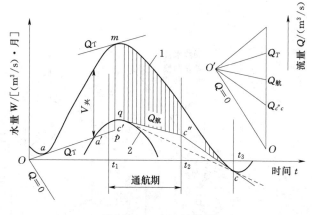

图 3-26　变流量调节
1—设计枯水年水量差积曲线；2—满库线

（二）定出力调节时的水库运用过程

采用时历列表试算的方法，不难求出定出力条件下的水库运用过程（表 3-10），而利用水量差积曲线进行这类课题的试算也是很方便的。在图 3-27 中给出定出力逆时序试算图解的例子。若需进行顺时序计算，方法基本相同，但要改变起算点，即供水期以开始供水时刻为起算时间，该时刻水库兴利库容为满蓄；而蓄水期则以水库开始蓄水的时刻为起算时间，该时刻兴利库容放空。

在图 3-27 的逆时序作图试算中，先假设供水期最末月份（图中为 5 月份）的调节流量 Q_5，并按其相应斜率作天然水量差积曲线的切线（切点为 S_0）。该月里水库平均蓄水量 $\overline{Q_5}$ 即可由图查定，从而根据水库容积特性得出上游月平均水位，并求得水电站月平均水头 $\overline{H_5}$。再按公式 $\overline{N} = A Q_5 \overline{H_5}$（kW）计算该月平均出力。如果算出的 $\overline{N}$ 值与已知的 5 月份固定出力值相等，则表示假设的 Q_5 无误，否则，另行假定调节流量值再算，直到符合为止。5 月份调节流量经试算确定后，则 4 月底（即 5 月初）水库蓄水量便可在图中固定下来。也就是说放水量差积曲线 4 月底的位置可以确定（图中 S_1 点）。以 S_1 点为起点，采用和 5 月份相同的试算过程，可定出 3 月底放水量差积曲线位置 S_2。依此类推，即能求出整个供水期的放水量差积曲线，如图中折线 $S_0 S_1 S_2 S_3 S_4 S_5 S_6 S_7$。

蓄水期的定出力逆时序调节计算是以蓄水期末兴利库容蓄满为前提的。如图 3-27 所示，由蓄水期末（即 10 月底）的 a_0 点开始，采用与供水期相同的作图试算方法，即可依次确定 a_1、a_2、a_3、a_4、a_5 诸点，从而绘出蓄水或放水量差积曲线，如图中折线 a_0 $a_1 a_2 a_3 a_4 a_5$。显然，图中天然水量差积曲线与全年放水量差积曲线间的纵距，表示水库中蓄水量的变化过程，据此可作出库水位变化过程线〔图 3-27（b）〕。

上面用了两节的篇幅，对水库兴利调节时历法（列表法和图解法）进行了比较详细的讨论。关于时历法的特点和适用情况，可归纳为以下几点：①概念直观、方法简便；②计算结果直接提供水库各种调节要素（如供水量、蓄水量、库水位、弃水量、损失水量等）的全部过程；③要求具备较长和有一定代表性的径流系列及水库特性等其他资料；④列表法和图解法又都可分为长系列法和代表期法，其中长系列法适用于对计算精度要求较高的

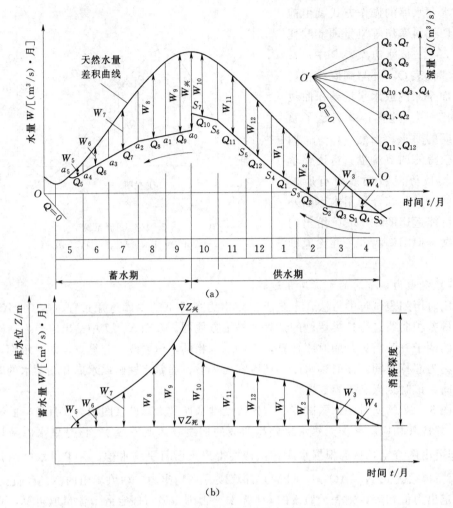

图 3-27 定出力调节图解示意（逆时序试算）

情况；⑤适用于用水量随来水情况、水库工作特性及用户要求而变化的调节计算，特别是水能计算、水库灌溉调节计算以及综合利用水库调节计算。对于这类复杂情况的计算，采用时历列表法尤为方便；⑥对固定供水方式和多方案比较时的兴利调节，多采用图解法。

第八节 多年调节计算的概率法

规划设计水库时进行的径流调节计算具有预报工程未来工作情况的性质，调节计算结果一般用 $P_{设}$、$Q_{调}$、$V_{兴}$ 三者的关系表示。采用时历法进行计算，概念清晰，方法简便。但当径流系列较短时，多年调节水库的蓄放循环周期少，代表性差，影响计算成果的可靠性。尤其对于相对库容大、调节周期很长的多年调节水库，时历法径流调节结果的精度难以满足要求。这时，多采用概率法。

当年用水量超过设计枯水年年水量时，一般需进行多年调节。这时，水库既要调整径流的年际分配，又要调节径流的年内不均。相应地，可将多年调节水库兴利库容划分为两部分，其中用于调整年际径流者称多年库容 $V_多$；用于调节年内径流者称年库容 $V_年$，即

$$V_兴 = V_多 + V_年 \qquad (3-25)$$

图 3-28 形象地表示出多年调节兴利库容的划分情况，图中用虚曲线、实折线分别表示是、否考虑径流年内不均的天然水量差积曲线。由图 3-28 可见，当不需对天然来水年内不均匀性进行调节时，多年库容 $V_多$ 即可保证供给规定的调节流量 $Q_调$，否则，需另增年库容 $V_年$。

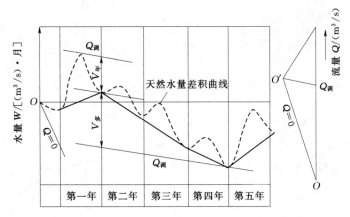

图 3-28　多年库容和年库容的划分

从上述概念出发，水库多年调节计算概率法常采用分别求多年库容 $V_多$ 和年库容 $V_年$ 的方法。多年库容用概率法计算，年库容用时历法计算，将两部分库容相加即可求得总的兴利库容。这类方法中 $V_年$ 的保证率概念不明确，两部分库容硬性相加在理论上也不够严格，但比较简单，可应用径流多年调节线解图直接求 $V_多$（先利用图 3-33 求出 $\beta_多$，再根据 $\beta_多 = V_多 / \overline{W_年}$ 求出 $V_多$），应用较广。

一、确定多年库容

采用概率法求多年库容时，其基本假定是年径流量具有典型的概率分布而且是平稳的，相邻年份的年径流相互独立。在多年库容和调节流量固定的条件下，应用概率法推求其对应的工作保证率的步骤如下。

（一）绘制天然年水量模数频率曲线

年水量模数 K 即年水量与多年平均年水量之比值，又称模比系数，即 $K = W_年 / \overline{W_年}$。可根据实测径流资料或统计参数绘制年水量模数频率曲线（图 3-29）。

（二）推求第一年末水库蓄水频率曲线

假设由库空起调，在年水量模数频率曲线上做水平线 AD，使其与横轴间相距调节系数 α（调节流量与多年平均流量的比值，即 $\alpha = Q_调 / \overline{Q}$）。再在 AD 线上方作水平线 BC，两线相距库容系数 $\beta_多$（多年库容与多年平均年水量的比值，即 $\beta_多 = V_多 / \overline{W_年}$）。这样，就把年水量模数频率曲线划分成为三个部分（图 3-29）。

第Ⅰ部分为 B 点以上的丰水年份，其 $K > \alpha + \beta_多$，即除 α 得到保证且蓄满 $\beta_多$ 外，尚

71

有余水，B 点频率 P_β 为第一年末 $\beta_{\text{多}}$ 能被蓄满的频率。

第Ⅱ部分为 A 点以下的枯水年份，其 $K<\alpha$，α 得不到满足，相应横坐标宽度（$100-P_\alpha$）%即正常工作遭受破坏的频率。

第Ⅲ部分为介于 A、B 两点之间的年份，其（$\alpha+\beta_{\text{多}}$）$>K>\alpha$，即除保证供水外尚有部分余水蓄进水库。例如，图中 E 点频率 P_E 即第一年末多年库容能充蓄一半的频率，等等。而 AB 段相应横坐标宽度（$P_\alpha-P_\beta$）%是第一年来多年库容各种蓄水情况的频率。

综上所述，K-P 线中的 $ABCD$ 部分为第一年末多年库容蓄水频率曲线，把这部分单独绘成图 3-30。

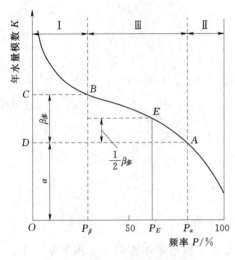 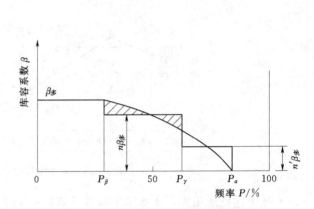

图 3-29 年水量模数频率曲线　　　　　图 3-30 第一年末水库蓄水频率曲线

（三）推求第二年末水库蓄水频率曲线

显然，第二年末水库可能的蓄水情况与第一年末（即第二年初）蓄水多少和第二年天然来水情况有关。而第一年末水库蓄水情况和第二年天然来水情况均被认为是独立的简单事件，因此，可根据全概率原理（频率组合原理）按下述步骤推求第二年末水库蓄水频率曲线。

（1）为计算方便，把第一年末水库蓄水频率曲线划分为阶梯形。分阶梯时，注意使分阶梯的横、竖线与曲线形成的面积尽可能地相近（如图 3-30 中的上、下阴影面积和两空白面积）。根据经验，当 $\beta_{\text{多}}$ 较小时，分 2～3 个阶梯即可；当 $\beta_{\text{多}}$ 较大时，宜多分几个阶梯。如图 3-30 所示，第一年末（即第二年初）蓄水频率曲线被阶梯线分为四部分，即：①横坐标宽度 $100-P_\alpha$ 为库空的频率；②阶梯宽度 $P_\alpha-P_\gamma$ 表示多年库容蓄水量为 $n'\beta_{\text{多}}$ 的频率；③阶梯宽度 $P_\gamma-P_\beta$ 表示蓄水量为 $n\beta_{\text{多}}$ 的频率；④阶梯宽度 P_β 表示多年库容蓄满的频率。这四部分表示第二年初水库蓄水的四种可能情况。

（2）根据频率相乘原理。将 K-P 线按图 3-30 划分的各阶梯宽度成比例地缩小横坐标，绘成图 3-31（a）的形式，因为第二年初是一个事件（其频率如图 3-30 各阶梯宽度所示），第二年可能遇到的天然来水情况是第二个事件（其频率由 K-P 线表示），此两事件互相独立，两者同时发生的频率即两者各自频率的乘积。这就是将 K-P 线横坐标分别乘上各阶梯宽度，形成图3-31（a）所示图解方法的依据。由它定出第二年不同初蓄条件下可能得到的各种终蓄的频率。

（3）如图3-31（a）所示，在离横轴α及（$\alpha+\beta_多$）处各划一条水平线。则两直线间包含了第二年初水库不同初蓄条件下，第二年末的蓄水频率曲线。每一种初蓄情况下的第二年末蓄水频率曲线称为部分终蓄曲线，它们都是不相容的组合事件（即不可能同时出现的事件），根据频率相加原理，第二年末水库终蓄出现的总频率应是各种组合事件各自频率之和。因此，将各部分终蓄曲线上终蓄相同的部分频率相加，即得终蓄曲线。如图3-31（a）所示，第二年末终蓄为$\frac{1}{2}\beta_多$的频率为

$$P_{\frac{1}{2}\beta_多}=P_{ab}+P_{cd}+P_{ef}+P_{gh}$$

而终蓄为$\beta_多$的频率则为

$$P_{\beta_多}=P_{ij}+P_{kl}+P_{mn}+P_{rs}$$

采用相同方法，可求出其他终蓄的频率，从而绘出第二年末的水库蓄水频率曲线，如图3-31（b）所示。

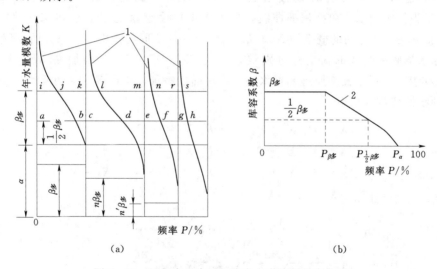

图3-31　用频率组合图解法求水库终蓄频率曲线

1—K-P线；2—第二年末蓄水频率曲线

（四）推求水库蓄水频率稳定曲线

第二年水库终蓄曲线也就是第三年初蓄曲线，按上述同样方法可求出第三、四年……的年末蓄水频率曲线。运算多年并将各年终蓄曲线画在同一张图上。随着计算年数的增加，两相邻年份蓄水频率曲线逐渐接近，趋于重合，最后的曲线即为所求的水库蓄水频率稳定曲线（图3-32中的粗线）。可见，该蓄水频率稳定曲线是考虑了1年、2年……所有可能组合情况求出来的。

（五）确定水库工作保证率及其他状态的频率

显然，水库蓄水频率稳定曲线与横轴的交点就是已知$\beta_多$和α条件下的水库工作保证率P_α；$100-P_\alpha$标志正常工作遭到破坏的频率；图3-32中P_β即为保证供水前提下多年

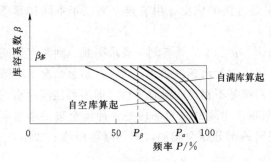

图 3-32 水库蓄水频率稳定曲线

库容能够蓄满的频率；而 $P_\alpha - P_\beta$ 则为多年库容各种蓄水情况的频率。

前面我们曾假设第一年初蓄为零（即以库空为起算点），实际上它并不是必要条件。不论第一年初蓄是多少，经过多年运算之后，最终的蓄水频率曲线的稳定情况都是相同的。在图 3-32 中同时给出了第一年初蓄为库空和满蓄两种条件下，推求蓄水频率稳定曲线的趋势示意，可供比较。

以上通过图解分析的方式，说明径流多年调节概率法的步骤，具体计算时常采用列表法进行多年推算；求出水库蓄水频率稳定曲线，同时也就确定了既定 $\beta_多$、α 条件下的工作保证率 P_α（%）。

此外，也可采用数值法直接求解水库蓄水频率稳定曲线。如图 3-33 所示，FADCBE 为任定的水库初蓄频率曲线，E 点纵坐标设定为 $\beta_多/2$。假定水库放空概率为 X_1；蓄水 $0 \sim \beta_多/2$ 之间的概率为 X_2；蓄水 $\beta_多/2 \sim \beta_多$ 之间的概率为 X_3；满蓄概率为 X_4。将入库年水量频率曲线的横坐标分别乘以 X_1、X_2、X_3、X_4 后叠加在 AF、IJ、GH、CB 等阶梯上。根据全概率原理和蓄水频率稳定曲线特征，由图 3-33 可建立求解蓄水频率曲线的线性代数方程组

$$
\begin{cases}
P_{11}X_1 + P_{12}X_2 + P_{13}X_3 + P_{14}X_4 = 1 - X_1 \\
P_{21}X_1 + P_{22}X_2 + P_{23}X_3 + P_{24}X_4 = 1 - X_1 - X_2 \\
P_{31}X_1 + P_{32}X_2 + P_{33}X_3 + P_{34}X_4 = 1 - X_1 - X_2 - X_3 \\
X_1 + X_2 + X_3 + X_4 = 1
\end{cases}
\tag{3-26}
$$

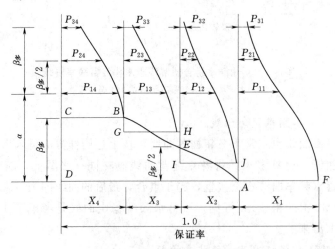

图 3-33 水库蓄水频率曲线组合

采用迭代法求解式（3-26）的 X_1、X_2、X_3、X_4，则水库各种蓄水保证率（稳定

值）为：$P(\beta_{多})=X_4$；$P(\beta_{多}/2)=X_3+X_4$；$P(0)=X_2+X_3+X_4=1-X_1$。显然，水库放空的保证率 $P(0)$ 也就是水库正常供水保证率 P_a。

线性代数方程组的未知数（即阶梯数）究竟取多少，要依据初蓄频率曲线变化情况和计算精度要求而定。

由于水库多年调节计算概率法的运算工作相当繁复，许多国家以年水量理论频率曲线为基础，研制出各种用于多年调节计算的线解图。其中，常用的水库入流概率分布有：皮尔逊Ⅲ型（PearsonⅢ）分布、正态分布、对数正态分布、韦布尔（Weibull）分布等，有的在入流中还考虑了相邻年径流系列的不同相关系数 γ。当入流参数已知时，只要给定 $\beta_{多}$、α、P 中的任意两个值，应用线解图能迅速查出待定的未知值。

1939 年苏联 Я.Ф. 普列什科夫根据 C.H. 克里茨基和 М.Ф. 明凯里提出的概率法制作的多年调节计算线解图，应用很广。该图的入流为皮尔逊Ⅲ型分布（$C_s=2C_v$），相邻年径流相互独立，工作保证率包括 75%、80%、85%、90%、95%、97% 等六种情况（图 3-34）。我国在应用中曾对 $C_s\neq2C_v$ 的情况，提出了应用该线解图的改进方法。这时，首先要对水文参数做如下换算：

$$C'_v=C_v/(1-a_0) \tag{3-27}$$

$$\alpha'=(\alpha-a_0)/(1-a_0) \tag{3-28}$$

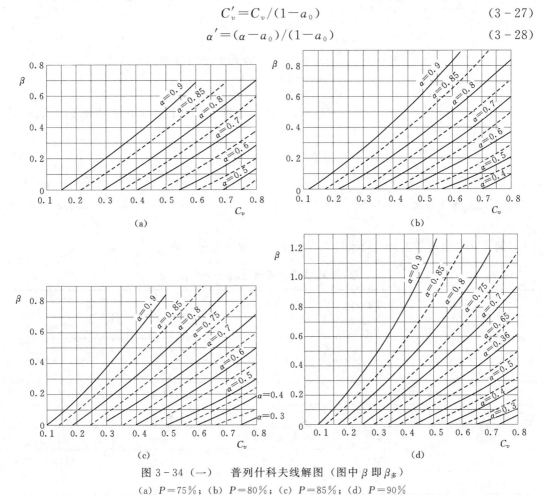

图 3-34（一）　普列什科夫线解图（图中 β 即 $\beta_{多}$）

(a) $P=75\%$；(b) $P=80\%$；(c) $P=85\%$；(d) $P=90\%$

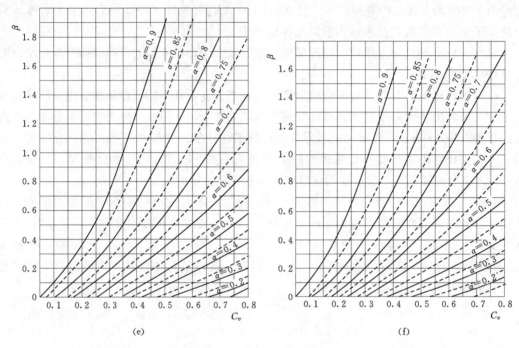

图 3-34（二） 普列什科夫线解图（图中 β 即 $\beta_多$）

(e) $P=95\%$；(f) $P=97\%$

式中 $a_0=(m-2)/m$，而 $m=C_s/C_v$。根据 C_v' 和 α' 在普氏线解图上查出 $\beta_多'$，再按式（3-29）求 $\beta_多$：

$$\beta_多=(1-a_0)\beta_多' \tag{3-29}$$

【例 3-3】 某多年调节水库，设计保证率 $P_设$ 为 90%，河流多年平均流量 $\overline{Q}$ 为 $40\mathrm{m^3/s}$，平均年水量 $=480(\mathrm{m^3/s})\cdot$ 月，年水量的 $C_v=0.5$，而 $C_s=2C_v$。试求 α 与 $\beta_多$ 的关系。

解 采用查线解图的方法求得多年库容与调节流量的关系见表 3-14。

表 3-14 　　　　　　　 $Q_调$ 与 $V_多$ 关系计算表（$P_设=90\%$）

调节系数 α	调节流量 $Q_调$ /(m³/s)	多年库容系数 $\beta_多$	多年库容 $V_多$	
			(m³/s)·月	$10^6\mathrm{m^3}$
(1)	(2)	(3)	(4)	(5)
0.65	26	0.27	129.6	340.8
0.70	28	0.37	177.6	467.1
0.75	30	0.50	240.0	631.2
0.80	32	0.65	312.0	820.6
0.85	34	0.89	427.2	1123.5
0.90	36	1.25	600.0	1578.0

关于径流多年调节线解图，我国许多学者还进行过有效的工作。例如，对入流取皮尔逊Ⅲ型分布，$C_s = 2C_v$，相邻年径流相关系数 r 取 0.1、0.2、0.3、0.4、0.5、0.6，以及 $C_s = 1.5C_v$、$C_s = 4C_v$，r 取 0.3，应用随机模拟法作出 2000 年的年径流系列，并分别对 P 等于 75%、85%、90%、95%、97%、99% 等六种情况，概括成线解图，图 3-35 为 $C_s = 2C_v$ 的两个图例。1965 年又有学者分别制作了年径流为正态分布、对数正态分布、韦布尔分布，相邻年径流相互独立，P 等于 90%、95%、97%、99% 四种情况的类似线解图（当相邻年径流存在系列相关时，可按给出的经验改正曲线予以修正）。

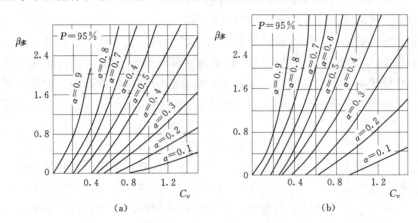

图 3-35 随机模拟生成系列的径流多年调节线解图

(a) $r = 0.3$；(b) $r = 0.5$

上述多年调节线解图具有较高的概括性、综合性和适应性，已经在实际工作中普遍应用。

二、年库容的决定

天然径流年内分配不同于年际径流变化的随机特性，年内径流是按丰、枯水期相继出现，并互有一定的联系。所以从一个年循环中取出若干个流量值，不能认为它们是偶然的。正是由于天然径流年内分配的规律性，所以允许用某些典型年份进行年调节计算。多年调节水库年库容的概念和年调节兴利库容是一致的，所以关于确定年调节兴利库容的时历法，对确定多年调节水库年库容仍是适用的。

年库容应为枯水期用水量与枯水期来水量之差，表示为

$$\beta_{年} = (\alpha T_{枯}/12) - K_{枯} \qquad (3-30)$$

式中 $T_{枯}$——枯水期月数；

$K_{枯}$——枯水期水量模数。

公式很简单，关键问题是需合理地定出 $K_{枯}$ 值。各种年份的 $K_{枯}$ 值是不相同的，代入公式就将得出不同的结果。在工程设计中一般做如下考虑：由于年库容决定于设计枯水系列的前一年（图 3-28），该年来水量必然大于或等于 α，年水量小于 α 的年份应包括在多年调节的枯水系列里，不能用来计算年库容。此外，一般说来，年水量大者枯水期水量也较大，为保险起见，即采用年水量等于（或十分接近）α 年份的 $K_{枯}$ 值，作为计算值。

当年水量接近 α 的年份不止一个时，常采用年内分配接近于多年平均情况的年份作为

计算年，取其 $K_枯$ 值代入式（3-30）进行计算，或者应用水量差积曲线进行图解。

实际上，紧邻设计枯水系列不一定正好遇上年水量等于用水量的年份。故在工程设计中的另一种考虑是：取多年平均枯水期水量 $\overline{K}_枯$ 乘以 α 值作为枯水期水量模数的计算值，即 $K_枯 = \alpha \overline{K}_枯$。式（3-30）变为

$$\beta_年 = (\alpha T_枯/12) - \alpha \overline{K}_枯 = \alpha[(T_枯/12) - \overline{K}_枯] \tag{3-31}$$

上述计算式均适用于丰、枯水分期较明显且稳定的河流。此外，还可采用其他形式的计算公式或用绘制年库容频率曲线的方法确定年库容。

到此为止，前面有关径流多年调节概率法的论述，是以把兴利库容划分为多年库容和年库容两个部分为前提的。所有论及的计算方法，如列表法、数值法以及线解图法等，都是针对多年库容 $\beta_多$ 给出的，而把兴利库容硬性划分成两部分是不尽合理的。此外，关于如何具体考虑相邻水文期水量间相关关系等，都存在值得探讨的问题。对此，我国学者也都曾提出过直接求多年调节总兴利库容的概率法及考虑水量相关关系的径流多年调节计算（概率法）等研究成果。

关于径流多年调节计算概率法的特点和适用情况，可归纳为以下几点：①概率法仅需有年径流的概率分布或频率（保证率）曲线便可进行计算，可用于资料短缺地区；②能考虑径流的各种可能组合情况，对于长周期的多年调节来讲，概率法计算结果比时历法计算结果更符合实际；③可用于供水量与来水量具有统计相关的调节计算，如灌溉变动供水调节计算；④计算方法比较繁杂，但其中数值法可通过编程应用电子计算机求解，速度快、精度高，可解决较复杂的径流多年调节课题。此外，已作出的许多有关线解图，应用很方便；⑤概率法求得的是库空、库满、各种蓄水情况、不足水量、多余水量等的概率，不能求出它们发生的具体时间和水库充水、供水等的时历过程。

思 考 题 与 习 题

1. 水库面积曲线和容积曲线是如何绘制的？

2. 水库有哪些特征水位及其相应库容？它们之间存在什么关系？试绘出简图示之。

3. 水库水量损失有哪些？是如何形成的？蒸发和渗漏损失如何计算？

4. 淹没、浸没对环境有何影响？

5. 水库淤积形态有几种类型？简述各类型的特点？

6. 水库泥沙淤积量及设计淤积库容如何计算？有哪些防止或减轻水库淤积的措施？

7. 什么是调节周期？兴利调节分哪几类？各类调节有何特点？

8. 什么叫调节年度（水利年度）？它与日历年度、水文年度有何区别？如何划分调节年度？

9. 在规划阶段用什么方法来判断某水库应是年调节水库还是多年调节水库？

10. 什么是设计保证率？有哪几种表示方法？其含义是什么？它们之间存在什么关系？

11. 如何选取各部门的设计保证率？应考虑哪些因素？

12. 什么是设计代表年？确定代表年应考虑什么因素？设计代表年选择的方法有几种？各有什么优缺点？

13. 什么是设计代表期？选择设计代表期有哪些方法？如何评价代表性的好坏？

14. 兴利调节计算的原理是什么？兴利调节计算可分为哪三类课题？

15. 某水库一周之内的来水、用水过程见表 3-15，为满足用水过程，求最小需要的周调节库容，并求出各时段末水库蓄水量。

表 3-15 某水库一周之内的来水、用水过程表

时段	星期一	星期二	星期三	星期四	星期五	星期六	星期日
来水量/($10^3 m^3$)	14	15	15	15	15	15	15
用水量/($10^3 m^3$)	13	8	12	21	13	21	15

16. 试说明年调节水库计算的时历列表法步骤。

17. 已知某年调节水库电站设计枯水年天然入库流量过程见表 3-16，该水库兴利库容为 $50(m^3/s) \cdot$ 月，求水库供、蓄水期的调节流量。

表 3-16 某水库电站设计枯水年天然入库流量

月份	5	6	7	8	9	10	11	12	1	2	3	4
流量/(m^3/s)	50	50	50	60	35	37	36	20	20	25	20	15

18. 在年兴利调节计算中，对水库的多次运用如何考虑？

19. 试述多年调节时历列表法与年调节长系列法的异同点？

20. 水量累积曲线的实质是什么？流量过程线与水量差积曲线有何关系？

21. 水量差积曲线有哪些特性？如何绘制水量差积曲线的流量比例尺？它有何用？

22. 不计水量损失，如何利用某一种调节年度的水量差积曲线和 $Q_{调}$（或 $V_{兴}$）确定年调节水库的 $V_{兴}$（或 $Q_{调}$）？

23. 试述不计入水量损失时，多年调节时历图解法推求设计兴利库容的方法和步骤（已知 $Q_{调}$，求 $V_{兴}$）。

24. 试说明设计保证率 $P_{设}$、调节库容 $V_{兴}$ 与调节流量 $Q_{调}$ 三者的关系。

25. 兴利调节计算的时历列表法应用（不考虑水量损失）。某水电站水库下游综合利用需水对发电无约束作用各种资料见表 3-17～表 3-20，水库死水位为 95.0m。

表 3-17 水电站水库库容曲线表

库容/($10^8 m^3$) 水位/m \ 水位/m	0	1	2	3	4	5	6	7	8	9
70	0.26	0.29	0.32	0.36	0.40	0.44	0.49	0.55	0.61	0.68
80	0.76	0.84	0.92	1.01	1.10	1.20	1.34	1.49	1.64	1.80
90	2.00	2.24	2.48	2.74	3.03	3.37	3.72	4.10	4.50	4.90
100	5.35	5.85	6.38	6.91	7.48	8.06	8.65	9.28	9.95	10.67
110	11.39	12.11	12.86	13.63	14.46	15.30	16.20	17.08	18.00	18.94
120	19.90	20.98	22.00	23.06	24.12	25.18	26.30	27.44	28.00	29.79
130	31.00									

表 3－18 某水电站下游水位流量关系

下泄流量/(m³/s)	0	15	135	530	800	1150	2420	3750	5250	6900	8675	10500
下游水位/m	58.7	59	60	61	61.4	62	64	66	68	70	72	74

表 3－19 水电站坝址处流量资料 单位：m³/s

月份	3	4	5	6	7	8	9	10	11	12	1	2
设计枯水年	141	188	253	61	110	7	9	8	42	15	8	20
设计平水年	136	241	95	94	220	8	13	6	12	18	31	44
设计丰水年	146	110	305	272	237	202	132	49	35	15	34	10

表 3－20 上游灌溉用水需求

月份	3	4	5	6	7	8	9	10	11	12	1	2
灌溉用水流量/(m³/s)	0.5	1	2	2	3	3	3	2	1	1	0	0

（1）绘制该水库水位库容关系曲线。

（2）如水库正常蓄水位为105.0m，试确定相应的兴利库容数值，并对设计枯水年进行等流量调节列表计算，求调节流量、调节系数及水库蓄水量变化过程。

（3）如固定供水期用水流量 $Q=45\text{m}^3/\text{s}$，用时历列表法确定所需的兴利库容及相应的正常蓄水位。

26. 兴利调节计算的时历图解法应用。资料同本章习题25。

（1）绘制设计枯水年水量差积曲线。

（2）根据水库正常蓄水位为105.0m时的兴利库容，用时历图解法对设计枯水年进行调节计算，求调节流量，并与列表计算结果进行比较。

（3）如固定供水期用水流量 $Q=45\text{m}^3/\text{s}$，用时历图解法确定所需的兴利库容及相应的正常蓄水位。

27. 兴利调节计算的数理统计法。某水库坝址处多年平均流量 $Q_平=86.7\text{m}^3/\text{s}$，年径流统计参数 $C_v=0.24$，$C_s=2C_v$。水库水位（Z）库容（V）曲线见表 3－21，水库死水位为190.0m，设计保证率 $P=90\%$，调节流量 $Q_调=75\text{m}^3/\text{s}$。

表 3－21 水位库容表

V/(10⁸m³)	2.9	6.0	9.4	13.2	17.4
Z/m	170	190	210	230	250

（1）用数理统计法计算水库多年库容 $V_多$。

（2）根据上述 C_v、$V_多$、$Q_调$ 用蓄水频率法求保证率 P。

第四章　水库洪水调节计算

在规划设计阶段，水库调洪计算（reservoir flood routing）的基本任务是对下游防洪标准洪水、水工建筑物安全标准相应的设计洪水和校核洪水分别进行洪水调节计算。本章主要介绍水库洪水调节计算的基本原理和两种典型的计算方法——列表试算法和半图解法，以及其他情况下的水库调洪计算。

第一节　水库调洪的任务与防洪标准

一、水库的调洪作用与任务

第二章曾提到，利用水库蓄洪或滞洪是防洪工程措施之一。通常，洪水波在河槽中经过一段距离时，由于槽蓄作用，洪水过程线要逐步变形。一般地，随着洪水波沿河向下游推进，洪峰流量逐渐减小，雨洪水历时逐渐加长。水库容积比一段河槽要大得多，对洪水的调蓄作用也比河槽要强得多。特别是当水库有泄洪闸门控制的情况，洪水过程线的变形更为显著。

当水库有下游防洪任务时，它的作用主要是削减下泄洪水流量，使其不超过下游河床的安全泄量。水库的任务主要是滞洪，即在一次洪峰到来时，将超过下游安全泄量的那部分洪水暂时拦蓄在水库中，待洪峰过去后再将拦蓄的洪水下泄掉，腾出库容来迎接下一次洪水（图4-1）。有时，水库下泄的洪水与下游区间洪水或支流洪水遭遇，相叠加后其总流量会超过下游的安全泄量。这时就要求水库起"错峰"的作用，使下泄洪水不与下游洪水同时到需要防护的地区，这是滞洪的一种特殊情况。若水库是防洪与兴利相结合的综合利用水库，则除了滞洪作用外还起蓄洪作用。例如，多年调节水库在一般年份或库水位较低时，常有可能将全年各次洪水都拦蓄起来供兴利部门使用；年调节水库在汛初水位低于防洪限制水位，以及在汛末水位低于正常蓄水位时，也常可以拦蓄一部分洪水在兴利库容内，供枯水期兴利部门使用，这都是蓄洪的性质。蓄洪既能削减下泄洪峰流量，又能减少下游洪量；而滞洪则只削减下泄洪峰流量，基本上不减少下游洪量。在多数情况下，水库对下游承担的防洪任务常常主要是滞洪。湖泊、洼地也能对洪水起调蓄作用，与水库滞洪类似。

若水库不需承担下游防洪任务，则洪水期下泄流量可不受限制。但由于水库本身自然地对洪水有调蓄作用，洪水流量过程经过水库时仍然要变形，客观上起着滞洪的作用。当然，从兴利部门的要求来说，更重要的是蓄洪。

洪水流量过程线经过水库时的具体变化情况，与水库的容积特性、泄洪建筑物的型式和尺寸以及水库运行方式等有关。特别是，泄洪建筑物是否有闸门控制，对下泄洪水流量过程线的形状有不同的影响，可参见图4-1的例子。在水库调蓄洪水的过程中，入库洪水、下泄洪水、拦蓄洪水的库容、水库水位的变化以及泄洪建筑物型式和尺寸等之间存在着密切的关系。水库调洪计算的目的，正是为了定量地找出它们之间的关系，以便为决定水库的有关参数和泄洪建筑物型式、尺寸等提供依据。

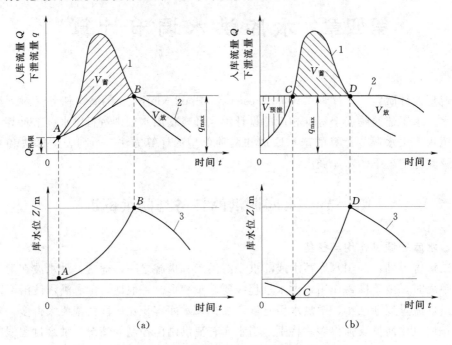

图 4-1 水库调蓄后洪水过程线的变形示意
(a) 无闸门控制时；(b) 有闸门控制时
1—入库洪水过程线；2—下泄洪水过程线；3—水库水位变化过程线

二、防洪标准

防洪标准（flood control standard）是各种防洪保护对象或水利工程本身要求达到的防御洪水的标准。通常以频率法计算的某一重现期的设计洪水为防洪标准，或以某一实际洪水（或将其适当放大）作为防洪标准。在实际发生的洪水小于防洪标准的洪水时，通过合理运用防洪工程，应能保证保护对象或水利工程本身的防洪安全。

当水库不承担下游防洪任务时，按水库工程水工建筑物防洪标准，选定合适的设计洪水和校核洪水的流量过程线，作为水库调洪计算的原始资料。

当水库要承担下游防洪任务时，除了要选定水工建筑物的设计标准外，还要选定下游防护对象的防洪标准。防护对象的防洪标准应以防御的洪水或潮水的重现期表示。对特别重要的防护对象，可采用可能最大洪水表示。可能最大洪水是指河流断面可能发生的最大洪水，由最恶劣的气象和水文条件组合形成，是永久性水工建筑物非常运用情况下最高标准的洪水，可用水文气象法或数理统计法估算。根据防护对象的不同需要，其防洪标准可采用设计一级或设计、校核两级。

各类防护对象的防洪标准，应根据防洪安全的要求，并考虑经济、政治、社会、环境等因素，综合论证确定。有条件时，应进行不同防洪标准所可能减免的洪灾经济损失与所需的防洪费用的对比分析，合理确定。表 4-1 为不同防护对象的等级及防洪标准。

表 4 - 1　　　　　　　　　　　　不同防护对象的等级及防洪标准

等级	城市			乡村			工矿企业	
	重要性	非农业人口/万人	防洪标准[重现期/年]	防护区人口/万人	防护区耕地面积/万亩	防洪标准[重现期/年]	工矿企业规模	防洪标准[重现期/年]
I	特别重要的城市	≥150	≥200	≥150	≥300	50~100	特大型	100~200
II	重要的城市	50~150	100~200	50~150	100~300	30~50	大型	50~100
III	中等城市	20~50	50~100	20~50	30~100	20~30	中型	20~50
IV	一般城镇	≤20	20~50	≤20	≤30	10~20	小型	10~20

注　1. 各类工矿企业的规模，按国家现行规定划分。
　　2. 如辅助厂区（或车间）和生活区单独进行防护的，其防洪标准可适当降低。

当防护区内有两种以上的防护对象，又不能分别进行防护时，该防护区的防洪标准，应按防护区和主要防护对象两者要求的防洪标准中较高者确定；对于影响公共防洪安全的防护对象，应按自身和公共防洪安全两者要求的防洪标准中较高者确定；兼有防洪作用的路基、围墙等建筑物、构筑物，其防洪标准应按防护区和该建筑物、构筑物的防洪标准中较高者确定。

遭受洪灾或失事后损失巨大、影响十分严重的防护对象，可采用高于规定的标准规定的防洪标准。遭受洪灾或失事后损失及影响均较小或使用期限较短及临时性的防护对象，可采用低于规定的标准规定的防洪标准。防洪标准一时难以实现时，经报行业主管部门批准，可分期实施，逐步达到。

第二节　水库调洪计算的原理

洪水在水库中行进时，水库沿程的水位、流量、过水断面、流速等均随时间而变化，其流态属于明渠非恒定流。明渠非恒定流的基本方程（即水力学中的圣维南方程组）包括连续性方程和运动方程两个偏微分方程。通常，这个偏微分方程组难以得出精确的分析解，而是采用简化了的近似解法：瞬态法、差分法和特征线法等。长期以来，普遍采用的是瞬态法，即用有限差值来代替微分值，并加以简化，以近似地求解一系列瞬时流态。它比较简便，宜于手算。随着电子计算机应用技术的快速发展，国内外不少人用差分法编制程序进行计算，使差分法的应用出现了良好的发展前景。本书中仅介绍目前普遍采用的瞬态法，其他方法请参阅水力学书籍。

瞬态法将圣维南方程组进行简化得出基本公式，再结合水库的特有条件对基本公式进一步简化，则得出专用于水库调洪计算的实用公式如下：

$$\overline{Q} - \overline{q} = \frac{1}{2}(Q_1 + Q_2) - \frac{1}{2}(q_1 + q_2) = \frac{V_2 - V_1}{\Delta t} = \frac{\Delta V}{\Delta t} \qquad (4-1)$$

式中　Q_1、Q_2——计算时段初、末的入库流量，m^3/s；

　　　$\overline{Q}$——计算时段中的平均入库流量，m^3/s，它等于 $(Q_1 + Q_2)/2$；

　　　q_1、q_2——计算时段初、末的下泄流量，m^3/s；

$\overline{q}$——计算时段中的平均下泄流量，m^3/s，它等于 $(q_1+q_2)/2$；

　　V_1、V_2——计算时段初、末水库的蓄水量，m^3；

　　　　ΔV——V_2 和 V_1 之差；

　　　　Δt——计算时段，一般取 $1\sim 6h$，需化为秒数。

这个公式实际上表现为一个水量平衡方程式，表明：在一个计算时段中，入库水量与下泄水量之差即为该时段中水库蓄水量的变化。显然，公式中并未计及洪水入库处至泄洪建筑物间的行进时间，也未计及沿程流速变化和动库容等的影响。这些因素均是其近似性的一个方面。

当已知水库入库洪水过程线时，Q_1、Q_2、$\overline{Q}$ 均为已知；V_1、q_1 则是计算时段 Δt 开始时的初始条件。于是，式（4-1）中的未知数仅剩 V_2、q_2。当前一个时段 V_2、q_2 求出后，其值即成为后一时段 V_1、q_1 值，使计算有可能逐时段地连续进行下去。当然，用一个方程式来解 V_2、q_2 是不可能的，必需再有一个方程式：

$$q=f(V) \tag{4-2}$$

式（4-1）与式（4-2）组成一个方程组，就可用来求解 q_2 与 V_2 这两个未知数。此外，当已知初始条件 V_1 时，也可利用式（4-2）来求出 q_1，或者相反地由 q_1 求 V_1。

如果找出了 $q=f(Z)$ 之间的关系曲线，再根据库容特性曲线 $V=f(Z)$，即可找出 $q=f(V)$ 之间的关系式。假定暂不计及自水库取水的兴利部门泄向下游的流量，则下泄流量 q 应是泄洪建筑物泄流水头 H 的函数，而当泄洪建筑物的型式、尺寸等已定时：

$$q=f(H)=AH^B \tag{4-3}$$

式中　A——系数，与建筑物型式和尺寸、闸孔开度以及淹没系数等有关（可查阅水力学书籍）；

　　　B——系数，对于堰流，B 一般等于 $3/2$；对于闸孔出流，一般等于 $1/2$。

若为无闸门表面溢洪道，其泄流公式为

$$q_1=\varepsilon mB\sqrt{2g}\ h_1^{3/2} \tag{4-4}$$

式中　B——溢洪道净宽；

　　　h_1——堰上水头；

　　　m——流量系数；

　　　ε——侧收缩系数。

若为底孔出流，则泄流公式为

$$q_2=\mu\omega\sqrt{2gh_2} \tag{4-5}$$

式中　ω——孔口出流面积；

　　　h_2——孔口中心水头；

　　　μ——孔口出流系数。

不论水库是否承担下游防洪任务，也不论是否有闸门控制，调洪计算定基本公式都是上述式（4-1）和式（4-2）。只是，在有闸门控制的情况下，式（4-2）不是一条曲线，而是以不同的闸门开度为参数的一组曲线，因而计算要繁杂一些。在承担下游防洪任务的情况下，当要求保持 q 不大于下游允许定最大安全泄量 q_{max} 时，就要利用闸门控制 q，当然计算手续也要麻烦一些。有时，泄洪建筑物虽设有闸门，但泄洪时将闸门全开，此时实际上与无闸门控制的情况相同。也有时，在一次洪水过程中，一部分时间用闸门控制 q，而另一部分时间将闸门全开而不加控制。这种有闸门控制与无闸门控制分时段进行，当然也要繁琐一些。但不论是什么情况，所利用的基本公式与方法都是一致的。

利用式（4-1）和式（4-2）进行调洪计算的具体方法有很多种，目前我国常用的是列表试算法和半图解法，下面将分别介绍这两种方法。由于有闸门控制的情况千变万化，计算步骤也比较麻烦，这里以比较简单的情况为例来介绍这两种方法。掌握基本方法以后，对比较复杂的情况可以触类旁通。

第三节　水库调洪计算的列表试算法

在水利规划中，常需根据水工建筑物的设计标准或下游防洪标准，按工程水文中所介绍的方法，去推求设计洪水流量过程线。因此，对调洪计算来说，入库洪水过程及下游允许水库下泄的最大流量均是已知的。并且，要对水库汛期防洪限制水位以及泄洪建筑物型式和尺寸拟定几个比较方案，因此对每一个方案来说，它们也都是已知的。于是，调洪计算就是在这些初始的已知条件下，推求下泄洪水过程线、拦蓄洪水的库容和水库水位的变化。在水库运行中，调洪计算的已知条件和要求的结果，基本上也与上述类似。

列表试算法的步骤大体如下。

（1）根据已知的水库水位容积关系曲线 $V=f(Z)$ 和泄洪建筑物方案，用水力学公式［本节为式（4-3）］求出下泄流量与库容的关系曲线 $q=f(V)$ 或者下泄流量与水库水位的关系曲线 $q=f(Z)$。

（2）选取合适的计算时段，以秒为计算单位。

（3）决定开始计算的时刻和此时刻的 V_1、q_1 值，然后列表计算，计算过程中，对每一计算时段的 V_2、q_2 值都要进行试算。

（4）将计算结果绘成曲线（图4-2），供查阅。

在计算过程中，每一时段中的 Q_1、Q_2、q_1、V_1 均为已知。先假定一个 Z_2 值，由 $q=f(Z)$ 曲线查出一个 q_2 值，将 q_2 值代入式（4-1）求出 V_2 值，按此 V_2 值在 $V=f(Z)$ 曲线上查出 $Z_2{}'$ 值，将 $Z_2{}'$ 与假定的 Z_2 值相比较。若两者相差较大，则要重新假定一个 Z_2 值，重复上述试算过程，直至两者相等或很接近为止。这样多次演算求得的 Z_2、q_2、V_2 值就是下一时段的 Z_1、V_1、q_1 值，可依据此值进行下一时段的试算。逐时段依次试算的结果即为调洪计算的成果。现将具体的演算过程用一例子加以说明。

【例4-1】　某水库的泄洪建筑物型式和尺寸已定，设有闸门。水库的运用方式是：在洪水来临时，先用闸门控制 q 使等于 Q，水库保持汛期防洪限制水位（38.0m）不变；当 Q 继续加大，使闸门达到全开，以后就不用闸门控制，q 随 Z 的升高而加大，流态为自由泄流，q_{max} 也不限制，情况与无闸门控制一样。

已知水库容积特性 $V=f(Z)$，并根据泄洪建筑物型式和尺寸，算出水位和下泄流量关系曲线 $q=f(Z)$，见表4-2和图4-3。堰顶高程为36.0m。

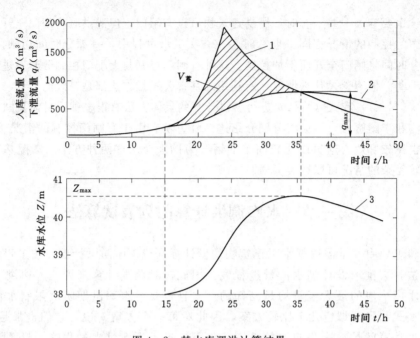

图 4-2　某水库调洪计算结果

1—入库洪水过程线；2—下泄洪水过程线；3—水库水位过程线

表 4-2　　　　　　　某水库 $V=f(Z)$、$q=f(Z)$ 关系表（闸门全开时）

水位 Z/m	36.0	36.5	37.0	37.5	38.0	38.5	39.0	39.5	40.0	40.5	41.0
库容 $V/$万 m^3	4330	4800	5310	5860	6450	7080	7760	8540	9420	10250	11200
下泄流量 q /(m^3/s)	0.0	22.5	55.0	105.0	173.9	267.2	378.3	501.9	638.9	786.1	946.0

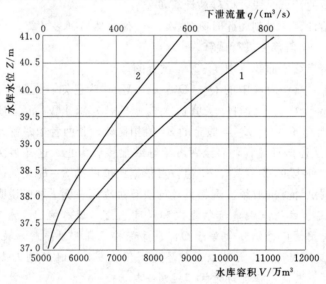

图 4-3　某水库 $V=f(Z)$ 和 $q=f(Z)$ 曲线

1—$V=f(Z)$；2—$q=f(Z)$

解 将已知入库洪水流量过程线列入表4-3中的第（1）、（2）栏，并绘于图4-2中（曲线1）；选取计算时段 $\Delta t = 3\mathrm{h} = 10800\mathrm{s}$；起始库水位为 $Z_限 = 38.0\mathrm{m}$，按 $Z_限 = 38.0\mathrm{m}$，在图4-2中可查出闸门全开时相应的 $q = 173.9\mathrm{m}^3/\mathrm{s}$。

在第18h以前，$q = Q$，且均小于 $173.9\mathrm{m}^3/\mathrm{s}$。水库不蓄水，无需进行调洪计算。从第18h起，$Q$ 开始大于 $173.9\mathrm{m}^3/\mathrm{s}$，水库开始有蓄水过程。因此，以第18h为开始调洪计算的时刻，此时初始的 q_1 即为 $173.9\mathrm{m}^3/\mathrm{s}$，而初始的 V_1 为6450万 m^3。然后，按式（4-1）进行计算，计算过程列入表4-3。

第一个计算时段为第18～21h，$q_1 = 173.9\mathrm{m}^3/\mathrm{s}$，$V_1 = 6450$ 万 m^3，$Q_1 = 174\mathrm{m}^3/\mathrm{s}$（接近于 q_1），$Q_2 = 340\mathrm{m}^3/\mathrm{s}$。对 q_2、V_2 要试算，试算过程见表4-4。表中数字下有横线的为已知值，有括号的为试算过程中的中间值，无括号的是试算的最后结果。

试算开始时，先假定 $Z_2 = 38.4\mathrm{m}$，从图4-2的 $V = f(Z)$ 和 $q = f(Z)$ 两曲线上，查得相应的 $V_2 = 6950$ 万 m^3，$q_2 = 248\mathrm{m}^3/\mathrm{s}$。将这些数字填入表4-4的（3）、（4）、（5）三栏。表中原已填入 $q_1 = 173.9\mathrm{m}^3/\mathrm{s}$，$V_1 = 6450$ 万 m^3，于是 $\bar{q} = (q_1 + q_2)/2 = (173.9 + 248)/2 = 211\mathrm{m}^3/\mathrm{s}$，并可求出相应的 $\Delta V = 50$ 万 m^3。由此，V_2 值应是 $V_2' = V + \Delta V = 6450 + 50 = 6500$ 万 m^3，填入表4-4第（9）栏，因此值与第（4）栏中假定的 V_2 值不符，故采用符号 V_2' 加以区别。由 V_2' 值查图4-2，得相应的 $q_2' = 180\mathrm{m}^3/\mathrm{s}$、$Z_2' = 38.04\mathrm{m}$。显然，$V_2'$、$q_2'$、$Z_2'$ 与原假定的 V_2、q_2、Z_2 相差较大，说明假定值不合适，Z_2 假定得偏高。重新假定 $Z_2 = 38.2\mathrm{m}$，重复以上试算，结果仍不合适。第三次，假定 $Z_2 = 38.1\mathrm{m}$，结果 V_2 与 V_2' 值很接近，其差值可视为计算与查曲线的误差。至此，第一时段的试算即告结束，最后结果是：$q_2 = 187\mathrm{m}^3/\mathrm{s}$、$V_2 = 6533$ 万 m^3 和 $Z_2 = 38.1\mathrm{m}$。

表4-3　　　　　　　　　　调洪计算列表试算法

时刻 t /h	入库洪水流量 Q /(m^3/s)	时段平均入库洪水流量 $\bar{Q}$ /(m^3/s)	下泄流量 q /(m^3/s)	时段平均下泄流量 $\bar{q}$ /(m^3/s)	时段中水库存水量的变化 ΔV /万 m^3	水库存水量 V /万 m^3	水库水位 Z /m
(1)	(2)	(3)	(4)	(5)	(6)	(7)	(8)
18	174		173.9			6450	38.0
		257		180.5	83		
21	340		187			6533	38.1
		595		224.5	400		
24	850		262			6933	38.4
		1385		343.5	1125		
27	1920		425			8058	39.2
		1685		522.5	1256		
30	1450		620			9314	39.9
		1280		677.0	651		
33	1110		734			9965	40.3
		1005		757.5	267		
36	900		781			10232	40.5
		830		785.5	48		
39	760		790			10280	40.51
		685		781.0	−104		
42	610		772			10176	40.4
		535		751.5	−234		
45	460		731			9942	40.3
		410		702.5	−316		
48	360		674			9626	40.1
		325		645.5	−346		
51	290		617			9280	39.9

表 4-4　　　　　　　　　　第一时段（第 18~21h）的试算过程

时刻 t /h	Q /(m³/s)	Z /m	V /万 m³	q /(m³/s)	$\overline{Q}$ /(m³/s)	$\overline{q}$ /(m³/s)	ΔV /万 m³	V_2' /万 m³	q_2' /(m³/s)	Z_2' /m
(1)	(2)	(3)	(4)	(5)	(6)	(7)	(8)	(9)	(10)	(11)
<u>18</u>	<u>174</u>	<u>38.0</u>	<u>6450</u>	<u>173.9</u>						
					<u>257</u>	(211)	(50)			
<u>21</u>	<u>340</u>	(38.4)	(6950)	(248)				(6500)	(180)	(38.04)
						(192.6)	(70)			
		(38.2)	(6690)	(211)				(6520)	(182)	(38.06)
						180.5	83			
		38.1	6530	187				6533	187	38.10

将表 4-4 中试算的最后结果 q_2、V_2、Z_2，分别填入表 4-3 中第 18h 的第（4）、（7）、（8）栏中。按上述试算方法继续逐时段试算，结果均填入表 4-3，并绘制图 4-3。

由表 4-3 可见：在第 36h，水库水位 $Z=40.5$m、水库蓄水量 $V=10232$ 万 m³、$Q=900$m³/s，$q=781$m³/s；而在第 39h，$Z=40.51$m、$V=10280$ 万 m³、$Q=760$m³/s，$q=790$m³/s。按前述水库调洪的原理，当 q_{max} 出现时，一定是 $q=Q$，此时 Z、V 均达最大值。显然，q_{max} 将出现在第 36h 与第 39h 之间，在表 4-3 中并未算出。通过进一步试算，在第 38h 16min 处，可得出 $q_{max}=Q=795$m³/s，$Z_{max}=40.52$m，$V_{max}=10290$ 万 m³。

了解以上试算过程后，如果编出计算程序，则可借助电子计算机很快得出计算结果。

第四节　水库调洪计算的半图解法

由上节可知，列表试算法很麻烦，工作量较大，所以人们比较喜欢用半图解法。半图解法的具体方法又有多种，这里只介绍比较常用的一种。它要求将式（4-1）改写为

$$\overline{Q}+\left(\frac{V_1}{\Delta t}-\frac{q_1}{2}\right)=\left(\frac{V_2}{\Delta t}+\frac{q_2}{2}\right) \tag{4-6}$$

式中 $V/\Delta t$、$q/2$、$(V/\Delta t-q/2)$ 和 $(V/\Delta t+q/2)$ 均可与水库水位 Z 建立函数关系。因此，可根据选定的计算时段 Δt 值、已知的水库水位容积关系曲线，以及根据水力学公式算出的水位下泄流量关系曲线（参见表 4-2 及图 4-2），事先计算并绘制曲线组：$(V/\Delta t-q/2)=f_1(Z)$、$(V/\Delta t+q/2)=f_2(Z)$ 和 $q=f_3(Z)$，参见表 4-5 和图 4-4。其中，$q=f_3(Z)$ 即是水位下泄流量关系曲线，其余两曲线是所介绍的半图解法中必需的两根辅助曲线，故这一方法在半图解法中亦称为双辅助曲线法，以与单辅助曲线法相区别。

当做好图 4-4 中的辅助曲线后，就可进行图解计算。为了便于说明，利用图 4-4 中的曲线来讲解。计算步骤如下。

（1）根据已知的入库洪水流量过程线、水库水位容积关系曲线、汛期防洪限制水位、

计算时段 Δt 等，确定调洪计算的起始时段，并划分各计算时段。算出各时段的平均入库流量 $\overline{Q}$，并定出第 1 时段初始的 Z_1、q_1、V_1 各值。

（2）在图 4-4 的水位坐标轴上量取第 1 时段的 Z_1，得 a 点。作水平线 ac 交曲线 A 于 b 点，并使 $bc = \overline{Q}$。因曲线 A 是 $(V/\Delta t - q/2) = f_1(Z)$，$a$ 点代表 Z_1，ab 就等于 $(V_1/\Delta t - q_1/2)$，ac 就应等于 $[\overline{Q} + (V_1/\Delta t - q_1/2)]$，按式（4-5），即等于 $(V_2/\Delta t + q_2/2)$。

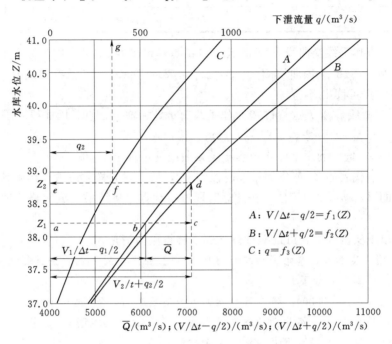

图 4-4　调洪计算半图解法示例（双辅助曲线法）

表 4-5 水库调洪演算辅助曲线计算表

库水位 Z /m	库容 V /万 m^3	下泄流量 q /(m^3/s)	$q/2$ /(m^3/s)	$V/\Delta t$ /(m^3/s)	$(V/\Delta t - q/2)$ /(m^3/s)	$(V/\Delta t + q/2)$ /(m^3/s)
(1)	(2)	(3)	(4)	(5)	(6)	(7)
36.0	4330	0	0	4009.3	4009.3	4009.3
36.5	4800	22.5	11.3	4444.4	4433.2	4455.7
37.0	5310	55.0	27.5	4916.7	4889.2	4944.2
37.5	5860	105.0	52.5	5425.9	5373.4	5478.4
38.0	6450	173.9	87.0	5972.2	5885.3	6059.2
38.5	7080	267.2	133.6	6555.6	6422.0	6689.2
39.0	7760	378.3	189.2	7185.2	6996.0	7374.3
39.5	8540	501.9	251.0	7907.4	7656.5	8158.4
40.0	9420	638.9	319.5	8722.2	8402.8	9041.7

续表

库水位 Z /m	库容 V /万 m^3	下泄流量 q /(m³/s)	$q/2$ /(m³/s)	$V/\Delta t$ /(m³/s)	$(V/\Delta t - q/2)$ /(m³/s)	$(V/\Delta t + q/2)$ /(m³/s)
(1)	(2)	(3)	(4)	(5)	(6)	(7)
40.5	10250	786.1	393.1	9490.7	9097.7	9883.8
41.0	11200	946.0	473.0	10370.4	9897.4	10843.4

（3）从 c 点作垂线交曲线 B 于 d 点。过 d 点作水平线 de 交水位坐标轴于 e，显然 $de = ac = (V_2/\Delta t + q_2/2)$。因曲线 B 是 $(V/\Delta t + q/2) = f_2(Z)$，$d$ 点在曲线 B 上，e 点就应代表 Z_2，从 e 点可读出 Z_2 值。

（4）de 交曲线 C 于 f 点，过 f 点作垂线交 q 坐标轴于 g 点。因曲线 C 是 $q = f_3(Z)$，e 点代表 Z_2，于是 ef 应是 q_2，即从 g 点可以读出 q_2 的值。

（5）根据 Z_2 值，利用水库水位容积关系曲线就可求出 V_2 值。

（6）将 e 点代表的 Z_2 值作为第 2 时段的 Z_1，按上述同样方法进行图解计算，又可求出第二时段的 Z_2、q_2、V_2 等值。按此逐时段进行计算，将结果列成表格，即可完成全部计算。

现通过以下实例计算，可以对计算步骤了解得更为清楚。

【例 4-2】 某水库及原始资料均与【例 4-1】相同，用半图解法进行调洪计算。

解 调洪计算步骤如下。

（1）取 $\Delta t = 3h = 10800s$，列表计算 $(\overline{V}/\Delta t - q/2) = f_1(Z)$ 与 $(V/\Delta t + q/2) = f_2(Z)$ 两关系曲线，见表 4-5。将此两曲线连同曲线 $q = f_3(Z)$ 绘在图 4-4 上。

（2）调洪计算从第 18h 开始。此时水库初始水位 $Z_1 = 38.0m$，相应的下泄流量为 $q_1 = 173.9m^3/s$，列于表 4-6 中第 18h 的第（4）、（7）栏。由各时刻的入库流量 Q 计算各时段的平均入库流量 $\overline{Q}$，各 Q 及 $\overline{Q}$ 值列于表 4-6 中第（2）、（3）两栏。

（3）从图 4-4 上 $Z = 38.0m$ 处作水平线，交曲线 A 于 $(\overline{V}/\Delta t - q/2) = 5885m^3/s$ 处，将此数字填入表 4-6 第 18h 的第（5）栏。已知时段平均流量 $\overline{Q} = 257m^3/s$。于是 $(V_2/\Delta t + q_2/2) = \overline{Q} + (V_1/\Delta t - q_1/2) = 257 + 5885 = 6142$（m³/s），这一步也可在图上直接作图查出 $(V_2/\Delta t + q_2/2)$ 值。将此值列入表 4-6 第 21h 的第（6）栏。

（4）在图 4-4 上从曲线 B 查出 $(V/\Delta t + q/2) = 6142m^3/s$ 处的 Z 值为 38.1m，此即时段第 18～21h（即第 1 时段）之 Z_2，或第 21h 的 Z_1 值，将其填入表 4-6 第 18h 的第（8）栏和第 21h 的第（4）栏。

（5）按上述 $Z_2 = 38.1m$，在图 4-4 上从曲线 C 查出 q_2 应为 188m³/s，这也就是第 21h 的 q_1 值，填入表 4-6 第 21h 的第（7）栏。至此，第 1 时段的计算结束。

（6）按照上述步骤进行第 2 时段（第 21～24h）的计算，将结果列入表 4-6 相应各栏。以下依此类推。

（7）由表 4-6 可见，q_{max} 发生在第 36h 与第 39h 之间，而且更近于第 39h 些，确切说应为第 38h 与第 39h 之间。由于 Δt 要改变，并且还不能预先知道，故不能用半图解法找出此点的确切数值，只能像【例 4-1】那样内插试算求得。

比较表 4-3 与表 4-6 可见，上述半图解法与列表试算法的结果非常相近，但半图解法的计算手续简便、迅速，缺点是作双辅助曲线较麻烦，其精度影响最终计算结果。

表 4-6　　　　　　　水库调洪计算半图解法（双辅助曲线法）计算表

时刻 t /h	入库洪水流量 Q /(m³/s)	平均入库流量 $\overline{Q}$ /(m³/s)	水库水位 Z_1 /m	$(V/\Delta t - q/2)$ /(m³/s)	$(V/\Delta t + q/2)$ /(m³/s)	下泄流量 q /(m³/s)	水库水位 Z /m
(1)	(2)	(3)	(4)	(5)	(6)	(7)	(8)
18	174		38.0	5885		173.9	38.1
21	340	257	38.1	5965	6142	188	38.4
24	850	595	38.4	6320	6560	248	39.2
27	1920	1385	39.2	7260	7705	430	39.9
30	1450	1685	39.9	8280	8945	620	40.3
33	1110	1280	40.3	8800	9560	725	40.5
36	900	1005	40.5	9000	9805	770	40.51
39	760	830	40.51	9040	9830	776	40.4
42	610	685	40.4	8920	9725	758	40.3
45	460	535	40.3	8720	9455	708	40.1
48	360	410	40.1	8460	9130	656	39.9
51	290	325	39.9	⋮	8785	596	⋮

第五节　其他情况下的水库调洪计算

前面介绍的是不考虑下游防洪要求、洪水预报和"错峰"的调洪计算原理与方法。在工程实际中往往会需要考虑上述这些复杂的情况。此时就需要根据不同的运用方式，通过闸门的不同启闭过程控制下泄流量。

利用闸门控制下泄流量 q 时，调洪计算的基本原理和方法与不用闸门控制 q 时类似，所不同的是因为水库运行方式有多种多样，要按需要随时调整闸门的开度（包括开启的闸孔数目和每个闸孔的开启高度）。在不同的闸门开度、水库水位、下游淹没等情况下，式（4-3）中的系数 A 和 B 也会不同。例如，溢流堰的下泄流量利用闸门控制时，若闸门开启高度为 e、堰上水头为 H，则 $e/H \leqslant 0.75$ 时为闸孔出流，$B=1/2$；$e/H > 0.75$ 时为堰流，$B=3/2$。也就是说，尽管闸门开启高度 e 不变，而库水位升降时，B 也可能有时为 $1/2$、有时为 $3/2$，反之亦然。影响系数 A 值的因素就更多，变化更复杂。所以，利用闸门控制 q 时的调洪计算要麻烦得多。在这种情况下，若用半图解法进行调洪计算，则需要针对不同的泄流情况作出若干不同的辅助曲线，使计算变得很麻烦，失去了半图解法简便迅速的优越性。因此，利用闸门控制 q 时的调洪计算，以采用列表试算法较为方便。下面扼要地介绍在上述几种比较复杂的情况下水库的调洪过程，以供参考。

一、考虑下游防洪要求的情况

如图 4-5（a）所示，当下游有防洪要求时，最大下泄流量 q_{max} 不能超过下游允许的安全泄量 $q_{安}$。在 t_1 时刻以前，Q 较小，而闸门全开时的下泄流量较大，故闸门不应全开，而应以闸门控制，使 $q=Q$。闸门随着 Q 的加大而逐渐开大，直到 t_1 时刻时，Q 已大于闸门全开自由溢流的 q 值，即来水流量大于可能下泄的流量值，因而库水位逐渐上升。至 t_2 时刻，q 达到 $q_{安}$，于是用闸门控制，使 $q \leqslant q_{安}$，水库水位继续上升，闸门逐渐关小。至 t_3 时刻，Q 下降到等于 q，水库水位达到最高，闸门也不再关小。t_3 以后是水库泄水过程，水库水位逐渐回降。

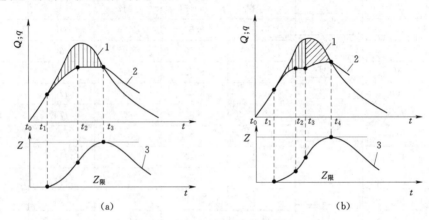

图 4-5 考虑下游防洪要求的情况

(a) 下游有防洪要求，且最大下泄流量不能超过下游允许的安全泄量的情况；(b) 下游有
防洪要求，但防洪标准小于水工建筑物设计标准

1—天然来水流量过程线；2—下泄流量过程线；3—水库水位变化过程线

图 4-5（b）的情况是下游有防洪要求，但防洪标准小于水工建筑物的设计标准。在 t_3 时刻以前，情况和图 4-5（a）类似，即在 $t_2 \sim t_3$ 间用闸门控制 q 使不大于 $q_{安}$，以满足下游防洪要求。至 t_3 时，为下游防洪而设的库容（图中竖阴影线表明的部分）已经蓄满，而入库洪水仍然较大，这说明入库洪水已超过了下游防洪标准。为了保证水工建筑物的安全（实际上也为了下游广大地区的根本利益），不再控制 q，而是将闸门全部打开自由溢流。至 t_4 时刻，库水位达到最高，q 达到最大值。

二、考虑洪水预报的情况

这就是人们常说的水库防洪预报调度问题。与无预报情况相比，由洪水预报对来临的洪水可获得更多的了解（信息），即改善了对来临洪水的预估。如对有降雨径流预报方案的情况，当获得水库流域降雨信息后，就可以知道相应的入库洪水过程，由此可判断已发生了多大量级的洪水，泄流量的控制过程（即调洪演算）则可按相应量级标准安排，经一个时段后，降雨信息增加，泄流量过程又需作出新的安排。如此递推，由于降雨随时间递增而变化，每个时段初作出的泄量过程安排仅被执行了一个面临的时段，随后，又被下一时段出现的新的情况所替代。如此继续，直至该次洪水调节过程结束。

预报调度方式由于流域降雨时空分布等变化复杂，而不能用如同前面所谈到的以简单的泄洪规划定量的方式来表达，需要设计相应的计算机应用软件去快速运算。这个应用软件在接收到当前降雨等信息后，应立即用预报方案算（报）出水库入流过程，并随即进行调洪演算、分析，选出面临时段泄量，供决策管理者决策执行。一套防洪预报调度的整个作业过程、决策过程都应当尽可能快速完成，以提高洪水预报的效用。

按此种预报调度方式调洪，如果各防洪标准分配的防洪库容一定，由于预泄或提前加大泄量，将会使各频率标准的最大下泄流量降低而增加防洪效益；或在获得同样防洪效益的情况下减少所需要的防洪库容，从而增加水库的兴利效益。防洪预报调度一般都在已建成水库上逐步开展应用。且在实际应用中，通过工作经验的积累，还可适当地利用短期天气预报信息进一步改善水库的调度运用。

图 4-6 表示的就是有短期洪水预报的情况下水库的运用过程。在 t_1 时刻以前根据预报信息预泄洪水，随着库水位的下降而逐渐开大闸门。在 $t_1 \sim t_3$ 之间，为了不使 $q > q_安$，随着库水位的上升而适当关小闸门，以控制 q 值。在 $t_1 \sim t_2$ 时刻水库仅将预泄的库容回蓄满，t_2 时刻以后，水库才从汛期防洪限制水位起蓄洪。

三、考虑补偿调节的情况

如果上游水库防洪地区之间有一定距离，两者之间的区间洪水又不可忽略，当发生洪水时，水库可能控制的仅是入库的洪水，而防护区允许通过的流量将指望水库进行补偿调节来满足（参见图 4-7）。对于此种情况，由于水库放水要经历一定的传播时间才能到达防护区

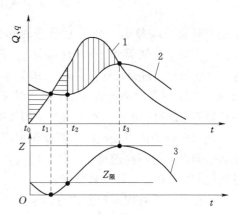

图 4-6　考虑洪水预报情况的水库运用过程
1—天然来水流量过程线；2—下泄流量过程线；
3—水库水位变化过程线

河道控制断面并中途与区间来水相组合，因此，对区间洪水过程必须作出预报；其预见期应不短于相应水库放水到支流河口的传播时间 τ（此处假定支流河口即在防洪点上游附近），否则，防洪补偿运行方式就无法实施。

防洪补偿调节的计算，可分规划和运行两种情况。运行阶段的情况比较单纯，只要区间的洪水预报比较可靠，就可把其预报的洪水过程 $\Delta Q - \tau$ 向前移动一个传播时间 τ，并倒置于安全泄量 $q_安$ 线之下，如图 4-7 所示。于是水库放水决策是：在 C 点以前，按来多少放多少维持库水位在防洪限制水位不变；而 C 点以后则按 CDE 的实线泄放，这就是补偿调节错峰运行的情况。这里是假定 AB 段河槽调蓄作用不大而不考虑。图中 $Q_A - t$ 线则为等于和小于下游防洪标准的较大的入库洪水。如果某年入库洪水大于下游防洪标准的洪水，则当水库水位已达到防洪高水位，而洪水尚未过去时，则此时可能需要为了确保大坝安全而放弃为下游防洪的补偿调节，并开闸畅泄。

规划阶段的防洪补偿调节计算，稍微复杂一些。先须根据下游防洪的设计标准求得建库前 B 处的洪水过程线 $Q_B - t$（图 4-7 中未绘），然后求出相应的 A 库入库洪水（或坝址洪水）$Q_A - t$ 和区间洪水 $\Delta Q - \tau$ 的组成洪水过程，如图 4-7 所示（必要时考虑几种组合）。对于自水库坝址到防洪控制断面间河槽调节的作用，在计算属于地区组成的入库洪

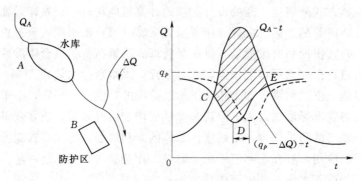

图 4-7　水库防洪补偿调节示意图

水过程时应予以考虑。有了上述这两部分地区组成洪水过程之后，可将区间洪水过程 $\Delta Q-\tau$ 在防洪控制断面处的允许泄量 q_p 下倒置，求得 $(q_p-\Delta Q)-t$ 过程，如图 4-7 中倒置的虚线所示，进而将这自 $(q_p-\Delta Q)-t$ 防洪控制断面反演算（指河槽调节演算）至坝址断面，如图 4-7 中倒置的实线所示，再与入库洪水过程 Q_A-t 进行水量平衡，可求出水库的控制蓄泄过程，进而求得进行补偿调节所需的防洪库容 V_p，如图中阴影面积所示。

在 AB 段距离不长或河槽调蓄作用不大时，常可以简化，不做洪流演进的反演，而直接将区间洪水过程向前移动一传播时间，并倒置于 $q_安$ 线上。这样就得到同样之水库下泄过程线 CDE 和所需补偿调节库容。

在设计防洪补偿运行方式时，水库的起调水位仍应选为防洪限制水位。对下游防洪补偿调节要求的任务计算完成后，仍要对水库大坝本身安全要求的设计及校核洪水进行计算。计算应注意的是，当为下游防洪提供的补偿调节防洪库容未充满以前，一律按维护下游防洪要求的补偿调节方式操作水库泄量；但当其防洪库容充满之后，且入库流量继续大于泄量，则应转入重点保护水库大坝安全的运行方式，具体计算与前面所述相同。

考虑防洪补偿调节情况，对区间洪水的预报精度和预见期都要求较高。预见期不足，

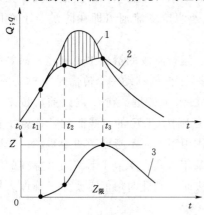

图 4-8　水库下泄洪水要与下游区间
洪水错峰的情况
1—天然来水流量过程线；2—下泄流量过程线；
3—水库水位变化过程线

短于前述条件 τ，将难以实施所述补偿运行。但如果仅精度稍差，则还可视情况实施"错峰"运行，这与不考虑补偿调节相比仍能提高水库的防洪效能。由于补偿调节运行方式对预报等工作的质量，包括精度、预见期、发布速度等要求高，整个预报调度作业过程紧迫，若搞得不好会弄巧成拙，故应同时要特别慎重。

图 4-8 的情况是考虑补偿调节的一个示例，为了防止水库下泄洪水与下游的区间洪水遭遇，危及下游安全，在 $t_2\sim t_3$ 时刻间用闸门控制下泄流量 q，使它与下游区间洪水叠加后仍不大于下游允许的 $q_安$ 值。

总之，针对不同的水库运用过程和闸门启闭过程，调洪计算会有所不同，要根据具体情况灵活运用。

【例 4 - 3】　水库及有关资料同【例 4 - 1】，但水库防洪任务与运用方式和【例 4 - 1】不同，详见下述。

水库容积特性 $V=f(Z)$ 和水位下泄流量关系曲线 $q=f(Z)$ 均与表 4 - 2 和图 4 - 2 相同。溢洪道设有闸门，堰顶高程为 36.0m，汛期防洪限制水位为 38.0m。水库承担下游防洪任务，如图 4 - 9 所示。水库下泄流量 q 从坝址下游侧 A 点流达防洪防护区上游侧 B 点需历时 6h。遇设计洪水时，入库流量（Q）过程线和区间流量（$Q_区$）过程线见表 4 - 7。要求水库进行错峰调节，以保证 B 点流量最大值不超过 $600m^3/s$（$Q_B=q+Q_区$）。此外，水库有短期水文预报，在洪水来临前 36h，可开始全开溢洪道闸门，以预降水库水位。至于 A、B 之间的河槽调蓄作用可暂忽略不计。

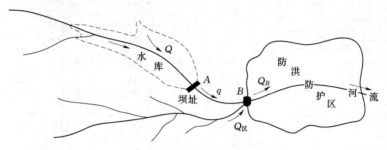

图 4 - 9　水库平面位置示意图

解　选取计算时段 $\Delta t=3h=10800s$。先进行提前 36h 开始的预降水库水位计算。水库初始水位为 $Z=38.0m$，相应的库容为 $V=6450$ 万 m^3，相应的下泄流量（闸门全开）为 $q=173.9m^3/s$。此阶段洪水尚未来临，入库流量 Q 保持为 $36m^3/s$ 不变，计算结果列于表 4 - 8 中。计算过程也类似于【例 4 - 1】中表 4 - 3 那样，要经过一定的试算（表 4 - 9）。从表 4 - 8 可知，在洪水来临时，即第 0 小时，水库水位可从 38.0m 降低至 37.19m。应以它为起点，开始洪水来临后的前半阶段——自由泄流阶段的调洪计算。

表 4 - 7　　　　　　　　　　　　洪 水 流 量 过 程 线

时刻 t /h	入库洪水流量 Q /(m³/s)	区间洪水流量 $Q_区$ /(m³/s)	时刻 t /h	入库洪水流量 Q /(m³/s)	区间洪水流量 $Q_区$ /(m³/s)	时刻 t /h	入库洪水流量 Q /(m³/s)	区间洪水流量 $Q_区$ /(m³/s)
(1)	(2)	(3)	(1)	(2)	(3)	(1)	(2)	(3)
0	36	9	24	850	213	48	360	90
3	40	10	27	1920	480	51	290	73
6	47	12	30	1450	363	54	240	60
9	57	14	33	1110	278	57	200	50
12	72	18	36	900	225	60	160	40
15	102	26	39	760	190	63	130	33
18	174	44	42	610	153	66	100	25
21	340	85	45	460	115	69	70	18

表4-8 预降水位阶段的计算

时刻 t /h	入库洪水流量 Q /(m³/s)	时段平均入库洪水流量 $\overline{Q}$ /(m³/s)	下泄流量 q /(m³/s)	时段平均下泄流量 $\overline{q}$ /(m³/s)	时段中水库存水量的变化 ΔV /万 m³	水库存水量 V /万 m³	水库水位 Z /m
(1)	(2)	(3)	(4)	(5)	(6)	(7)	(8)
−36	36.0	36.0	173.9	164.5	−139	6450	38.00
−33	36.0	36.0	155.0	147.5	−120	6311	37.88
−30	36.0	36.0	140.0	135.0	−107	6191	37.79
−27	36.0	36.0	130.0	125.0	−96	6084	37.71
−24	36.0	36.0	120.0	115.0	−85	5988	37.63
−21	36.0	36.0	110.0	105.0	−75	5903	37.56
−18	36.0	36.0	100.0	97.0	−66	5828	37.47
−15	36.0	36.0	94.0	91.0	−59	5762	37.43
−12	36.0	36.0	88.0	85.5	−53	5703	37.37
−9	36.0	36.0	83.0	81.0	−49	5650	37.32
−6	36.0	36.0	79.0	77.0	−44	5601	37.27
−3	36.0	36.0	75.0	73.5	−41	5557	37.23
0	36.0		72.0			5516	37.19

注 时间 t 负值表示比洪水来临时间提前 t 时间。

表4-9 表4-8中的试算过程示例

时段序号	时刻 t /h	入库洪水流量 Q /(m³/s)	平均入库流量 $\overline{Q}$ /(m³/s)	下泄流量 q /(m³/s)	水库初水位 Z /m	平均下泄流量 $\overline{q}$ /(m³/s)	$\overline{Q}-\overline{q}$ /(m³/s)	水库存水量变化 ΔV /万 m³	水库存水量 V /万 m³	水库末水位 Z' /m	备注
		(1)	(2)	(3)	(4)	(5)	(6)	(7)	(8)	(9)	(10)	(11)
1	−36	36.0	36.0	173.9	38.0	(162.0)	(−124.0)	(−134.0)	6450	38.00	初始值
	−33	36.0		(150.0)	(37.83)				(6316)	(37.89)	$Z \neq Z'$
				155.0	37.88	164.5	−128.5	−138.8	6311	37.88	$Z = Z'$
2	−33	36.0	36.0	155.0	37.88	(137.5)	(−101.5)	(−109.6)	6311	37.88	初始值
	−30	36.0		(135.0)	(37.74)				(6201)	(37.80)	$Z \neq Z'$
				140.0	37.79	147.5	−111.5	−120.4	6191	37.79	$Z = Z'$

注 表中括号中的数字是试算过程中的中间数；数字下有横线者是已知数值。

在进行自由泄流阶段的调洪计算前，应先根据错峰要求计算出各时段允许水库下泄的流量 q 的上限值，以便根据它来判断必须用闸门控制水库下泄流量的阶段起讫时间。计算结果列于表4-10中。计算这个上限值时，可先按 $Q_B = 600\text{m}^3/\text{s}$ 求出各时段的（$Q_B -$

$Q_区$）值。然后，将（$Q_B-Q_区$）值移前 6h，即得相应的 $q_{上限}$ 值。以第 27h 为例，$Q_区=480\text{m}^3/\text{s}$，因此（$Q_B-Q_区$）$=120\text{m}^3/\text{s}$。移前 6h，则为第 21h，故第 21h 允许水库下泄流量的上限值 $q_{上限}=120\text{m}^3/\text{s}$。依此类推。

现在可以开始自由泄流阶段的调洪计算。根据预降水位阶段的计算结果，在第 0 小时的初始值应是 $Z_1=37.19\text{m}$、$V_1=5516$ 万 m^3、$q_1=72.0\text{m}^3/\text{s}$，按此开始进行调洪计算。计算也需进行试算，试算步骤与表 4-3 和表 4-8 中的类似，结果列入表 4-11，解释从略。

表 4-10   各时刻允许水库下泄流量的上限

时刻 t/h	$Q_区$ /(m³/s)	$Q_B-Q_区$ /(m³/s)	允许的 $q_{上限}$ /(m³/s)	时刻 t/h	$Q_区$ /(m³/s)	$Q_B-Q_区$ /(m³/s)	允许的 $q_{上限}$ /(m³/s)	时刻 t/h	$Q_区$ /(m³/s)	$Q_B-Q_区$ /(m³/s)	允许的 $q_{上限}$ /(m³/s)
(1)	(2)	(3)	(4)	(1)	(2)	(3)	(4)	(1)	(2)	(3)	(4)
21			120	39	190	410	485	57	50	550	567
24			237	42	153	447	510	60	40	560	575
27	480	120	322	45	115	485	527	63	33	567	582
30	363	237	375	48	90	510	540	66	25	575	
33	278	322	410	51	73	527	550	69	18	582	
36	225	375	447	54	60	540	560	72			

由于一开始洪水流量较小，而 q 却较大，因而水库水位继续有所下降，直至第 12h 以后才重新开始蓄水而使库水位上升。至第 27h，按闸门全开自由泄流方式，$q=330.0\text{m}^3/\text{s}$。但按表 4-10，该时刻允许下泄流量的上限值为 $q_{上限}=322\text{m}^3/\text{s}$。这说明从第 27h 起，要按错峰要求，用闸门控制使 q 不大于 $q_{上限}$。因此，自由泄流阶段到第 24h 结束。

错峰阶段的调洪计算，以表 4-11 中第 24h 的计算结果为第 27h 的初始值，即 $Z_1=37.84\text{m}$、$V_1=6241$ 万 m^3、$q_1=150.0\text{m}^3/\text{s}$。计算结果列入表 4-12。这阶段的调洪计算不需试算。因为各时刻的 q_2 均为已知（取用表 4-10 中的 $q_{上限}$ 值），可以直接计算出 $\overline{q}=(q_1+q_2)/2$、$\Delta V=10800(\overline{Q}-\overline{q})$、$V_2=(V_1+\Delta V)$ 各值。然后查图 4-2 中的 $V=f(Z)$ 曲线，以求 Z_2。应该注意，在此阶段，不能应用图 4-2 中的 $q=f(Z)$ 曲线，因为该曲线是自由泄流曲线。本阶段不是自由泄流，而是有闸门控制的泄流，基本上是孔口出流（闸下出流）。详细的计算还应包括各时刻闸门开度的计算在内。但那样的计算，应针对某一定的闸孔数、闸门尺寸和型式、各闸门的启闭方式和先后次序等参数，按水力学公式来进行，这些参数可能有多个组合方案，因此计算将非常麻烦，这里从略。

从表 4-12 中的计算结果可见，到第 45h，水库水位达到 $Z_{max}=40.95\text{m}$，相应的水库总蓄水量 $V_{max}=11121$ 万 m^3。但最大下泄流量 $q_{上限}$ 却未发生在第 45h，这是因为有闸门控制，使下泄流量远小于自由泄流流量的缘故。从第 48h 起，虽然 q 继续加大，但 Z、V 均逐步下降，洪水流量也减至很小，不再有任何威胁。第 63h 以后的计算略去。此外，从第 48h 起，也可以用闸门控制，使 $q=527\text{m}^3/\text{s}$（即保持第 45h 的 q 值不变），虽然 Z、V 的下降慢一些，但也能满足错峰要求，也是一种可取的泄流方案。

表 4 - 11　　　　　　　　　　　　　　自由泄流阶段的调洪计算

时刻 t /h	入库洪水流量 Q/(m³/s)	时段平均入库洪水流量 $\overline{Q}$ /(m³/s)	下泄流量 q /(m³/s)	时段平均下泄流量 $\overline{q}$ /(m³/s)	时段中水库存水量的变化 ΔV/万 m³	水库存水量 V /万 m³	水库水位 Z/m
(1)	(2)	(3)	(4)	(5)	(6)	(7)	(8)
0	36.0		72.0		−35.0	5516	37.19
		38.0		70.5			
3	40.0		69.0		−26.0	5481	37.16
		43.5		67.5			
6	47.0		66.0		−14.0	5455	37.12
		52.0		65.0			
9	57.0		64.0		1.0	5441	37.11
		64.5		64.0			
12	72.0		64.0		23.0	5442	37.11
		87.0		65.5			
15	102.0		67.0		73.0	5465	37.14
		138.0		70.0			
18	174.0		73.0		190.0	5538	37.21
		257.0		81.5			
21	340.0		90.0		513.0	5728	37.38
		595.0		120.0			
24	850.0		150.0			6241	37.84
		1385.0		(240.0)	(1237.0)		
27	1920.0		(330.0)			(7478)	(38.80)

注　第 27h 处括号中的数据是不用的数，因为在这之前已进入错峰调洪阶段。

表 4 - 12　　　　　　　　　　　　　　错峰阶段的调洪计算

时刻 t /h	入库洪水流量 Q/(m³/s)	时段平均入库洪水流量 $\overline{Q}$ /(m³/s)	下泄流量 q /(m³/s)	时段平均下泄流量 $\overline{q}$ /(m³/s)	时段中水库存水量的变化 ΔV/万 m³	水库存水量 V /万 m³	水库水位 Z /m
(1)	(2)	(3)	(4)	(5)	(6)	(7)	(8)
24	850.0		150.0		1241	6241	37.84
		1385.0		236.0			
27	1920.0		322.0		1443	7482	38.81
		1685.0		348.5			
30	1450.0		375.0		959	8925	39.73
		1280.0		392.5			
33	1110.0		410.0		623	9884	40.28
		1005.0		428.5			
36	900.0		447.0		399	10507	40.63
		830.0		466.0			
39	760.0		485.0		203	10900	40.83
		685.0		497.5			
42	610.0		510.0		18	11103	40.94
		535.0		518.5			
45	460.0		527.0		−133	11121	40.95
		410.0		533.5			
48	360.0		540.0		−238	10988	40.88
		325.0		545.0			
51	290.0		550.0		−313	10750	40.75
		265.0		555.0			
54	240.0		560.0		−371	10437	40.60
		220.0		563.5			
57	200.0		567.0		−422	10066	40.37
		180.0		571.0			
60	160.0		575.0		−468	9644	40.15
		145.0		578.5			
63	130.0		582.0			9176	39.87

注　至第 63h 时，本阶段计算尚未结束，但以下计算从略。

思 考 题 与 习 题

1. 水库调洪的作用与任务是什么？

2. 什么是防洪标准？实际规划工作中如何选取？

3. 水库洪水调节计算的基本原理是什么？

4. 水库调洪演算有哪些方法？各有什么优缺点？

5. 试述列表试算算法进行调洪计算的方法步骤。

6. 试述双辅助曲线法进行调洪计算的方法步骤。

7. 无闸门控制和有闸门控制的水库防洪计算有何区别？试简要说明。

8. 有短期预报对水库防洪有什么作用？

9. 什么是防洪的补偿调节？

10. 下游有防洪任务的水库，防洪标准低于设计标准时，遇设计标准的洪水时，如何进行调洪计算？

11. 对下游有防洪要求，遇下游防洪标准的洪水，且区间有支流汇入时，如何进行水库调洪计算？

12. 洪水调节计算。某水库各资料见表 4-13～表 4-15，汛期限制水位为 117.0m。

表 4-13　　　　　水库水位与库容关系表

水位/m	117	118	119	120	121	122	123	124	125
库容/($10^6 m^3$)	1710	1795	1890	1990	2100	2200	2310	2415	2520

表 4-14　　　　　水库水位与泄洪流量关系表

水位/m	117	118	119	120	121	122	123	124	125
泄洪流量/(m^3/s)	1380	1700	2060	2470	2890	3350	3830	4330	4830

表 4-15　　　　　水库设计洪水过程线数据

时间/h	0	3	6	9	12	15	18	21	24	27	30	33	36
流量/(m^3/s)	600	1850	2400	3250	2600	2800	4500	7000	9250	4000	1700	1150	850

（1）分别应用列表试算法和双辅助曲线法进行调洪计算，求拦洪库容 $V_拦$、设计洪水位 $Z_设$ 及相应的最大下泄流量 q_{max}。

（2）绘入库洪水过程线、泄洪流量过程线和水库水位过程线。

第五章 水能计算及水电站在电力系统中的运行方式

水能计算是水能资源开发利用中的一项重要基础工作，水电站在电力系统中的运行方式直接影响水电站装机容量的大小。本章主要讲解水能计算的内容与方法，以及水电站在电力系统中的合适运行方式。

第一节 水能计算的目的与内容

水能计算（hydropower computation）的目的主要在于确定水电站的工作情况（例如出力、发电量及其变化情况），是选择水电站的主要参数（例如水库的正常蓄水位、死水位和水电站的装机容量等）及其在电力系统中的运行方式等的重要手段，其中计算水电站的出力与发电量是水能计算的主要内容。所谓水电站的出力，是指发电机组的出线端送出的功率，一般以千瓦（kW）作为计算单位；水电站发电量则为水电站出力与相应时间的乘积，一般以千瓦时（kW·h）作为计算单位。在进行水能计算时，除考虑水资源综合利用各部门在各个时期所需的流量和水库水位变化等情况外，尚需考虑水电站的水头以及水轮发电机组效率等的变化情况。关于水电站的出力 N 可用式（5-1）计算：

$$N = 9.81\eta QH = AQH \qquad (5-1)$$

式中　　Q——通过水电站水轮机的流量，m^3/s；

$\quad\quad\ H$——水电站的净水头，为水电站上下游水位之差减去各种水头损失，m；

$\quad\quad\ \eta$——水电站效率，等于水轮机效率 $\eta_{机}$、发电机效率 $\eta_{电}$ 及机组传动效率 $\eta_{传}$ 的乘积。

在初步估算时，可根据水电站规模的大小采用下列近似计算公式：

$$\begin{cases} 大型水电站(N_{水装} > 25\ 万\ \text{kW}), N = 8.5QH(\text{kW}) \\ 中型水电站(N_{水装} = 2.5\ 万 \sim 25\ 万\ \text{kW}), N = (8.0 \sim 8.5)QH(\text{kW}) \\ 小型水电站\ (N_{水装} < 2.5\ 万\ \text{kW})，N = (6.0 \sim 8.0)QH(\text{kW}) \end{cases} \qquad (5-2)$$

水电站在不同时刻 t 的出力，常因电力系统负荷的变化、国民经济各部门用水量的变化或天然来水流量的变化而不断变动着。因此，水电站在 $t_1 \sim t_2$ 时间内的发电量 $E = \int_{t_1}^{t_2} N\mathrm{d}t(\text{kW·h})$。但在实际计算中，常用下式计算水电站的发电量：

$$E = \sum_{t_1}^{t_2} \overline{N}\Delta t(\text{kW·h}) \qquad (5-3)$$

式中　　$\overline{N}$——水电站在某一时段 Δt 内的平均出力，即 $\overline{N} = 9.81\eta \overline{Q}\ \overline{H}$，kW；

$\quad\quad\ \overline{Q}$——该时段的平均发电流量，m^3/s；

$\overline{H}$——相应的平均水头，m。

计算时段 Δt 可以取常数，对于无调节或日调节水电站，Δt 可以取为一日，即 $\Delta t =$ 24h；对于季调节或年调节水库，Δt 可以取为一旬或一个月，即 $\Delta t = 243h$ 或 730h；对于多年调节水库，Δt 可以取为一个月甚至更长，即 $\Delta t > 730h$，计算时段长短，主要根据水电站出力变化情况及计算精度要求而定。

在规划设计阶段，为了选择水电站及水库的主要参数而进行水能计算时，需假设若干个水库正常蓄水位方案，算出各个方案的水电站出力、发电量等动能指标，以便结合国民经济各部门的要求，进行技术经济分析，从中选出最有利的方案。

在运行阶段，由于水电站及水库的主要参数（例如正常蓄水位及水电站的装机容量等）均为已定，进行水能计算时就要根据当时实际入库的天然来水流量、国民经济各部门的用水要求以及电力系统负荷等情况，计算水电站在各个时段的出力和发电量，以便确定电力系统中各电站的最有利运行方式。

水能计算的目的和用途虽然可能不同，但计算方法并无区别，可以采用列表法、图解法或电算法等。列表法概念清晰，应用广泛，尤其适合于有复杂综合利用任务的水库的水能计算。当方案较多、时间序列较长时，则宜采用图解法或电算法。因图解法计算精度较差，工作量亦不小，从发展方向看，则应逐渐应用电子计算机进行水能计算。当编制好计算程序后，即使方案很多，时间序列很长，均可迅速获得精确的计算结果。但是列表法是各种计算方法的基础，为便于说明起见，举例如下。

【例 5-1】 某水电站的正常蓄水位高程为 105.0m，水库水位与库容的关系见表 5-1，水库下游水位与流量的关系见表 5-2。试求水电站各月平均出力及发电量。

表 5-1　　　　　　　　　　水库水位与库容的关系

库容/亿 m³	3.37	4.10	4.90	5.85	6.91	8.06	9.28
水库水位/m	95	97	99	101	103	105	107

表 5-2　　　　　　　　　　水电站下游水位与流量的关系

流量/(m³/s)	0	15	135	1150	3750	6900	10500
下游水位/m	58.7	59	60	62	66	70	74

解 全部计算资料及计算过程见表 5-3，其中：

第（1）行为计算时段 t，以月为计算时段，汛期中如来水流量变化很大，应以旬或日为计算时段；

第（2）行为月平均天然来水流量 $Q_天$，本算例中 8 月已进入水库供水期；

第（3）行为各种流量损失 $Q_损$（其中包括水库水面蒸发和库区渗漏损失）以及上游灌溉引水和船闸用水等项；

第（4）行为下游各部门的用水流量 $Q_用$，如不超过发电流量 $Q_电$，则下游用水要求可充分得到满足；如超过发电流量，则应根据各部门在各时期的主次关系进行调整，有时水电站的发电流量尚需服从下游各部门的用水要求；

表 5 - 3　　　　　　　　　　　水电站出力及发电量计算

			8	9	10	11	…
时段 t/月		(1)	8	9	10	11	…
天然来水流量 $Q_天$		(2)	8	13	6	12	…
各种损失流量及船闸用水等 $Q_损 + Q_船$		(3)	2	4	2	3	…
下游综合利用需要流量 $Q_用$	m^3/s	(4)	35	40	30	38	…
发电需要流量 $Q_电$		(5)	45	45	45	45	…
水库供水流量 $-\Delta Q$		(6)	−39	−36	−41	−36	…
水库蓄水流量 $+\Delta Q$		(7)	—	—	—	—	…
水库供水量 $-\Delta W$		(8)	−1.024	−0.946	−1.077	−0.946	…
水库蓄水量 $+\Delta W$		(9)	—	—	—	—	…
弃水量 $W_弃$	亿 m^3	(10)	0	0	0	0	…
时段初水库存水量 $V_初$		(11)	8.060	7.036	6.090	5.013	4.067
时段末水库存水量 $V_末$		(12)	7.036	6.090	5.013	4.067	…
时段初上游水位 $Z_初$		(13)	105.00	103.25	101.75	99.25	97.00
时段末上游水位 $Z_末$		(14)	103.25	101.75	99.25	97.00	…
月平均上游水位 $\overline{Z}_上$	m	(15)	104.13	102.50	100.50	98.13	…
月平均下游水位 $\overline{Z}_下$		(16)	59.25	59.25	59.25	59.25	…
水电站平均水头 $\overline{H}$		(17)	44.88	43.25	41.25	38.88	…
水电站效率 $\eta_水$		(18)	0.82	0.82	0.82	0.82	0.82
月平均出力 $\overline{N}_水$	万 kW	(19)	1.62	1.57	1.49	1.41	…
月发电量 $E_水$	万 kW·h	(20)	1182.6	1146.1	1087.7	1029.3	…

第（5）行为水电站发电时需从水库引用的流量；

第（6）、（7）行为水库供水或蓄水流量，即（6）＝（2）−（3）−（5），负值表示水库供水；正值表示水库蓄水；

第（8）行为水库供水量，即 $\Delta W = \Delta Q \Delta t$。如在 8 月份，$\Delta W = (-39) \times 30.4 \times 24 \times 3600 = -1.024$（亿 m^3），负值表示水库供水量。如为正值，表示蓄水量，可填入第（9）栏；

第（10）行为汛期水库蓄到 $Z_蓄$ 后的弃水量；

第（11）行为时段初的水库蓄水量，本例题在汛期末（7 月底）水库蓄到正常蓄水位 105.00m，其相应蓄水量为 8.06 亿 m^3；

第（12）行为时段末水库蓄水量，即 $V_末 = V_初 - \Delta W$；

第（13）行为相应于时段初水库蓄水量的水位；

第（14）行为相应于时段末水库蓄水量的水位，它亦为下一个时段初的水库水位；

第（15）行为月平均上游库水位，应采用相应于库容平均值 $\overline{V}$ 的水位，或在计算时段内水位变化不大时近似地取 $\overline{Z}_上 = (Z_初 + Z_末)/2$；

第（16）行为月平均下游水位 $\overline{Z}_下$，可根据水电站下游水库流量关系曲线（表 5 - 2）

求得；

第（17）行为水电站的平均水头 $\overline{H}$，即 $\overline{H}=\overline{Z}_上-\overline{Z}_下$(m)；

第（18）行为水电站效率，假设 $\eta_水=0.82$；

第（19）行即为所求的水电站月平均出力 $\overline{N}_水$，$\overline{N}_水=9.81\eta\overline{Q}\,\overline{H}$(kW)；

第（20）行即为所求的水电站月发电量 $E_水$，$E_水=730\overline{N}$(kW·h)。

水电站的出力和发电量是多变的，需要从中选择若干个特征值作为衡量其动能效益的主要指标。水电站的主要动能指标有两个，即保证出力 $N_保$ 和多年平均年发电量 $\overline{E}_年$。

一、水电站保证出力计算

所谓水电站保证出力（firm power output of hydropower station），是指水电站在长期工作中符合水电站设计保证率要求的一定计算期（供水期）的平均出力。保证出力在规划设计阶段是确定水电站装机容量的重要依据，也是水电站在运行阶段的一项重要效益指标。水电站的调节性能不同，其保证出力计算采用的计算期也不同，因此水电站保证出力的具体计算方法与其调节性能密切相关。

（一）无调节水电站保证出力计算

无调节水电站由于无法对天然径流进行重新分配，其发电引用流量就是河道中的天然流量，只有在汛期天然流量超过水电站最大过流能力时，水电站则按最大过流能力工作，并将多余水量作为弃水泄往下游。一般情况下，电站上游水位维持在正常蓄水位，只有在汛期宣泄洪水时才出现临时超高。无调节水电站保证出力一般应以日为计算期，计算时可根据实测日平均流量值及其相应水头，算出各日平均出力值，然后按其大小次序排列，绘制其保证率曲线，相应于设计保证率的日平均出力，即为所求的保证出力值 $N_保$。但是考虑到以日为时段计算时工作量太大，水电站规划设计中常按简化方法进行计算。即根据实测径流资料的日平均流量变动范围，将流量划分为若干个流量等级，统计各级流量出现的次数，分别计算各级流量的平均值、相应的水电站净水头 H 和电站出力，进而绘制 N-P 曲线。

如设计枯水日的平均流量为 $Q_设$(m³/s)，相应的日平均净水头为 $\overline{H}_设$(m)，则无调节水电站的保证出力为

$$N_{保无}=9.81\eta Q_设\overline{H}_设\text{(kW)} \tag{5-4}$$

（二）日调节水电站保证出力计算

日调节水电站由于其水库库容一般较小，只能调节一日之内的天然来水量，以适应日负荷变化的要求，而不能对相邻日之间的来水量起调节作用，因此，日调节水电站的日平均出力仍然取决于日平均流量。日调节水电站保证出力一般也应以日为计算期。其水库兴利库容在计算期内要充满和放空一次，水库水位是在正常蓄水位和死水位之间变化的，故水电站出力计算时的上游水位应取其平均蓄水量对应的水位。在丰水期日平均入库流量可能会超过水电站最大过流能力，这时上游水位为正常蓄水位。计算日调节水电站出力时，其下游水位一般也按日平均流量由下游水位流量关系曲线查得。有关日调节水电站保证出力计算的具体步骤、方法，与无调节水电站相同。

与无调节水电站类似，如设计枯水日的平均流量为 $Q_设$(m³/s)，相应的日平均净水头

为 $\overline{H}_设$（m），日调节水电站的保证出力为

$$N_{保日} = 9.81 \eta Q_设 \overline{H}_设 (\text{kW}) \tag{5-5}$$

（三）年调节水电站保证出力计算

由于年调节水电站能否保证正常供电主要取决于枯水期，因此对于年调节水电站，通

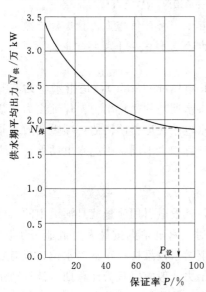

图 5-1 供水期平均出力保证率曲线

常采用枯水期作为保证出力的计算期。在计算保证出力时，应利用各年水文资料，在已知或假定的水库正常蓄水位和死水位的条件下，通过兴利调节和水能计算，求出每年供水期的平均出力，然后将这些平均出力值按其大小次序排列，绘制其保证率曲线，如图 5-1 所示。该曲线中相应于设计保证率 $P_设$ 的供水期平均出力值，即作为年调节水电站的保证出力 $N_保$。该法称为水电站保证出力计算的长系列法。

在规划设计阶段需要进行大量方案比较时，为了节省计算工作量，也可以采用设计枯水年法，即先以实测径流系列为依据选出设计枯水年，再对设计枯水年供水期进行径流调节及水能计算，取该供水期的平均出力作为年调节水电站的保证出力。

进一步的，有时还可按下式简化估算年调节水电站的保证出力：

$$N_{保年} = 9.81 \eta Q_调 \overline{H}_供 (\text{kW}) \tag{5-6}$$

$$Q_调 = (W_供 + V_{年调}) / T_供$$

$$\overline{H}_供 = \overline{Z}_上 - \overline{Z}_下 - \Delta H$$

式中 $Q_调$——设计枯水年供水期调节流量，m^3/s；

     $\overline{H}_供$——设计枯水年供水期平均水头，m；

     $\overline{Z}_上$、$\overline{Z}_下$——供水期上、下游平均水位，$\overline{Z}_上$ 可取与供水期水库平均蓄水量 $\overline{V}$ 对应的水库水位，且 $\overline{V}$ 可按式 $\overline{V} = V_死 + \dfrac{1}{2} V_兴$ 估算，$\overline{Z}_下$ 可按 $Q_调$ 由水位流量关系曲线查得；

     $T_供$——设计枯水年供水期时间，s；

     $W_供$——设计枯水年供水期 $T_供$ 内的天然来水量；

     $V_{年调}$——年调节水电站调节库容；

     ΔH——水电站水头损失，可根据实际情况分析取值。

（四）多年调节水电站保证出力计算

计算方法与上述年调节水电站保证出力的计算基本相同，可对实测长系列水文资料进

行兴利调节与水能计算来求得。简化计算时，可以采用设计枯水系列法，即对设计枯水系列进行径流调节和水能计算，取设计枯水系列的平均出力作为保证出力值 $N_{保}$。

二、水电站多年平均年发电量估算

多年平均年发电量（average annual energy generation）是指水电站在多年工作时期内，平均每年所能生产的电能量。它反映水电站的多年平均动能效益，也是水电站一个重要的动能指标。在规划设计阶段，当比较方案较多时，只要不影响方案的比较结果，常采用比较简化的方法，现分述于下。

（一）设计中水年法

根据一个设计中水年，即可大致定出水电站的多年平均年发电量。其计算步骤如下。

（1）选择设计中水年，要求该年的年径流量及其年内分配均接近于多年平均情况。

（2）列出所选设计中水年各月（或旬、日）的净来水流量。

（3）根据国民经济各部门的用水要求，列出各月（或旬、日）的用水流量。

（4）对于年调节水电站，可按月进行径流调节计算，对于季调节或日调节、无调节水电站，可按旬（日）进行径流调节计算，求出相应各时段的平均水头 $\overline{H}$ 及其平均出力 $\overline{N}$。如某些时段的平均出力大于水电站的装机容量时，即以该装机容量值作为平均出力值。

（5）将各时段的平均出力 $\overline{N_i}$ 乘以时段的小时数 t，即得各时段的发电量 E_i。设 n 为平均出力低于装机容量 $N_{水装}$ 的时段数，m 为平均出力等于或高于装机容量 $N_{水装}$ 的时段数，则水电站的多年平均年发电量 $\overline{E_年}$ 可用式（5-7）估算：

$$\overline{E_年} = E_中 = t\Big[\sum_{i=1}^{n}\overline{N_i} + mN_{水装}\Big](\mathrm{kW \cdot h}) \tag{5-7}$$

式中　$(m+n)$——全年时段数，当以月为时段单位，则 $m+n=12$，$t=730\mathrm{h}$；当以日为时段单位，则 $m+n=365$，$t=24\mathrm{h}$。

（二）三个代表年法

当设计中水年法不够满意时，可选择三个代表年，即枯水年、中水年、丰水年作为设计代表年。设已知水电站的兴利库容，则按上述步骤分别进行径流调节计算，求出这三个代表年的年发电量，其平均值即为水电站的多年平均年发电量 $\overline{E_年}$，即

$$\overline{E_年} = \frac{1}{3}\big[E_枯 + E_中 + E_丰\big](\mathrm{kW \cdot h}) \tag{5-8}$$

式中　$E_枯$——设计枯水年的年发电量；

　　　$E_中$——设计中水年的年发电量；

　　　$E_丰$——设计丰水年的年发电量；

$E_枯$、$E_中$、$E_丰$ 可根据式（5-7）求出。

如设计枯水年的保证率 $P=90\%$，则设计丰水年的保证率为 $(1-P)=10\%$。此外，要求上述三个代表年的平均径流量相当于多年平均值，各个代表年的径流年内分配情况要符合各自典型年的特点。

必要时也可以选择枯水年、中枯水年、中水年、中丰水年和丰水年共五个代表年，根据这些代表年估算多年平均年发电量。

（三）设计平水系列法

在求多年调节水电站的多年平均年发电量时，不宜采用一个中水年或几个典型代表年，而应采用设计平水系列年。所谓设计平水系列年，是指某一水文年段（一般由 20 年以上的水文系列组成），其平均径流量约等于全部水文系列的多年平均值，其径流分布符合一般水文规律。对该系列进行径流调节，求出各年的发电量，其平均值即为多年平均年发电量。

（四）全部水文系列法

无论何种调节性能的水电站，当水库正常蓄水位、死水位及装机容量等都经过方案比较和综合分析确定后，为了精确地求得水电站在长期运行中的多年平均年发电量，有必要按照水库调度图（参见第八章）进行调节计算，对全部水文系列逐年计算发电量，最后求出其多年平均值。全部水文系列年法适用于初步设计阶段，计算工作量较大，但可编程应用电子计算机来求算。当径流调节、水能计算等各种计算程序标准化后，对几十年甚至更长的水文资料，均可在很短时间内迅速运算，精确求出多年平均年发电量。

【例 5-2】　资料同【例 3-1】、【例 3-2】。已知该电站装机容量为 24 万 kW，水库正常蓄水位为 184.0m，对应的库容为 10.42 亿 m^3；死水位为 163.0m，对应的库容为 4.66 亿 m^3。水库库容特性曲线及下游水位流量关系曲线分别见表 5-4 和表 5-5，水电站出力系数 $A=8.3$。试分别求该电站保证出力 $N_保$ 和多年平均发电量 $\overline{E}_年$。

表 5-4　　　　　　　　　　　　　水库库容与水位关系

水位/m	110	120	130	140	150	160	170	180	190
库容/亿 m^3	0	0.20	0.60	1.37	2.50	4.05	6.27	9.10	12.70

表 5-5　　　　　　　　　　　　　水库下游水位与流量关系

水位/m	101.0	101.8	102.1	103.0	104.0	106.0	107.0
流量/（m^3/s）	0	46	85	260	540	1280	1740

解　由于年调节水电站能否保证正常供电主要取决于枯水期，故可用设计枯水年枯水期的平均出力作为该电站的保证出力。设计枯水年、平水年、丰水年的设计电站出力及发电量计算分别见表 5-6～表 5-8。具体计算如下。

表 5-6　　　　　　　　　　　　　设计枯水年电站出力及发电量计算

时段 t/月		3	4	5	6	7	8	9	10	11	12	1	2
天然来水流量 $Q_天$		184	389	530	194	189	20	14	37	13	17	15	40
发电流量 $Q_电$	m^3/s	184	350	350	194	189	53.57	53.57	53.57	53.57	53.57	53.57	53.57
水库供蓄流量 ΔQ		0	39	180	0	0	−33.57	−39.57	−16.57	−40.57	−36.57	−38.57	−13.57
水库供蓄水量 ΔW		0	1.03	4.73	0	0	−0.88	−1.04	−0.44	−1.07	−0.96	−1.01	−0.36
时段初水库存水量 $V_初$	亿 m^3	4.66	4.66	5.69	10.42	10.42	10.42	9.54	8.50	8.06	6.99	6.03	5.02
时段末水库存水量 $V_末$		4.66	5.69	10.42	10.42	10.42	9.54	8.50	8.06	6.99	6.03	5.02	4.66

续表

时段 t/月		3	4	5	6	7	8	9	10	11	12	1	2
时段初上游水位 $Z_初$		163.0	163.0	167.57	184	184	184	181.32	177.99	176.53	172.72	169.0	164.74
时段末上游水位 $Z_末$		163.0	167.57	184	184	184	181.32	177.99	176.53	172.72	169.0	164.74	163.0
月平均上游水位 $\overline{Z}_上$	m	163.0	165.29	175.79	184	184	182.66	179.66	177.26	174.63	170.86	166.87	163.87
月平均下游水位 $\overline{Z}_下$		102.61	103.22	103.22	102.66	102.63	101.86	101.86	101.86	101.86	101.86	101.86	101.86
水电站平均水头 $\overline{H}$		60.39	61.97	72.47	81.34	81.37	80.8	77.8	75.4	72.77	69.0	65.01	62.01
月平均出力 $\overline{N}_水$/万 kW		9.22	18.0	21.05	13.10	12.76	3.59	3.46	3.35	3.24	3.07	2.89	2.76
月发电量 $E_水$/(万 kW·h)		6731	13140	15367	9563	9315	2621	2526	2446	2365	2241	2110	2015

表 5-7　　　　　　　　　　　设计平水年电站出力及发电量计算

时段 t/月		3	4	5	6	7	8	9	10	11	12	1	2
天然来水流量 $Q_天$		184	377	685	294	118	47	80	24	19	11	24	33
发电流量 $Q_电$	m³/s	184	377	466	294	118	65.29	65.29	65.29	65.29	65.29	65.29	65.29
水库供蓄流量 ΔQ		0	0	219	0	0	-18.29	+14.71	-41.29	-46.29	-54.29	-41.29	-32.29
水库供蓄水量 ΔW		0	0	5.76	0	0	-0.48	+0.39	-1.09	-1.22	-1.43	-1.09	-0.85
时段初水库存水量 $V_初$	亿 m³	4.66	4.66	4.66	10.42	10.42	10.42	9.94	10.33	9.24	8.02	6.60	5.51
时段末水库存水量 $V_末$		4.66	4.66	10.42	10.42	10.42	9.94	10.33	9.24	8.02	6.60	5.51	4.66
时段初上游水位 $Z_初$		163	163	163	184	184	184	182.54	183.72	180.42	176.41	171.22	166.83
时段末上游水位 $Z_末$		163	163	184	184	184	182.54	183.72	180.42	176.41	171.22	166.83	163
月平均上游水位 $\overline{Z}_上$	m	163	163	173.5	184	184	183.27	183.13	182.07	178.42	173.82	169.02	164.92
月平均下游水位 $\overline{Z}_下$		102.61	103.28	103.74	103.12	102.27	101.95	101.95	101.95	101.95	101.95	101.95	101.95
水电站平均水头 $\overline{H}$		60.39	59.72	69.76	80.88	81.73	81.32	81.18	80.12	76.47	71.87	67.07	62.97
月平均出力 $\overline{N}_水$/万 kW		9.22	18.69	26.98	19.74	8.0	4.41	4.40	4.34	4.14	3.89	3.63	3.41
月发电量 $E_水$/(万 kW·h)		6733	13641	19697	14408	5843	3217	3211	3169	3025	2843	2653	2491

表 5-8　　　　　　　　　　　设计丰水年电站出力及发电量计算

时段 t/月		3	4	5	6	7	8	9	10	11	12	1	2
天然来水流量 $Q_天$		111	497	753	382	197	122	94	64	35	19	11	13
发电流量 $Q_电$	m³/s	111	497	534	382	197	122	94	72.2	72.2	72.2	72.2	72.2
水库供蓄流量 ΔQ		0	0	219	0	0	0	0	-8.2	-37.2	-53.2	-61.2	-59.2
水库供蓄水量 ΔW		0	0	5.76	0	0	0	0	-0.22	-0.98	-1.40	-1.61	-1.56
时段初水库存水量 $V_初$	亿 m³	4.66	4.66	4.66	10.42	10.42	40.42	10.42	10.42	10.20	9.23	7.83	6.22
时段末水库存水量 $V_末$		4.66	4.66	10.42	10.42	40.42	10.42	10.42	10.20	9.23	7.83	6.22	4.66

续表

时段 t/月		3	4	5	6	7	8	9	10	11	12	1	2
时段初上游水位 $Z_{初}$		163	163	163	184	184	184	184	184	183.35	180.38	175.76	169.78
时段末上游水位 $Z_{末}$		163	163	184	184	184	184	184	183.35	180.38	175.76	169.78	163
月平均上游水位 $\overline{Z}_{上}$	m	163	163	173.5	184	184	184	184	183.67	181.87	178.07	172.77	166.39
月平均下游水位 $\overline{Z}_{下}$		102.23	103.85	103.98	103.44	102.68	102.29	102.15	102.0	102.0	102.0	102.0	102.0
水电站平均水头 $\overline{H}$		60.77	59.15	69.52	80.56	81.32	81.71	81.85	81.67	79.87	76.07	70.77	64.39
月平均出力 $\overline{N}_{水}$/万 kW		5.60	24.40	30.81	25.54	13.30	8.27	6.39	4.89	4.79	4.56	4.24	3.86
月发电量 $E_{水}$/(万 kW·h)		4087	17811	22494	18647	9707	6037	4662	3570	3494	3328	3095	2817

1. 设计枯水年

该电站保证出力为

$$N_{保} = \frac{3.59 + 3.46 + 3.35 + 3.24 + 3.07 + 2.89 + 2.76}{7}$$

$$= 3.19(万\ kW)$$

则枯水年发电量为

$$E_{枯} = t\left(\sum_1^n \overline{N_i} + mN_{装}\right)$$

$$= \sum_1^{12} E_i = 6731 + 13140 + 15367 + 9563 + 9315 + 2621 + 2526 + 2446 + 2365 + 2241$$

$$+ 2110 + 2015$$

$$= 70440(万\ kW·h)$$

2. 设计平水年

从表 5-7 可以看出,5 月的月平均出力 26.98 万 kW 大于装机容量 24 万 kW,5 月以装机容量作为该月的平均出力值。

所以设计平水年年发电量为

$$E_{平} = t\left(\sum_1^n \overline{N_i} + mN_{装}\right)$$

$$= 730 × [\ (4.41 + 4.40 + 4.34 + 4.14 + 3.89 + 3.63 + 3.41 + 9.22 + 18.69 + 19.74$$

$$+ 8.0) + 1 × 24]$$

$$= 78745(万\ kW·h)$$

3. 设计丰水年

从表 5-8 可以看出,4 月、5 月、6 月的月平均出力均大于装机容量 24 万 kW,4 月、5 月、6 月以装机容量作为该月的平均出力值。

所以设计丰水年年发电量为

$$E_{丰} = t\left(\sum_1^n \overline{N_i} + mN_{装}\right)$$

$$= 730 × [\ (5.60 + 13.30 + 8.27 + 6.39 + 4.89 + 4.79 + 4.56 + 4.24 + 3.86) + 3 × 24]$$

$$= 93367(万\ kW·h)$$

综上，该电站多年平均年发电量为

$$\overline{E_{年}}=(E_{枯}+E_{平}+E_{丰})/3$$
$$=(70440+78745+93367)/3$$
$$=80851(万\ kW\cdot h)$$

第二节　电力系统的负荷图

一、电力系统及其用户特性

电力系统（electric power system）由若干发电厂、变电站、输电线路及电力用户等部分组成。对广大众多的用电户往往由各种不同类型的电站（包括水电站、火电站、核电站及抽水蓄能电站等）协同联合供电，使各类电站相互取长补短，改善各电站的工作条件，提高供电可靠性，节省电力系统投资与运行费用。从发展观点看，电力系统的规模及其供电范围总是日益扩大，电力系统愈大，可以使各种能源得到更加充分合理的利用，电力供应更加安全、可靠、经济。

电力系统中有各种类型的用电户，通常按其生产特点和用电要求将用电户划分为工业用电、农业用电、市政用电及交通运输用电等四大类，现分述于下。

（一）工业用电

工业用电主要指有关工矿企业中的各种电动设备、电炉、电化学设备及车间照明等生产用电，工业用电的特点是用电量大，年内用电过程比较均匀，但在一昼夜内则随着生产班制和产品种类的不同而有较大的变化。例如一班制生产企业的用电变化较大，三班制和连续性生产企业（例如化学电解工业等）的用电变化比较均匀；炼钢厂中的轧钢车间用电是有间歇性的，所需电力在短时间内常有剧烈的变动。

（二）农业用电

农业用电主要指电力排灌、乡镇企业及农副产品加工用电、畜牧业及农村生活与公共事业用电等。农业用电中的排灌用电，与农产品的收获用电均具有一定的季节性。排灌用电各年不同，干旱年份灌溉用电与多雨年份排涝用电较多，但在用电时期内负荷相对稳定，而在一年不同时期内则很不均匀。

（三）市政用电

市政用电主要指城市交通、给排水、通信、各种照明以及家用电器等方面的用电。这类用户用电的特点是一年内及一昼夜内变化都比较大。以照明为例，夏天夜短用电少，冬天夜长用电多；随着城市建设的发展与群众生活水平的提高，近年来城市用电量迅速增长。南方城市由于空调设备猛增，夏季变为电力系统年负荷最高季节；北方城市由于集中供热增多，冬季为电力系统年负荷最高季节。

（四）交通运输用电

交通运输用电主要指电气化铁道运输的用电，它在一年内与一昼夜间用电都是比较均匀的，只是在电气列车启动时会产生负荷突然跳动的现象。

在上述四类用电户中，工业用电占电力系统负荷的比重最大，达总负荷的50%以上。

各类用电户的用电定额，随着生产技术水平的提高而不断变动，应从电力计划部门取得最新统计资料。在推算电力系统总负荷时，还应计入输变电工程的损失和发电站本身的厂用电。

二、电力负荷图

电力生产的一个显著特点，就是电能这种产品难以储存，电力的发、供、用是同时进行的。在任何时间内，电力系统中各电站的出力过程和发电量必须与用电户对出力的要求和用电量相适应，这种对电力系统提出的出力要求，常被称为电力负荷。如果把工业、农业、市政及交通运输等用电户在不同时间内对电力系统要求的出力叠加起来，就可以得到电力负荷随时间的变化过程。负荷在一昼夜内的变化过程线称为日负荷图（daily load chart），如图 5-2 所示，负荷在一年内的变化过程线称为年负荷图（annal load chart），如图 5-4 所示。

（一）日负荷图

电力系统日负荷变化是有一定规律性的。一般上、下午各有一个高峰，晚上因增加大量照明负荷形成尖峰；午休期间及夜间各有一个低谷，后者比前者低得多。虽然各小时的负荷均不相同，但对分析计算有重要意义的有三个特征值，即最大负荷 N''、平均负荷 $\overline{N}$ 和最小负荷 N'。其中日平均负荷 $\overline{N}$ 可根据式（5-9）定出，即

$$\overline{N} = \frac{\sum_{1}^{24} N_i}{24} = \frac{E_日}{24}(\text{kW}) \qquad (5-9)$$

式中　$E_日$——一昼夜内系统所供应的电能，即用电户的日用电量，kW·h，相当于日负荷曲线下所包括的面积。

上述三个特征值把日负荷图划分为三个区域，即峰荷区、腰荷区及基荷区。峰荷随时间的变动最大，基荷在一昼夜 24h 内都不变，腰荷介于峰荷与基荷之间，在一昼夜内某段时间内变动，在另一段时间内则不变，如图 5-2 所示。

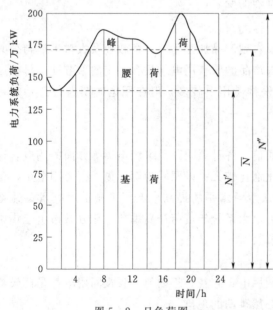

图 5-2　日负荷图
（按瞬时最大负荷绘制）

为了反映日负荷图的特征，常采用下列三个指标值表示。

（1）日最小负荷率（daily minimum load factor）β，$\beta = N'/N''$，β 值越小，表示日高峰负荷与日低谷负荷的差别越大，日负荷越不均匀。

（2）日平均负荷率（daily average load ratio）γ，$\gamma = \overline{N}/N''$，$\gamma$ 值越大，表示日负荷变化越小。

（3）基荷指数 α，$\alpha = N'/\overline{N}$ 指数越大，基荷占负荷图的比重越大，这表示用户的用电情况比较稳定。

我国电力系统的工业用电比重较大，γ 值一般在 0.8 左右，β 值一般在

0.6 左右。国外电力系统由于市政用电比重较大，β 值较小，一般在 0.5 以下。

在规划设计中还常采用典型日负荷图（曲线），即电力系统中最具代表意义的一天24h 的负荷变化情况。其对系统的运行方式、电力电量平衡、水电站的装机容量、季节性电能利用等影响很大。典型日一般选最大负荷日，或选最大峰谷差日，或根据各地区情况选不同季节（春、夏、秋、冬）的某一代表日。

为了便于利用日负荷图进行动能计算，常须事先绘制日电能累积曲线。日电能累积曲线是日负荷图的出力值与其相应的电量之间的关系曲线，其绘制方法如图 5-3 所示。可将日负荷曲线以下的面积自下至上加以分段，得到 ΔE_1、ΔE_2 等分段电能量，令图右边的横坐标代表分段电能量 ΔE 的累积值，由此定出相应的 a 点和 b 点。按此方法，向上逐段累积电能量到负荷的最高点，各交点的连线 $gabcd$ 便是日电能累积曲线。该曲线有以下特点：①在最小负荷 N' 以下，负荷无变化，故 gc 为一直线段；②在最小负荷 N' 以上，负荷有变化，故 cd 为上凹曲线段。d 点的横坐标为一昼夜的电量 $E_{全日}$；③延长直线段 gc，与 d 点的垂线 df 相交手 e 点，则 e 点的纵坐标就表示平均负荷 $\overline{N}$。

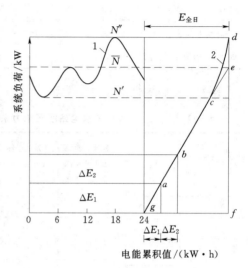

图 5-3　日电能累积曲线的绘制
1—日负荷图；2—日电能累积曲线

在实际工作中，为了方便计算，可把日负荷图中的小时平均负荷从大到小排序，分别计算出相邻两负荷间的负荷差值 ΔN_i 及相应的电能值 ΔE_i；再自下而上进行累加（或自上而下进行累加）得出不同负荷值对应的累积电能值（表 5-9）；最后以负荷值为纵坐标（比例尺与日负荷曲线相同）、电能累计值为横坐标（比例尺根据需要而定）绘成曲线。

表 5-9　　　　　　　　　　　　　日电量累计曲线计算

序号	历时/h	负荷/万 kW	负荷差值/万 kW	电能/（万 kW·h）	电能累计/（万 kW·h）（自上而下计算）	电能累计/（万 kW·h）（自下而上计算）
1	1	N_1	$\Delta N_1 = N_1 - N_2$	$\Delta E_1 = \Delta N_1 \times 1$	$E_1 = 0$	$E_1 = E_2 + \Delta E_1$
2	2	N_2	$\Delta N_2 = N_2 - N_3$	$\Delta E_2 = \Delta N_2 \times 2$	$E_2 = \Delta E_1$	$E_2 = E_3 + \Delta E_2$
3	3	N_3	$\Delta N_3 = N_3 - N_4$	$\Delta E_3 = \Delta N_3 \times 3$	$E_3 = E_2 + \Delta E_2$	$E_3 = E_4 + \Delta E_3$
4	4	N_4	$\Delta N_4 = N_4 - N_5$	$\Delta E_4 = \Delta N_4 \times 4$	$E_4 = E_3 + \Delta E_3$	$E_4 = E_3 + \Delta E_4$
⋮	⋮	⋮	⋮	⋮	⋮	⋮
24	24	N_{24}	$\Delta N_{24} = N_{24}$	$\Delta E_{24} = \Delta N_{24} \times 24$	$E_{24} = E_{23} + \Delta E_{23}$	$E_{24} = E_{25} + \Delta E_{24}$
25		0	0	0	$E_{25} = E_{24} + \Delta E_{24}$	$E_{25} = 0$

【例 5-3】 某水电站所属电力系统日负荷资料见表 5-10，试绘制电力系统日电能累积曲线。

表 5-10　　　　　　　　　某水电站所属电力系统日负荷资料

时刻 t/h	1	2	3	4	5	6	7	8	9	10	11	12
负荷 N/万 kW	30	29	28	27	28	30	32	34	38	37	35	33
时刻 t/h	13	14	15	16	17	18	19	20	21	22	23	24
负荷 N/万 kW	31	35	36	37	38	39	42	40.5	39	38	33	31

解　日电能累积曲线计算见表 5-11。

表 5-11　　　　　　　　某水电站所属电力系统日电能累积曲线计算表

时刻 t/h	负荷 N/万 kW	计算	累计电能/(万 kW·h)(自上而下计算)	累计电能/(万 kW·h)(自下而上计算)	时刻 t/h	负荷 N/万 kW	计算	累计电能/(万 kW·h)(自上而下计算)	累计电能/(万 kW·h)(自下而上计算)
1	42	1.5×1=1.5	0	820.5	13	34	1×13=13	46.5	774
2	40.5	1.5×2=3	1.5	819	14	33	0×14=0	59.5	
3	39	0×3=0	4.5		15	33	1×15=15	59.5	761
4	39	1×4=4	4.5	816	16	32	1×16=16	74.5	746
5	38	0×5=0	8.5		17	31	0×17=0	90.5	
6	38	0×6=0	8.5		18	31	1×18=18	90.5	730
7	38	1×7=7	8.5	812	19	30	0×19=0	108.5	
8	37	0×8=0	15.5		20	30	1×20=20	108.5	712
9	37	1×9=9	15.5	805	21	29	1×21=21	128.5	692
10	36	1×10=10	24.5	796	22	28	0×22=0	149.5	
11	35	1×11=10	34.5		23	28	1×23=23	149.5	671
12	35	0×11=0	34.5	786	24	27	1×23=23	172.5	648
13	34	1×12=12	46.5	774	25	0	27×24=648	820.5	0

在表 5-11 的基础上，就可很方便地绘制出该电力系统日电能累积曲线。

（二）年负荷图

年负荷图表示一年内电力系统负荷的变化过程。在一年内，负荷之所以发生变化，主要由于各季的照明负荷有变化，其次系统中尚有各种季节性负荷，例如空调、灌溉、排涝等用电。年负荷图的纵坐标为负荷，横坐标为时间，为简化计算，常以月为单位。年负荷图一般采用下列两种曲线表示。

（1）日最大负荷年变化曲线。它是一年内各日的最大负荷值所连成的曲线，所以称为日最大负荷年变化图，如图 5-4（a）所示。

日最大负荷年变化曲线表示电力系统在一年内各日所需要的最大电力。这种年负荷图的形状有两个特性：①在北方地区，冬季的负荷最高，夏季则低 10%～20%；在南方地区则恰好相反。②由于一年内随着生产的发展，电力负荷不断有所增长，因而实际上年末最大负荷总比年初大，这种考虑年内负荷增长的曲线，称为动态负荷曲线。在实际工作中，为简化计算，一般不考虑年内负荷增长的因素，则称为静态负荷曲线。

（2）日平均负荷年变化曲线。将一年内各日的平均负荷值所连成的曲线，称为日平均负荷年变化图。该曲线下面所包围的面积，就是电力系统各发电站在全年内所生产的电能量。在水能计算中，常以月为计算时段，纵坐标为月平均负荷，因而该图具有阶梯形状，如图 5-4（b）所示。

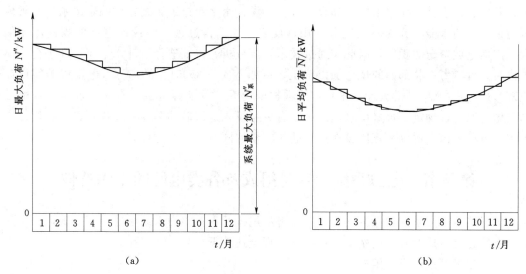

图 5-4 年负荷图

（a）年最大负荷；（b）年平均负荷

上述各种负荷图，无论在设计阶段或运行阶段，为了确定电站所需的装机容量及其在电力系统中的运行方式，均具有重要的作用。

对于电力系统负荷月内、季内和年内的不均衡特性，可通过下列三个指标值反映。

（1）月负荷率 σ，表示在一个月内负荷变化的不均衡性，用该月的平均负荷 $\overline{N}_{月}$ 与最大负荷的日平均负荷 $\overline{N}_{日}$ 的比值表示，即

$$\sigma = \overline{N}_{月} / \overline{N}_{日} \qquad (5-10)$$

（2）季负荷率 ξ，表示一年内月最大负荷变化的不均衡性，用全年各月最大负荷 N''_i 的平均值与年最大负荷值 $N''_{年}$ 的比值表示：

$$\xi = \sum_{i=1}^{12} N''_i / (12N''_{年}) \qquad (5-11)$$

（3）年负荷率 δ，表示一年的发电量 $E_{年}$ 与最大负荷 $N''_{年}$ 相应的年发电量的比值，即

$$\delta = E_{年} / (8760N''_{年}) = h/8760 \qquad (5-12)$$

式中 h——年最大负荷的年利用小时数。

年最大负荷与年平均负荷可以通过日电能累积曲线进行转换。由年最大负荷转换到年平均负荷的具体做法是：先选取年最大负荷图中某一月的负荷值，在该月典型日负荷图及

其日电能累积曲线上可以得到该负荷所对应的日电能，除以 24 后即得该日的日平均负荷，乘以该月的月负荷率得该月的月平均负荷，将所得的月平均负荷绘到年平均负荷图相应的月份处。对每个月均进行这样的转换，即可得年平均负荷图。

三、设计水平年

电力系统的负荷，总是随着国民经济的发展而逐年增长的，因此在规划设计电站时，必须考虑远景电力系统负荷的发展水平，与此负荷发展水平相适应的年份，称为设计负荷水平年。在编制这样的负荷图时，首先考虑供电范围，电力系统的供电范围总是逐步扩大的；其次选择设计负荷水平年，如果所选择的设计水平年过近，则据此确定的水电站规模可能偏小，使水能资源得不到充分利用；反之，如选得过远，则设计电站的规模可能偏大，因而造成资金的积压，因此应通过技术经济分析、论证选择设计水平年。在进行具体工作时，可参考有关部门的规定加以确定。例如 NB/T 35061—2015《水电工程动能设计规范》规定："水电站的设计水平年，应根据电力系统的能源资源、水火电比重与水电站的具体情况论证确定。可采用水电站第一台机组投入运行后的第 5～10 年，也可经过逐年电力、电量平衡，通过经济比较在选择装机容量的同时，一并选择。"

第三节　电力系统的容量组成及各类电站的工作特性

为了确定电力系统中电源构成、各类电站规模及其在电力系统中的运行方式，须了解电力系统容量组成及各类电站的工作特性，现分述于下。

一、电力系统的容量组成

1. 电力系统总装机容量

为了满足电力用户的要求，必须在各电站上装置一定的容量。电站上每台机组都有一个额定容量，此即发电机的铭牌出力。电站的装机容量（installed capacity）是指该电站上所有机组铭牌出力之和。电力系统的装机容量便是所有电站装机容量的总和，用符号 $N_{系装}$ 表示。水电站全部机组的铭牌出力之和，就是水电站的装机容量，用符号 $N_{水装}$ 表示，火电站的装机容量用 $N_{火装}$ 表示，其余类推。如果某电力系统包括水电站、火电站、核电站、抽水蓄能电站、燃气轮机电站及潮汐能电站等，则其总装机容量为

$$N_{系装}=N_{水装}+N_{火装}+N_{核装}+N_{抽装}+N_{燃装}+N_{潮装} \tag{5-13}$$

2. 电力系统的最大工作容量、备用容量、必需容量及重复容量（设计阶段）

在电力系统总装机容量中，在设计阶段按机组所担负任务的不同，又有不同的容量名称。为了满足系统最大负荷要求而设置的容量，称为最大工作容量 $N''_{工}$；此外为了确保系统供电的可靠性和供电质量，电力系统还需设置另一部分容量，当系统在最大负荷时发生负荷跳动因而短时间超过了设计最大负荷时，或者机组发生偶然停机事故时，或者进行停机检修等情况，都需要准备额外的容量，统称为备用容量（reserve capacity）$N_{备}$，它是由负荷备用容量 $N_{负备}$、事故备用容量 $N_{事备}$ 和检修备用容量 $N_{检备}$ 所组成。由此可见，为保证系统的正常工作，需要最大工作容量和备用容量两大部分，合称为必需容量 $N_{必}$。水电站必需容量是以设计枯水年（或段）的来水情况作为计算依据的，遇到丰水年或者中水年，其汛期水量都会有富余。若仅以必需容量工作，常会产生大量弃水，为了利用这部分

弃水额外增发季节性电能，只需要额外增加一部分容量即可，而不必增加水库、大坝等水工建筑物的投资。由于这部分容量并非保证电力系统正常工作所必需，故称为重复容量（duplicate capacity）。在设置有重复容量 $N_重$ 的电力系统中，系统的装机容量就是必需容量与重复容量之和，即

$$N_装 = N_必 + N_重 = N''_工 + N_备 + N_重 = N''_工 + N_负荷 + N_事备 + N_检备 + N_重 \qquad (5-14)$$

上述电力系统中各种容量的组成，如图 5-5 所示。

3. 电力系统的工作容量、备用容量、空闲容量和受阻容量（运行阶段）

在运行阶段，系统和电站的装机容量已定，其最大工作容量并不是任何时刻全部都在发电，系统的备用容量和重复容量也不是经常都被利用的，因此系统内往往有暂时闲置的容量，被称为空闲容量（idle capacity）$N_空$，它是根据系统需要随时都可以投入运行的。当某一时期由于机组发生事故，或停机检修，或火电站因缺乏燃料、水电站因水量和水头不足等原因，使部分容量受阻不能工作，这部分容量称为受阻容量（disabled capacity）。系统中除受阻容量 $N_阻$ 外的所有其他容量，统称为可用容量 $N_可$。因此从运行观点看：

$$N_装 = N_可 + N_阻 = N_工 + N_备 + N_空 + N_阻$$
$$(5-15)$$

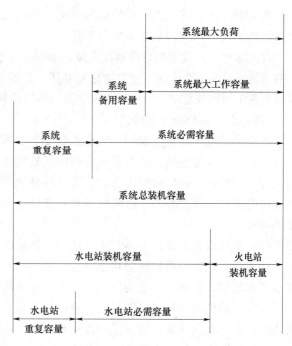

图 5-5　电力系统容量组成示意图

尚需指出，上述各种容量值的大小是随时间和条件而不断发生变化的，而且有可能在不同的电站、不同的机组上相互转换，但其组成则是不变的。

二、各类电站的技术特性

目前我国各地区的电力系统，大多是以水力、火力发电为主要电源所构成的，在水能资源丰富的地区，应以水电为主；在煤炭资源丰富而水能资源相对贫乏处，则应以火电为主。有些地区上述两大能源均较缺乏，则可考虑发展核电站。在火电、核电为主的电力系统中，当缺乏填谷调峰容量时，则可考虑发展抽水蓄能电站。为了使各类发电站合理地分担电力系统的负荷，应对各类电站的技术特性有个概括的了解。

（一）水电站的特点

（1）水电站的出力和发电量随天然径流量和水库调节能力的变化而有一定的变化，在丰水年份，一般发电量较多，遇到特殊枯水年份，则发电量不足，甚至正常工作遭到破坏。

对于低水头径流式水电站，在洪水期内由于天然流量过大引起下游水位猛涨，而使水电站工作水头减小，水轮机不能发足额定出力。对于具有调节水库的中水头水电站，当库水位较低时，也有可能使水电站出力不足。

（2）一般水库具有综合利用任务，但各部门的用水要求不同，兼有防洪与灌溉任务的水库，汛期及灌溉期内水电站发电量较多，但冬季发电则受到限制。对于下游有航运任务的水库，水电站有时需承担电力系统的基荷，以便向下游经常泄放均匀的流量。

（3）水能是再生性能源，水电站的年运行费用与所生产的电能量无关，因此在丰水期内应尽可能多发水电，以节省系统燃料消耗。

（4）水电站机组开停灵便、迅速，从停机状态到满负荷运行仅需 $1\sim2\min$，并可迅速改变出力的大小，以适应负荷的剧烈变化，从而保证系统周波的稳定，所以水电站适宜担任系统的调峰、调频和事故备用等任务。

（5）水电站的建设地点受水能资源、地形、地质等条件的限制。水工建筑物工程量大，一般又远离负荷中心地区，往往需建超高压、远距离输变电工程。水库淹没损失一般较大，移民安置工作比较复杂。但由于水电站发电不需消耗燃料，故单位电能成本比火电站的低。

（二）火电站的分类及特点

火电站的主要设备为锅炉、汽轮机和发电机等。按其生产性质又可分为两大类。

（1）凝汽式火电站。凝汽式火电站的任务就是发电。锅炉生产的蒸汽直接送到汽轮机内，按一定顺序在转轮内膨胀做功，带动发电机发电。蒸汽在膨胀做功过程中，压力和温度逐级降低，废蒸汽经冷却后凝结为水。最后用泵把水抽回到锅炉中去再生产蒸汽，如此循环不已。

（2）供热式火电站。供热式火电站的任务是既要供热，又要发电。如采用背压式汽轮机，则蒸汽在汽轮机内膨胀做功驱动发电机后，其废蒸汽全部被输送到工厂企业中供生产用或者取暖用。背压式机组的发电出力，完全取决于工厂企业的热力负荷要求。

如采用抽汽式汽轮机，则可在转轮中间根据热力负荷要求抽出所需的蒸汽。当不需要供热时，则与凝汽式火电站的工作过程相同。

现分述火电站的工作特点。

（1）只要保证燃料供应，火电站就可以全年按额定出力工作，不像水电站那样受天然来水的制约。如果供应火电站的燃煤质量较高（每公斤燃料的发热量在 4000kcal 以上），则火电站修建在负荷中心地区可能比较有利，因其输变电工程可以较小；如果供应的燃煤质量较差（每公斤燃料的发热量在 3000kcal 以下），为了节省大量燃煤的运输量，火电站应修建在煤矿附近（所谓坑口电站），这样比较有利。

（2）一般说来，火电站适宜担任电力系统的基荷，这样单位煤耗较小。此外，火电站机组启动比较费时，锅炉先要生火，机组由冷状态过渡到热状态，然后再加荷载，逐渐增加出力，出力上升值不能增加过快，大约每隔 10min 增加额定出力的 $10\%\sim20\%$，因此机组从冷状态启动到满负荷运行共需 $2\sim3h$。

（3）火电站高温高压机组（蒸汽动压力为 $135\sim165$ 个绝对大气压，初温为 $535\sim550℃$）的技术最小出力约为额定出力的 75%，如果连续不断地在接近满负荷的情况下运行，则可以获得最高的热效率和最小的煤耗。中温中压机组（蒸汽初压力为 35 个绝对大气压，初温为 435℃），可以担任变动负荷，即可以在系统负荷图上的腰荷和峰荷部分工作，但单位电能的煤耗要增加较多。

（4）一般地说，火电站本身单位千瓦的投资比水电站的低，但如考虑环境保护等措施的费用，并包括煤矿、铁路、输变电等工程的投资，则折合单位千瓦的火电投资，可能与水电（包括远距离输变电工程）单位千瓦的投资相近。

（5）火力发电必须消耗大量燃料（单位千瓦装机容量每年约需原煤 3.0t），且厂用电及管理人员较多，故火电单位发电成本比水电站的高，且燃料燃烧时排放的烟尘及废气会对环境造成污染。

（三）其他电站

1. 核电站 (Nuclear power station)

根据国际原子能机构（IAEA）最新统计资料，至 2014 年 4 月底，全世界正在运行的核电机组（反应堆）435 个，共 372751MW，其中北美地区 119 个，总装机容量 112581MW；欧洲地区 185 个，总装机容量 162112MW；亚洲地区 123 个，总装机容量 92049MW。我国已投产的核电站共 17 座，总装机容量约 1475 万 kW，仅占电力总装机量的 2% 左右，比例很低。

核电站主要由核反应堆、蒸汽发生器、汽轮机及发电机等部分组成。运行时铀在反应堆内发生裂变反应，而每次反应所产生的新中子，能连续不断地使铀发生核裂变。在反应堆堆芯内进行这种链式裂变反应时，同时释放大量热能，核电站用冷却剂使其吸热增温后，通过一次回路流到蒸汽发生器，然后把热量传递给从二次回路管道中流来的水，使其在高压情况下产生蒸汽；冷却剂最后用泵仍抽回到反应堆内。蒸汽从二次回路流进汽轮机的汽缸内膨胀做功，驱动发电机。应该说明的是：一次回路中的冷却剂因为流经堆芯，是含有放射性物质的；二次回路内的水和蒸汽，在蒸汽发生器内是和冷却剂隔开的，因此不含有放射性物质。蒸汽在汽轮机内的膨胀做功，除初参数和火电站的蒸汽参数不同外，其他情况与火电站无大差别。

核电站的特点是需要持续不断地以额定出力工作，所以在电力系统中总是承担基荷。核电站的设备比较复杂，建设质量标准和安全措施要求日益提高，因此核电站单位千瓦的造价比燃煤火电站约贵数倍，但单位发电量所需的燃料费用则较低，因此核电站的单位发电成本有可能比火电站低一些或相差不多。

2. 抽水蓄能电站 (Pumped storage station)

抽水蓄能电站自 1882 年在欧洲问世以来，已有 100 多年的历史，但其迅速发展还是起自 20 世纪 50 年代后期。目前世界上最大的抽水蓄能电站为美国的巴斯康蒂抽水蓄能电站，装机 2100MW；水头最高的是瑞士的马吉亚蓄能电站，为 2117m；最大的混合式抽水蓄能电站是法国的大屋电站，总装机 1800MW（1MW＝1000kW），其中抽水蓄能 1200MW，常规 600MW。我国抽水蓄能站发展较迟，1968 年在河北岗南水电站上装设一台由日本进口的容量为 11MW 的可逆式机组，这是我国兴建的第一座混合式抽水蓄能电站。20 世纪 90 年代后我国抽水蓄能电站得到较快发展，到 2022 年年底，我国已建成抽水蓄能电站 48 座，总装机容量 4579 万 MW，在建 98 座，在建装机容量 1.2 亿 kW，建成后装机容量将达到 1.67 亿 kW。

电力系统在一昼夜内的负荷是很不均匀的，上、下午及晚上各有一个高峰，中午及午夜后各有一个低谷，如图 5-6（a）所示。在以火电为主的电力系统中，常常缺乏调峰容量；午夜后系统负荷大幅度下降，但由于火电站受最小技术出力的限制，不易压低其出力，迫使电力系统超周波运行，降低了供电质量。抽水蓄能电站就是利用系统午夜后多余的电能，从电站下水库抽水到上水库中蓄能。待到系统高峰负荷时，则与一般水电站一样发电，将上水库所蓄水量放入电站下水库中，每昼夜如此循环工作不已，如图 5-6 （b）所示。

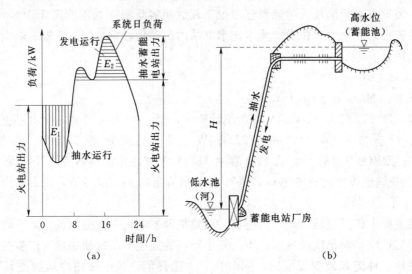

图 5-6　抽水蓄能水电站
(a) 在日负荷图上的工作状态；(b) 建筑物布置示意

当电站上水库较大时，则可将汛期一部分多余水量从河流中抽蓄到上水库中，等到枯水期水量不足时再补充来水供发电之用。

近代的抽水蓄能电站，一般均采用可逆式抽水蓄能机组。当电力系统负荷处于低谷状态时，机组按抽水工况运行；当负荷达到高峰时，机组按发电工况运行。抽水蓄能电站的综合效率为

$$\eta_{综} = \eta_{抽}\,\eta_{发}$$

(5-16)

式中　$\eta_{抽}$——按抽水工况运行时的综合效率；

$\eta_{发}$——按发电工况运行时的综合效率。

$\eta_{综}$一般为 0.70～0.75。对于纯抽水蓄能电站而言，在系统低谷负荷时如耗费 4kW·h 基荷电能，则在系统高峰负荷时可以获得 3kW·h 峰荷电能。在国外，峰荷电价比基荷电价贵 2～3 倍，所以当系统缺乏调峰机组时，一般认为修建抽水蓄能电站是很有利的。在国内，由于电价制度不合理，峰荷电价与基荷电价相同，又误认为系统供电量已很紧张，修建抽水蓄能电站要额外消耗电量，得不偿失。事实上，抽水蓄能电站消耗的是火电站高温高压机组的基荷电能，单位电能的煤耗率较低，大约 330g/(kW·h)，而抽水蓄能机组则可替代燃气轮机组或火电站的中温中压机组，后者单位电能煤耗较高，一般标准煤的耗费为 450g/(kW·h) 左右。从燃料平衡观点看，如计及抽水蓄能电站的填谷效益（即对火电机组运行特性的改善），用 4kW·h 基荷电能换来 3kW·h 峰荷电能还是有利的。

综上所述，抽水蓄能电站可以在电力系统中发挥如下作用。

(1) 吸收系统负荷低谷时的多余电能进行抽水蓄能，使高温高压火电站机组不必降低出力或部分机组临时停机，继续保持在高效率情况下运行，达到单位电能煤耗最小，年运行费最省。

(2) 与水电站常规机组一样，蓄能机组对电力系统负荷急剧变化的适应性甚好，因而

可以与常规机组共同承担系统尖峰负荷。

（3）与水电站常规机组一样，蓄能机组也适宜担任系统的负荷备用容量，调整系统周波，也可担任系统事故备用容量，使火电站不必常处于旋转备用状态，有利于节省煤耗。

（4）距离负荷中心较近的抽水蓄能电站，也可以多带无功负荷，对电力系统起调相作用。

（5）当水库具有综合利用任务时，发电常受其他任务的限制，例如冬季农田不需灌溉，可能要求水电站暂停发电；但装设抽水蓄能机组后，每日系统高峰负荷时仍可发电泄水，夜间低谷负荷时，再从下游抽水到上库中来，灌溉水量并不受损失。

在上述各种作用中，以抽水蓄能电站对系统起调峰填谷的作用最为重要。

3. 燃气轮机电站（Gas turbine power plant）

它主要由压气机、燃烧室、燃气轮机和发电机等部分组成，用石油或天然气作为燃料，其运行过程为：将空气吸入压气机，经压缩后送进燃烧室，同时向燃烧室注入石油或天然气使其燃烧，然后把燃烧后的高温热气（达 1000℃）进入燃气轮机内膨胀做功，驱动发电机发电。燃气轮机组及其设备占地小，基建工期短，不需大量冷却水，单位千瓦投资较低，缺点是耗油量大，年运行费高，发电成本贵。

燃气轮机电站由起动至满负荷运行约需 5～8min，当系统内缺乏水电容量时，可以把燃气轮机组当作电力系统的短时间调峰容量以及系统的事故备用容量。

综上所述，近代大型电力系统一般由各种电站所组成。水电站投资较大，但年运行费较小，机组启闭灵便，适宜于担任系统的调峰、调频、调相和事故备用等任务。火电站本身投资较小。但年运行费用较大，且要消耗大量燃料，机组有最小技术出力等限制，为了取得最高热效率，火电站（尤其是高温高压机组）应担任系统的基荷。当系统内缺乏调峰容量时，可考虑建设燃气轮机电站，以便担任系统的尖峰负荷和事故备用容量。燃气轮发电机组单位千瓦投资较小，但因燃用石油，故单位发电成本较高。在能源缺乏地区，修建水电站困难，修建火电站又需远距离运输燃料，在此情况下可考虑修建核电站，它的单位千瓦投资比火电站的大，但运行费用小一些。核电站适宜于担任系统的基荷，出力尽可能平稳不变。当系统内有较多的高温高压火电站与核电站而水电站较少时，则应考虑修建抽水蓄能电站，可对系统起调峰填谷等作用。总之，各种电站的构成，与地区能源条件密切有关，要求在充分满足系统负荷要求的情况下，达到供电安全、可靠、经济等目的。

第四节　水电站在电力系统中的运行方式

目前我国各电力系统中的发电站，主要是火电站与水电站。因此，本节着重讲述在水、火电站混合电力系统中，为了使系统供电可靠、经济，水电站所应采用的运行方式。水电站因其水库的调节性能不同，以及年内天然来水流量的不断变化，年内不同时期的运行方式也必须不断调整，使水能资源能够得到充分利用。现对无调节、日调节、年调节及多年调节水电站在年内不同时期的运行方式阐述如下。

一、无调节水电站的运行方式

我国长江上的葛洲坝水电站，由于保证下游航运要求，水库一般不进行调节，故属无调节水电站。黄河上的天桥水电站，长江上游支流岷江上的映秀湾水电站，由于缺乏调节库容，亦属无调节水电站。

（一）无调节水电站的一般工作特性

无调节水电站的运行特征是：任何时刻的出力主要决定于河中天然流量的大小。在枯水期，天然流量一日内无甚变化，在全部枯水期内，变化也不大。因此，无调节水电站在枯水期应担任系统日负荷图的基荷。

在丰水期，河中流量急增，无调节水电站仍只宜于担任系统的基荷。只有当天然流量所产生的出力大于系统的最小负荷 N' 时，水电站应担任系统的基荷和一部分腰荷，这时还会发生弃水，如图 5-7 所示。图中有竖阴影线的面积 1，表示由于弃水所损失的能量。

（二）无调节水电站在不同水文年的运行方式

无调节水电站的最大工作容量 $N''_{水工}$，一般是按设计保证率的日平均流量定出的。因此，在设计枯水年的枯水期，水电站以最大工作容量或大于最大工作容量的某个出力运行，和其他电站联合供电以满足系统最大负荷的要求。但在丰水期内无调节水电站即使以其全部装机容量运行，有时仍不免有弃水，如图 5-8 所示。

在丰水年，可能全年内的天然水流出力均大于无调节水电站的装机容量，因而水电站可能全年均需要用全部装机容量在负荷图的基荷部分运行（图 5-9）。即使这样运行，可能全年均有弃水。丰水期内弃水更多。

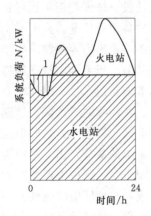

图 5-7 无调节水电站丰水期
在日负荷图上的工作位置

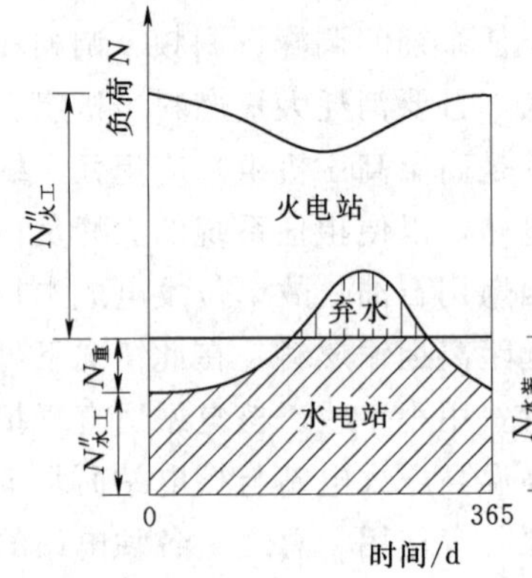

图 5-8 无调节水电站设计枯水年
在电力系统中的工作情况

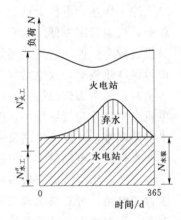

图 5-9 无调节水电站丰水年
在电力系统中的工作情况

二、日调节水电站的运行方式

我国黄河上的盐锅峡水电站、海河流域永定河上的下马岭水电站以及浙江省的富春江水电站，都属于日调节水电站。

（一）日调节水电站的一般工作特性

日调节水电站的工作特征是：除弃水期外，在任何一日内所能生产的电能量，与该日天然来水量（扣除其他水利部门用水）所能发出的电能量相等。为了使系统中的火电站能在日负荷图上的基荷部分工作，以降低单位电能的燃料消耗量，原则上在不发生弃水情况下，应尽量让水电站担任系统的峰荷，以充分发挥水轮发电机组能迅速灵活适应负荷变化的优点。水电站进行日调节，对电力系统所起的效益可归纳为以下三方面。

（1）日调节水电站在枯水期一般总是担任峰荷，让火电站担任基荷。这样，火电站在一日内可维持均匀的出力，使汽轮机组效率提高，从而节省煤耗，降低系统的运行费用。

（2）在一定的保证出力情况下，日调节水电站比无调节水电站的工作容量可更大一些，能更多地取代火电站的容量。由于水力发电机组比同容量的火力发电机组投资小，因而系统的总投资可减少。

（3）在每年丰水期，为了充分发挥日调节水电站装机容量的作用，就不再使其担任系统的峰荷，而是随着流量的增加，全部装机容量逐步由峰荷转到基荷运行。这样，可增加水电站的发电量，相应减少火电站的发电量与总煤耗，从而降低系统的运行费用。

虽然水电站进行日调节能够获得上述效益，但是大型水电站进行日调节担任峰荷时，在一昼夜内通过水轮机的流量变化是十分剧烈的，因而下游河道的水位和流速变化也是剧烈。当河道有频繁的航运时，这种急剧的水位和流速变化，可能使航运受到严重影响，甚至在某一段时间必须停航。此外，当水电站下游有灌溉或给水渠道进水口时，剧烈的水位变动会使渠道进水受到干扰和使引水流量的控制发生困难。因此，进行日调节时，应设法满足综合利用各部门的要求。解决上述矛盾的措施，或者对水电站的日调节进行适当的限制，或者在水电站下游修建反调节水库以减小流量、水位和流速的波动幅度。

（二）日调节水电站在不同季节的运行方式

上面已提到，日调节水电站的日发电量，完全取决于当日天然来水量的多少。由于一年内不同季节来水流量变化很大，因而日发电量变化亦大。在水电站装机容量已定的条件下，为了充分利用河水流量，避免弃水，日调节水电站在电力系统年负荷图上的工作位置，应随着来水的变动按以下情况加以调整。

（1）在设计枯水年，水电站在枯水期内的工作位置是以最大工作容量担任系统的峰荷，如图 5-10 中的 $t_0 \sim t_1$ 与 $t_4 \sim t_5$ 时期。当丰水期开始后，河中来水量逐渐增加，这时日调节水电站如仍担任峰荷，即使以全部装机容量投入工作，仍不免有弃水，因此其工作位置应逐渐下降到腰荷与基荷，如图 5-10 中 $t_1 \sim t_2$ 期间所示的位置。决定这个工作位置的方法，可用图 5-11 解释。

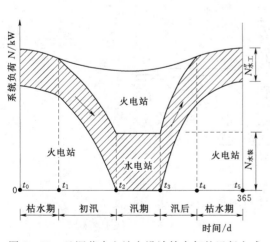

图 5-10　日调节水电站在设计枯水年的运行方式

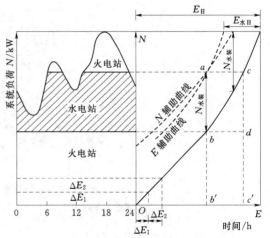

图 5-11　日调节水电站工作位置的确定

在电力系统日负荷图上做日电能累积曲线。再在该曲线的左边按该日来水量所能生产的日电能量 $E_{水日}$，作 E 辅助曲线，该线距日电能累积曲线的水平距离均等于 $E_{水日}$。另绘制 N 辅助曲线，它距日电能累积曲线的垂直距离均等于水电站的装机容量 $N_{水装}$。这两条辅助曲线相交于 a 点，再从 a 点作垂线交日电能累积曲线于 b 点，并由 a 点和 b 点合作水平线与日负荷图相交，即可定出水电站的工作位置，如图 5-11 中斜影线面积所示。从上述作图方法可以看出，在日负荷图上所标出的阴影线面积，即等于水电站根据该日来水量所能生产的电能量 $E_{水日}$。

随着来水流量的继续增加，水电站所能生产的日电能量也不断增加，因此图 5-11 中的 E 辅助线将向左平移，这就使水电站的工作位置下移。来水量越增大，日调节水电站在负荷图上的工作位置也越下移。在图 5-10 上 $t_2 \sim t_3$ 的汛期内，河中天然来水量最为丰沛，日调节水电站便应以全部装机容量在基荷运行，尽量减少弃水。t_3 以后，来水量逐渐减少，可按上述方法将水电站的工作位置逐渐上移，使其担任系统的腰荷与部分峰荷。在枯水期，从 t_4 起，来水量已减少到只允许水电站以其最大工作容量重新担任系统的峰荷。

（2）当丰水年来临时，河中来水量较多，即使在枯水期，日调节水电站也要担任负荷图中的峰荷与部分腰荷。在初汛后期，可能已有弃水，日调节水电站就应以全部装机容量担任基荷。在汛后的初期，可能来水仍较多，如继续有弃水，此时水电站仍应担任基荷，直至进入枯水期后，日调节水电站的工作位置便可恢复到腰荷，并逐渐上升至峰荷位置。

三、年调节水电站的运行方式

我国年调节水电站很多，例如汉江上的丹江口水电站，东江上的枫树坝水电站以及古田溪一级水电站等。

（一）年调节水电站的一般工作特性

不完全年调节水电站是经常遇到的。它在一年内按来水情况一般可划分为供水期、蓄水期、弃水期和不蓄不供（也称按天然流量工作期）四个阶段，如图 5-12 所示。

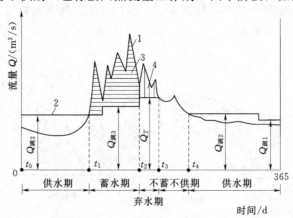

图 5-12　年调节水库各时期的工作情况

1—天然流量过程线；2—调节流量过程线；3—蓄水量；4—弃水量

（二）设计枯水年的运行方式

（1）供水期河中天然流量往往小于水电站为发出保证出力所需的调节流量或综合利

用其他用水部门所需要的调节流量。对于综合利用水库，水库供水期内调节流量并非常数，有时大些，有时小些。例如某水库在冬季的主要用水部门是发电，所需要的调节流量为图 5-12 中的 $Q_{调1}$。入春后天气转暖，灌溉及航运需水增大，便要求较大的调节流量 $Q_{调2}$。在以灌溉为主的综合利用水库中，发电需要服从灌溉用水的要求，因此入春后发电量也随着增加。在水库供水期内，水电站在系统负荷图上的工作位置，视综合利用各部门用水的大小，有时担任峰荷，有时担任部分峰荷、部分腰荷，有时则担任腰荷。图 5-13 所示是供水期水电站发电用水不受其他用水部门的限制，全部担任负荷图上峰荷的情况。

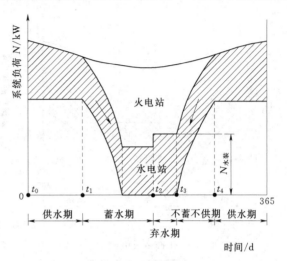

图 5-13 年调节水电站设计枯水年在年负荷图上的工作位置

（2）蓄水期从 t_1 起丰水期开始，河水流量增大，但在该时期内综合利用各部门需水量并不随着增加，有时反而减小些。例如，汛期开始后降雨量较多，灌溉用水量减小了，那时可能正值春末夏初，系统负荷一般也许会降低些。但是为了避免以后可能发生较大的弃水量，故在蓄水期应在保证水库蓄满的条件下尽量充分利用丰水期水量。在蓄水期开始时，水电站即可担任峰、腰负荷。当水库蓄水至相当程度，如天然来水量仍然增加，则水电站可以加大引用流量至图 5-12 中所示的 $Q_{调3}$，工作位置亦可由腰荷移至基荷，以增加水电站发电量，而使火电站燃料消耗量减少。在此期内，应把超过调节流量 $Q_{调3}$ 的多余流量全部蓄入水库，至 t_2 水库全部蓄满。

（3）弃水期在大部分地区是夏、秋汛期，此时水库虽已蓄满，但河中天然来水量仍可能超过综合利用各部门所需的流量。由于不完全年调节水库的容积较小，故弃水现象无法避免。但为了减少弃水量，此时水电站应将全部装机容量 $N_{水装}$ 在系统负荷图的基荷运行，即水电站的引用流量等于水电站最大过水能力 Q_T。在图 5-12 中，只有当天然流量超过 Q_T 的部分才被弃掉。t_3 是天然流量值等于 Q_T 的时刻，至此弃水期即告结束。

（4）不蓄不供期、丰水期过后，河中天然流量开始减少，虽然流量小于 Q_T，但仍大于水电站为发出保证出力所需的调节流量 $Q_{调3}$ 或综合利用其他部门的需水流量 $Q_{调2}$。由于此时水库已蓄满，为了充分利用水能，河中天然流量来多少，水电站就引用多少流量发电，既不蓄水也不供水，所以这个时期称为不蓄不供期。这时水电站在电力系统中的工作位置，随着河中天然流量的逐渐减少，应使其由系统负荷图的基荷位置逐渐上升，直至峰荷位置为止。

（三）丰水年的运行方式

丰水年由于水量较多，在水库供水期内，年调节水电站可担任系统负荷图的部分基荷和腰荷，以增加发电量，并避免在供水期末因用不完水库蓄水量而使汛期内弃水加多。但应注意，在供水期前期，也不能过分使用水库存水，要考虑到如果后期来水较少，所存水量仍能保证水电站及综合利用各部门正常工作的需要。供水期运行方式如图 5-14 所示。

丰水期开始后，水库进入蓄水期，由于丰水年的来水量较大，一般水库蓄水期较短。在此期内，水电站可尽早将其运行位置移至基荷部分。在弃水期，水电站则应以全部装机容量在基荷位置工作。

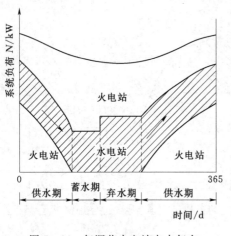

图 5-14　年调节水电站丰水年在年负荷图上的工作位置

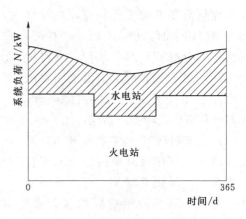

图 5-15　多年调节水电站一般年份在电力系统中的运行方式

四、多年调节水电站的运行方式

我国多年调节水电站很多，例如浙江的新安江水电站、广东的新丰江水电站、四川的狮子滩水电站等。

多年调节水库一般总是同时进行年调节和日调节，因此其径流调节程度和水量利用率都比年调节水库的大。在确定多年调节水电站的运行方式时，要充分考虑这个特点。

多年调节水库在一般年份内只有供水期与蓄水期，水库水位在正常蓄水位与死水位之间变化。只有遇到连续丰水年的情况下，水库才会蓄满，并可能发生弃水。当出现连续枯水年时，水库的多年库容才会全部放空，发挥其应有的作用。

因此，具有多年调节水库的水电站，应经常按图 5-15 所示的情况工作。为了使火电站机组能够轮流在丰水期或在电力系统负荷较低的时期内进行计划检修，在这时期内水电站需适当增加出力以减小火电站出力。

由于多年调节水库的相对库容大，水电站运行方式受一年内来水变化的影响较小。所以在一般来水年份，多年调节水电站在电力系统负荷图上将全年担任峰荷（或峰荷、腰荷），而让火电站经常担任腰荷、基荷。

思 考 题 与 习 题

1. 水能计算的主要任务是什么？
2. 大中小型水电站公式的出力系数为何不等？主要原因是什么？
3. 水能计算有哪些方法？
4. 按等流量调节方式和定出力调节方式是水能计算的基本方法，其实质有何差异？

计算结果有何不同？

5. 试述年调节水电站按等流量调节方式进行水能列表计算的方法步骤。

6. 试述年调节水电站按定出力调节方式进行水能列表计算的方法步骤。

7. 什么叫水电站保证出力？其意义是什么？

8. 无调节、日调节水电站保证出力如何计算？

9. 年调节和多年调节水电站保证出力如何计算？

10. 保证出力与设计保证率之间有什么关系？如果设计水电站时，要提高其设计保证率，则保证出力有何变化？

11. 什么叫水电站的多年平均发电量？有哪些计算多年平均发电量的方法？各有什么优缺点？

12. 如何用丰、中、枯三个代表年法计算年调节水电站多年平均发电量？

13. 电力系统中有哪些主要用户？其用电特性如何？

14. 什么叫电力系统的日负荷图？用什么特征值能反映它的变化特性？

15. 日电能累积曲线如何绘制？它有什么用途？

16. 什么叫电力系统的年最大负荷图？它与日负荷图有何关系？

17. 什么叫电力系统的年平均负荷图？它与日负荷图有何关系？

18. 年负荷图有哪些指数？各代表什么含义？

19. 什么是设计水平年？为何水电站设计中要使用冬季和夏季的设计水平年电力系统典型日负荷图？

20. 什么是静态年负荷图？什么是动态年负荷图？

21. 电力系统的总装机容量由哪几部分组成？电力系统的总装机容量与电力系统的最大负荷有何关系？

22. 在设计阶段，系统总装机容量与运行阶段总装机容量的组成有何差异？为什么？

23. 什么是最大工作容量、备用容量、重复容量、受阻容量、工作容量、空闲容量、可用容量？它们是如何确定的？

24. 水电站装机容量的组成与火电站装机容量的组成有何不同？相互之间有何关系？

25. 无调节水电站、日调节水电站、年调节水电站，为什么要设置重复容量？重复容量能替代火电站的装机容量吗？它有何作用？

26. 水、火电站的主要技术特性有哪些？一般情况下水、火电站宜在负荷图中担负哪部分负荷？为什么？

27. 抽水蓄能电站有哪些工作特性？为什么要修建抽水蓄能电站？从经济上讲是否有利？在电力系统中能发挥哪些主要作用？

28. 核电站的工作特点如何？从经济性、可靠性方面看有何特点？

29. 燃气轮机电站的工作特点如何？从经济性、可靠性方面看有何特点？

30. 无调节水电站的工作特性如何？不同水文年的运行方式怎样？

31. 日调节水电站的工作特性如何？不同水文年的运行方式怎样？与无调节水电站比较有何特点？

32. 无调节、日调节水电站在电力系统中的工作位置如何确定？不同水文年有何差别？

33．年调节水电站的工作特性如何（包括不完全调节和完全年调节），不同水文年的运行方式怎样？

34．年调节与多年调节水电站在运行中有何差异？

35．水能计算。资料同第三章思考题与习题25。设水电站水库正常蓄水位为105.0m。

（1）分别用等流量列表计算法和简化方法求水电站保证出力。

（2）采用等出力调节计算方法求保证出力，并与等流量调节计算结果进行比较。

（3）用三个代表年法初步估算水电站的多年平均年发电量。

36．水电站工作位置的确定。某日调节水电站所属电力系统某典型日负荷资料见表5-12。

表 5-12　　　　　某日调节水电站所属电力系统某典型日负荷资料

t/h	1	2	3	4	5	6	7	8	9	10	11	12
负荷 $N/$万 kW	35	34	33	32	33	35	37	39	43	42	40	38
t/h	13	14	15	16	17	18	19	20	21	22	23	24
负荷 $N/$万 kW	37	40	41	42	43	44	47	45.5	44	43	38	36

（1）绘制电力系统典型日负荷曲线及其日电能累积曲线。

（2）计算电力系统日最小负荷率、日平均负荷率和基荷指数。

（3）设水电站日电能 $E_{水日}=40$ 万 kW·h，其装机容量 $N_{水装}=6$ 万 kW，试用双辅助曲线法确定该水电站在负荷图上的工作位置。

37．已知某水电站水库设计枯水年净入库流量过程见表5-13，水电站下游水位流量关系见表5-14。坝址处多年平均流量为250m³/s。

表 5-13　　　　　某水电站水库设计枯水年净入库流量过程

月份	3	4	5	6	7	8	9	10	11	12	1	2
流量/(m³/s)	320	420	390	330	260	280	80	150	70	60	55	45

表 5-14　　　　　　　水电站下游水位流量关系

水位/m	93.5	94.0	94.5	95.0	95.5	96.0
流量/(m³/s)	35.0	52.0	76.0	109.0	147.0	262.0

（1）在年调节范围内，水库供水期可能获得的最大调节流量是多少？相应的 $V_兴$ 多大？

（2）若水库兴利库容为 $V_兴=290(m³/s)·月$，则水库供水期从几月到几月？调节流量 $Q_调$ 是多少？调节系数多大？若蓄水期也按等流量调节，蓄水期是哪几个月？其调节流量 $Q_调'$ 是多少？

（3）若要求供水期调节流量 $Q_调=150m³/s$，问所需兴利库容 $V_兴$ 为多大？又若（$V_死+V_兴/2$）对应的水库水位为160m，试求该水电站的保证出力（$A=8.3$）。

第六章 水电站及水库的主要参数选择

水电站是水能资源开发利用的主要工程措施，确定其工程规模以及相应的特征水位是水能规划设计的一项主要任务。这些参数的大小不仅决定着水能资源利用的程度，而且决定了工程的投资。本章将介绍如何结合电力系统的特点与要求以及水电站的工作特点和运行方式，综合比较，分析确定水电站及水库的主要参数。

第一节 水电站装机容量选择

一、概述

水电站装机容量（installed capacity of hydropower station）的选择，直接关系水电站的规模、资金的利用与水能资源的合理开发等问题。装机容量如选得过大，资金受到积压；如选得过小，水能资源就不能得到充分合理的利用。因此，装机容量的选择是一个重要的动能经济问题。本节重点介绍电力电能平衡法选择装机容量的原理与方法，在此基础上简要介绍以供水、灌溉为主的综合利用水库的水电站装机容量选择应注意的问题和装机容量选择的简化法。

在兴建水电站的各设计阶段，都需要进行装机容量选择，但要求深度各不相同。规划阶段，应着重研究影响装机容量大小的因素并作出初步的估算；初步设计阶段，基本选定装机容量，并作出全面的分析和论证；技术设计阶段，主要是根据基本依据的变化情况及水轮机制造厂提供的最终机组数据，对初步设计选定的装机容量进行核定。

在初步设计阶段，进行正常蓄水位和死水位选择时，应对装机容量进行初选，在正常蓄水位和死水位确定之后，则对装机容量进行详细的选择。在水轮机组选定后，尚需根据选定的机组单机容量，对选定的装机容量作修正。根据工程的具体情况及对水轮机组的研究深度和落实情况，有时也可将装机容量与水轮机组同时进行选择。

如第五章所述，水电站装机容量是由最大工作容量、备用容量和重复容量所组成的。电力系统中所有电站的装机容量的总和，必须大于系统的最大负荷。所谓水电站最大工作容量，是指设计水平年电力系统负荷最高（一般出现在冬季枯水季节）时水电站能担负的最大发电容量。

在确定水电站的最大工作容量时，须进行电力系统的电力（出力）平衡和电量（发电量）平衡。我国大多数电力系统是由水电站与火电站所组成，所谓系统电力平衡，就是电站（包括水电站和火电站）的出力（工作容量）须随时满足系统的负荷要求。显然，水、火电站的最大工作容量之和，必须等于电力系统的最大负荷，两者必须保持平衡。这是满足电力系统正常工作的第一个基本要求，即

$$N''_{水工} + N''_{火工} = P''_{系} \tag{6-1}$$

127

式中　$N''_{水工}$、$N''_{火工}$——系统内所有水、火电站的最大工作容量，kW；

　　　$P''_{系}$——系统设计水平年的最大负荷，kW。

对于设计水平年而言，系统中水电站包括拟建的规划中的水电站与已建成的水电站两大部分。因此，规划拟建水电站的最大工作容量 $N''_{水工,拟建}$ 等于水电站群的总最大工作容量 $N''_{水工}$ 减去已建成的水电站的最大工作容量 $N''_{水工,已建}$，即

$$N''_{水工,拟建}＝N''_{水工}－N''_{水工,已建} \tag{6-2}$$

此外，未来的设计水平年可能遇到的是丰水年，但也可能是中（平）水年或枯水年。为了保证电力系统的正常工作，一般选择符合设计保证率要求的设计枯水年的来水过程，作为电力系统进行电量平衡的基础。根据系统电量平衡的要求，在任何时段内系统所要求保证的供电量 $E_{系保}$ 应等于水、火电站所能提供的保证电能之和，即

$$E_{系保}＝E_{水保}＋E_{火保} \tag{6-3}$$

式中　$E_{水保}$——该时段水电站能保证的出力与相应时段小时数的乘积；

　　　$E_{火保}$——火电站有燃料保证的工作容量与相应时段小时数的乘积。

系统的电量平衡，是满足电力系统正常工作的第二个基本要求。

当水电站水库的正常蓄水位与死水位方案拟订后，水电站的保证出力或在某一时段内能保证的电能量便被确定为某一固定值。但在规划设计时，如果不断改变水电站在电力系统日负荷图上的工作位置，相应水电站的最大工作容量却是不同的。如果让水电站担任电力系统的基荷，则其最大工作容量即等于其保证出力，即 $N''_{水工}＝N_{水保}$，在一昼夜 24h 内保持不变；如果让水电站担任电力系统的腰荷，设每昼夜工作 $t＝10h$，则水电站的最大工作容量大致为 $N''_{水工}＝N_{水保}×24/t＝2.4N_{水保}$；如果让水电站担任电力系统的峰荷，每昼夜仅在电力系统尖峰负荷时工作 $t＝4h$，则水电站的最大工作容量大致为 $N''_{水工}＝N_{水保}×24/t＝6N_{水保}$。由于水电站担任峰荷或腰荷，其出力大小是变化的，故上述所求出的最大工作容量是近似值。由式（6-1）可知，当设计水平年电力系统的最大负荷 $P''_{系}$ 确定后，火电站的最大工作容量 $N''_{火工}＝P''_{系}－N''_{水工}$。换言之，增加水电站的最大工作容量 $N''_{水工}$，可以相应减少火电站的最大工作容量 $N''_{火工}$，两者是可以相互替代的。根据我国目前电源结构，常把火电站称为水电站的替代电站。从水电站投资结构分析，坝式水电站土建部分的投资约占电站总投资的 2/3，机电设备的投资仅占 1/3，甚至更少一些。当水电站水库的正常蓄水位及死水位方案拟订后，大坝及其有关的水工建筑物的投资基本上不变，改变水电站在系统负荷图上的工作位置，使其尽量担任系统的峰荷，可以增加水电站的最大工作容量而并不增加坝高及其基建投资，只需适当增加水电站引水系统、发电厂房及其机电设备的投资；而火电站及其附属设备的投资，基本上与相应减少的装机容量成正比例地降低，因此所增加的水电站单位千瓦的投资，总是比替代火电站的单位千瓦的投资小很多。因此确定拟建水电站的最大工作容量时，尽可能使其担任电力系统的峰荷，可相应减少火电站的工作容量，这样可以节省系统对水电站、火电站装机容量的总投资。此外，水电站所增加的容量，在汛期和丰水年可以利用水库的弃水量增发季节性电能，从而节省系统内火电站的煤耗量，从动能和经济观点看，都是十分合理的。

有调节水库的水电站，在设计枯水期已如第五章第四节所述应担任系统的峰荷，但在

汛期或丰水年，如果水库中来水较多且有弃水发生时，此时水电站应担任系统的基荷，尽量减少水库的无益弃水量。根据电力系统的容量组成，尚需在有条件的水、火电站上设置负荷备用容量、事故备用容量、检修备用容量以及重复容量等，保证电力系统安全、经济地运行，为此须确定所有水、火电站各时段在电力系统年负荷图上的工作容量、各种备用容量和重复容量，并检查有无空闲容量和受阻容量，这就是系统的容量平衡。此为满足电力系统正常工作的第三个基本要求。

系统中的各种电站，必须共同满足电力系统在设计水平年对容量和电量的要求。因此水电站装机容量的选择，与系统中火电站和其他电站装机容量的确定有着十分密切的关系。归纳起来，水电站装机容量选择步骤如下：

（1）收集基本资料，其中包括水库径流调节和水能计算成果，电力系统供电范围及其设计水平年的负荷资料，系统中已建与拟建的水、火电站资料及其动能经济指标，水工建筑物及机电设备等资料；

（2）确定水电站的最大工作容量 $N''_{水工}$；

（3）确定水电站的备用容量 $N_{水备}$，其中包括负荷备用容量 $N_{负}$、事故备用容量 $N_{事}$、检修备用容量 $N_{检}$；

（4）确定水电站的重复容量 $N_{重}$；

（5）进行电力电能平衡确定水电站装机容量。

下面分述如何确定水电站的最大工作容量、备用容量、重复容量以及进行电力电能平衡确定水电站的装机容量。

二、水电站最大工作容量的确定

水电站最大工作容量的确定，与设计水平年电力系统的负荷图、系统内已建成电站在负荷图上的工作位置以及拟建水电站的天然来水情况、水库调节性能、经济指标等有关。现按无调节、日调节、年调节和多年调节水电站分别进行介绍。

1. 无调节水电站最大工作容量的确定

无调节水电站的水库，几乎没有任何调节能力，水电站任何时刻的出力变化，只决定于河中天然流量的大小。因此，这种电站被称为径流式水电站，一般只能担任电力系统的基荷。根据上述系统可靠性和经济性的要求，无调节水电站由于没有径流调节能力，其最大工作容量 $N''_{水工}$ 即等于按历时设计保证率所求出的保证出力，即

$$N''_{水工} = N_{保无}(kW) \tag{6-4}$$

2. 日调节水电站最大工作容量的确定

日调节水电站具备日调节水库，可以调节日内径流的分配，使水电站出力适应日内负荷变化的要求。因此，在确定日调节水电站最大工作容量时，考虑可靠性和经济性原则，应以保证电能为控制条件，让水电站承担系统峰荷，使水电站最大工作容量尽可能大。为此，须先按第五章第一节介绍的方法求出日调节水电站的保证出力 $N_{保日}$，并据此求得水电站的日保证电能 $E_{保日}$：

$$E_{保日} = 24N_{保日}(kW \cdot h) \tag{6-5}$$

确定日调节水电站的最大工作容量时，可根据电力系统设计水平年冬季典型日最大负荷图，绘出其日电能累积曲线，然后按下述图解法确定水电站最大工作容量。如果水电站

应担任日负荷图上的峰荷部分，则在图 6-1 的日电能累积曲线上的 a 点向左量取 ab，使其值等于 $E_{保日}$，再由 b 点向下作垂线交日电能累积曲线于 c 点，bc 所代表的值即为日调节水电站的最大工作容量 $N''_{水工}$，由 c 点作水平线与日负荷图相交，即可求出日调节水电站在系统中所担任的峰荷位置。如图 6-1 阴影部分所示。

如果水电站下游河道有航运要求或有供水任务，则水电站必须有一部分工作容量担任系统的基荷，保证在一昼夜内下游河道具有一定的航运水深或供水流量。在此情况下，日调节水电站的最大工作容量的求法如图 6-2 所示。

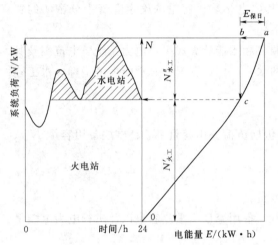

图 6-1 日调节水电站最大工作容量的确定　　图 6-2 具有综合利用要求时日调节水电站
最大工作容量的确定

设下游航运或供水要求水电站在一昼夜内泄出均匀流量 $Q_{基}$（m^3/s），则水电站必须担任的基荷工作容量为

$$N_{基}=9.81\eta Q_{基}\overline{H}_{设}（kW）\tag{6-6}$$

这时水电站可在峰荷部分工作的日平均出力为 $\overline{N}_{峰}=N_{保日}-N_{基}$，则参加峰荷工作的日电能为 $E_{峰}=24\overline{N}_{峰}$，相应峰荷工作容量 $N_{峰}$ 可采用前述相同方法求得（图 6-2）。此时水电站的最大工作容量 $N''_{水工}$ 由基荷工作容量与峰荷工作容量两部分组成，即

$$N''_{水工}=N_{基}+N_{峰}（kW）\tag{6-7}$$

如果系统的尖峰负荷已由建成的某水电站担任，则拟建的日调节水电站只能担任系统的腰荷。这时可采用上述相似方法在图 6-2 上求出日调节水电站在系统中所担任的腰荷位置。

3. 年调节水电站最大工作容量的确定

年调节水电站水库的调节性能较强，它可以将丰水季的一部分水量蓄存起来，用以提高枯水季的供水量和电站发电量，并可对水电站供水期的电能进行合理分配，使水电站的出力过程与水、火电站负荷划分的方式相适应。因此，在确定年调节水电站最大工作容量时，考虑可靠性和经济性原则，应以其保证电能为控制条件，让水电站在整个供水期承担系统峰荷，使水电站最大工作容量尽可能大。为此，须先按第五章第一节介绍的方法，计算年调节水电站的保证出力，并据此求得其所对应的水电站在设计枯水年供水期所能提供的保证电能 $E_{保供}$：

$$E_{保供} = N_{保年}\,T_{供}(\text{kW} \cdot \text{h}) \tag{6-8}$$

式中　$T_{供}$——设计枯水年供水期的小时数。

与日调节水电站相似，年调节水电站的最大工作容量 $N''_{水工}$ 主要取决于设计供水期内的保证电能 $E_{保供}$。现将用电力电能平衡法确定水电站最大工作容量的步骤分述于下。

（1）在水库供水期内，应尽量使拟建水电站担任系统的峰荷或腰荷，如上所述，水电站最大工作容量的增加，可减少设计水平年火电站的工作容量，从而节省系统对电站的总投资。为了推求水电站最大工作容量 $N''_{水工}$ 与其供水期保证电能 $E_{保供}$ 之间的关系，可假设若干个水电站最大工作容量方案（至少三个方案），如图 6-3 中的①、②、③，并将其工作位置相应绘在各月的典型日负荷图上，如图 6-4 所示的 12 月份的典型日负荷图。由图6-4 中日电能累积曲线上可定出相应于水电站三个最大工作容量方案 $N''_{水工,1}$、$N''_{水工,2}$、$N''_{水工,3}$ 的日电能量 E_1、E_2、E_3。各个方案的其他月份水电站的峰荷工作容量也均可从图 6-3 上分别定出，从而求出各方案其他月份相应的日电能量。

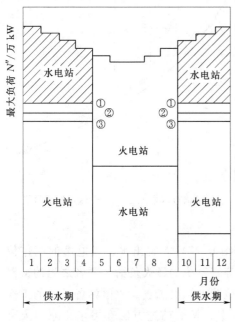

图 6-3　年调节水电站最大
工作容量的拟订方案

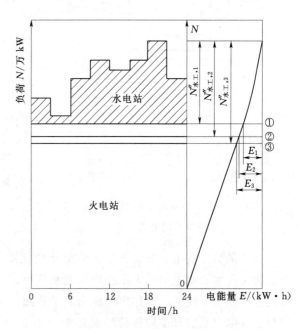

图 6-4　根据最大工作容量
方案求日电能（12 月）

（2）对每个方案供水期各个月份典型负荷日水电站的日电能量 E_i 除以 $h = 24\text{h}$，即得各个月份典型负荷日水电站的日平均出力，乘以月负荷率 σ 就是第①方案供水期各月水电站的平均出力 $\overline{N_i}$ 值，可在设计水平年电力系统月平均负荷年变化图上示出，如图 6-5 所示。图 6-5 上的斜影线部分，其总面积代表第①方案所要求的供水期保证电能 $E_{保供,1}$，即

$$E_{保供,1} = 730 \sum_i \overline{N}_{1,i} \quad (i = 1月、2月、3月、4月、10月、11月、12月) \quad (6-9)$$

式中　$\overline{N}_{1,i}$——第①方案第 i 月份的平均出力；

　　　730——月平均小时数。

同理可求出第②、第③等方案所要求的供水期保证电能 $E_{保供,2}$、$E_{保供,3}$ 等。

（3）作出水电站各个最大工作容量 $N''_{水工}$ 方案与其相应的供水期保证电能 $E_{保供}$ 的关系曲线，如图 6-6 中①、②、③三点所连成的曲线。然后根据式（6-8）所定出的水电站设计枯水年供水期内的保证电能 $E_{保供}$，即可从图 6-6 上的关系曲线求出年调节水电站的最大工作容量 $N''_{水工}$。

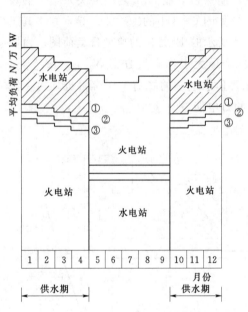

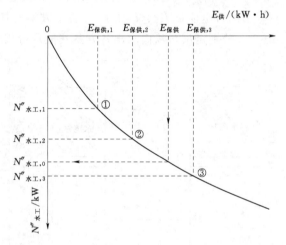

图 6-5　年调节水电站各 $N''_{水工}$ 方案 　　　图 6-6　年调节水电站 $N''_{水工}$ 与 $E_{保供}$ 关系曲线
　　　的供水期电能

（4）最后，在电力系统日最大负荷年变化图（图 6-7）上定出水、火电站的工作位置，为了使水、火电站最大工作容量之和最小，且等于系统的最大负荷，两者之间的交界线应是一根水平线。由此作出系统出力平衡图，在该图上示出了水、火电站各月份的工作容量。在电力系统日平均负荷年变化图（图 6-8）上，按照前述方法亦可求出水、火电站的工作位置，图上示出了水、火电站各月份的供电量，由于水电站最大工作容量（出力）$N''_{水工}$ 与供电量之间并非线性关系，所以该图上水、火电站之间的分界线并非一根直线。图 6-8 一般称为系统电能平衡图，其中竖影线部分称为年调节水电站在供水期的保证出力图。

至于供水期以外的其他月份，尤其在汛期弃水期间，水电站应尽量担任系统的基荷，以求多发电量减少无益弃水。此时火电站除一部分机组进行计划检修外，应尽量担任系统的峰荷或腰荷，满足电力系统的出力平衡和电能平衡，如图 6-7 和图 6-8 所示。

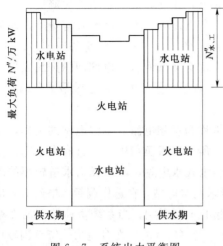

图 6-7　系统出力平衡图　　　　　　图 6-8　系统电能平衡图

4. 多年调节水电站最大工作容量的确定

确定多年调节水电站最大工作容量的原则和方法，基本上与年调节水电站的情况相同。不同之处为：年调节水电站只计算枯水年供水期的平均出力（保证出力）及其保证电能，在此期内它担任峰荷以求出所需的最大工作容量；多年调节水电站则需计算设计枯水系列的平均出力（保证出力）及其年保证电能，然后按水电站在枯水年全年担任峰荷的要求，将年保证电能在全年内加以合理分配，使设计水平年系统内拟建水电站的最大工作容量 $N''_{水工}$ 尽可能大，而火电站工作容量尽可能小，尽量节省系统对电站的总投资。按此原则参考上述方法不难确定多年调节水电站的最大工作容量。

当缺乏设计水平年或远景负荷资料时，则不能采用系统电力电能平衡法确定水电站的最大工作容量。这时只能用经验公式或其他简化法进行估算。

三、电力系统各种备用容量的确定

为了使电力系统正常地进行工作，并保证其供电具有足够的可靠性，系统中各电站除最大工作容量外，尚须具有一定的备用容量，现分述于下。

1. 负荷备用容量

在实际运行状态下，电力系统的日负荷是经常处在不断的变动之中，如图 6-9 所示，并不是如图 6-4 所示的按小时平均负荷值所绘制成的呈阶梯状变化，后者只是为了节省计算工作量而采用的一种简化方法。电力系统日负荷一般有两个高峰和两个低谷，无论日负荷在上升或下降阶段，都有锯齿状的负荷波动，这是由于系

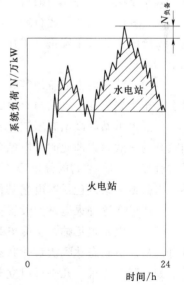

图 6-9　系统日负荷变化示意图

统中总有一些用电户的负荷变化是十分猛烈而急促的，例如冶金厂的巨型轧钢机在轧钢时或电气化铁路列车启动时都随时有可能出现突荷，这种不能预测的突荷可能在一昼夜的任

何时刻出现，也有可能恰好出现在负荷的尖峰时刻，使此时最大负荷的尖峰更高，因此电力系统必须随时准备一部分备用容量，当这种突荷出现时，不致因系统容量不足而使周波降低到规定值以下，从而影响供电的质量。这部分备用容量称为负荷备用容量 $N_{负备}$。周波是电能质量的重要指标之一，它偏离正常规定值会降低许多用电部门的产品质量。根据水利动能设计规范的规定，调整周波所需要的负荷备用容量，可采用系统最大负荷的 $2\%\sim$ 5%，大型电力系统可采用较小值。

担任电力系统负荷备用容量的电站，通常被称为调频电站。调频电站的选择，应以能保证电力系统周波稳定、运行性能经济为原则，所以靠近负荷中心、具有大水库、大机组的坝后式水电站，应优先选作调频电站。对于引水式水电站，应选择引水道较短的电站作为调频电站。对于电站下游有通航等综合利用要求的水电站，在选作调频水电站时，应考虑由于下游流量和水位发生剧烈变化对航运等引起的不利影响。当系统负荷波动的变幅不大时，可由某一电站担任调频任务，而当负荷波动的变幅较大时，尤其电力系统范围较广、输电距离较远时，应由分布在不同地区的若干电站分别担任该地区的调频任务。当系统内缺乏水电站担任调频任务时，也可由火电站担任，只是由于火电机组技术特性的限制，担任系统的调频任务往往比较困难，且单位电能的煤耗率增加，因而通常是不经济的。

2. 事故备用容量

系统中任何一座电站的机组都有可能发生事故，如果由于事故停机导致系统内缺乏足够的工作容量，常会使国民经济遭受损失。因此，在电力系统中尚需另装设一部分容量作为备用容量，当有机组发生事故时它们能够立刻投入系统替代事故机组工作，这种备用容量常称为事故备用容量。事故备用容量的大小，与机组容量、机组台数及其事故率有关。由于大型系统内各种规格的机组情况十分复杂，机组发生事故对国民经济的影响亦难以估计正确，一般根据实际运行经验确定系统所需的事故备用容量。根据水利动能设计规范，电力系统的事故备用容量可采用系统最大负荷的 10% 左右，且不得小于系统中最大一台机组的容量。

电力系统中的事故备用容量，应分布在各座主要电站上，尽可能安排在正在运转的机组上。至于如何在水电站与火电站之间合理分配，可作下列技术经济分析。

(1) 火电站的高温高压汽轮机组，当其出力为额定容量的 90% 左右时，一般可以得到较高的热效率。即此时火电站单位发电量的煤耗率较低，在此情况下，这类火电站在运行时就带有 10% 左右的额定容量可作为事故备用容量，由于其机组正处在运转状态，当系统内其他电站（包括本电站其他机组）发生事故停机时，这种热备用容量可以立即投入工作，所以在这种火电站上设置一部分事故备用容量是可行的、合理的。

(2) 水电站包括抽水蓄能电站在内，机组启动十分灵活，在几分钟内甚至数十秒钟内就可以从停机状态达到满负荷状态，至于正在运转的水电站机组，当其出力小于额定容量时，如有紧急需求，几乎可以立刻到达满负荷状态，因此在水电站上设置事故备用容量也是十分理想的。与其他电站比较，水电站在电力系统中最适合于担任系统的调峰、调频和事故备用等任务。

但是，考虑到事故备用容量的使用时间较长，因此须为水电站准备一定数量的事故备用库容 $V_{事备}$，事故备用库容 $V_{事备}$ 约为事故备用容量 $N_{事备}$ 担任基荷连续工作 $10\sim15\mathrm{d}$（T

＝240～360h）的用水量，即

$$V_{事备} = \frac{TN_{事备}}{0.00272\, \eta H_{\min}} \qquad (6-10)$$

式中　T——事故备用容量担任基荷连续工作时间，h；

　　　$H_{\min}$——水电站发电最小水头，m。

当算出的 $V_{事备}$ 大于该水库调节库容的 5% 时，则应专门留出事故备用库容。

（3）火电站也可以担任所谓冷备用的事故备用容量，即当电力系统中有机组突然发生事故时，先让某蓄水式水电站紧急启动机组临时供电，同时要求火电站的冷备用机组立即升火，准备投入系统工作。等到火电站冷备用容量投入系统供电后，再让上述紧急投入的水电站机组停止运行，此时水电站额外所消耗的水量，可由以后火电站增加发电量来补偿，以便水电站蓄回这部分多消耗的水量。采取这种措施，可以不在水电站上留有专门的事故备用库容，又可节省火电站因长期担任热备用容量而可能额外多消耗的燃料。

（4）系统事故备用容量如何在水、火电站之间进行分配，除考虑上述技术条件外，尚应使系统尽可能节省投资与年运行费。在一般情况下，在蓄水式（主要指季调节以上水库）水电站上多设置一些事故备用容量是有利的，因为它的补充千瓦投资比火电站的小，此外在丰水年尤其在汛期内，事故备用容量可以充分利用多余的水量增发季节性电能，以节省火电站的燃料费用。

综上所述，系统事故备用容量在水、火电站之间的分配，应根据各电站容量的比重、电站机组可利用的情况、系统负荷在各地区的分布等因素确定，简化处理一般可按水、火电站工作容量的比例分配。

$$N_{水事} = \frac{N''_{水工}}{N''_{水工}+N''_{火工}} N_{系事} \qquad (6-11)$$

对于调节性能良好和靠近负荷中心的大型水电站，可以多设置一些事故备用容量。

3. 检修备用容量

系统中的各种机组设备，都要进行有计划的检修。对短期检修，主要利用日负荷低落的时间内进行养护性检查和预防性小修理；对长期停机进行有计划的大修理，则须安排在系统年负荷比较低落的时期，以便进行系统的检查和更换、整修机组的大部件。图6-10表示系统日最大负荷年变化曲线，图中 $N''_{系}$ 水平线与负荷曲线之间的面积（用斜影线表示），表示在此时期内未被利用的空闲容量，可以用来安排机组进行大修，因而图6-10中的这部分面积称为检修面积 $F_{检}$。在规划设计阶段，编制系统电力、电能平衡和容量平衡时，常按每台机组检修所需要的平均时间进行安排。NB/T 35061—2015《水电工程动能设计规范》规定，常规水电站和

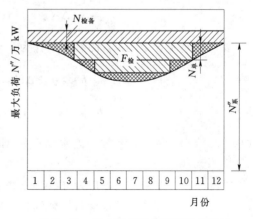

图6-10　电力系统检修面积示意图

抽水蓄能电站机组大修周期 2~3 年，每台机组检修时间 30d，但对多沙河流上的水电机组可适当增加；火电机组大修周期 1~1.5 年，检修时间为 45d。此外，每台机组每年还应根据实际情况安排 2~3 次小修，每次 3~5d。

图 6-10 上的检修面积 $F_{检}$ 应该足够大，使系统内所有机组在规定时间内都可以得到一次计划检修。如果检修面积不够大，则须另外设置检修备用容量 $N_{检备}$，如图 6-10 所示。系统检修备用容量的设置，应根据电站的实际情况通过技术经济论证确定，由于火电站有燃料保证，故一般将检修备用容量设置在火电站上。对于水、火电站组成的电力系统，一般来讲，水电站的检修尽量安排在枯水期，而利用丰水期的来水多发电量，火电站的检修安排在丰水期年负荷图较低部位，利用火电站容量有空闲的时间。

四、水电站重复容量的选定

由于河流水文情况的多变性，汛期流量往往比枯水期流量大许多倍，根据设计枯水年确定的水电站最大工作容量，尤其无调节水电站及调节性能较差的水电站，在汛期内会产生大量弃水。为了减少无益弃水，提高水量利用系数，可考虑额外加大水电站的容量，使它在丰水期内多发电。这部分加大的容量，在设计枯水期内，由于河道中来水少而不能当作电力系统的工作容量以替代火电站容量工作，因而被称为重复容量。它在系统中的作用，主要是发季节性电能，以节省火电站的燃料费用。

在水电站上设置重复容量，就要额外增加水电站的投资和年运行费。随着重复容量的逐步加大，无益弃水量逐渐减少，因此可增发的季节性电能并不是与重复容量呈正比例增加。当重复容量加大到一定程度后，如再继续增加重复容量就显得不经济了。因此，需要进行动能经济分析，才能合理地选定所应装置的重复容量。

1. 选定水电站重复容量的动能经济计算

假设额外设置的重复容量为 $\Delta N_{重}$，平均每年经济合理的工作小时数为 $h_{经济}$，则相应生产的电能量为 $\Delta E_{季} = \Delta N_{重} h_{经济}$，从而平均每年节省火电站的燃料费用为

$$B = af \Delta E_{季} = adb \Delta N_{重} h_{经济} \tag{6-12}$$

而设置 $\Delta N_{重}$ 的年费用为

$$C = \Delta N_{重} k_{水} [(A/P, i_s, n) + p_{水}] \tag{6-13}$$

则在经济上设置 $\Delta N_{重}$ 的有利条件为

$$a \Delta N_{重} h_{经济} f \geqslant \Delta N_{重} k_{水} [(A/P, i_s, n) + p_{水}]$$

即

$$h_{经济} \geqslant k_{水} [(A/P, i_s, n) + p_{水}] / (af) \tag{6-14}$$

式中
a——系数，因水电厂发 1kW·h 电量可替代火电厂 1.05kW·h，故 a = 1.05；

f——火电厂发 1kW·h 电量所需的燃料费，元/(kW·h)；

d——单位重量燃料的到厂价格，元/kg；

b——火电厂单位电能消耗的燃料重量，kg/(kW·h)；

$k_水$——水电站补充千瓦造价，元/kW；

$[A/P，i_s，n]$——年资金回收因子（年本利摊还因子）；

i_s——额定资金年收益率（当进行国民经济评价，可采用社会折现率）；

n——重复容量设备的经济寿命，一般取 $n=25$ 年；

$p_水$——水电站补充千瓦容量的年运行费用率，$p_水=2\%\sim3\%$。

2. 无调节水电站重复容量的选定

无调节水电站的重复容量，首先根据其多年日平均流量持续曲线 $\overline{Q}=f(h)$ 及其出力公式 $N=9.81\eta\overline{Q}\,\overline{H}$，求出日平均出力持续曲线 $N=f(h)$（分别见图 6-11 及图 6-12）。但须注意，由于流量变大时上下游水头差可能变小，因此流量最大时并不一定对应有最大的平均出力。然后利用式（6-14）求出 $h_{经济}$，从而可确定应设置的重复容量 $N_重$（图 6-12）。

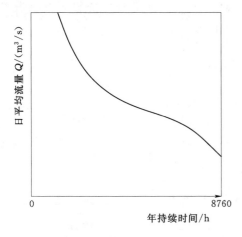

图 6-11　无调节水电站
日平均流量持续曲线

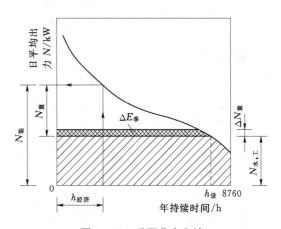

图 6-12　无调节水电站
重复容量的确定

由图 6-12 可知，在水电站最大工作容量 $N''_{水工}$ 水平线以上与出力持续曲线以下所包围的面积，由于超出水电站最大工作容量 $N''_{水工}$ 而不能被利用，将成为弃水能量。因此，如果在 $N''_{水工}$ 以上设置重复容量 $\Delta N_重$，则平均每年在 $h_设$ 小时内生产的季节性电能量 $\Delta E_季 = \Delta N_重 h_设$，从而平均每年节省火电站的燃料费用为 $B=adb\Delta E_季$。在图 6-12 的最大工作容量 $N''_{水工}$ 以上设置重复容量 $\Delta N_重$，其年工作小时数为 $h_设$，然后再逐渐增加重复容量，所增加的重复容量其年利用小时数 h 逐渐减少，直至最后增加的单位重复容量其年利用小时数 $h=h_{经济}$ 为止。相应 $h_{经济}$ 的重复容量 $N_重$（图 6-12），在动能经济上被认为是合理的。

3. 日调节水电站重复容量的选定

选定日调节水电站重复容量的原则和方法，与上述基本相同。所不同的是日调节水电站在枯水期内一般总是担任电力系统的峰荷；在汛期内当必需容量 $N_必$（最大工作容量与备用容量之和）全部担任基荷后还有弃水时才考虑设置重复容量。图 6-13 表示必需容量补充单位千瓦的年利用小时数为 $h_{经济}$，超过必需容量 $N_必$ 额外增加的 $N_重$，才是日

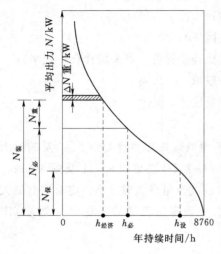

图 6-13 日调节水电站重复容量的确定

调节水电站的重复容量。其相应的单位重复容量的经济年利用小时数 $h_{经济}$，也是根据式（6-14）确定的。

4. 年调节水电站的重复容量

年调节水电站，尤其是不完全年调节水电站（有时称季调节水电站），在汛期内有时也有较多的弃水，通过动能经济分析，有时设置一定的重复容量也是合理的。首先对所有水文年资料进行径流调节，统计各种弃水流量的多年平均的年持续时间（图 6-14），然后将弃水流量的年持续曲线，换算为弃水出力年持续曲线（图 6-15）。根据式（6-14）计算出 $h_{经济}$，从而选定应设置的重复容量，如图 6-15 所示。

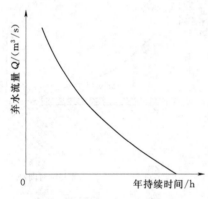

图 6-14 弃水流量年持续曲线

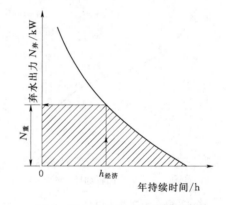

图 6-15 弃水出力年持续曲线

五、水电站装机容量的选择

上述所选择的水电站最大工作容量、备用容量与重复容量之和，大致等于水电站的装机容量；再参考制造厂家生产的机组系列，根据水电站的水头与出力变化范围，大致定出机组的型号、台数、单机容量等；然后进行系统容量平衡，其目的主要是检查初选的装机容量及其机组能否满足设计水平年系统对电站容量及其他方面的要求。

在进行系统容量平衡时，主要检查下列问题：①系统负荷是否能被各种电站所承担，在哪些时间内由于何种原因使电站容量受阻而影响系统正常供电；②在全年各个时段内，是否都留有足够的负荷备用容量担任系统的调频任务，是否已在水、火电站之间进行了合理分配；③在全年各个时段内，是否都留有足够的事故备用容量，如何在水、火电站之间进行合理分配，水电站水库有无足够备用蓄水量保证事故备用用水；④在年负荷低落时期，是否能安排所有的机组进行一次计划检修，要注意在汛期内适当多安排火电机组检修而使水电机组尽量多利用弃水量，增发季节性电能；⑤水库的综合利用要求是否能得到满足，例如在灌溉季节，水电站下泄流量是否能满足下游地区灌溉要求，是否能满足下游航运要求的水深等。如有矛盾，应分清主次，合理安排。

图 6-16 所示为电力系统在设计水平年的容量平衡图。在电力系统容量平衡图上有以下三条基本控制线：

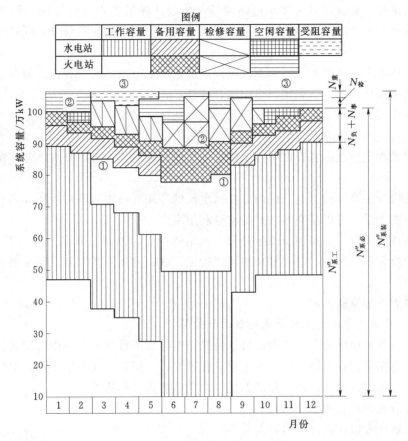

图 6-16　电力系统容量平衡图

（1）系统最大负荷年变化线①，在此控制线以下，各类电站安排的最大工作容量 $N''_{系工}$ 要能满足系统最大负荷要求；

（2）系统要求的可用容量控制线②，在此控制线以下，各类电站安排必需容量 $N''_{系必}$，其中包括最大工作容量 $N''_{系工}$、负荷备用容量 $N_{备}$ 和事故备用 $N_{事}$，均要求能满足系统要求；

（3）系统装机容量控制线，即图 6-16 最上面的水平线③，在此水平线以下，系统装机容量 $N_{系装}$ 包括水、火电站全部装机容量，要求能达到电力系统的安全、经济、可靠的要求。

在水平线③与阶梯线②之间，表示系统各月的空闲容量和处在计划检修中的容量，以及由于各种原因而无法投入运行的受阻容量。

由于不能超长期预报河道中的来水量，所有水电站的出力变化无法预知，因此规划阶段在绘制设计负荷水平年的电力系统容量平衡图时，至少应研究两个典型年度，即设计枯水年和设计中（平）水年。设计枯水年反映在较不利的水文条件下，拟建水电站的装机容量与其他电站是否能保证电力系统的正常运行要求。设计中水年的容量平衡图，表示水电站在一般水文条件下的运行情况，是一种比较常见的系统容量平衡状态。对低水头水电站尚需作出丰水年的容量平衡图，以检查机组在汛期由于下游水位上涨造成水头不足而发生容量受阻的情况。必要时对大型水电站尚需作出设计保证率以外的特枯年份的容量平衡图，以检查在水电站出力不足情况下电力系统正常工作遭受破坏的程度，同时研究相应的补救措施。

根据上述电力系统的容量平衡图，可以最后定出水电站的装机容量。但在下列情况下尚需进行动能经济比较，研究预留机组的合理性：

（1）在水能资源缺乏而系统负荷增长较快的地区，要求本水电站承担远景更多的尖峰负荷；

（2）远景在河道上游将有调节性能较好的水库投入工作，可以增加本电站保证出力等动能效益；

（3）在设计水平年的供电范围内，如水电站的径流利用程度不高，估计远景电力系统的供电范围扩大后，可以提高本电站的水量利用率。

水电站预留机组，只是预留发电厂房内机组的位置、预留进水口及引水系统的位置，尽可能减少投资积压损失。但采取预留机组措施，可以为远景扩大装机容量创造极为有利的条件。

六、电力电能平衡

（一）电力系统中电力电能平衡的目的和作用

编制电力系统中电力电能平衡的目的是根据电力系统负荷对系统中已建成的和正在规划的水、火电站进行各电站出力和发电量的合理安排，使它们在规定的设计水平年份中达到平衡。要求做到在下列条件下保证系统电力电能的数量和质量：

（1）充分利用水资源和动力资源；

（2）系统中各电站的总装机容量最小；

（3）各电站的联合工作方式最有利，尽量降低发电成本和提高劳动生产率。

这三个条件也是衡量系统电力电能平衡编制得是否理想的依据。

系统电力电能平衡是在初步选定所规划水电站的装机容量和机组、机型的情况下进行编制，它的作用主要有以下几点：

（1）分析整个电力系统各个电站在设计水平年中的供电情况；

（2）阐明所规划水电站在电力系统中的作用及其运转方式；

（3）检查各个电站各种容量的利用程度和工作保证程度；

（4）为选定水电站主要参数提供校验方法。通过编制系统电力电能平衡，最后选定水电站的装机容量。电力电能平衡也给最后选定电站和输电线路设备提供资料依据；

（5）给电力系统联合运行和所设计的水电站的运转规划提供资料依据。

由此可知编制系统电力电能平衡是一项非常重要的工作。

（二）系统电力电能平衡图表的编制

系统电力电能平衡包括系统的电力平衡与系统的电能平衡。

考虑到系统负荷的不断增长，而所设计的电站主要在建成后运行，所以为了阐明电力系统近期和远期的运转情况，在进行水电站规划时，需要对远期国民经济发展水平同时加以研究。我们在前面已经谈到过，设计负荷水平通常为水电站投入运转后 5～10 年的系统负荷。有时为了使这些设计水平年能与国民经济计划的代表年份符合，可允许有 1～2 年变动。

由于水电站的工作情况在很大程度上取决于河流的水文情况，它的运转方式每年发生变化，因此包括在水电站设计文件中的电力电量平衡，通常必须为下列四个具有代表性的年份进行编制。

（1）设计枯水年。这一年是水电站保证正常运转可能遇到的最不利情况。为了保证电站正常运转的年数能符合设计保证率要求，系统中所规划的水电站的参数均按此年条件选定。所以要编制这年的电力电量平衡来校验所选参数的合理性。

（2）设计平水年。代表水电站最常见的运转情况。

（3）特别枯水年。代表设计保证率以外，电力系统正常工作遭受破坏的运转情况。

（4）丰水年。代表水电站发电特别多的年份的运转情况，它输出的电能可能是对输电线路提出的最大要求。

对低水头水电站，有时还需要对特别丰水年进行电力电能平衡，因为它的工作在该年的洪水期也可能遭受破坏，以致使系统正常工作受到影响。

需要说明，并不是对每一个水电站的规划都要具备上述四种年份的平衡，它主要可随电站规模大小以及水文变化程度大小而增减。

在编制电力、电能平衡图表时，对每年的工作变化，在初步设计中可选季典型日负荷的平衡来组成，在要求较高的设计阶段则应按月典型日负荷的平衡来组成。

下面分别说明电力平衡和电能平衡的方法。

1. 电力平衡 （Power balance）

在前面我们已经讲过系统容量的组成情况，这种正常的负荷要求应该在任何时刻都能得到满足和保证。在编制电力平衡时，首先要绘出年负荷图，并决定各种备用容量的数值。然后绘出几个典型日负荷图，在选择典型日负荷图时，一方面要考虑河流的水文情况，使能包括各种不同时期，如丰水期、平水期及枯水期；另一方面也要考虑系统负荷的变化情况，一般不少于四个典型日负荷图，分别在春夏秋冬四季中。

接下来根据水电站的调节性能及系统中其他电站的特性，按照前几节所讲的水、火电站间分配负荷的原则，决定各电站在日负荷图上的合理位置，确定各电站所担任的工作出力及各种备用的数值。在此基础上将各电站的工作情况综合安排在系统电力平衡图上。在性质条件类似的电站数目较多时，对这些电站工作位置的安排，可做适当的比较、选择。

为说明电力电能平衡的基本方法，表 6-1 列出了一个包括两个水电站的简单系统在设计枯水年的电力平衡情况。该系统总装机容量为 120 万 kW，包括一个 44 万 kW 的年调节水电站（8 台 5.5 万 kW）、一个 10 万 kW 的无调节水电站（2 台 5.0 万 kW）和一个 66 万 kW 的火电站（2 台 10.0 万 kW、4 台 9.0 万 kW、2 台 3.0 万 kW 以及 1 台 4.0 万 kW）。系统最大工作容量为 100 万 kW，其中火电站承担 60 万 kW、年调节水电站 35 万 kW、无调节水电站 5 万 kW。负荷备用容量为 5 万 kW（由年调节水电站承担）。事故备用容量为 10 万 kW（年调节水电站承担 4 万 kW，火电站承担 6 万 kW）。另外无调节水电站设置了 5 万 kW 的重复容量。

表 6 - 1　　　　　　某电力系统设计枯水年电力平衡表　　　　单位：万 kW

季度		春季			夏季			秋季			冬季		
月份		2	3	4	5	6	7	8	9	10	11	12	1
水电站Ⅰ（无调节）	装机容量	10	10	10	10	10	10	10	10	10	10	10	10
	工作容量	5	5	5	7	7	10	10	10	7	5	5	5
	检修容量	0	5	0	0	0	0	0	0	0	0	0	0
	空闲容量	5	0	5	3	3	0	0	0	3	5	5	5
水电站Ⅱ（年调节）	装机容量	44	44	44	44	44	44	44	44	44	44	44	44
	工作容量　峰荷	32	—	—	—	—	—	—	—	—	31	35	33
	工作容量　腰荷	—	35	35	35	35	—	—	—	35	—	—	—
	工作容量　基荷	—	—	—	—	—	44	44	44	—	—	—	—
	受阻容量	3	0	0	0	0	0	0	0	0	0	0	0
	负荷备用	5	3.5	3.5	3.5	3.5	0	0	0	5	5	5	5
	事故备用	4	—	—	—	—	—	—	—	4	4	4	4
	检修容量	0	5.5	5.5	5.5	5.5	0	0	0	0	0	0	0
	空闲容量	0	0	0	0	0	0	0	0	0	4	0	2
火电站	装机容量	66	66	66	66	66	66	66	66	66	66	66	66
	工作容量　峰荷	—	15	15	21	19	40	41	40	25	—	—	—
	工作容量　腰荷	15	—	—	—	—	—	—	—	—	15	15	15
	工作容量　基荷	45	30	30	23	23	—	—	—	28	45	45	45
	负荷备用	0	1.5	1.5	1.5	1.5	5	5	5	0	0	0	0
	事故备用	6	10	10	10	10	10	10	10	6	6	6	6
	检修容量	0	9	9	10	10	9	9	6	4	0	0	0
	空闲容量	0	0.5	0.5	0.5	2.5	2	1	5	3	0	0	0
电力系统	装机容量	120	120	120	120	120	120	120	120	120	120	120	120
	工作容量	97	85	85	86	84	94	95	94	95	96	100	98
	受阻容量	3	0	0	0	0	0	0	0	0	0	0	0
	负荷备用	5	5	5	5	5	5	5	5	5	5	5	5
	事故备用	10	10	10	10	10	10	10	10	10	10	10	10
	检修容量	0	19.5	14.5	15.5	15.5	9	9	6	4	0	0	0
	空闲容量	5	0.5	5.5	3.5	5.5	2	1	5	6	9	5	7

　　从表中可以看出无调节和年调节水电站在系统年负荷图上的位置，7 月、8 月、9 月三个月为丰水期，年调节水电站以全部装机容量担任基荷，在其他月份中则担任峰荷和腰荷。该水电站担任峰荷、腰荷期间同时也担任系统的负荷备用，丰水期则由火电站担任负荷备用。

　　考虑满足检修要求，水电站机组在丰水期之前进行，火电站机组则尽可能在系统负荷低时和丰水期内进行检修。

为了便于编制系统总电力平衡图，先可以分别编制各电站的电力平衡图。这些图还可以帮助我们更好地了解各个电站在设计枯水年的工作情况。编制电力平衡的结果可列入计算表格中。表图配合，在列出电力系统平衡表的基础上，再绘制电力系统平衡图要更方便一些。

在编制电力平衡图的过程中，在保证所供应电力的数量、质量的前提下，要随时研究空闲容量的多少，若发现过多，则要研究其过多的原因，如是否装机容量过大了等等，找出原因后要设法解决。空闲容量也可能在某个电站有过少的现象，致使该电站工作十分紧张，甚至计划检修都发生困难，这也应设法解决。

2. 电能平衡 (Electrical energy balance)

电力平衡还不能够说明系统中年发电量的分配情况是否充分反映了各电站的具体电能，所以必须编制电能平衡。在电力系统平均负荷年变化曲线上，以各电站日平均出力划分出每个电站各月所负担的电能量的图形，就是电能年平衡图。

实际上，电能平衡是与电力平衡同时配合着做出来的。在做电力平衡时，各个电站在负荷图上的工作位置在分配日负荷时就确定下来了，因此各个电站所负担的日电能量也就确定了。将各电站各月的日发电量除以 24h 并乘以月负荷率 σ 即可得出各电站相应各月的日平均出力。电能平衡结果同样可以列入表格中，上述电力平衡实例对应的电能平衡情况见表 6-2。

表 6-2　　　　　　　　　　某电力系统设计枯水年电能平衡表

	月　　份	1	2	3	4	5	6	7	8	9	10	11	12	总计
水电站Ⅰ	平均出力/万 kW	5	5	5	5	7	7	10	10	10	7	5	5	81
	发电量/(亿 kW·h)	0.37	0.37	0.37	0.37	0.51	0.51	0.73	0.73	0.73	0.51	0.37	0.37	5.94
水电站Ⅱ	平均出力/万 kW	16	18	22	22	25	25	44	44	44	28	18	18	312
	发电量/(亿 kW·h)	1.16	1.31	1.60	1.60	1.82	1.82	3.21	3.21	3.21	2.65	1.31	1.31	23.34
火电站	平均出力/万 kW	55	53	43	43	37	36	21	21	22	39	53	55	487
	发电量/(亿 kW·h)	4.00	3.86	3.14	3.14	2.70	2.63	1.31	1.53	1.61	2.85	3.84	4.00	35.48
电力系统	平均出力/万 kW	76	76	70	70	69	68	72	75	76	74	76	78	880
	发电量/(亿 kW·h)	5.55	5.55	5.11	5.11	5.04	4.96	5.26	5.49	5.55	5.40	5.55	5.69	64.26

七、综合利用水电站装机容量选择应注意的问题

大中型水电站大多数具有综合利用任务，其中以水利任务为主的水利枢纽占较大比重。以水利任务为主的水电站，其运行方式必须服从枢纽水利任务的要求，这与发电为主的水电站在运行方式上是有矛盾的，因此前者装机容量的选择有一定的特殊性。一般是根据设计任务书中规定的综合利用任务的主次关系，在满足水库主要用水部门要求的前提下，进行水量平衡，结合电力系统及水电站本身特点，确定电站的工作位置，进行装机容量选择。这里主要介绍以水利任务为主的水电站在装机容量选择中应注意的一些问题。具体可归纳为以下三个方面。

（一）应充分重视用水部门的远景发展要求

以水利任务为主的枢纽，其近期与远景各部门的用水要求往往相差很大，直接影响水电站的规模及其在电力系统中的作用，因此，在进行装机容量选择时，一定要充分重视研究各用水部门远景发展的要求。例如，某水电站初步设计确定装机 3 万 kW，技术设计阶段考虑到下游灌溉面积增大，用水增多，为了满足下游灌溉用水要求，装机增大至 4 万 kW。这样的例子是很多的，在进行设计时，应通过调查了解，充分估计这些情况，在水电站的装机容量选择中适当留有余地。

（二）对水库及电站运行方式应进行深入研究

以水利任务为主的枢纽，其水电站的运行方式，往往受着主要用水部门要求的限制，以致影响到水电站供电情况。因此，在选择装机容量时，应对水库及电站运行方式进行深入研究。如某水电站，在 2 台与 3 台机组的方案比较中，研究了水库近期与远景的运行方式，为了满足灌溉用水，认为 2 台机组与 3 台机组均需要设置旁通管，这样使 3 台机组很不经济，经比较后采用了 2 台机组方案；又如，某水电站，其运行方式主要供下游工业、灌溉用水，根据用水的要求，不得不采用间歇的发电方式；再如，某水电站由于下游河道航运要求和负担某国防工厂保安电源，在电站运行初期需要有一部分容量在基荷运行，当下游反调节水库建成后，这一任务改由下级电站承担，本电站全部容量转为峰、腰荷运行。

总之，对于以水利任务为主的枢纽，其水库及电站运行方式，应该服从主导用水部门的要求，同时，也要充分研究其将来可能发生的变化情况。

（三）应充分发挥水电站在电力系统中的作用

以水利任务为主的枢纽，其水电站的装机容量选择，在服从主要用水部门要求的前提下，还应根据电力系统的特点，充分研究增加发电调节流量，加大装机容量的可能性与经济合理性，为担任系统调峰、备用、调相等任务提供条件。如某水库虽以供水为主，非灌溉季节放水流量很少，但在电站的装机容量选择中，考虑与下游 3 个水库的联合运用，由下游水库担负部分反调节库容，这样使本电站保证出力增大，加大装机容量来承担电力系统 3h 的调峰任务，满足了电力系统的需要。又如，某水库的水电站，通过用水部门历年的用水量与用水规律分析后，认为每年尚有 2 亿～3 亿 m³ 水量可供发电调节使用，结合电网特点与要求，认为可以利用剩余水量来承担系统检修和事故备用容量。

八、选择装机容量的简化方法

前面介绍了用电力电能平衡法选择装机容量的方法与步骤。但这种方法对原始资料（特别是系统负荷资料）要求较高，计算工作量也很大。在大中型水电站的规划阶段以及中小型水电站的初步设计阶段，往往由于系统负荷资料不全或者没有，此时可采用简化方法来确定水电站的装机容量。简化方法有保证出力倍比法（装机容量约为保证出力的 3～5 倍）、装机年利用小时数法及公式法等。现将较常用的公式计算法和装机年利用小时估算法介绍如下。

（一）公式计算法

当具有设计负荷日的最大负荷（N''）、日平均负荷率（γ）及最小负荷率（β），而编制日负荷曲线有困难时，可用公式估算装机容量。

根据设计水电站承担负荷的情况，工作容量可按以下的式（6-15）、式（6-16）及式（6-17）计算。

（1）设计水电站担任全部峰、腰荷及部分基荷时，即当 $KN_{保} \geqslant N''(\gamma-\beta)$ 时：

$$N''_{水工} = KN_{保} + \Delta N$$

$$\Delta N = N'' - \gamma N'' = N''(1-\gamma)$$

式中　ΔN——负荷之峰荷部分；

　　　K——周调节系数（计划年电量/按各月最大负荷日计算的年电量）。

则

$$N''_{水工} = KN_{保} + N''(1-\gamma) \tag{6-15}$$

（2）设计水电站承担尖峰负荷及峰负荷及部分腰荷时，即当 $KN_{保} < N''(\gamma-\beta)$ 时：

$$N''_{水工} = \sqrt{\frac{1-\beta}{\gamma-\beta} KN_{保} N''(1-\beta)} \tag{6-16}$$

（3）设计水电站承担峰荷及全部腰荷时：

$$N''_{水工} = \left[\frac{KN_{保}}{(\gamma-\beta)N''} \right]^{\frac{\gamma-\beta}{1-\gamma}} N''(1-\beta) \tag{6-17}$$

有关单位收集国内十几个大中型水电站资料对上述诸公式进行了验证，其结果与电力电量平衡结果较为接近。

备用容量可按有关规范并结合本电站的特点进行确定。当水电站无需装设重复容量时，工作容量加上备用容量即为装机容量。

当水电站装机容量由重复容量决定时，则根据重复容量的经济利用小时数一次求定装机容量。

（二）装机年利用小时数法

装机年利用小时数 $t_{装}$ 为水电站多年平均年发电量 $\overline{E}_{年}$ 与装机容量的比值。即

$$t_{装} = \overline{E}_{年} / N_{水装} \tag{6-18}$$

装机年利用小时数 $t_{装}$ 过大，表明装机偏小，机电设备在一年内的利用时间长，水能资源未得到充分利用。反之 $t_{装}$ 过小，说明装机偏大，机电设备在一年内的利用时间短，造成国家资金的积压和浪费。装机年利用小时数的大小，与地区的水能资源情况、系统负荷特性、系统内水火电比重、水库调节性能、水电站的运行方式及综合利用限制等因素有关。水电站装机年利用小时数的经济合理数值 t_0，可根据各地区设计水电站的具体情况，参考表6-3中的经验数据，分析选定。

表6-3　　　　　　　　　　**水电站装机年利用小时数**　　　　　　　　　单位：h

水库调节性能	电力系统中的水电比重大	电力系统中水电比重小
无调节	6000～7000	5000～7000
日调节	5000～7000	4000～5000
年调节	3500～6000	3000～4000
多年调节	3000～6000	2500～3500

利用水电站的出力历时曲线，假设几个装机容量 $N_{水装}$，即可求得相应的多年平均年

发电量 $E_{装}$ 和装机年利用小时 $t_{装}$，并绘制装机容量与装机年利用小时数关系曲线。

当选定一个较经济合理的装机年利用小时数 t_0 后，由 $N_{水装}-t_{装}$ 关系曲线就可查得相应的装机容量 $N_{水装}$。

各种调节性能的水电站都可采用这种简化方法来初步确定装机容量。此外，中小型水电站在选择机组机型时，应根据我国目前水轮发电机组的制造情况，尽量套用现有机组（曾经生产或正在生产的机组）。这对水电站的修建和提前发电有现实意义，但也就有可能使装机容量比初定的偏大或偏小。

在实际工作中，还可以根据所设计水电站的具体情况，在分析影响装机规模的因素以后，抓住主要问题，对装机容量选择方法做必要的简化。如对于水电比重很小的电力系统，所设计水电站主要是担任调峰调频任务，往往只需对控制月份的最大日进行电力电量平衡，就可正确地选出装机容量，不需要再进行大量的平衡及经济计算。又如，有些以灌溉为主的水电站，确定装机容量时，应以充分利用灌溉用水量为原则，其装机容量的大小主要取决于灌溉时期的水库放水量，设计工作主要针对灌溉水量的大小及其在时间上的分配，结合系统需要来选择装机容量，这样也就不需要做详细的电力电量平衡。

第二节　水电站水库正常蓄水位选择

正常蓄水位（也称为正常高水位或兴利水位）是指水库在正常运用情况下，为满足设计的兴利要求，在开始供水时应蓄到的最高水位。正常蓄水位不一定是水库的最高水位。当水库有防洪任务时，设计洪水位常高于正常蓄水位。没有防洪任务的水库，正常蓄水位一般是最高水位，但遇到较大洪水时，可能出现瞬时超高。

正常蓄水位持续时间的长短随着水库调节性能而定。多年调节水库在连续发生若干个丰水年后才能蓄到正常蓄水位；年（季）调节水库一般在每年供水期前可蓄到正常蓄水位；日调节水库除在特殊情况下（如汛期有排沙要求，须降低水库水位运行等），每天在水电站调节峰荷以前应维持在正常蓄水位；无调节（径流式）水电站在任何时候水库水位原则上保持在正常蓄水位不变。

正常蓄水位是水库或水电站的重要特征值，它直接影响整个工程的规模以及有效库容、调节流量、装机容量、综合利用效益等指标。它直接关系工程投资、水库淹没损失、移民安置规划以及地区经济发展等重大问题。现分述正常蓄水位与综合利用各水利部门效益之间的关系以及有关的工程技术和经济问题。

一、正常蓄水位与各水利部门效益之间的关系

1. 防洪

当汛后入库来水量仍大于兴利设计用水量时，防洪库容与兴利库容是能够做到完全结合或部分结合的。在此情况下，提高正常蓄水位可直接增加水库调蓄库容，同时有利于在汛期内拦蓄洪水量，减少下泄洪峰流量，提高下游地区的防洪标准。

2. 发电

随着正常蓄水位的增高，水电站的保证出力、多年平均年发电量、装机容量等动能指标也将随之增加。在一般情况下，当由较低的正常蓄水位方案增加到较高的正常蓄水位

时，开始时各动能指标增加较快，其后增加就逐渐减慢。其原因是当正常蓄水位较低时，扣除死库容后水电站调节库容不大，因而水电站保证出力较小，水量利用程度不高，年发电量也不多；但当增加正常蓄水位至能形成日调节水库后，水电站的最大工作容量及装机容量均大大增加，年发电量也相应增加；随着正常蓄水位的继续提高，水库调节性能由季调节逐渐变成年调节，弃水量越来越少，水量利用程度越来越高，随着调节流量与水头的增加，各动能指标还是继续增加的；当正常蓄水位提高到能使水库进行多年调节后，由于库区面积较大，水库蒸发及渗漏损失增加，因此如再提高正常蓄水位，往往只增加水头而调节水量增加较少，因而上述各动能指标值的增加相应逐渐减缓。

3. 灌溉和城镇供水

正常蓄水位的增高，一方面，可以加大水库的兴利库容，增加调节水量，扩大下游地区的灌溉面积或城镇供水量；另一方面，由于库水位的增高，有利于上游地区从水库引水自流灌溉或对水库周边高地进行扬水灌溉或进行城镇供水。

4. 航运

正常蓄水位的增高，一方面，有利于调节天然径流，加大下游航运流量，增加航运水深，提高航运能力；另一方面，由于水库洄水向上游河道延伸，通航里程及水深均有较大的增加，大大改善了上游河道的航运条件。同时也应考虑到，随着正常蓄水位的增高，上、下游水位差的加大，船闸结构及过坝通航设备均将复杂化。

二、正常蓄水位与有关的经济和工程技术问题

（1）随着正常蓄水位的增高，水利枢纽的投资和年运行费是递增的。在水利枢纽基本建设总投资中，有很大部分是大坝的投资 $K_坝$，它与坝高 $H_坝$ 之间的关系一般为 $K_坝 = aH_坝^b$，其中 a、b 为系数，$b \geqslant 2$，因此随着正常蓄水位的增高，水利枢纽尤其拦河大坝的投资和年运行费是迅速递增的。

（2）随着正常蓄水位的增高，水库淹没损失必然增加，这不仅是一个经济问题，有时甚至是影响广大群众生产和生活的社会问题。要尽量避免淹没大片农田，以免对农业生产造成很大影响；要尽量避免重要城镇和较大城市的淹没。对待历史文物古迹的淹没，要考虑其文化价值及其重要性，必须对重点保护对象采取迁移或防护措施。对待矿藏和铁路的淹没，一般不淹没开采价值大、质量好、储量大的矿藏；铁路工程投资大，应尽量避免淹没，但经有关部门同意也可采取改线措施。总之，水库淹没是一个重大问题，必须慎重处理。

（3）随着正常蓄水位的增高，受坝址地质及库区岩性的制约因素愈多。要注意坝基岩石强度问题、坝肩稳定和渗漏问题、水库建成后泥沙淤积问题以及蓄水量是否发生外漏等问题。

综上所述，在选择正常蓄水位时，既要看到正常蓄水位的抬高对综合利用各水利部门效益的有利影响，也要看到它将受到投资、水库淹没、工程地质等问题的制约；既要看到抬高正常蓄水位对下游地区防洪的有利影响，也要看到水库形成后对上游地区防洪的不利影响；既要看到它对下游地区灌溉的效益，也要看到库区耕地的淹没与浸没问题；既要看到它对上下游航运的效益，也要看到河流筑坝后船筏过坝的不方便。在一般情况下，随着正常蓄水位的不断抬高，各水利部门效益的增加是逐渐减慢的，而水工建筑物的工程量和投资的增加却是加快的。因此，在方案比较中可以选出一个技术上可行的、经济上合理的正常蓄水位方案。这里应强调的是，在选择正常蓄水位时，必须贯彻有关的方针政策，深入调查研究国民经济各部门的发展需要以及水库淹没损失等重大问题，反复进行技术经济比较，及时与有关部门协商讨论。

三、以发电为主的水库的正常蓄水位选择

以发电为主的水库，其正常蓄水位选择主要从发电的投资和效益方面进行经济计算，并结合防洪、灌溉、航运等效益进行综合分析（或将这些效益作为各方案同等满足的条件）。正常蓄水位选择一般采取逐步渐近的方法，即在比较各正常蓄水位的方案时，采用近似的方法初步选定各方案的水库消落深度、装机容量、机组机型等。在消落深度、装机容量等特征值正式选定后，如结果与初选的特征值出入较大时，再对原正常蓄水位方案比较或选定方案进行复核计算。

正常蓄水位选择具体方法如下。

1. 方案的拟订

在一般情况下，由于水库的自然条件及对国民经济的影响不同，拟订方案往往先确定正常蓄水位的上下限，然后在其间再拟定几个比较方案。

在确定正常蓄水位下限时，需考虑以下因素。

（1）根据电力系统对水电站提出的最低出力要求及综合利用部门（如防洪、灌溉、航运等）对水库的最小供水流量、水库水深及水位等要求，推求正常蓄水位的下限。

（2）在多沙河流上，应适当估计淤积对水库发挥效益年限的影响，一般淤积年限应不小于 30～50 年。

正常蓄水位的上限涉及政治、技术问题较多，应慎重研究，其影响因素如下。

（1）坝址及库区某些地形地质情况，直接影响正常蓄水位的提高。当坝高达到一定高度后，可能由于河谷过宽、坝身太长、工程量太大或地质条件不良，增加两岸基础处理的困难。坝体过大而缺乏足够数量合适的建筑材料，或库区有地下暗河、断层造成严重的渗漏损失或坝高出现垭口及单薄分水岭等，都将限制正常蓄水位的提高。

（2）库区淹没损失也是限制正常蓄水位提高的主要因素。过多地淹没农田、城镇、厂矿及交通运输线路，造成大量迁移人口或改建城镇、厂矿企业等，都会给国家和人民生活带来很大困难。因此，在考虑正常蓄水位时对淹没问题应加以慎重研究。

（3）必须考虑蒸发渗漏损失因素的影响。当库水位超过一定高程，由于库面突然扩大而导致过大的蒸发渗漏损失时，蒸发渗漏即可成为限制正常蓄水位提高的因素。

（4）受上游梯级水电站尾水位的限制。为了合理地利用水能资源，充分利用水头应使梯级水库的水位相衔接。如拟建水库上游有水库，则上级水库的尾水位将成为限制下级水库正常蓄水位的因素。

（5）受施工期、物力、劳力的限制。工期太长、器材不足、劳力缺乏、施工和运输困难等，都可能成为限制正常蓄水位提高的因素。

针对工程的具体情况，对有关因素进行周密的分析后即可定出正常蓄水位的上下限。然后在此范围内等距拟定中间方案，进行分析比较。但在水库地形、地质或淹没损失显著变化的高程处应增加方案，方案的高程间距视具体情况而定。为了避免计算工作量过大，拟订的方案数不宜过多，一般以 4～6 个方案为宜。

2. 水利动能经济计算

（1）消落深度选择。随着正常蓄水位的提高，水库有利的消落深度与最大水头的比例一般应略有减小。但由于对方案比较影响很小，设计中仍常采用同一消落深度的比例推算。正常蓄水位选择阶段，一般采用以下方法初选消落深度。

1）经验数值法。根据经验，在设计中，各方案的消落深度一般可采用以下数值作为初估值：坝式年调节电站为（25%～30%）H_{max}；坝式多年调节电站为（30%～35%）H_{max}；混合式电站为 40%H_{max}。其中 H_{max} 为水电站的最大水头。

此法只可用于初步设计的初步阶段或部分中型水库的设计中。

2）分析法。以正常蓄水位的某中间方案进行消落深度的比较，选取较有利的消落深度，并计算此消落深度与最大水头的比例，其他正常蓄水位方案即以此比例计算各自的消落深度。例如，对某一正常蓄水位方案，假设几个消落深度进行水利计算，求出每个消落深度 $Z_{消}$ 的保证出力 $N_{保}$ 和多年平均发电量 $\overline{E}_{多年}$ 并绘制 $Z_{消}$-$N_{保}$ 及 $Z_{消}$-$\overline{E}_{多年}$ 关系曲线，然后根据关系曲线的转折点（即能量指标最大）确定消落深度。

$\overline{E}_{多年}$ 最大点一般高于 $N_{保}$ 最大点。为了使进水口高程留有余地，一般在初步设计中都直接按保证出力 $N_{保}$ 最大点确定消落深度。

在水库死水位确定后，即可进行能量指标计算，一般可采用等流量调节方法，求得各方案保证出力及多年平均发电量。当下游水位变化对水头影响较大（如低水头电站）或水头损失较大（如引水式电站）或设计枯水段较长（如多年调节水库）时，则宜采用等出力调节方法计算。若水库有补偿调节任务时，尚应根据补偿要求进行计算。

在年调节范围内，当各方案采用相同的消落深度比例时，随着正常水位的提高，相应保证率的调节流量一般是递增的，其方案间的差值大多也是递增的。由于方案间平均水头的增值没有一定的规律，保证出力增值就不一定递增，因此分析其成果规律性时，还需对计算期平均水头的变化进行大致的校核。

对多年调节水库来说，由于正常蓄水位的提高，调节库容增加，设计枯水段有可能改变，方案间的保证出力可能出现跳跃性的变化。

（2）防洪特征值选择。水库下游有防洪要求时，各方案一般应有相同的防洪任务。选择防洪特征值时，应先进行防洪库容与下游安全泄量的比较，以确定经济合理的下游安全泄量，然后各方案皆以此安全泄量为控制，进行调洪计算和选择防洪特征值。

如果水库下游没有防洪要求，则按枢纽建筑物的设计与校核洪水进行调洪计算。通常各方案以相同的泄洪流量或相同的防洪库容求定泄洪建筑物尺寸及坝高。

（3）装机容量选择。在正常蓄水位选择阶段，各方案确定装机容量的原则和方法应该一致。

若按电力电量平衡方法确定装机规模时，应注意以下几点：

1）各方案在日负荷图上担负的位置应大致相同；

2）若采取系统无空闲容量的平衡原则，各方案在电力平衡中，各月均不应有空闲容量；

3）为简化工作量，检修容量可以按检修面积而不按实际机组来安排。

确定装机规模时，部分电站主要由工作容量控制，为了充分利用水能资源，还需注意研究装设重复容量的可能性，特别是对调节性能较差、季节性电能较多的水电站，装机容量常由重复容量或检修容量控制。

当装机容量主要由工作容量控制时，则各方案装机容量的变化规律与其保证出力的变化大致相近，随着正常蓄水位的提高，装机容量一般呈递增趋势。若方案间保证出力差值递增时，相应装机容量差值也是递增的，但随着日负荷上工作位置的逐渐下移，工作容量增值愈来愈小，递增的差值是不会与保证出力增值一样的。

（4）水轮机选择。水轮机应按国家统一规定的型谱表进行选择，在设计条件不很相近的情况下，不宜勉强套用现成机组。确定转速与直径时，应参考国内较为先进的制造水平，并适当考虑供应运输条件。根据国内运行经验，为充分发挥额定出力效益，设计水头不宜定得太高。机组台数除考虑电力系统情况外，尚应考虑水工布置和电气主接线布置的合理性。

为了有较好的可比条件，在可能情况下，应使各方案的机型保持不变。若不同方案涉及水轮机水头范围跳跃必须改变机型时，为了满足系统相同的出力要求，尚应与用火电容量替代的方法进行粗略的比较，当火电替代不足出力不经济时，说明改变水轮机参数是合理的。

（5）枢纽投资和淹没指标的确定。枢纽投资主要包括土建、机电和淹没处理投资三部分，根据国内已有资料统计，土建投资约占总投资的 $40\%\sim60\%$，机电投资约占 $30\%\sim40\%$，淹没处理投资变化较大，无一定比例。投资指标一般由水工、机电、水库等专业人员计算并提供。

正常蓄水位选择中应考虑的淹没指标主要有：不同正常蓄水位方案淹没的耕地、房屋、迁移人口和淹没投资等以及相应的单位指标〔如亩/kW、亩/（万 kW·h）、人/kW、人/（万 kW·h）等〕。为了了解不同水位淹没指标的变化，和便于在正常蓄水位选择中查用，应分别绘制正常蓄水位与迁移人口、淹没耕地、淹没房屋、淹没投资等的关系曲线。

除上述指标外，有的方案还可能淹没城镇、公路、铁路、通信线路、文物古迹等，也应统计分析并进行全面衡量和比较。

各正常蓄水位之间的淹没指标并无一定的变化规律，一般说来，城镇、铁路、公路、文物古迹等人工建筑都有一个相对固定的高程。因此，反映在正常蓄水位方案中也往往有一个转折性的突变，而耕地、矿藏等自然资源，虽也有一定的高程范围，但多数有随着正常蓄水位的提高而增长的趋势。

3. 方案的选定

正常蓄水位方案的选定同其他水电站特征值一样，即通过经济比较和全面综合分析以确定有利方案。

根据国内实践经验，正常蓄水位涉及的问题广泛而复杂，有不少水库的正常蓄水位是由水库淹没或其他条件确定的。因此，在正常蓄水位选择中，应特别重视综合分析的作用，尤其对一些可能的控制条件，应进行全面细致的分析，同时也要进行经济比较。经济计算步骤如下。

（1）根据初估的水电站和水库规模，并综合各兴利部门要求选定设计保证率。

（2）根据选定的设计保证率选择典型水文年或水文系列，并对各个方案采用较简化的方法进行径流调节和水能计算，求出各方案水电站的保证出力、多年平均年发电量、装机容量以及其他水利动能指标（例如灌溉面积、城镇供水量等）。

（3）求出各个方案之间的水利动能指标的差值。为了保证各个方案对国民经济作出同等的贡献，上述各个方案之间的差值，应以替代方案补充。例如水电站可选凝汽式火电站作为替代电站，水库自流灌溉可根据当地条件选择提水灌溉或井灌作为替代方案，工业及城市供水可选择开采地下水作为替代方案等。

（4）计算各个方案的水利枢组各部分的工程量、各种建筑材料的消耗量以及所需的机电设备。对综合利用水利枢纽而言，应该对共用工程（例如坝和溢洪建筑物等）分别计算投资和年运行费用，以便在各部门间进行投资费用的分摊。

（5）计算各个方案的淹没和浸没的实物指标和移民人数。首先根据不同防洪标准的洄水资料，估算各个方案的淹没耕地亩数、房屋间数和必须迁移的人口数以及铁路、公路改线里程等指标。根据移民安置规划方案，求出所需的开发补偿费、工矿企业和城镇的迁移费和防护费用等。为防止库区耕地浸没和盐碱化，也须逐项估算所需费用。

（6）进行水利动能经济计算。根据各水利部门的效益指标及其应分摊的投资费用，计算水电站的造价及其在施工期内各年的分配。对于以发电为主的水库，如果其他综合利用要求相对不大，或者其效益在各正常蓄水位方案之间差别不大，则在方案比较阶段可以只计算水电站本身的动能经济指标。对于各正常蓄水位方案之间的水电站必需容量与年发电量的差额，可用替代措施即用火电站来补充，为此相应计算替代火电站的造价、年运行费和燃料费。最后计算各个方案水电站的年费用 $AC_水$、替代火电站的补充年费用 $AC_火$ 和电力系统的年费用 $AC_系 = AC_水 + AC_火$。根据各个方案电力系统年费用的大小，可以选出经济上最有利的正常蓄水位。

应该说明，应在国民经济评价和财务评价的基础上，最后从政治、社会、技术以及其他方面进行综合评价，保证所选出的水库规模符合地区经济发展的要求，而且是技术上正确的、经济上合理的、财务上可行的方案。

4. 以发电为主的水库正常蓄水位选择举例

试根据以下基本资料选择水库正常蓄水位。

某大型水库的主要任务为发电，坝址以上流域面积为 $2761 km^2$，多年平均年径流量 $\overline{W}_年 = 31.56$ 亿 m^3。汛期为 4—9 月，根据计算，千年一遇洪峰流量为 $11250 m^3/s$，3 日洪量为 11.47 亿 m^3。此水库尚有防洪任务，要求减轻下游城市及农田的洪水灾害。此外，水库尚有航运、渔业等方面的综合利用任务。坝址位于某河段峡谷中，坝址区岩层为山岩。

水利枢纽是由拦河坝、发电厂房、升压变电站及过坝设施等建筑物组成。

（1）正常蓄水位方案的拟订。要求不淹没上游某城市，因而正常蓄水位的上限值定为 289m。根据电力系统对本电站的要求，正常蓄水位不宜低于 281m。选定 281m、285m、289m 共三个比较方案。

（2）计算步骤与方法。

1）设计保证率的选择。考虑设计水平年本电站容量在系统中的比重将达 50%，在系统中的作用比较重要，故选择 $P_设=90\%$。

2）选择设计枯水年系列及中水年系列，分别进行径流调节与水能计算，求出各个方案的保证出力与多年平均年发电量。然后，用简化方法求出水电站的最大工作容量和必需容量。

3）根据施工进度计划及工程概算，定出水电站的施工期限 m（年）和各年投资分配。计算水电站造价原值 K_1'，定出折现至基准年（施工期末）的折算造价 K_1。

4）计算水电站的本利年摊还值 $R_{P1}=K_1(A/P,r_0,n_1)$。根据《建设项目经济评价方法与参数》（第三版）及 SL 72—2013《水利建设项目经济评价规范》的规定，水电站的投资收益率 $r_0=8\%$，经济寿命 $n_1=50$ 年。

5）设水电站在施工期内的最后 3 年为初始运行期，在初始运行期的第一年末、第二年末和第三年末，水电站装机容量相应有 1/3 机组、2/3 机组、全部机组投入系统运行，年运行费则与该年的发电量成正比。在正常运行期内，假设各年年运行费 $U_1=0.0175K_1'$（年运行费率一般为造价原值的 $1.5\%\sim2\%$，不包括折旧费率，下同）。折算至基准年的初始运行期运行费为 $\sum_{t=m-2}^{t=m}U_t(1+r_0)^{m-t}$，其年摊还值为

$$U_1'=\frac{r_0(1+r_0)^{n_1}}{(1+r_0)^{n_1}-1}\Big[\sum_{t=m-2}^{m}U_t(1+r_0)^{m-t}\Big] \tag{6-19}$$

6）各方案的水电站年费用：

$$AC_水=K_1(A/P,r_0,n_1)+U_1+U_1' \tag{6-20}$$

7）为了各方案能同等程度地满足电力系统对电力、电量的要求，正常蓄水位较低的方案，应以替代电站（凝汽式火电站）的电力、电量补充，为简化计算，以第三方案为准，仅计算各方案的差额，具体计算方法见表 6-4，最后可求得替代电站补充年费用 $AC_火$。

表 6-4　某水电站水库正常蓄水位三个方案比较（用系统年费用最小准则）

序号	项目	单位	方案1	方案2	方案3	备注
1	正常蓄水位 $Z_蓄$	m	281	285	289	拟定
2	水电站必需容量 N_1	万 kW	14.5	15.7	19.3	用简化方法得出
3	水电站多年平均年电能 E_1	亿 kW·h	5.04	5.26	5.51	用简化方法得出
4	水电站造价原值 K_1'	万元	159500	162860	172940	未考虑时间因素
5	水电站施工期 m	年	6	6	6	包括初始运行期
6	水电站折算造价 K_1	万元	195013	199122	211446	折算至施工期末 T
7	水电站本利年摊还值 R_{p1}	万元	15941	16277	17284	$K_1(A/P,r_0,n_1)$
8	水电站初始运行期 $T-t_初$	年	3	3	3	已知
9	水电站初始运行期运行费年摊还值 U_1'	万元	481	491	522	
10	水电站正常年运行费 U_1	万元	2791	2850	3026	$K_1'\times1.75\%$

续表

序号	项 目	单位	方案1	方案2	方案3	备注
11	水电站年费用 $AC_水$	万元	19213	19618	20832	(7) + (9) + (10)
12	替代电站补充必需容量 ΔN_2	万kW	5.28	3.96	0	$1.1\Delta N_1$
13	替代电站补充年电量 ΔE_2	亿kW·h	0.4935	0.2625	0	$1.05\Delta E_1$
14	替代电站补充造价原值 $\Delta K_2'$	万元	21120	15840	0	$4000\Delta N_2$
15	替代电站补充折算造价 ΔK_2	万元	25822	19367	0	施工期3年
16	替代电站补充造价本利年摊还值 ΔR_{p2}	万元	2419	1814	0	$\Delta K_2(A/P, r_0, n_2=25)$
17	替代电站补充年运行费 ΔU_2	万元	1056	792	0	(14) ×5%
18	替代电站补充年燃料费 $\Delta U_2'$	万元	247	131	0	$0.05\Delta E_2$
19	替代电站补充年费用 $AC_火$	万元	3722	2738	0	(16) + (17) + (18)
20	系统年费用 $AC_系$	万元	22935	22356	20832	(11) + (19)

8）计算各方案电力系统的年费用 $AC_系 = AC_水 + AC_火$。

（3）计算成果分析。

1）各正常蓄水位方案在技术上都是可行的。从系统年费用看，以289m方案较为有利。

2）从水库淹没损失看，从正常蓄水位高程281m增加到285m，淹没耕地和迁移人口数相差不大，根据当地移民安置规划是能够解决的。但正常蓄水位超过285m后，库区移民与淹没耕地数均将有显著增加。

3）从本地区国民经济发展规划看，本电站地处工农业发展较快地区，系统负荷将有大幅度增长，但本地区能源并不丰富，有利的水能开发地址不多。本电站为年调节水库，将在系统中起调峰、调频及事故备用等作用，适当增大电站规模是很需要的。

（4）结论。考虑到本地区能源比较缺乏，故应充分开发水能资源，适当加大本电站的规模，以适应国民经济的迅速发展。根据以上综合分析，以选正常蓄水位289m方案较好。

四、综合利用水库正常蓄水位选择

综合利用水库的正常蓄水位与综合利用部门的要求有关。不少水库由于综合利用要求较高，对水库正常蓄水位也要求较高，但往往由于自然条件或经济条件的限制，不能完全满足各部门的用水要求，因此产生如何合理分配水量使库容获得国民经济最大效益的问题，为了解决这个问题，在正常蓄水位选择中必须进行多方面的分析和计算工作。

综合利用水库从各部门任务要求和主次关系来说，可分三种情况。

（1）以某一综合利用部门为主，其他部门较为次要，正常蓄水位的确定应以满足主要部门为主，兼顾其他部门。例如某枢纽以发电为主要部门，防洪、灌溉、航运为次要部门，次要部门对库容和水量的要求也易于满足，此时可将发电以外的用水要求作为固定值，正常蓄水位的提高仅增加发电效益。此类水库正常蓄水位选择方法基本与发电水库正常蓄水位的选择相同。

（2）水库以某一综合利用部门为主，其他部门次要，而主要部门的要求较为固定，此时可先满足主要部门的要求，不同正常蓄水位方案可相应提高次要部门的综合效益。

（3）各综合利用部门对水库的要求较高或不固定，此时对各综合利用部门矛盾的解决办法，通常可分为两步进行：首先以一个可能的正常蓄水位方案为基础，在不同防洪库容及综合用水方案情况下进行计算分析和比较，求出合理的综合利用方案，然后以同一综合利用方案在不同正常蓄水位下求出合理的正常蓄水位方案。在第一步中动能经济比较包括发电、防洪及灌溉等，第二步只以发电或其他部门的效益进行比较。

下面介绍三种情况确定综合用水方案和选择正常蓄水位的原则和方法。

（1）防洪方面。防洪方面主要是确定合理的防洪库容。防洪库容与防洪标准、调洪方式和下游安全泄量有关，在计算防洪库容时应先确定各方案的防洪标准和相应的洪水过程线，一般情况下各方案的防洪要求应该相同。

防洪库容大小直接影响其他部门的用水要求，在一定坝高情况下，若防洪库容大，则兴利库容小，因而影响发电保证出力和发电量，同时也影响其他部门的用水。但防洪库容大小与洪水下泄量有很大关系，下泄量大则防洪库存容可以小些，而下泄量的大小，又受泄水建筑物及下游堤防安全泄量的限制，也即防洪库容小虽可增加发电及其他用水部门的效益，但却要增加泄水建筑物及下游堤防的投资，这里有一个经济比较问题。但由于防洪问题牵涉面广，因素复杂，经济计算难以全面反映，因此有利的防洪库容，往往不是单纯的经济计算所能决定的，为了选择有利方案，除了经济计算以外，还应从政治、经济等因素进行综合分析。选定防洪库容后，相应地可求定拦洪库容和调洪库容。

（2）灌溉方面。有防洪任务的水库在防洪库容确定后，在某一正常蓄水位情况下，即可进行灌溉用水方案的比较。灌溉用水量只在灌溉期需要，因此灌溉用水量较大时即与经常均匀用水的部门（如发电、航运等）等发生矛盾，如何合理地分配用水量，确定灌溉用水方案是很复杂的，也需要分析和比较后才能确定。

例如为了合理解决灌溉与发电的矛盾，首先要研究灌溉与发电之间的相互影响关系，即假定几个灌溉用水方案分别计算出保证出力 $N_保$ 及多年平均发电量 E，并绘制关系曲线。设计中并不需从经济上确定一个方案，因为灌溉和发电的效益不能单纯地以金额大小来比较，但从曲线中可以看出灌溉和发电矛盾的大小及变化趋势，再结合发电和灌溉部门对水库的要求，即可分析确定一个较有利的灌溉方案。

（3）城市工业用水、航运等其他方面。城市工业用水一般要求保证率较高但用水量不大，与发电等部门矛盾不大，但也不是绝对的，当工业用水量很大而水库库容较小，也可能与其他用水部门发生矛盾，这时也需要进行比较和分析，以确定用水方案。航运对发电和其他部门也有影响，上游通航往往希望正常蓄水位高一些，而下游航运则要求放下的流量大一些，上下游通航时船闸用水要减少发电量，这些都需要经过分析比较予以确定。

此外在综合利用方面，还有过木、卫生、养鱼等问题，在正常蓄水位选择时也要适当考虑。

通过以上的计算和分析，初步确定综合用水方案，然后按此用水方案对不同正常蓄水位进行计算和分析，最后选定有利的正常蓄水位。

第三节　水电站水库死水位的选择

一、选择设计死水位的意义

死水位是指水库在正常运用情况下允许消落的最低水位。水库的正常蓄水位确定以后，即可进行死水位的选择。在正常运行期间，水库水位将在死水位与正常蓄水位之间变动，其变幅即水库的消落深度。由于死水位是根据设计枯水年计算选择的，遇来水大于设计枯水年的年份，水库实际的消落深度可较选定的有利消落深度小些。如遇特别枯水年或其他特殊情况（如战备要求、地震等）水库运行水位也可比死水位略低。

极限死水位（limit water level）是指考虑特殊要求或特殊条件的水库消落水位。极限死水位一般需根据水库淤积高程、人防、冲沙、灌溉引水、水库检修等要求，结合技术上的可能性加以研究选定。电站的进水口高程一般由此水位确定。死水位和极限死水位是两种不同概念的水位，不应混为一谈。在正常蓄水位与设计死水位之间的库容，即为兴利调节库容。在设计死水位与极限死水位之间的库容，则可称为备用库容，如图 6-17 所示。

在一定的水库正常蓄水位下，降低死水位，加大有效库容，可以提高径流的利用程度，满足发电及综合利用部门的需要，但水电站将在较低的平均水头下工作，因此从能量观点来看，应进行方案比较，按保证出力或年发电量最优原则，确定经济上最有利的死水位。

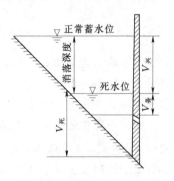

图 6-17　水库死水位与备用库容位置示意图

随着河流的不断开发，上下游梯级水库相继建成后，对设计水电站的死水位将有不同的要求。如果设计电站是梯级开发中的下级电站，其入库径流包括两部分，一部分是上级水库的出库径流，另一部分是区间径流。若设计电站的水库死水位定得比较高，则上级水库的出库径流经过本电站时利用的平均水头也就比较高，进而可增加这部分径流的发电量；反之，若设计电站的水库死水位定得比较低，则这部分径流的发电量相对就要低一些。可见，此时设计水电站的水库死水位适当高一些是有利的。

如果设计电站是梯级开发中的上级电站，其水库死水位定得低一些，则其兴利库容就比较大，枯水期的调节流量也比较大，从而可增大下级电站枯水期的入库流量及调节流量，并提高其保证出力；反之，若设计电站的水库死水位定得高一些，相应的下级电站保证出力相对就要低一些。可见，此时设计水电站的水库死水位适当低一些是有利的。

总之，随着河流梯级水电站的建成，各个水库死水位的确定应注意协调上下游梯级电站效益之间的关系，力求使梯级水电站群的总保证出力或总发电量最大，从而实现河流梯级开发总效益最大的目标。

死水位选择除考虑各有关经济部门的综合效益外，还应考虑泥沙冲淤的影响、水轮机运行情况及闸门制造条件等，通过综合分析比较后加以确定。

　　水能规划设计中，在正常蓄水位已定的情况下，选择死水位的程序大致如下。

　　(1) 根据水库库容特性、综合利用要求、地形地质条件、水工、施工、机电等要求，确定死水位的上下限，在上下限之间拟定几个死水位方案进行比较。

　　(2) 对拟定的各比较方案，根据已有水文、地形和综合用水资料，进行综合利用水量平衡、能量指标和效益指标的计算，并分析各综合利用部门对死水位的具体要求。

　　(3) 初步选定装机容量、机组机型等特征值，计算工程量、投资等，进行经济比较和分析，根据计算成果进行综合分析，确定合理的死水位。

二、各水利部门对死水位的要求

1. 发电的要求

　　在已定的正常蓄水位下，一方面，随着水库消落深度的加大，兴利库容 $V_兴$ 及调节流量均随着增加；另一方面，死水位的降低，相应水电站供水期内的平均水头 $\overline{H}_供$ 却随着减小，因此其中存在一个比较有利的消落深度，使水电站供水期的电能 $E_供$ 最大。

　　为便于分析，可以把水电站供水期的电能 $E_供$ 划分为两部分，一部分为蓄水库容电能 $E_库$，另一部分为天然来水量 $W_供$ 产生的不蓄电能 $E_{不蓄}$，即

$$E_供 = E_库 + E_{不蓄} \tag{6-21}$$

其中

$$E_库 = 0.00272 \eta V_兴 \overline{H}_供 \tag{6-22}$$

$$E_{不蓄} = 0.00272 \eta W_供 \overline{H}_供 \tag{6-23}$$

对于蓄水库容电能 $E_库$，死水位 $Z_死$ 愈低，$V_兴$ 愈大，虽然供水期平均水头 $\overline{H}_供$ 稍小些，但其减小的影响一般小于 $V_兴$ 增加的影响，所以水库消落深度愈大，$E_库$ 亦愈大，只是增量愈来愈小，如图 6-18 上的①线。

　　对于不蓄电能 $E_{不蓄}$，情况恰好相反，由于供水期天然来水量 $W_供$ 是一定的，因而死水位 $Z_死$ 愈低，$\overline{H}_供$ 愈小，$E_{不蓄}$ 也愈来愈小，如图 6-18 上的②线。供水期电能 $E_供$ 是这两部分电能之和〔式 (6-21)〕，当水库消落深度为某一值时，供水期电能可能出现最大值 $E''_供$，如图 6-18 上的③线所示。

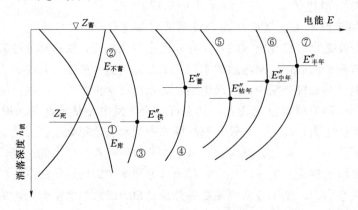

图 6-18　水库消落深度与电能关系曲线

　　至于蓄水期内的电能 $E''_蓄$，由于其中的不蓄电能一般占主要部分，因此比供水期 $E''_供$

所要求的水库消落深度高一些，如图 6-18 上的④线所示。

枯水年电能 $E_{枯年} = E_{枯供} + E_{枯蓄}$，将两根曲线③和④沿横坐标相加，即得枯水年电能 $E_{枯年}$ 与水库消落深度 $h_{消}$ 的关系曲线⑤，从而求出枯水年要求的比较有利的水库消落深度及其相应的 $E''_{枯年}$，如图 6-18 上的⑤线所示。同理，可以求出与中水年最大电能 $E''_{中年}$ 相应的水库消落深度，如图 6-18 上的⑥线所示，与丰水年最大电能 $E''_{丰年}$ 相应的水库消落深度，如图 6-18 上的⑦线所示。

比较这几根曲线可以看出，中水年相应 $E''_{中年}$ 的水库消落深度比枯水年相应 $E''_{枯年}$ 的小一些，即要求的死水位高一些。同理，丰水年相应 $E''_{丰年}$ 的死水位更高些。只有遇到设计枯水年（年调节水库）或设计枯水年系列（多年调节水库）时，供水期末水库水位才消落至设计死水位。在水电站建成后的正常运行时期，为了获得更多的年电能，水电站各年的消落深度应该是不同的。所定的设计死水位也为设计水电站确定进水口位置提供依据。

2. 其他综合利用要求

当下游地区要求水库提供一定量的工业用水或灌溉水量或航运水深时，则应根据径流调节所需的兴利库容选择死水位，如果综合利用各用水部门所要求的死水位，比按发电要求的死水位高时，则可按后者要求选择设计死水位；如果情况相反，当水库主要任务为发电，则根据主次要求，在尽量满足综合利用要求的情况下按发电要求选择设计死水位；当水库主要任务为灌溉或城市供水时，则在适当照顾发电要求的情况下按综合利用要求选择设计死水位。在一般情况下，发电与其他综合利用部门在用水量与用水时间上总有一些矛盾，尤其水电站要担任电力系统的调峰等任务时，下泄流量很不均匀，而供水与航运部门则要求水库均匀地下泄流量，此时应在水电站下游修建反调节水库或用其他措施解决。

当上游地区要求从水库引水自流灌溉，在选择死水位时应考虑总干渠进水口引水高程的要求，尽可能扩大自流灌溉的控制面积。当上游河道尚有航运要求时，选择死水位时应考虑上游港口、码头、泥沙淤积以及过坝船闸等技术条件。

三、以发电为主水库死水位选择的一般步骤与方法

1. 方案的拟订

在一定的正常蓄水位条件下，为了选择有利的消落深度，必须估计消落深度的可能变化范围，分析确定死水位比较方案的上、下限。

确定死水位的上限，一般应考虑以下因素。

（1）所定的死水位应能包括最大平均电能的方案。通常具有最大年平均电能的死水位较具有最大保证出力的死水位高，因此，死水位的上限可考虑略高于具有最大年平均电能所相应的死水位。

（2）当发电水库还有其他综合利用要求时，所定的死水位同时能使设计枯水年份的调节水量满足水库下游综合利用部门（如灌溉、航运、渔业和城镇供水等）最低的调节用水要求和库水位要求。

（3）对调节性能不大的水库，应尽可能保证日调节所必需的库容。

（4）对调节性能较大的水库尚应分析调节性能改变的临界死水位。如水库原有多年调

节的性能，由于死水位抬高而改变了调节性能（仅能年调节）水库运行方式有较大变化而无法适应水电站的任务，或经济指标显然不利时，死水位应以此为上限。

确定死水位的下限，则应考虑下列因素：

（1）考虑综合利用部门的要求。所定死水位的下限不应低于灌溉、城镇供水及发电等引水要求的高程。

（2）考虑泥沙淤积对进水口高程的影响。由于建库后库内流速减缓，泥沙落淤后淤积体逐渐向坝前延伸，进水口前造成大量的粗颗粒泥沙淤积，为避免或减轻大量粗颗粒泥沙通过水轮机，除考虑专门设置排沙底孔外，尚应考虑将进水口高程抬高到一定年限内的淤积高程以上。

（3）应充分注意不良的地形地质条件对死水位的影响。如由于岸坡稳定要求对水库消落水位变幅的限制，又如引水式电站进水口位置由于地形陡峻或岩性、构造条件不好所提出的高程限制等。

（4）进水口闸门制造及启闭能力的限制。从目前国内外设计制造水平看，进水口闸门承受水头的能力和闸门启闭设备的能力尚有一定的限制，因此，死水位的下限不能过低。电站进水口深水闸门有定轮闸门、滑动闸门和弧形闸门。其中定轮闸门和滑动闸门造价低，易维护，滑动闸门承受最大水头的能力比定轮闸门大，承受最大水头的能力目前国内的水平在 $60 \sim 70m$ 左右。

（5）考虑厂家的制造能力。当套用现成机组时，尚应使死水位下限不低于制造厂家所能保证的最低水头。一方面，可避免预想出力降低过多而影响电站效益；另一方面，更可避免由于水头过低而造成机组气蚀、震动等不良后果。

根据对以发电为主的 28 座水库资料的统计，最有利的消落深度均在水电站最大水头的 $20\% \sim 40\%$ 范围内变动，其平均值约为最大水头的 30%。对于综合利用水库，或对下游梯级水电站有较大影响的龙头水库，或者完全多年调节水库，其消落深度一般为最大水头的 $40\% \sim 50\%$。上述统计数据可供选择死水位的上、下限方案时参考。

同正常蓄水位一样，在上、下限确定后即可在此范围内按等高程差或最大水头的百分数再拟定若干个中间方案，以便作全面分析比较。在库容明显变化的转折点或地形地质等条件对死水位有特殊要求处，应增加比较方案。

2. 水利动能经济计算

（1）能量指标分析。由本节第二点的分析可见，对水电站来说，在一定的正常蓄水位下，随着死水位的降低调节库容必然增大，相应的枯水期调节流量必然增加，水库蓄水期弃水也随之减少。但一方面，调节库容增加的趋势一般由于地形的逐渐缩窄呈递减状；另一方面，随着死水位的降低，水头随之降低。

对多年调节水库来说，由于供水期电能所占比重有所增加，故其电能最有利的死水位一般较年调节低。

当调节库容逐渐变化时，设计枯水段有改变的可能，能量指标也可能出现跳跃性的变化。这种情况下，尚需结合水文资料的具体分析，才能正确判断成果的合理性。

在动能经济比较中，水能指标主要为保证出力及多年平均发电量，其中保证出力一般都直接影响水电站的装机容量，故在选择消落深度时一般以保证出力最大为原则。对有较多季节性电能的水电站来说，装机往往由重复容量确定，这时电能大小就起了主导作用，往往死水位偏高一些反而有利。

（2）装机容量选择。死水位选择阶段装机容量的确定，应视电站的具体情况和资料情况采用不同的方法，当电站规模较大而资料又较齐全和可靠时，可以采用电力电量平衡方法，如资料不足、方案较多或电站规模较小也可采用简化方法，如公式计算法、装机年利用小时数法等。

由电力电量平衡方法确定水电站装机容量时，年调节或多年调节水电站的工作容量大小主要取决于保证出力，因此装机容量随死水位变化的规律，一般是与保证出力相一致的，即死水位降低而增加，但死水位过低，由于平均水头降低，保证出力可能反而减小。

对一些有较多季节性电能的水电站，应设置重复容量，不同方案电量差值较大的水电站、地区煤价较高、煤源不足地区的水电站，多装一些重复容量可以较充分地利用水能资源，减少煤耗，因而常常是有利的。

（3）水轮机选择。在一定正常蓄水位下由于不同死水位的变幅有限（只涉及最小水头的范围），机型基本上不会有什么变化，因此，死水位的改变只影响水轮机直径、转速、台数预想出力及其相互关系。

在机型不变的情况下，一方面，随着死水位的降低，装机容量加大，如果台数不变，则需要加大单机容量；另一方面，随着水头的降低，机组的额定出力降低或不足出力（即额定出力与预想出力的差值）增加，为了满足加大容量的要求，如果直径、转速不变，就必须增加机组的台数。不管增加机组台数也好，考虑补偿不足出力的替代措施也好，都必然涉及投资的增加。上述同种情况何者有利，可根据具体情况或进行比较后加以选择。

（4）投资及年运行费。与死水位有关的总投资主要包括水工投资与机电投资两个部分。随着死水位的降低，水工和机电投资都会相应地增加。一方面，由于装机容量大，电站过水能力加大，势将引起进水口闸门、引水道和厂房尺寸的加大，从而增加了水工投资；另一方面，由于消落深度加大，将引起深水闸门的结构要加固、重量加重、启闭设备加大，这将增加金属结构的投资，更由于装机容量的加大，还有可能增加输变电设备、线路与相应油压装置等投资，所以，机电投资总的来说也是增加的。

一般的水工投资的增加无突出的变化，但机电投资遵循一定的规格等级而变，常有可能出现跳跃式的变化，故须根据不同情况做具体分析。年运行费的变化规律基本上与总投资是一致的。

水库有其他综合利用要求时，尚应分析其他各综合利用部门投资及运费的变化规律。如由于死水位降低而造成灌溉及城市工业取水口高程的改变或抽水扬程的增加，从而进一步增加灌溉及城市工业部门的投资和运行费；库区航运由于水位变幅加大而引起一定吨位船舶航深不稳，甚至航深不够，须追加河道疏浚投资或因船闸坝顶高程降低及改建码头等而加航运部门的投资和运行费；木材过坝由于水位变幅加大而引起机械过木设备投资的增加等等。由于综合利用部门各具不同特点，死水位降低与投资增加的关系就难于完全一致，有时甚至会出现大幅度递增的情况，所以，必须根据具体情况认真分析，慎重对待。

3. 方案选定的步骤与方法

以发电为主的水库死水位方案的选定，首先应从能量效益考虑，但同时有其他综合利用任务时，也应分析各综合利用部门对死水位的合理要求。

根据国内一些工程的实践经验，以发电为主的水库死水位选择一般需经不同方案的综合分析。计算步骤如下。

（1）在已定的正常蓄水位条件下，根据库容特性、综合利用要求、地形地质条件、水工、施工、机电设备等要求，确定死水位的上、下限，然后在上、下限之间，拟定若干个死水位方案进行比较。

（2）在水库死水位上、下限之间选择若干个死水位方案，求出相应的兴利库容 $V_兴$ 和水库消落深度 $h_消$；然后对每个方案用设计枯水年或枯水年系列资料进行径流调节，得出各个方案的调节流量 $Q_调$ 及平均水头 $\overline{H}$。

（3）对各个死水位方案，计算保证出力 $N_保$ 和多年平均年发电量 $\overline{E}_水$，通过系统电力电量平衡或采用简化方法，求出各个方案水电站的最大工作容量 $N''_{水工}$、必需容量 $N_{水必}$ 与装机容量 $N_{水装}$。

（4）计算各个方案的水工建筑物和机电设备的投资以及年运行费。死水位的降低，水电站进水口等位置必然随着降低，由于承受的水压力增加，因而闸门和引水系统的投资和年运行费均将随着增加。根据引水系统和机电设备的不同经济寿命，求出不同死水位方案的年费用 $AC_水$。

（5）为使各个死水位方案能同等程度地满足系统对电力、电量的要求，尚需计算各个方案替代电站补充的必需容量与补充的年电量，从而求出不同死水位方案替代电站的补充年费用 $AC_火$。

（6）根据系统年费用最小准则（$AC_系 = AC_水 + AC_火$ 为最小），并考虑综合利用要求以及其他因素，最终选择合理的死水位方案。

选定死水位方案时，还要考虑上下游梯级开发的发展情况、水资源的综合利用及地区能源资源情况等。当设计电站下游将有梯级投入联合运行或需要补偿调节时，设计电站远景的死水位应该比单独运行时低一些。如果预计上游将有大水库投入，设计电站的死水位，也可适当定得高一些。如地区水能资源缺乏，能源有限，电站在系统进一步发展后，需要扩大装机的趋向比较明显，死水位也适当定得低一些。如水量利用系数已经很高时，则不宜再降低死水位。

4. 以发电为主的水库死水位选择实例

已知某大型水库的正常蓄水位为 289m，参阅表 6-4。现拟选择该水库的设计死水位。已知水电站的最大水头 $H'' = 86.5m$，水库为不完全年调节，现假设水库消落深度为最大水头的 25%、30% 及 35% 三个方案。有关水利、动能、经济计算成果参阅表 6-5。

表 6-5 某水电站水库死水位方案比较（正常蓄水位 289m）

序号	项 目	单位	方案1	方案2	方案3	备 注
1	死水位 $Z_死$	m	259	263	267	假设
2	保证出力 $N_保$	万 kW	3.79	3.64	3.45	
3	多年平均年电量 $E_水$	亿 kW·h	5.22	5.35	5.45	

序号	项　　目	单位	方案 1	方案 2	方案 3	备　　注
4	水电站必需容量 $N_水$	万 kW	18.95	18.20	17.25	
5	水电站引水系统造价 $I_水$	万元	68220	65520	62100	
6	水电站引水系统造价年摊还值 $R_水$	万元	5576.50	5355.79	5076.23	$I_水(A/P,i_s,n=50)$
7	水电站引水系统年运行费 $U_水$	万元	1705.50	1638.00	1552.50	$I_水×2.5\%$
8	水电站引水系统年费用 $AC_水$	万元	7282	6993.79	6628.73	$R_水+U_水$
9	替代电站补充必需容量 $\Delta N_火$	万 kW	0	0.83	1.87	$1.1\Delta N_水$
10	替代电站补充年电量 $\Delta \overline{E}_火$	亿 kW·h	0.24	0.11	0	$1.05\Delta \overline{E}_水$
11	替代电站补充造价 $\Delta I_火$	万元	0	3300	7480	$4000\Delta N_火$
12	替代电站补充造价年摊还值 $\Delta R_火$	万元	0	309.14	700.72	$\Delta I_火(A/P,i_s,n=25)$
13	替代电站补充年运行费 $\Delta U_火$	万元	0	165.00	374.00	$\Delta I_火×5\%$
14	替代电站补充年燃料费 $\Delta U'_火$	万元	120.75	52.50	0	$0.05\Delta \overline{E}_火$
15	替代电站补充年费用 $AC_火$	万元	120.75	526.64	1074.72	（12）＋（13）＋（14）
16	系统年费用 $AC_系$	万元	7402.75	7520.43	7703.45	（8）＋（15）

对计算成果的分析如下。

（1）各死水位方案在技术上都是可行的。从系统年费用看，以死水位 259m 方案较为有利。

（2）水库设计死水位较低，调节库容较大，相应调节流量也较大，便于满足综合利用用水量要求。

（3）如水库设计死水位低于 259m，则灌溉引水高程不能满足扩大自流灌溉面积等要求。

综上分析，选择设计死水位 259m 较为有利。

四、其他类型水库死水位选择应注意的问题

（一）综合利用水库的死水位选择

综合利用水库死水位选择的原则与发电水库基本相同，但这两类水库的任务和特点不同，分析研究的重点和内容也不相同，发电水库偏重以发电效益来考虑死水位，而综合利用水库则根据它担负的任务，分清主次，主要考虑各用水部门对死水位的要求，尤其应着重考虑和分析主要部门对死水位的要求。综合利用各用水部门对死水位的要求如下。

1. 灌溉的要求

降低死水位，可以增加灌溉用水量，增加灌溉面积。但死水位的高低直接影响灌溉引水高程和渠系建筑物布置，引水位高，则自流灌溉面积多，提水灌溉面积少，但可能导致交叉工程加高或填方渠道增长，这就需要拟定几个比较方案，通过经济分析，以确定灌溉要求的死水位。

以灌溉为主的水库，有发电任务时，死水位选择应兼顾发电的要求，水库在枯水时期，为了满足下游灌溉用水，常需降低水库死水位，这对发电往往是不利的，但应在符合灌溉要求的前提下，分析其他部门的用水特点，争取获得最大的综合效益。例如某水库以灌溉和工业用水为主，结合发电，由于套用现成机组，发电要求最低库水位为170m，但灌溉要求降低死水位，以增加调节水量，故确定死水位为160m，当库水位低于170m时可以停止发电，以满足灌溉要求。

2. 航运的要求

水库上游有通航要求时，死水位应满足通航河道中规定的最小航深，死水位过低会使航道缩短，或需要采取加深航道，改建码头等措施。

3. 工业、生活用水的要求

当从水库中引水自流给水时，用水部门的控制高程就确定了水库死水位的下限。

4. 水利环保的要求

对库底平坦的水库，库水位过低会出现大片浅水滩，易于生长杂草，造成疟蚊生殖，故死水位应保证浅水区有相当深度。

5. 渔业的要求

死水位应保证渔业的必要发展，水位太低则鱼群拥挤，食料、空气将不足，影响鱼类生存。在气候寒冷地区要考虑冬季结冰问题，应该保证水库冰层以下留有相当的容积不致发生连底冻，使鱼群死亡。

上述各用水部门要求的死水位求出后，再结合其他因素，即可以综合效益最大的原则，选定有利的死水位。

有些水库综合利用要求有一个变化幅度，也可拟定几个比较方案进行比较和分析。例如灌溉为主结合发电的水库，可以在某一选定的正常蓄水位下，拟定几个死水位方案，各方案有效库容不同，其灌溉面积和发电保证出力、年发电量也不同，通过灌溉和发电效益的相互比较，即可初步确定经济上较有利的死水位。

（二）低水头电站水库的死水位选择

前面所述死水位选择的一般特点，主要适用于中、高水头的电站，对于低水头电站（low-head hydropower station）不完全适用。通过国内已建低水头水电站的设计和运行总结可以发现，水头往往是影响低水头电站出力大小的关键，因此，就反映出与高水头电站几乎相反的两个不同特点。

（1）最小出力往往在汛期出现。低水头电站大多数库容较小，调节性能较低，所以，在枯水期运行时，天然流量虽然比较小，却由于利用水头较高，出力不一定很小；而在汛期，上游水位变化不大，但随着天然流量加大，下游水位抬高，水头减少，往往使出力反而减小，遇特大洪水时，甚至发生停电现象。故汛期水头常是发电的关键，电站的保证出力也往往取决于汛期水头的保证程度，这种现象不仅经常出现在多年之间（如丰水年电量反比枯水年电量为小），也还出现在年内（如汛期电量比枯水期为小）。因此，电能随死水位变化的规律与高水头电站不同，应根据具体特点进行分析。例如，某水电站平水年水量接近于多年平均水量，平水年电能比多年平均电能多4.5%，丰水年水量比多年平均水量大28.3%，而丰水年电能仅为多年平均电能的89.3%，枯水年水量只有多年平均水量的28.4%，但枯水年电能却比丰水年还多。

（2）随着死水位的降低，保证出力反而减少。低水头电站由于库容较小，调节作用并不突出，因此，常在较高的死水位时，即出现随着消落深度降低保证出力反而减少的现象。例如，某电站在选择死水位时就发现当水位低于57m时，不仅发电量减少，而且保证出力也随之降低，同时还由于航深不足，影响了库区通航，因此最终选定死水位为57m。

第四节　水库防洪特征水位选择

一、水库防洪计算的任务

在规划设计阶段水库防洪计算的主要任务是：根据水文计算提供的设计洪水（design flood），通过调节计算及投资和效益分析，从而确定防洪库容（flood control capacity）、坝高（dam height）和泄洪建筑物（flood releasing structure）尺寸。整个计算大体可归纳为以下几点。

1. 收集计算所需基本资料

（1）设计洪水资料。包括大坝设计洪水、校核洪水。水库下游有防洪任务时还需要与下游防洪标准相应的设计洪水，坝址至下游防护区的区间设计洪水，上下游洪水遭遇组成方案或分析资料。

（2）泄洪能力资料。包括各种方案的溢流堰和泄水底孔的泄洪能力曲线。

（3）库容曲线。包括库容特性曲线和面积特性曲线。

（4）有关经济资料。

2. 拟定比较方案

根据地形、地质、建筑材料、施工设备等条件，拟定水面溢洪道和泄水底孔的型式、位置和尺寸，拟定几种可能的起调水位。

3. 调洪计算

按一定的操作方式进行调洪演算，求水库最高洪水位和最大下泄流量。

4. 方案选择

根据调洪计算成果，计算各方案的大坝造价、上游淹没损失、泄洪建筑物投资、下游堤防造价及下游受淹的经济损失等。通过技术经济比较，选择最优方案。

对于防洪设计阶段，因重点是确定水库泄洪设施类型、尺寸等防洪参数，其所需的泄洪规则可根据经验拟出，用来统一指导各防洪参数方案的调洪演算。其调洪演算的起调水位应选为防洪限制水位。计算步骤必须是自最低一级防洪标准洪水开始，求得防洪高水位和相应防洪库容后，再对更高一级防洪标准洪水进行计算，并取得相应防洪特征水位等成果……依此，直到算完大坝校核洪水。在取得各防洪标准的调洪特征值后，便可进行经济计算。各防洪参数方案都作上述同样计算后，通过技术经济比较与分析可选出最佳方案。

二、水库泄水建筑物型式、尺寸的拟定

水库泄洪建筑物型式主要有底孔（bottom outlet）［包括中孔（mid-level outlet）］、表面溢洪道和泄洪道隧洞三种。底孔可位于坝身的不同高程，可结合用于兴利放水、排沙、放空水库等，还有利于缓和枢纽平面布置上的困难，故常见使用，通常都设有闸门控制。但高程位置愈低，操作运用愈不方便。泄洪隧洞的性能与泄洪孔类似。表面溢洪道泄流量大，操作管理方便，易于排泄冰凌和漂浮物，故使用普遍。但有时引起枢纽平面布置上的困难，故在许多情况下与底孔相结合使用，以发挥各自的优点。溢洪道又有有闸门控

制和无闸门控制之分。小型水库由于常常不硬性负担下游河道的防洪任务，而按工程本身安全要求作防洪设计，故常采用管理十分方便的无闸溢洪道，且不另设其他泄洪设备。但这种情况的无闸溢洪道设计有时还会遇到水库回水淹没上游城镇、交通设施等情况，其相应频率洪水的水库最高洪水位应受到限制。

无闸门溢洪道堰顶高程一般与正常蓄水位齐平。由于水库未设置其他类型的泄洪设备，故防洪限制水位也应为堰顶高程，规划设计时以此为洪水起调水位。

在溢洪道堰顶高程一定的条件下，溢洪道宽度的选择主要取决于坝址地形、枢纽整体布置及下游地质条件所允许的最大单宽流量等因素，应通过技术经济分析比较确定。

三、水库防洪操作方式

对有闸门控制的水库，通常采用固定泄流方式，即当入库流量比较小时，用闸门控制下泄流量，来多少放多少，使之小于闸门全部打开时汛期限制水位对应的下泄流量 $q_{汛限}$，此后闸门打开自由泄流，需要控制下泄流量时，再用闸门控制。

对于无闸门水库，只能按照自由泄流方式，情况与有闸门控制闸门全部打开情况相同。

四、防洪特征水位及相应库容的推求

(一) 防洪限制水位的确定

我国各地区河流汛期的时间与长短不同，例如长江中下游洪水发生的时间为 5—9 月，大洪水一般发生在 6—7 月中旬，黄河下游洪水发生的时间为 7—9 月，大洪水一般发生在 7 月中旬至 8 月中旬。一般在整个汛期内仅有一段时间可能发生大洪水，其他时间仅发生较小洪水，因此水库在汛期内的防洪限制水位就应该不同。在可能发生大洪水的伏汛期内，其防洪限制水位应该低些，在秋汛期内，由于一般仅发生较小洪水，其防洪限制水位就可适当抬高，使防洪库容减小，相应增加兴利库容，从而使防洪库容与兴利库容尽可能多地结合起来。当然并不是各地区河流的洪水都有这样明显的规律性，有些河流在整个汛期内都可能发生大洪水，那么防洪限制水位就不再分期了。

在综合利用水库中，防洪限制水位 $Z_{限}$ 与设计洪水位 $Z_{设洪}$ 和正常蓄水位 $Z_{蓄}$ 之间的相互关系，可以归结为防洪库容的位置问题。现分以下三种情况进行讨论。

(1) 防洪限制水位与正常蓄水位重合。这是防洪库容与兴利库容完全不结合的情况 [图 6-19 (a)]。在整个汛期内，大洪水随时都可能出现，任何时刻都应预留一定防洪库容；汛期一过，入库来水量又小于水库供水量，水库水位开始消落，这样汛末的防洪限制水位，就是汛后的正常蓄水位。

(2) 防洪高水位与正常蓄水位重合。在汛期初，水库只允许蓄到防洪限制水位，到汛末水库再继续蓄到正常蓄水位，这是最理想的情况。因为防洪库容能够与兴利库容完全结合，水库这部分容积，得到充分的综合利用 [图 6-19 (b)]。这种情况可能产生于汛期洪水变化规律较为稳定的河流，或者洪水出现时期虽不稳定但所需防洪库容较小的河流。

(3) 介于上述两种情况之间的情况。显然，这是防洪库容与兴利库容部分结合的情况，也是一般综合利用水库常遇到的情况 [图 6-19 (c)]。

(二) 防洪高水位及防洪库容的推求

对满足下游防洪安全要求的设计洪水过程线进行推求，出现的最高水位即为防洪高水位，该水位与汛期防洪限制水位之间的库容即为防洪库容。

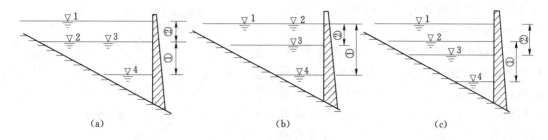

图 6-19　防洪库容位置图

1—防洪高水位；2—正常蓄水位；3—防洪限制水位；4—死水位

①—兴利库容；②—防洪库容

在 t_1 时刻以前，Q 较小，而闸门全开时的下泄流量较大，故闸门不应全开，应以闸门控制，使 $q=Q$。闸门随着 Q 的加大而逐渐开大。直到 t_1 时闸门才全部打开。因为从 t_1 时刻开始，Q 已大于闸门全开自由溢流的 q 值，即来水流量大于可能下泄的流量值，因而库水位逐渐上升。至 t_2 时刻，q 达到 $q_安$，于是用闸门控制，使 $q=q_安$，水库水位继续上升，闸门逐渐关小。至 t_3 时刻，Q 下降至等于 q，水库水位达到最高，闸门也不再关小。t_3 以后是水库泄水过程，水库水位逐渐回降。具体见图 6-20。

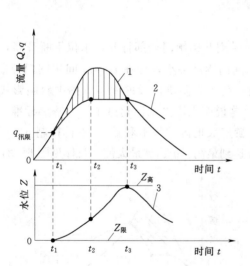

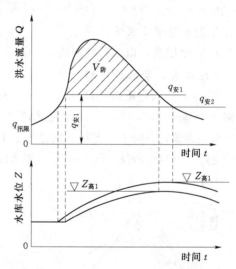

图 6-20　防洪高水位推求过程

1—天然来水流量过程线；2—下泄流量过程线；

3—水库水位变化过程线

图 6-21　防洪高水位与下游安全泄量的关系

选择防洪高水位时，首先应研究水库下游地区的防洪标准。在遭遇水库下游地区防洪标准的洪水时，如何保证下游的安全呢？一种办法是多留些防洪库容，下游河道堤防修建得低一些；另一种办法是防洪库容少留一些，下游堤防修建得高一些。由于正常蓄水位已确定，防洪高水位的高低，不影响水电站的动能效益及其他部门的兴利效益。因此，可以简化经济计算，只需假设若干个下游安全泄流量方案，通过水库调洪计算，求出各方案所需的防洪库容 $V_防$ 及相应的防洪高水位 $Z_高$（图 6-21）。然后分别计算各方案由于设置防

洪库容 $V_\text{防}$ 所需增加的坝体和泄洪工程的投资、年运行费和年费用 $AC_\text{库}$，再计算各方案的堤防工程的年费用 $AC_\text{堤}$，求出总年费用，作出防洪高水位 $Z_\text{防}$ 与总年费用 AC 的关系曲线，具体见图 6-22。根据总年费用 AC 较小的原则，再征求有关部门对堤防工程等方面的意见，经分析比较后即可定出合理的防洪高水位 $Z_\text{防}$ 及相应的下泄安全泄流量值 $q_\text{安}$。根据定出的 $q_\text{安}$ 及相应的河道水位，可以进一步确定水库下游的堤防高程。

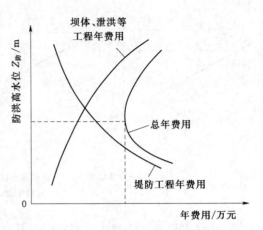

图 6-22　防洪高水位与总年费用的关系

（三）设计洪水位与拦洪库容的推求

入库洪水过程线是满足大坝安全要求的设计洪水过程线。

1. 下游无防洪要求时

在 t_1 时刻以前，以闸门控制使 $q=Q$；t_1 时刻开始闸门全部打开，直至达到最高水位，即为所求的设计洪水位。设计洪水位与汛期限制水位之间的库容称拦洪库容。具体见图 6-23。

2. 下游有防洪要求时

在 t_1 时刻以前，以闸门控制使 $q=Q$；t_1 时刻开始闸门全部打开，水位不断升高，下泄流量不断增大，至 t_2 时下泄流量达到 $q_\text{安}$，闸门逐渐关小，即在 $t_2 \sim t_3$ 间用闸门控制 q 使不大于 $q_\text{安}$，以满足下游防洪要求。至 t_3 时，为下游防洪而设的库容（图中斜阴影线表明的部分）已经蓄满，而入库洪水仍然较大，这说明入库洪水已超过了下游防洪标准。为了保证水工建筑物的安全（实际上也是为了下游广大地区的根本利益），不再控制 q，而是将闸门全部打开自由溢流。至 t_4 时刻，库水位达到最高，q 达到最大值。具体见图 6-24。

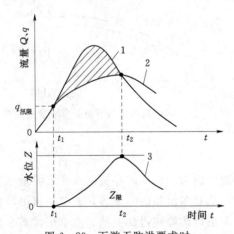

图 6-23　下游无防洪要求时，
水库设计洪水位的推求
1—设计洪水过程线；2—下泄洪水过程线；
3—水库水位变化过程线

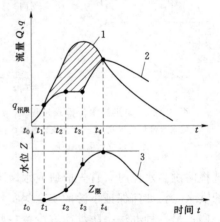

图 6-24　下游有防洪要求时，水库设计
洪水位的推求
1—设计洪水过程线；2—下泄洪水过程线；
3—水库水位变化过程线

以上介绍的仅有一级控制情况，在实际工作中往往还会遇到多级控制情况。对推求设计洪水位而言，在水库 t_3 时刻以前的情况同图 6-24，这时在此以前的允许下泄流量用 $q_{允1}$ 表示，t_3 以后，当下泄流量增大至 $q_{允2}$ 时（t_4 时刻），再以 $q_{允2}$ 控制下泄，至 t_5 时刻水位达到防洪高水位，闸门全部打开，直至达到最高水位（t_6 时刻）。具体见图 6-25。

（四）校核洪水位与调洪库容的推求

入库洪水过程线是满足大坝安全要求的校核洪水过程线。

下游无防洪要求及一级控制情况同设计洪水位的推求。

下游有防洪要求时及多级控制情况，基本上同设计洪水位的推求。需要注意的是：在图 6-25 的 t_5 时刻以后，当 $q_{下泄}=q_{允3}$ 时，逐渐关小闸门以 $q_{允3}$ 下泄；当 $H=Z_{设}$ 时，闸门全部打开，水位不断升高，下泄流量不断增大，出现的最高洪水位即为校核洪水位。校核洪水位与汛期防洪限制水位之间的库容即为调洪库容。多级控制时水库校核洪水位的推求见图 6-26。

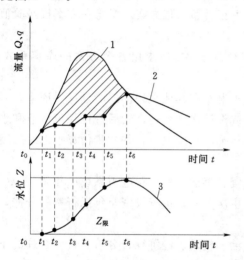 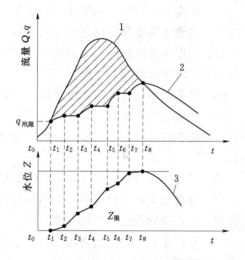

图 6-25 多级控制时，水库设计洪水位的推求　　图 6-26 多级控制时水库校核洪水位的推求
1—设计洪水过程线；2—下泄洪水过程线；　　　　1—设计洪水过程线；2—下泄洪水过程线；
3—水库水位变化过程线　　　　　　　　　　3—水库水位变化过程线

假设在水利枢纽总体布置中已确定溢洪道的型式，因此在定出水库下游的安全泄流量后，就应决定溢洪道的经济尺寸及相应的设计洪水位和校核洪水位。

显然，对一定的防洪限制水位及下游安全泄流量而言，溢洪道尺寸较大的方案，水库最大下泄流量较大，所需的调洪库容较小，因而坝体工程的投资和年运行费用较少，但溢洪道及闸门等投资和年运行费用较大；溢洪道尺寸较小的方案，则情况相反。最后计算各个方案的坝体、溢洪道等工程的总年费用，结合工期、淹没损失等条件，选择合理的溢洪道尺寸。然后经过调洪计算出相应的设计洪水位及校核洪水位。

必须说明，防洪限制水位、下游安全泄流量、溢洪道尺寸及设计洪水位、校核洪水位之间都有着密切的关系，有时需要反复调整，反复修改，直至符合各方面要求为止。

第五节　水电站及水库主要参数选择的程序简介

至本章第四节为止，本书已经讲解了径流调节、水能计算和水电站及水库的主要参数选择。水电站及水库主要参数的选择，主要在初步设计阶段进行。该阶段的主要任务是选定坝轴线、坝型、水电站及水库的主要参数，即要求确定水电站及水库的工程规模、投资、工期和效益等重要指标。对所采用的各种工程方案，必须论证它是符合党的方针政策的，技术上是可行的，经济上是合理的。

因此，在水电站及水库主要参数选择之前，必须对河流规划及河段的梯级开发方案，结合本设计任务进行深入的研究，同时收集、补充并审查水文、地质、地形、淹没及其他基本资料。然后调查各部门对水库的综合利用要求，了解当地政府对水库淹没及移民规划的意见以及有关部门的国民经济发展计划。

关于水电站及水库主要参数选择的内容及具体步骤，大致如下。

（1）根据本工程的兴利任务，拟定若干水库正常蓄水位方案，对每一方案按经验值初步估算水库消落深度及其相应的兴利库容。

（2）根据年径流分析所定出的多年平均年径流量 $\overline{W}_年$，求出各个方案的库容系数 β，从而大致定出水库的调节性能。

（3）根据初估的水电站和水库规模，确定水电站和其他兴利部门的设计保证率。

（4）根据拟定的保证率，选择设计水文年或设计水文系列，然后进行径流调节和水能计算，求出各方案的调节流量、保证出力及多年平均年发电量，并初步估算水电站的装机容量。

（5）进行经济计算，求出各方案的工程投资、年运行费以及电力系统的年费用 $AC_系$。必要时，应根据本水利枢纽综合利用任务及其主次关系，进行投资及年运行费的分摊，求出各部门应负担的投资与年运行费。

（6）进行水利、动能经济比较，并进行政治、技术、经济综合分析，选出合理的正常蓄水位方案 $Z_蓄$。

（7）对选出的正常蓄水位，拟出几个死水位方案，对每一方案初步估算水电站的装机容量，求出相应的各动能经济指标，进行综合分析，选出合理的死水位方案 $Z_死$。

（8）对所选出的正常蓄水位及死水位方案，根据系统电力电能平衡确定水电站的最大工作容量。根据水电站在电力系统中的任务及水库弃水情况，确定水电站的备用容量和重复容量。最后结合机型、机组台数的选择和系统的容量平衡，确定水电站的装机容量 $N_水装$。

（9）同时，根据水库的综合利用任务及径流调节计算的成果，确定工业及城市的保证供水量、灌溉面积、通航里程及最小航深等兴利指标。

（10）根据河流的水文特性及汛后来水、供水情况，并结合溢洪道的型式、尺寸比较，确定水库的汛期防洪限制水位 $Z_汛限$。

（11）根据下游的防洪标准及安全泄流量要求，进行调洪计算，求出水库的防洪高水位 $Z_防$。

（12）根据水库的设计及校核洪水标准，进行调洪计算，求出 $Z_{设洪}$ 及 $Z_{校洪}$。认真研究防洪库容与兴利库容结合的可能性与合理性。

（13）根据 $Z_{设洪}$ 和 $Z_{校洪}$，以及规范所定的坝顶安全超高值，求出大坝的坝顶高程。

（14）为了探求工程最优方案经济效果的稳定程度，应在上述计算基础上，根据影响工程经济性的重要因素，例如工程造价、建设工期、电力系统负荷水平等，在其可能的变幅范围内进行必要的敏感性分析。

（15）对于所选工程的最优方案，应进行财务分析。要求计算选定方案的资金收支流程及一系列技术经济指标，进行本息偿还年限等计算，以便分析本工程在财务上的现实可能性。

必须指出，水电站及水库主要参数的选择，方针政策性很强，往往要先粗后细，反复进行，不断修改，最后才能合理确定。

思 考 题 与 习 题

1. 确定水电站最大工作容量的原则是什么？提高水电站最大工作容量有什么意义？

2. 为什么火电站常担任基荷？是否可以担任峰荷或腰荷？有什么利弊？

3. 如何确定无调节、日调节、年调节、多年调节水电站在电力系统中最有利的工作位置？

4. 如何确定无调节、日调节水电站最大工作容量？

5. 试述确定年调节水电站最大工作容量的方法步骤？为什么水、火电站供水期的负荷划分线应是水平线？

6. 多年调节水电站最大工作容量的确定与年调节水电站有什么区别？

7. 什么是系统电力平衡图？什么是系统电能平衡图？

8. 电力系统中为何要考虑各种备用容量？负荷备用、事故备用和检修备用等容量如何确定？备用容量一般怎样分配到水、火电站上去？

9. 为什么有些水电站要装设重复容量？如何推导确定重复容量的经济年利用小时数的计算公式？

10. 如何绘制日平均流量年持续曲线？怎样把日平均流量年持续曲线换算为日平均出力年持续曲线？

11. 无调节、日调节水电站重复容量如何确定？

12. 不完全年调节、完全年调节、多年调节水电站是否要装重复容量？

13. 确定最大工作容量有哪几种方法？各有什么优缺点？试推导确定最大工作容量的近似公式。

14. 装机容量年利用小时数与重复容量年经济小时数有何区别？装机容量年利用小时数能反映电力系统什么工作情况？

15. 装机容量与年发电量和装机容量年利用小时数有何关系？

16. 选择装机容量的基本依据是什么？装机容量的确定有哪些方法？简述之。

17. 为什么需要通过电力系统的电力电量平衡确定装机容量？电力系统电力平衡图上有哪三条基本线？各有什么意义？

18. 在丰水期，水电站的负荷位置逐渐移向腰荷和基荷工作，应根据哪几个指标和辅助线来确定其工作位置？

19. 为什么在运行中会产生空闲容量和受阻容量？

20. 试分析水库正常蓄水位与防洪、发电、灌溉、城镇供水、航运等各水利部门效益之间的关系。

21. 试述水库正常蓄水位与水利枢纽投资之间的关系。

22. 什么是正常蓄水位的上限方案和下限方案？在拟定时通常虑哪些因素？

23. 试述选择正常蓄水位的步骤与方法。

24. 死水位与各水利部门有何关系？应考虑哪些因素？

25. 在正常蓄水位一定的条件下，随着水库消落深度的加大，水电站的保证电能有何变化？

26. 试述选择死水位的步骤与方法。

27. 试述选择水库防洪特征水位的步骤与方法。

28. 试述水电站及水库主要参数选择的程序。

29. 为什么说水电站及水库主要参数的选择，方针政策性很强，往往先粗后细，反复进行？不断修改？正常蓄水位、死水位和装机容量的选择之间存在什么联系？

30. $E_库$ 和 $E_{不蓄}$ 的计算。

资料：同第五章思考题与习题 37。

试求该水电站的保证电能、$E_库$ 和 $E_{不蓄}$。

第七章　水库群的水利水能计算

利用水库群进行河流综合开发利用已成为常见的水资源开发形式。为此，需要在单一水电站水库规划、运行方式的基础上，科学分析水电站水库群的运行特点，进行库群联合径流调节、水能计算及联合调度，以充分发挥工程作用，获得最大的综合效益。本章主要介绍水库群的分类及补偿特性、梯级水库的水利水能计算、并联水库群的径流电力补偿调节、水电站水库群参数选择以及水库群的蓄放水次序等内容。

第一节　水库群规划概述

水库群（multi-reservoir）的布置，一般可以归纳为以下三种情况。

（1）布置在同一条河流上的串联水库群［图7-1（a）］（也称梯级水库），水库间有密切的水力联系，按枯水入流和正常蓄水位时各库间回水的衔接与否，又分为衔接梯级、重叠梯级和间断梯级三种情况；

（2）布置在干流中、上游和主要支流上的并联水库群［图7-1（b）］，水库间没有直接的水力联系，但共同的防洪、发电任务把它们联系在一起；

（3）以上两者结合的复杂水库群［图7-1（c）］。这是更一般的库群形式，这些水电站之间有的有水力联系，有的有水利联系，又还可能因同处一个电力系统而有电力联系，情况多种多样。

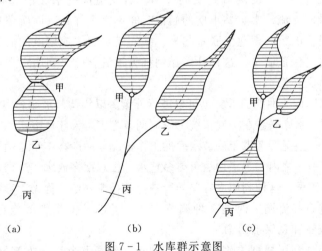

图7-1　水库群示意图

串联水库群的布局是根据河流的梯级开发方案确定的。河流梯级开发方案是根据国民经济各部门的发展需要和流域内各种资源的自然特征，以及技术、经济方面的可能条件，针对开发整条河流所进行的一系列的水利枢纽布局。其中的关键性工程常是一系列具有相当库容的水库，从而形成了串联水库群。制订梯级开发方案的主要目的，在于通过全面规划来合理安排河流上的梯级枢纽布局，然后由近期工程和选定的开发程序，逐步实现整个流域规划中各种专业性规划所承担的任务。当然，全河流的各梯级枢纽都必须根据所在河段的具体情况，综合地承担上述任务中的一部分。制定出河流梯级开发方案，不仅明确了全河的开发治理方向，还给各种专业性规划提供了可靠的依据。

以往研究河流梯级开发方案时，往往比较多地考虑发电要求，强调尽可能多地合理利用河流的天然落差，尽可能充分地利用河流的天然径流，使河流的发电效益尽可能地好。随着国民经济的不断发展，实践证明水利是国民经济的基础产业。因此，开发利用河流的水资源时，要考虑各除害、兴利部门的要求，强调综合效益尽可能地大。在研究河流梯级开发方案时，一定要认真贯彻综合利用原则，满足综合效益尽可能大的要求。

当然，研究以发电为主的河流综合利用规划方案时，有些好的经验还是应该吸取的。例如，梯级开发方案中，应尽可能使各梯级电站"首、尾相连"（即使上一级电站的发电尾水和下一级电站的水库回水有一定的搭接），以便充分利用落差。遇到不允许淹没的河段，尽可能插入引水式或径流式电站来利用该处落差。梯级水电站的运行经验还证明，上游具有较大水库的梯级方案比较理想，这样可以做到"一库建成，多站受益"。

在制订以防洪、治涝、灌溉为主要任务的河流综合利用规划时，往往采取在干流上游以及各支流上兴建水库群的布置方式。这种方式不但能减轻下游洪水威胁，而且能有效截蓄山洪，既能解决中、下游两岸带状冲积平原的灌溉问题，又能解决上游丘陵区的灌溉问题。分散修建的水库群淹没损失小，移民安置问题容易解决，而且易于施工，节省投资，可更好地满足需要，更快地收益。应该指出，为充分发挥大、中型水库在综合治理和开发方面的大作用，其位置要合理选择。

水库群之间可以相互进行补偿，补偿作用有以下两种。

（1）根据水文特性，不同河流间或同一河流各支流间的水文情况有同步和不同步两种。利用两河（或两支流）丰、枯水期的起讫时间不完全一致（即所谓水文不同步情况）、最枯水时间相互错开的特点把它们联系起来，共同满足用水或用电的需要，就可以相互补充水量，提高两河的保证流量，这种补偿作用称为径流补偿。利用水文条件的差别来进行的补偿，则称为水文补偿。

（2）利用各水库调节性能的差异也可以进行补偿。以年调节水库和多年调节水库联合工作为例，如果将两个水库联系在一起来统一研究调节方案，设年调节水库工作情况不变，则多年调节水库的工作情况要考虑年调节水库的工作情况，一般在丰水年适当多蓄些水，枯水年份多放些水；在一年之内，丰水期尽可能多蓄水，枯水期多放水。这样，两水库联合运行就可提高总的枯水流量。这种利用库容差异所进行的径流补偿，称为库容补偿。

径流补偿是进行径流调节时的一种调节方式，考虑补偿作用就能更合理地利用水资源，提高总保证流量和总保证出力。

在拟定河流综合利用规划方案时，水库群可能有若干个组合方案同样能满足规划要求，这时要对每个水库群方案进行水利水能计算，求出各特征值，以供方案比较。进行水库群的水利水能计算在决定联合运行的水库群的最优蓄放水次序时，也是一项极为重要的工作。水库群水利水能计算涉及的水库数目较多，影响因素比较复杂，计算还要涉及综合利用要求，所以解决实际问题比较繁杂。限于篇幅，本章在介绍水库群水利水能计算时只涉及基本概念和基本方法，作为今后进一步研究水库群水利水能计算的基础。

第二节　梯级水库的水利水能计算

一、梯级水库的径流调节

首先讨论梯级水库（cascade reservoir）甲、乙〔图 7-1（a）〕共同承担下游两处的防洪任务问题。确定各水库的防洪库容时，应充分考虑各水库的水文特性、水库特性以及综合利用要求等，使各水库分担的防洪库容，既能满足下游防洪要求，又能符合经济原则，获得尽可能大的综合效益。如果水库到防洪控制点丙处的区间设计洪峰流量（符合防洪标准）不大于两处的安全泄量，则可根据两处的设计洪水过程线，按洪水调节介绍的计算方法求出所需总防洪库容。这是在理想的调度情况下求出的，因而是防洪库容的一个下限值，实际上各水库分担的防洪库容总数常要大于此数。

由于防洪控制点以上的洪水可能有各种组合情况，因此甲、乙两库都分别有一个不能由其他水库代为承担的必需防洪库容。乙库以上来的洪水能为乙库再调节，而甲丙之间的区间洪水甲库无法控制。如果甲库坝址以下至乙库坝址间河段本身无防洪要求，则乙库必须承担的防洪库容应根据甲乙及乙丙区间的同频率洪水按丙处下泄安全泄流量的要求计算得出。乙水库的实际防洪库容如果小于这个必需防洪库容，则遇甲丙间出现符合防洪标准的洪水时，即使甲水库不放水也不能满足丙处的防洪要求。

在梯级水库间分担防洪库容时，根据生产实践经验，应让本身防洪要求高的水库、水库容积较大的水库、水头较低的水库和梯级水库的下一级水库等多承担防洪库容。但要注意，各水库承担的防洪库容不能小于其必需防洪库容。

如果梯级水库群主要承担下游灌溉用水任务，则进行径流调节时，首先要作出灌区需水图，将乙库处设计代表年的天然来水过程和灌区需水图绘在一起，就很容易找出所需的总灌溉库容（图 7-2 上的两块阴影面积）。接下来的工作是在甲、乙两库间分配这个灌溉库容。先要拟订若干个可行的分配方案，对各方案算出工程

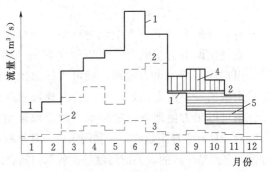

图 7-2　灌溉库容分配示意图
1—乙坝址处天然来水过程；2—灌区需水图；
3—甲、乙坝址区间来水；4—乙库供水；
5—甲库供水

量、投资等有关指标，然后进行比较分析，选择较优的分配方案。在拟订方案时，要考虑乙库的必需灌溉库容问题。当灌区比较大，灌溉需水量多，或者在来水与需水间存在较大矛盾时，考虑这个问题尤为必要。因为甲、乙两库坝址间的区间来水只能靠乙库调节，其必需灌溉库容就是用来蓄存设计枯水年非灌溉期的区间天然来水量的（年调节情况），或者是蓄存设计枯水段非灌溉期的区间天然来水量的（多年调节情况），具体数值要根据区间来水、灌溉需水，并考虑甲库供水情况分析计算求得。

对主要任务是发电的梯级水库，常见情况是各水库区均建有水电站。这里以两个梯级水库的径流年调节为例，用水量差积曲线图解法说明梯级水电站径流调节的特点（图7-3）。梯级水电站径流调节是从上面一级开始的。对第一级水库的径流调节，其方法在水电站最大过水能力 Q_{T1} 和水库兴利库容 $V_甲$ 已知时，和单库调节是一样的。

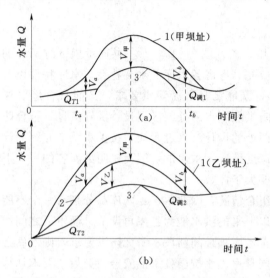

图7-3　梯级水电站径流年调节示意图
1—甲坝址处水量差积曲线；2—修正后的乙坝址处
水量差积曲线；3—满库线

对于下一级水库的径流年调节，首先应从其坝址处的天然来水水量差积曲线（按未建库前的水文资料绘成）上各点的纵坐标值中，减去当时蓄存在上一级水库中的水量［图7-3（b）］，得出修正的水量差积曲线。修正的目的是将上一级水库的调节情况正确地反映出来。如图7-3所示，到 t_a 时刻为止，上一级水库中共蓄水量 V_a，因此从上一级水库流到下一级的径流量就要比未建上级水库前少 V_a。所以，就要从下一级水库的天然来水水量差积曲线上 t_a 时刻的水量纵坐标值减去 V_a，得出修正后 t_a 时刻的水量差积值。依此类推，就可作出修正的下一级水库水量差积曲线。接下来的调节计算，在水电站的最大过水能力 Q_{T2} 和兴利库容 V_z 为已知时，又和单库时的情况一样了。当有更多级的串联水库时，要从上到下一个个地进行调节计算。

在径流调节的基础上，可以像单库的水能计算那样，计算出每一级的水电站出力过程，根据许多年的出力过程，就可以作出出力保证率曲线。将梯级水库中各库出力保证率曲线上的同频率出力相加，可以得出梯级水库总出力保证率曲线，在该曲线上，根据设计保证率可以很方便地求出梯级水库的总保证出力值。

对于具有多种用途的综合利用水库，其水利水能计算要复杂一些，但解决问题的思路和要遵循的原则是一致的，关键问题是在各部门间合理分配水量。解决此类比较复杂的问题时，要建立数学模型（正确选定目标函数和明确各种约束条件），利用合适的数学方法来求解。

二、梯级水库的径流补偿

为了说明径流补偿（runoff regulation）的概念和补偿调节（compensation regulation）计算的特点，先看图7-4所示的简化例子：甲水库为年调节水库，乙壅水坝处为无调节水库，甲、乙间有支流汇入。乙处建壅水坝是为了引水灌溉或发电。为了充分利用水资源，甲库的蓄放水必须考虑对乙处发电用水和灌溉用水的径流补偿。调节计算的原则是要充分利用甲、乙坝址间支流和区间的来水，并尽可能使甲库在汛末蓄满，以便利用其库容来最大限度地提高乙处的枯水流量，更好地满足发电、灌溉要求。

下面对图7-4所示的开发方案，用实际资料来说明补偿所得的实际效果，以了解解决问题的思路。水库甲的兴利库容为 $180(\text{m}^3/\text{s})\cdot$ 月。设计枯水年枯水期水库甲处的天然

来水流量 $Q_{天,甲}$ 和区间来水流量（包括支流的）$Q_{天,区}$ 资料见图 $7-5$（a）、（b）。为了进行比较，特研究以下两种情况。

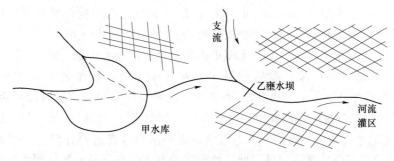

图 $7-4$ 径流补偿调节示意图

（1）不考虑径流补偿情况。水库甲按本库的有利方式调节，使枯水期调节流量尽可能均衡。因此，用第三章推荐公式算得 $Q_{调,甲}=180\mathrm{m}^3/\mathrm{s}$，如图 $7-5$（c）所示，该图上的竖线阴影面积表示水库甲的供水量，水平直线 3 表示水库甲的放水过程（枯水期 10 月至来年 3 月），它加上支流和区间的来水过程，即为乙坝址处的引用流量过程，如图 $7-5$（e）上的 4 线所示。保证流量仅为 $190\mathrm{m}^3/\mathrm{s}$。

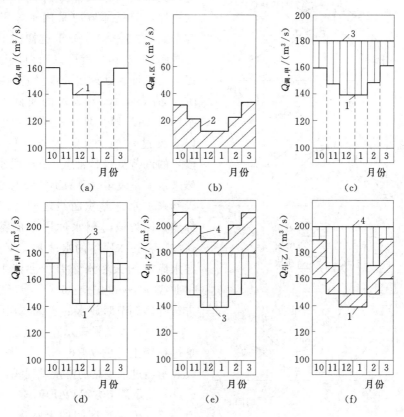

图 $7-5$ 径流补偿示意图

1—甲水库枯水期天然来水流量（10 月至次年 3 月）过程；2—区间来水流量过程；

3—甲水库枯水期放水过程；4—乙坝址处的引用流量过程

（2）考虑径流补偿情况。这时，水库甲应按使乙坝址处枯水期引用流量尽可能均衡的原则调节（水库放水时要充分考虑区间来水的不均衡情况）。为此，先要求出乙坝址处的天然流量过程线，它为图 7-5（a）和（b）中 1、2 两线之和（同时间的纵坐标值相加）。然后根据这来水资料进行调节，仍用公式算得 $Q_{调，乙} = 200\text{m}^3/\text{s}$ ［图 7-5（f）］。它减去各月份的支流和区间来水流量，即为水库甲处相应月份的放水流量 ［图 7-5（d）］。

根据例子可以看出：像一般的梯级水库那样调节时，坝址乙处的保证流量仅为 $190\text{m}^3/\text{s}$（枯水期各月流量中之小者），而考虑径流补偿时，保证流量可提高至 $200\text{m}^3/\text{s}$，约提高 5.3%。这充分说明径流补偿是有效果的。比较图 7-5（c）和（d）以及（e）和（f），可以清楚地看出两种不同情况（不考虑径流补偿和考虑这种补偿）下水库甲处和坝址乙处放水流量过程的区别，如果坝址乙处要求的放水流量不是常数，则水库甲的调节方式应充分考虑这种情况，即它的放水流量要根据被补偿对象处（本例中是坝址乙处）的天然流量多少确定。

从上面例子可以看到在枯水期进行补偿调节计算的特点和径流补偿的效果。对丰水期的调节计算，仍用水量差积曲线图解法来说明径流补偿的特点。

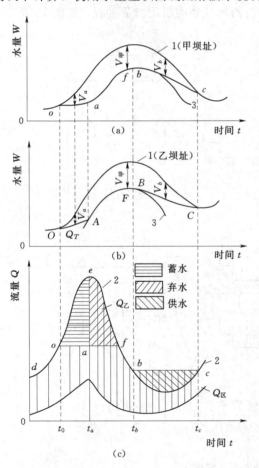

图 7-6　径流补偿调节（区间来水较小时）
1—天然水量差积曲线；2—天然流量过程线；3—满库线

先根据乙坝址处的天然水量差积曲线进行调节计算，具体方法和单库调节情况的一样，只是库容应采用水库甲的兴利库容 $V_甲$（图 7-6）。关于这样做的理由，看一看图 7-5（f）就可以明白。通过调节可以得出坝址乙处放水的水量差积曲线 $OAFBC$。图 7-6（b）表示的实际方案是：丰水期（OAF 段）坝址乙处的水电站尽可能以最大过水能力 Q_T 发电，供水期（BC 段）的调节流量是常数，FB 段水电站以天然来水流量发电。$OAFBC$ 线与水电站处的天然来水水量差积曲线之间各时刻的纵坐标差，即为该时刻水库甲中的蓄水量。把这些存蓄在水库中的水量 V_a、$V_甲$、V_b、……在水库甲的天然水量差积曲线上扣除，得出曲线 $oafbc$ ［图 7-6（a）］，它是水库甲进行补偿调节时放水的水量差积曲线。

调节计算结果表示在坝址乙处的天然流量过程线上 ［图 7-6（c）］。图上 $doaefbc$ 线表示经过水电站的流量过程线，它与图 7-6（b）所示调节方案 $OAFBC$ 是一致的。其中有一部分流量是区间的天然流量（$Q_区 - t$），其余流量是从上级水库放下来的，在图上用虚线表示。上级水库放下的流量时大时小，正说明该水库担负了径流补偿任务。上游水库放下的流量是与图 7-6（a）上调节方案 $oafbc$ 一致的。

应该说明，区间天然径流大于水电站最大过水能力时，对上述调节方案中的水库蓄水段要进行必要的修正，修正的步骤如下。

（1）在图 7-7（a）上，对调节方案的 oa 段进行检查，找出放水流量为负值的那一段，然后将该段的放水流量修正到零，即这段时间里水库甲不放水，直至它蓄满为止。图 7-7（a）的 13 段平行于 $Q=0$ 线，它就是放水流量为零的那一段，点 3 处水库蓄满。t_1t_2 时段内，水电站充分利用区间来水发电，而且还有无益弃水。

（2）将 t_1t_2 时段内各时刻水库甲中的实有蓄水量，从坝址乙处天然来水水量差积曲线的纵坐标中减去，就得到 t_1t_2 时段内修正的水电站放水量差积曲线，如图 7-7（b）上 1～3 间的曲线段。这段时间内的区间来水流量均大于水电站的最大过水能力。

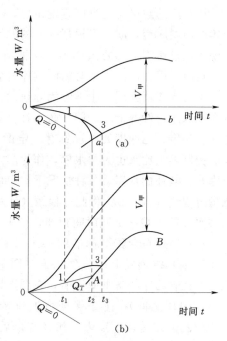

图 7-7　径流补偿调节（区间来水大时）

需要说明，水库甲若距坝址乙较远，而且电站乙担负经常变化的负荷时，调节计算工作要复杂些，因为这时要计及水由水库甲流到电站所需的时间。由于水库甲放出的水量很难在数量上随时满足电站乙担负变动负荷时的要求，故这时水库甲的供水不当处需由水电站处的水库进行修正。这些属于修正性质的比较精确的调节，称为缓冲调节。这种调节在一定程度上也有补偿的作用，故可以把它当作补偿调节的一种辅助性调节。

上面以简化的例子说明了梯级水库径流补偿的概念，如果在水库甲处也修建了水电站，则这时不仅要考虑两电站所利用流量的变化，还应考虑它们水头的不同。因此，应该考虑两水电站间的电力补偿问题。

第三节　并联水库群的径流电力补偿调节计算

一、并联水库的径流补偿

先讨论并联水库（parallel reservoir）甲、乙［图 7-1（b）］共同承担下游两处防洪任务的问题。如果水库甲、乙到防洪控制点丙的区间设计洪峰流量（对应于防洪标准）不大于丙处的安全泄量，则仍可按丙处的设计洪水过程线，按前述方法求出所需总防洪库容。

在并联水库甲、乙间分配防洪库容时，仍先要确定各库的必需防洪库容。如果丙处发生符合设计标准的大洪水，乙丙区间（指丙以上流域面积减去乙坝址以上流域面积）也发生同频率洪水，设乙库相当大，可以完全拦截乙坝址以上的相应洪水，此时甲库所需要的防洪库容就是它的必需防洪库容。它应根据乙丙区间同频率洪水按丙处以安全泄量泄洪的情况计算求出。同理，乙库的必需防洪库容，应根据甲丙区间（指丙处以上流域面积减去甲水库以上流域面积）发生符合设计标准的洪水，按丙处以安全泄量泄洪情况计算求出。

两水库的总必需防洪库容确定后，由要求的总防洪库容减去该值，即为可以由两水库分担的防洪库容，同样可根据一定的原则和两库具体情况进行分配。有时求出的总必需防洪库容超过所需的总防洪库容，这种情况往往发生在某些洪水分布情况变化较剧烈的河流。这时，甲、乙两库的必需防洪库容就是它们的防洪库容。

上游水库群共同承担下游丙处防洪任务时，一般需考虑补偿问题，但由于洪水的地区分布、水库特性等情况不同，防洪补偿调节方式是比较复杂的，在设计阶段一般只能概略考虑。当甲、乙两库处洪水具有一定的同步性，但两水库特性不同时，一般选调洪能力大、控制洪水比重也大的水库，作为防洪补偿调节水库（设为乙库），另外的水库（设为甲库）为被补偿水库。这种情况下，甲库可按其本身防洪及综合利用要求放水，求得下泄流量过程线（$q_甲 - t$），将此过程线（计及洪水流量传播时间和河槽调蓄作用）和甲乙丙区间洪水过程线 $Q_丙 - t$ 同时间相加，得出（$q_甲 + Q_丙$）的过程线。

在乙库处符合防洪标准的洪水过程线上，先作 $q_{安,丙}$（丙处安全泄量）线，然后将（$q_甲 + Q_丙$）线倒置于 $q_{安,丙}$ 线下面（图 7-8），这条倒置线与乙库洪水过程线所包围的面积，即代表乙库的防洪库容值，在图上以斜阴影线表示。当乙库处的洪水流量较大时（图 7-8 上 AB 之间），为了保证丙处流量不超过安全泄量，乙库下泄流量应等于 $q_{安,丙}$ 与（$q_甲 + Q_丙$）之差。A 点以前和 B 点以后，乙库洪水流量较小，即使全部下泄，丙处流量也不致超过 $q_{安,丙}$ 值。实际上，A 点以前和 B 点以后的乙库泄流量值要视防洪需要而定。有时为了预先腾空水库以迎接下一次洪峰，B 点以后的泄流量要大于这时的来水流量。

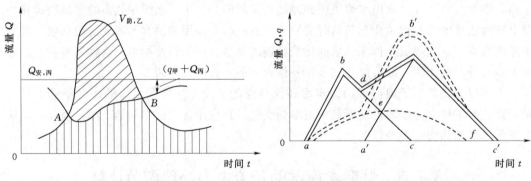

图 7-8　考虑补偿作用确定防洪库容　　　　图 7-9　洪水组合示意图

在甲、乙两库处的洪水相差不大，但同步性较差的情况下，采用补偿调节方式时要持慎重态度，务必将两洪峰尽可能错开，不要使它们组合出现更不利的情况。关于这一点，看一看示意图 7-9 可以理解得更深刻。图上用 abc 和 $a'b'c'$ 分别表示甲、乙两支流处的洪水过程线，$abdb'c'$（双实线）表示建库前的洪水累加线；aef（虚线）表示甲水库调洪后的放水过程线，双虚线表示甲库放水过程线和乙支流洪水过程线的累加线。显然，修建水库甲后由于调节不恰当，反而使组合洪水更大了。从这里也可以看到，选择正确的调节方式十分重要。

并联水库甲、乙在其主要目的是保证下游丙处灌溉和其他农业用水情况下，进行水利计算时，首先，要作出丙处设计枯水年份的总需水图。从该图中逐月减去设计枯水年份的区间来水流量，就可得出甲、乙两水库的需水流量过程线，如图 7-10（a）的 1 线。其次，要确定补偿水库和被补偿水库。一般将库容较大、调节性能较好，对放水没有特殊限制的水库作为补偿水库，其余的则作为被补偿水库。被补偿水库按照自身的有利方式进行调节。设甲、乙两库中的乙库是被补偿水库，按其自身的有利方式进行泾流调节，设计枯水年仅有两个时期，即蓄水期和供水期，其调节流量过程线如图 7-10（a）的 2 线所示。从水库甲、乙的需水流量过程线（1 线）中减去水库乙的调节流量过程线（2 线），即得出补偿水库甲的需放水流量过程线，如图 7-10（b）的 3 线所示。

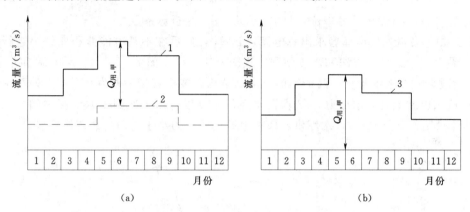

图 7-10　推求甲水库的需放水流量过程线
1—需水流量过程线；2—乙库调节流量过程线；3—甲库需放水流量过程线

如果甲库处的设计枯水年总来水量大于总需水量，则说明进行泾流年调节即可满足用水部门的要求，否则要进行多年调节。根据甲水库来水过程线和需水流量过程线进行调节时，调节计算方法与单一水库的情况是相同的，这里不重复。应该说明，如果乙水库也是规划中的水库，则为了寻求合理的组合方案，应该对乙水库的规模拟定几个方案进行水利计算，然后通过经济计算和综合分析，统一研究决定甲、乙水库的规模和工程特征值。

二、并联水库水电站的电力补偿

如果在图 7-1（b）所示甲、乙水库处均修建水电站，则因两电站间没有直接泾流联系，它们之间的关系就和其他跨流域水电站群一样。当这些电站投入电力系统共同供电时，如果水文不同步，也就自然地起到水文补偿的作用，可以取长补短，达到提高总保证出力的目的。倘若调节性能有差异，则可通过电力系统的联系进行电力补偿。这时补偿电站可将它对被补偿电站所需补偿的出力，考虑水头因素，在本电站的泾流调节过程中计算得出。由此可见，水电站群间的电力补偿还是和泾流补偿密切联系着的。因此，进行水电站群规划时，应同时考虑泾流、电力补偿，使电力系统电站群及其输电线路组合得更为合理，主要参数选择得更加经济。

关于电力补偿调节计算的方法，对初学者来说，还是时历法较易理解。这里介绍电力补偿调节的电当量法。其方法要点是用河流的水流出力过程代替天然来水过程，用电库容代替泾流调节时所用的水库容，然后按泾流调节时历图解法的原理进行电力补偿调节。

对同一电力系统中的若干并联水库水电站，用电当量法进行补偿调节时，调节计算的具体步骤如下。

（1）将各水电站的天然流量过程，按出力计算公式 $N = AQ\overline{H}$（kW）算出不蓄出力过程。水头 $\overline{H}$ 可采用平均值，即上、下游平均水位之差。初步计算时，上游平均水位可近似地采用 $V_{死} + 0.5V_{兴}$ 相应之库水位，下游平均水位近似地采用对应于多年平均流量的水位。式中 Q 值应是天然流量减去上游综合利用引水流量所得的差值。

（2）各电站同时间之不蓄出力相加，即得总不蓄出力过程，根据它绘制出不蓄电能差积曲线。如计算时段用一个月，则不蓄电能的单位可用 kW·月。

（3）根据各电站的水库兴利库容，按公式 $E_{库} = A_E V_{兴} \overline{H}$（kW·月）换算为电库容，式中的 $V_{兴}$ 以 (m^3/s)·月为单位，$\overline{H}$ 以 m 计，A_E 为折算系数。

（4）根据各电站的电库容求出总电库容 $\sum E_{库}$，然后在不蓄电能差积曲线上进行调节计算（图 7-11），具体方法和水量差积曲线图解法一样。图 7-11 上表示的调节方案是：ab 段（注脚 1、2 表示年份）两个年调节水电站均以装机容量满载发电，b 点处两水库蓄满，bc 段水电站上有弃水出力，cd 段两水库放水（以弃水情况到供水情况之间，往往有以天然流量工作的过渡期），水库供水段两电站的总出力小于它们的总装机容量。

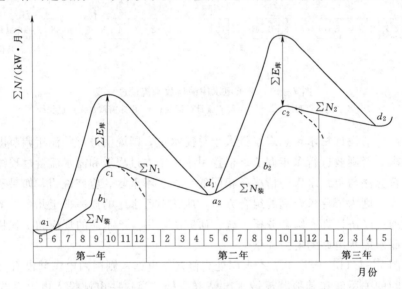

图 7-11　电力补偿调节的电当量法

（5）对库容比较大而天然来水较小的电站，检查其库容能否在蓄水期末蓄满（水库进行年调节情况），其目的是避免用某一电站库容去调节另一电站水量的不合理现象。检查的办法是将该电站在丰水期（如图 7-11 上的 ac 段）间的不蓄电能累加起来，看是否大于该电站的电库容比。如查明电库容蓄不满，则应将蓄不满的部分从 $\sum E_{库}$ 中减去，得 $\sum E'_{库}$，利用修正后的总电库容进行调节计算，以求符合实际情况的总出力。在这种情况下，丰水期两电站能以多大出力发电，也要按实际情况决定。显然，不但能在丰水期蓄满水库，而且有弃水出力的那个水电站，能以装机容量满载发电（实际运行中还要考虑是否有容量受阻情况）；虽能蓄满水库但无弃水出力的水电站，其丰水期的实际发电出力，可根据能量平衡原理计算出。

图 7-12 是两个并联年调节水库枯水年的调节方案，原方案以 $abcd$ 线表示，水库电当量为 $\sum E_库$。经复查，有一水库即使水电站丰水期不发电也蓄不满，不足电库容为 $\Delta E_库$，实际水库电当量为 $\sum E'_库$。因此，丰水期仅有一个电站能发电，修正后的调节方案以 $a'b'c'd'$ 线表示。

（6）根据补偿调节的总出力 $\sum N$，按大小次序排队，绘制其保证率曲线（图 7-13 上 1 线）。根据设计保证率在图上可求出补偿后的总保证出力。为了比较，将补偿前各电站的出力保证率曲线同频率相加，得总出力保证率曲线（图上 2 线），比较图 7-13 上的曲线 1 和 2，可以求得电力补偿增加的保证出力 $\Delta\sum N$。

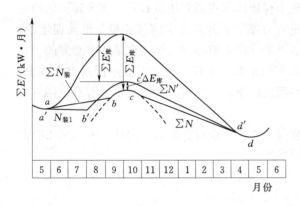

图 7-12　枯水年份的电力补偿

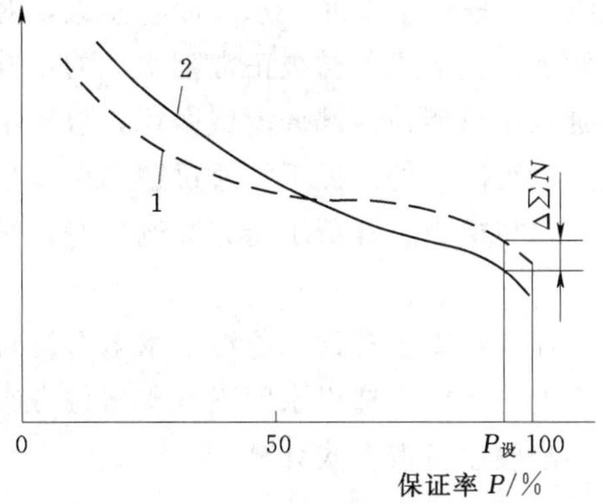

图 7-13　电力补偿前后总出力保证率曲线比较
1—补偿后的保证率曲线；2—补偿前的保证率曲线

实践证明，遇到综合利用要求比较复杂，以及需要弄清各个电站在电力补偿调节过程中的工作情况时，调节计算利用时历列表法进行比较方便。方法要点可参考径流调节这一章的介绍。

第四节　水电站水库群参数选择

水电站的主要参数包括正常蓄水位、死水位和装机容量，前面已介绍了单一水电站这些参数的确定方法，即：先拟定若干个正常蓄水位方案，对任一指定的正常蓄水位方案，选择合理的死水位，然后确定其装机容量，并计算这 3 个参数组合下的电站动能指标及经济效益。根据动能经济指标值。结合其他因素，最终选定正常蓄水位。对于水电站群这 3 个参数的选择，不仅要考虑参数之间的相互关联性，还要考虑各电站间错综复杂的关系，因此，不能仅依据上述方法来孤立地确定各电站的设计参数，本节简要介绍应用系统方法确定水电站群各参数优化组合的模型和算法。

对于并联水电站群，各库间的联系仅是系统负荷和水文、库容的补偿问题，其三个参数联合优选的重要性和复杂性不如串联形式，因此本节着重介绍梯级水电站群的优选方法，并联水电站群可参考梯级水电站的优选和一般水利系统的参数优选方法来进行。

梯级水电站三个主要参数原则上应联合优选，但要建立并求解整体优选模型是比较困难的，因此可采用分解的方法，其基本思路是：对于拟订的一组各电站正常蓄水位组合，建立寻求相应死水位的数学模型；对于给出的水电站群正常蓄水位和死水位的组合方案，建立寻求水电站群装机容量分配的数学模型；最后进行各电站正常蓄水位的优选。

一、梯级水电站正常蓄水位选择

梯级水库正常蓄水位与梯级枢纽布置有密切关系，其布置的一般原则是，为充分利用河流落差，梯级各库在正常蓄水位时的回水曲线应相互衔接，但为了避免重要城镇、农田等的淹没，以及地质条件的限制，有时不可能衔接而牺牲部分落差，则放弃高坝，改为多级低水头开发。除利用落差外，梯级开发还要利用水量。河流水量的利用程度取决于径流的调节程度，因此在梯级开发时，最好要有几个调节性能较好的水库，来控制和调节全河径流。一般最上游龙头水库库容愈大，对整个梯级的水资源利用愈有利，该水库不同的正常蓄水位就形成了梯级正常蓄水位的不同组合方案。另外，由于河流流量是沿河而增的，上游水库只能控制部分流域面积，故在中游设置一定调节能力的水库也是非常必要的。在满足水头衔接的前提下，通过适当调整各水库的正常蓄水位，也可形成不同的组合方案。此外，在梯级正常蓄水位方案选择时，某些坝址的增减，也可改变梯级正常蓄水位的方案组合。

梯级水库正常蓄水位涉及水电系统规模及其相应的投资和效益。因此，可以采用净效益最大作为优选梯级水库正常蓄水位方案的准则。

净效益可按下式计算：

$$NB = B(E) - C(V, N_y) \tag{7-1}$$

式中　　E——梯级水电站的多年平均发电量，kW·h；

$B(E)$——梯级水电站的年效益，其值为电价与年电量的乘积，万元；

NB——净效益，以年值形式表示，万元；

$C(V, N_y)$——梯级水电站的年费用，包括投资和年运行费，万元；

V——梯级水电站的有效库容；

N_y——梯级水电站的装机容量。

利用式（7-1）计算结果，首先可以对梯级水库正常蓄水位方案按益本比 $B(E)/C(V, N_y) \geq 1$ 的条件，淘汰不可行方案。其次再按净效益最大的准则选出最优的方案。

在梯级水库个数较多的情况下，可能组合方案的数目较大，这时用穷举法比较费时，可以采用修正梯度法来优选梯级的正常蓄水位方案。

首先，拟订出几个比较方案，并根据坝址的具体条件适当地确定各水库正常蓄水位的允许变化范围。以一个初始可行的梯级正常蓄水位方案为基础，从某一水库 i 开始，在固定其他水库正常蓄水位的条件下，分析水库 i 的变化对目标函数的影响。具体来讲，可对水库 i 的正常蓄水位增加 ΔZ，重新进行梯级最优死水位及装机容量最优分配的计算，求出其相应的动能指标及梯级水电站的净效益 NB。若水库 i 的正常蓄水位增加 ΔZ 之后，梯级净效益有所增加，那么可再继续增加 ΔZ，直至其正常蓄水位的增加不能再改善梯级水电站的净效益，或是正常蓄水位已达到其允许的上限，不能再抬高为止。如果一开始抬高正常蓄水位就使净效益有所减少，那么应降低 ΔZ 值，重新计算。

其次，完成了第 i 个水库的正常蓄水位选择计算后，进行第 $i+1$ 个水库的计算。这时，第 i 个水库的正常蓄水位值采用最新的计算结果，第 $i+1$ 个水库的正常蓄水位是可变动的，其余的按方案设定值固定，采用同样的方法进行计算。这样，逐一进行每个水库的正常蓄水位的选择，直至完成全部梯级水电站的分析为止。至此，第1轮计算结束。

由于这是一种逐次渐进的算法，因此，还必须进行第2、3、…、n轮计算，直至后一轮的正常蓄水位与前一轮相比，其差值满足收敛条件。

二、梯级水电站水库死水位的选择

梯级发电水库各库的正常蓄水位选定后，如何选择各库的有利死水位与单库有很大的区别。因为梯级水库任一级死水位的改变，不仅引起本级电站动能指标的改变，同时由于水库下泄流量都将通过下游各电站的机组来发电，影响下游各级电站的动能指标。应该按照整个梯级总的动能指标最优的原则来选择。

再者，由于梯级水库放水次序不同，影响各梯级水电站各时刻的水头，从而也影响动能指标，因此在选择死水位之前，应先大致确定一个合理的梯级放水次序，如各级电站同时放水或各级电站自上而下逐级放水。

梯级水电站水库死水位的选择，是在假定各水库正常蓄水位已定的情况下来进行的。这时死水位的变化对工程投资影响不大，因此最优准则可以用动能指标发电量和保证出力来体现。一般情况下，以发电量最大为目标，求得的死水位略高；以保证出力最大为目标，求得的死水位略低，通常按后者居多。

上述死水位的选择本质上是一个静态问题。可根据水库群空间分布的特点，从上游至下游进行库群编号（$i=1，2，…，N$），这样就可化为多阶段过程，应用动态规划来求解。其中，阶段数为梯级库数，决策变量为第i级水库的死水位Z_i，状态变量为i级水库。某个死水位Z_i下的水库调节流量加上第i库到第$i+1$库的区间来水之和为Q_i，即为下一级水库（第$i+1$级）的入流，决策变量Z_i的每一个决策值对应着第i级水库的一个发电效益，最终要求出使梯级电能达到最大的各水库死水位的组合方案。若以梯级发电量最大为目标，根据动态规划最优性原理，可建立如下递推方程：

$$f_i(Z_i)=\max_{\substack{Z_i\in\Omega_i\\Q_i\in A_i}}[R(Z_i,Q_{i-1})+f_{i-1}(Z_{i-1})] \tag{7-2}$$

式中　$f_i(Z_i)$——第1~i级的总电能的最大值；

　　　R——电能函数，根据出力公式和一定的调度规则来推算；

　　　Ω_i、A_i——第i级水库死水位的上下限约束和对下泄流量的限制；

　　$f_{i-1}(Z_{i-1})$——意义同$f_i(Z_i)$，但当$i=1$时，有$f_0(Z_0)=0$。

按照动态规划的思想，从上游到下游逐阶段进行。当$i=1$时，即只有一个水库时，$f_0=0$，在范围内赋予各种值，根据天然入库流量$Q_{i-1}(i=1)$就可计算电能效益$R(Z_i，Q_{i-1})$，这时不存在求极值问题。第二阶段$i=2$时，同样给Z_i赋以各种值。对于每一个Z_i值，可与上游库的各Z_{i-1}相组合，因各Z_{i-1}同时决定相应的Q_{i-1}，故式（7-2）等号右端的两项均可求出。此两项和的最大值所对应的Z_{i-1}即为下游库为Z_i时的两库联合优选的上游库死水位。如此逐阶段计算$i=3，4，…，N$，在计算完第N库的各Z_N所对应的梯级总电能值$f_N(Z_N)$后，取它们中的最大者，其相应的及由它回代得出的各库死水位，即为梯级水库联合的最优死水位（$i=1,2,\cdots,N$）值。

三、水电站群装机容量的分配

（一）概述

本节要解决的问题是在给定的水电站群（cascade hydropower station）正常蓄水位和死水位的前提下，如何合理确定各电站的装机容量。目前，在一个电力系统中往往有多个水电站和火电站联合工作，共同保证用户的用电需求。因此，应把水电站群作为整体统一考虑，否则容易造成几个水电站争抢峰荷位置，致使水电站群总装机偏大，在水电比重较大的电力系统中出现容量有余、电量不足的局面。

水电站群装机容量分配的一般步骤是：①确定水电站群的最大工作容量。首先考虑径流电力补偿，计算水电站群的总保证出力，然后像单一水电站那样，在设计水平年负荷图上进行电力电量平衡，确定水电站群的最大工作容量。②根据各水电站的特点，定出分配原则。③确定最大工作容量在各水电站之间的分配。④根据各水电站的自身情况，分别论证是否设置重复容量，以及设置备用容量的大小。可以看出，装机容量的分配实际上是最大工作容量的分配。

（二）分配原则

（1）对已建和在建的水电站，它们装机容量已定，可在负荷图上划出最优工作位置，不再参加水电站群装机容量的统一分配。一些大的水电站，其自身设计水平年远于统一的设计水平年，应参加分配，但分配的结果只是该电站到该水平年时被利用的容量，最终的装机容量应根据自身的设计水平年来确定。小型水电站或设计水平年比较近的水电站，应从中划出，不参加统一分配。

（2）无调节水电站应按其保证出力的值，从水电系统最大工作容量中划出，让其在基荷工作。一般将调节性好的电站位于峰荷位置，以便多装机，发挥其主导作用。

（3）有综合利用任务，水电站应尽量给予满足。若综合利用要求简单或影响不大，水电站宜担任峰荷。某些综合利用要求，可能形成对水电站运行方式的制约，如下游河道有通航要求，水电站应泄放维持航道水深的流量，这时应将满足综合利用要求的用水流量相应的容量单独划出，置于基荷工作，不参加分配。

（4）输电距离近、靠近负荷中心的电站宜多装机；从发展上来看，调峰、调频任务会明显增大的水电站，应考虑多装机。

在实际工作中，可综合上述因素，对各水电站作出具体分析，再通过经济计算，最终确定分配方案。

（三）最大工作容量分配需注意的问题

从上述分析可见，装机容量的分配问题实际上是水电站群最大工作容量扣除不参加分配的工作容量，剩余的水电最大工作容量在待建水电站之间的合理分配。因此，可以用水电站群总费用（投资与年运行费）最小作为最优分配的经济准则，即这个分配实质上是水电站之间容量相互替代的经济问题。即当水电站群的总必需容量为一定时，各水电站间必需容量的组合应使系统年费用为最小。

梯级水电站的特点是相互之间具有水力联系。在进行装机容量选择时，还需要考虑水力联系的特点。根据有关部门调查研究，在选择装机容量时应注意以下三点。

1. 上级水电站的修建对下级水电站能量指标的影响

梯级联合运用的能量效益有时是很大的。有些水电站本身调节性能较差，单独设计时，出力分配极不均匀，供水期保证出力很小，但在上游具有大水库的水电站投入后，从而改变了所设计电站的出力特性，大大提高了保证出力。如果选择装机容量时不考虑上游修建大水库的影响，必然使选出的装机容量偏小。在水能资源缺乏的地区尤应加以注意。即使上游梯级水电站要在所设计水电站投入以后若干年才会投入，也要分析对所选择的装机容量的影响，留有适当余地，对需要加大的那一部分装机容量可以作为预留机组考虑。但设计上应在技术可能和经济合理的条件下，尽量减少初期投资积压。为了论证预留机组的经济效益，除需计算预留机组投入后全部装机容量的动能经济指标外，还要对预留机组部分的动能经济指标作出专门的说明。

2. 上、下级水电站修建对综合利用任务的影响

当所设计水电站有航运、灌溉等综合利用任务时，水电站的放水必须满足这些要求。这必然会影响装机容量大小。如某水电站，在单独设计时，为满足下游航运要求，可选定一台机组在基荷运行，但考虑下游某水电站投入的情况，设计电站就转为调峰，从而加大工作容量，这时该电站需要扩大为两台机组；又如，黄河上游某水电站，原设计已考虑下游灌区一定发展水平的灌溉用水要求，但当下游某水利枢纽投入后，为下游灌区发展创造了条件，灌溉用水增长很快，致使上游水电站的保证出力降低，使其装机容量不能充分发挥作用。

3. 协调上、下级水电站的过水能力

古田溪梯级共建设了 4 个电站，第一级电站装机总过水能力为 $67.2\mathrm{m}^3/\mathrm{s}$，而第二、三、四级电站过水能力超过第一级电站的 2 倍，与第一级电站差别很大，而区间流量很小，加以日调节库容限制，致使下游梯级电站装机未能充分利用。因此在设计时，一定要注意协调梯级间的过水能力，并结合各电站在日负荷图上的位置及可能的日调节库容进行全面研究，得出合理的成果。

第五节　水库群的蓄放水次序

一、并联水电站水库群蓄放水次序

水电站群联合运行时，考虑水库群的蓄放水次序是一个很重要的问题，正确的水库群蓄放水次序，可以使它们在联合运行中总的发电量最大。

凡是具有相当于年调节程度的蓄水式水电站，它用来生产电能的水量由两部分组成：一部分是经过水库调蓄的水量，它生产的电能称为蓄水电能，这部分电能的大小由兴利库容的大小决定；另一部分是经过水库的不蓄水量，它生产的电能称为不蓄电能，这部分电能的大小在不蓄水量值一定的情况下，与水库调蓄过程中的水头变化情况有很密切的关系。如果同一电力系统中有两个这样的电站联合运行，由于水库特性不同，它们在同一供水或蓄水时段为生产同样数量电能所引起的水头变化是不同的，这样就使以后各时段中当同样数量的流量通过它们时，引起出力和发电量的不同。因此，为了使它们在联合运行中总发电量尽可能大，就要使水电站的不蓄水量在尽可能大的水头下发电。这就是研究水库

群蓄放水次序的主要目的。

设有两个并联的年调节水电站在电力系统中联合运行，它们的来水资料和系统负荷资料均为已知，水库特性资料也已具备。在某一供水时段，根据该时段内水电站的不蓄水量和水头，两电站能生产的总不蓄出力 $\sum N_{不蓄}$ 为

$$\sum N_{不蓄i} = N_{不蓄,甲i} + N_{不蓄,乙i} \tag{7-3}$$

如果该值不能满足当时系统负荷 $N_{系i}$ 的需要，根据系统电力电量平衡还要水库放水补充出力 $N_{库i}$，则该值可由式（7-4）求定：

$$N_{库i} = N_{系i} - \sum N_{不蓄i} \tag{7-4}$$

设该补充出力由水电站甲承担，则水库需放出的流量 $Q_{甲i}$ 为

$$Q_{甲i} = \frac{dV_{甲i}}{dt} = \frac{F_{甲i}dH_{甲i}}{dt} = \frac{N_{库i}}{AH_{甲i}} \tag{7-5}$$

式中　$dV_{甲i}$——某时段 dt 内水库甲消落的库容；

　　　$F_{甲i}$——某时段内水库甲的库面积；

　　　$dH_{甲i}$——某时段内水库甲消落的深度；

　　　A——出力系数，设两电站采用的数值相同。

如果补充出力由水电站乙承担，则需流量：

$$Q_{乙i} = \frac{F_{乙i}dH_{乙i}}{dt} = \frac{N_{库i}}{AH_{乙i}} \tag{7-6}$$

式中符号的意义同前，注脚乙表示水电站乙。根据式（7-3）和式（7-4）可得

$$dH_{乙i} = \frac{F_{甲i}H_{甲i}}{F_{乙i}H_{乙i}}dH_{甲i} \tag{7-7}$$

式（7-7）表示两水库在第 i 时段内的水库面积、水头和水库消落水层深度三者之间的关系。应该注意，该时段的水库消落水层深度不同会影响以后时段的发电水头，从而使两水库的不蓄电能损失不同。两水库的不蓄电能损失值可按下式求定：

$$\left. \begin{array}{l} dE_{不蓄,甲} = \dfrac{W_{不蓄,甲}\ dH_{甲i}\eta_{水,甲}}{367.1} \\[3mm] dE_{不蓄,乙} = \dfrac{W_{不蓄,乙}\ dH_{乙i}\eta_{水,乙}}{367.1} \end{array} \right\} \tag{7-8}$$

式中　$W_{不蓄,甲}$、$W_{不蓄,乙}$——甲、乙水库在 i 时段以后来的供水期不蓄水量；

　　　$\eta_{水,甲}$、$\eta_{水,乙}$——水电站甲、乙的发电效率。

对于在同一电力系统中联合运行的两个水电站，如果希望它们的总发电量尽可能大，就应该使总的不蓄电能损失尽可能小。为此，就需要根据式（7-8）中的两计算式来判别确定水库的放水次序。显然，在 $\eta_{水,甲} = \eta_{水,乙}$ 时，如果

$$W_{不蓄,甲}\ dH_{甲i} < W_{不蓄,乙}\ dH_{乙i} \tag{7-9}$$

则水电站甲先放水发补充出力以满足系统需要较为有利；反之，则应由水电站乙先放水。将式（7-7）中的关系代入式（7-9），可得水电站先放水为有利的条件为

$$\frac{W_{不蓄,甲}}{F_{甲i}H_{甲i}} < \frac{W_{不蓄,乙}}{F_{乙i}H_{乙i}} \tag{7-10}$$

令 $W_{不蓄}/FH = K$，则水电站水库的放水次序可据此 K 值来判别。

在水库供水期初，可根据各库的水库面积、电站水头和供水期天然来水量计算出各库的 K 值，哪个水库的 K 值小，该水库就先供水。应该注意，由于水库供水而使库面下降，改变 F、H 值，各计算时段以后（算到供水期末）的 $W_{不蓄}$ 值也不同，所以 K 值是变的，应该逐时段判别调整。当两水库的 K 值相等时，它们应同时供水发电。至于两电站间如何合理分配要求的 $N_库$ 值，则要进行试算决定。

在水库蓄水期，抬高库水位可以增加水电站不蓄电能。因此，当并联水库群联合运行时，亦有一个蓄水次序问题，即要研究哪个水库先蓄可使不蓄电能尽可能大的问题。也可按照上述决定水电站水库放水次序的原理，找出蓄水期蓄水次序的判别式：

$$K' = \frac{W'_{不蓄}}{FH} \tag{7-11}$$

式中　$W'_{不蓄}$——自该计算时段到汛末的天然来水量减去水库在汛期尚待存蓄的库容。

该判别式的用法与供水期情况正好相反，即应以 K' 值大的先蓄有利。应该说明，为了尽量避免弃水，在考虑并联水库群的蓄水次序时，要结合水库调度进行。对库容相对较小、有较多弃水的水库，要尽早充分利用装机容量满载发电，以减少弃水数量。

对于综合利用水库，在决定水库蓄放水次序时，一定要认真考虑各水利部门的要求，不能仅凭一个系数 K 或 K' 值来决定各水电站水库的蓄放水次序。

二、串联水电站水库群蓄放水次序

设有两个串联的年调节水电站在电力系统中联合运行，某一供水时段要依靠其中任一电站的水库放水来补充出力。如果由上游水库供水，那么它可提供的电能为

$$dE_{库,甲i} = \frac{F_{甲i} dH_{甲i} (H_{甲i} + H_{乙i}) \eta_{水,甲}}{367.1} \tag{7-12}$$

式中符号代表的意义和前面并联水库情况相同。式（7-12）中计及 $H_{乙i}$，是因为上游水库放出的水量还可通过下一级电站发电。

如果由下游水库放水发电以补出力之不足，则水库乙提供的电能按式（7-13）决定：

$$dE_{库,乙i} = \frac{F_{乙i} dH_{乙i} H_{乙i} \eta_{水,乙}}{367.1} \tag{7-13}$$

因要求 $dE_{库,甲i} = dE_{库,乙i}$，仍设 $\eta_{水,甲} = \eta_{水,乙}$，所以可得

$$dH_{乙i} = \frac{F_{甲i}(H_{甲i} + H_{乙i})}{F_{乙i} H_{乙i}} dH_{甲i} \tag{7-14}$$

对于水库甲来说，不蓄电能损失的计算公式和并联水库情况相同，而对水库乙则有差别，其计算公式应该是

$$dE_{不蓄,乙} = \frac{(W_{不蓄,甲} + V_甲 + W_{不蓄,乙}) dH_{乙i} \eta_{水,乙}}{367.1} \tag{7-15}$$

式（7-15）反映了上游水库所蓄水量 $V_甲$ 及其不蓄水量 $W_{不蓄,甲}$ 均通过下游水库这个特点，而 $W_{不蓄,乙}$ 为两电站间的区间不蓄水量。

在串联水库情况下，上游水库先供水有利的条件为

$$W_{不蓄,甲} \, dH_甲 < (W_{不蓄,甲} + \overline{V}_甲 + W_{不蓄,乙}) dH_{乙i} \tag{7-16}$$

将式（7-13）代入式（7-15），可得上游水库先供水的有利条件为

$$\frac{W_{不蓄,甲}}{F_{甲i}(H_{甲i}+H_{乙i})} < \frac{(W_{不蓄,甲}+V_甲+W_{不蓄,乙})}{F_{乙i}H_{乙i}} \tag{7-17}$$

如果令 $W_{不蓄,总}/F\sum H = K$，式（7-17）中分子表示流经该电站的总不蓄水量，分母中的 $\sum H$ 表示从该电站到最后一级水电站的各站水头值之和，则串联水电站水库的放水次序可根据此 K 值来判别，哪个水电站水库的 K 值较小，那个水库就先供水。同理，可以推导出蓄水期的蓄水次序判别式。

同样，对有综合利用任务的水库，在确定蓄放水次序时，应认真考虑综合利用要求，这样才符合前面强调的水资源综合利用原则。

思 考 题

1. 水库群分为哪些类型？各有何特点？
2. 试述河流梯级开发方案选择的原则与方法。
3. 梯级水库布置的原则是什么？要注意哪些问题？
4. 梯级水库径流调节和水能计算的原理是什么？
5. 试述梯级水库的径流补偿调节的原理及作用？
6. 试述并联水库的径流补偿调节的原理及作用？
7. 试述并联水电站径流电力补偿调节解决的主要问题及其计算方法。
8. 如何选择梯级水电站正常蓄水位、死水位和装机容量？
9. 试推导并联水库放水次序判别值 K 的计算公式。
10. 如何确定并联水电站水库群的蓄放水的次序？
11. 如何确定串联水电站水库群的蓄放水的次序？

第八章 水 库 调 度

　　水电站建成后，面临的首要问题是如何合理运用及管理水库。水电站的工作特点之一，是与河川径流有直接的密切的联系，而河川径流的变化是随机的，但又具有一定的变化规律，因此，为了更好地满足系统用电及各综合利用部门的用水要求，需要根据径流规律编制水库调度图（graph of reservoir operation），指导水电站的运行工作。本章主要介绍水库调度（reservoir dispatching）的意义、特点及分类，水库常规调度以及水库优化调度。

第一节　水库调度的意义、特点及分类

一、水库调度的意义

　　前面讨论的都是水利水电规划方面的问题，核心内容是论证工程方案的经济可行性，并选定水电站及水库的主要参数。待工程建成以后，水行政主管部门和管理单位最为关心的问题是如何将工程的设计效益充分发挥出来，为经济社会发展多做贡献。但是，生产实践中水利工程尤其是水库工程的管理上存在一定的困难。主要原因是：水库工程的工作情况与所在河流的水文情况密切有关，而天然的水文情况是多变的，即使有较长的水文资料也不可能完全掌握未来的水文变化。目前水文和气象预报科学的发展水平还不能作出足够精确的长期预报，对河川径流的未来变化只能作一般性的预测。

　　在难以确切掌握天然来水的情况下，管理上常可能出现各种问题。例如，在担负有防洪任务的综合利用水利枢纽上，若仅从防洪安全的角度出发，在整个汛期内都要留出全部防洪库容，等待洪水的来临，这样在一般的水灾年份中，水库到汛期后可能蓄不到正常蓄水位，因此减少了充分利用兴利库容来获利的可能性，得不到最大的综合效益。反之，若单纯从提高兴利效益的角度出发，过早将防洪库容蓄满，则汛末再出现较大洪水时，就会措手不及，甚至造成损失严重的洪灾。从供水期水电站的工作来看，也可能出现类似的问题。在供水期初如水电站过分地增大了出力，则水库很早放空，当后来的天然水量不能满足要求水电站保证的出力时，则系统的正常工作将遭受破坏；反之，如供水期初水电站发的出力过小，到枯水期末还不能腾空水库，而后来的天然来水流量又可能很快蓄满水库并开始弃水，这样就不能充分利用水能资源，白白浪费了大量能源，很不经济。

　　为了避免上述因水库管理不当而造成的损失，或将这种损失减少到最低限度，就应当对水库的运行进行合理的控制，即要提出合理的水库调节方法进行水库调度。水库调度是指：根据水库承担任务的主次及规定的调度规则，运用水库的调蓄能力，在保证大坝安全的前提下，有计划地对入库的天然径流进行蓄泄，达到除害兴利、综合利用水资源、最大限度地满足国民经济各部门需要的目的。

　　我国的大中型水库，一般都具有防洪、发电、航运、灌溉、工农业生产以及人民生活用水等综合利用任务。自 20 世纪 70 年代起，我国的水资源逐渐受到污染，生态系统逐渐受到破坏，因此以保护环境为目的水库生态调度也变得非常重要，成为多目标水库调度的重要组成部分。水库多功能特征决定了水库调度作为水库运行管理的中心环节，是实现水库安全运行、充分发挥水库综合效益的重要保障。水库调度的好坏不仅直接关系上、下游人民群众生命财产的安全，而且也关系相关行业系统、地方部门乃至整个国家的经济效益。实施合理科学的水库调度，对于确保水库安全，充分发挥防洪和兴利、生态等综合效益，实现水资源的合理配置和可持续利用，促进经济社会可持续发展及人与自然和谐相处，具有十分重要的意义。

二、水库调度的特点

　　作为水库运行管理的技术手段，水库调度具有以下特点。

　　1. 多目标性

　　水库工程多功能的特性，决定了水库调度时要综合考虑各部门、各地区、上下游、左右岸各方面的安全和利益，按照多目标综合治理、利用和保护的原则，妥善处理各方面的矛盾，协调相互的利害关系，进行统一调度。这也就决定了水库调度的复杂性和多学科性的特点。水库调度不仅是水利问题，还涉及气象、生态、工业、农业、管理、经济、电力、机电设备以及自动化等多学科的知识。

　　2. 风险性

　　河川径流、电力负荷、气候条件、其他用水信息等因素可视为随机变量，由确定性的变化和随机性变化两部分组成。而这些因素的随机性直接决定了水电站及其水库的运行调度方式具有一定的风险性。例如对防洪来说，虽然水库调洪能够减少洪水灾害，但是出现始料未及的特大洪水时，也难以避免洪灾。水库调度的目的之一就是要把这种风险限制在规定的范围内。

　　3. 经济性

　　以水电站水库调度为例，由于水电站利用的水能资源是可再生的清洁能源，其运行费用相对较低，且与发电量大小关系不大，而通过水电站水库的合理调度，可以在保证工程安全的前提下，提高天然径流的利用效率，增加发电效益。可见，水库调度具有明显的经济性。

　　4 灵活性

　　仍以水电站水库调度为例，一方面，水电站可以针对河川径流来水、电力负荷、其他用水信息的随机性，灵活机动地调节水库的蓄泄水，尽可能地利用水资源；另一方面，水电站中的工程设备，如水轮机等动力设备、闸门及启闭设备等具有启闭迅速、工作灵活的特点，从而保证了水库调度的灵活性。

　　鉴于水库调度的以上特点，水库调度应遵守的基本原则是，在确保工程本身安全的前提下，分清发电与防洪及其他综合利用任务之间的主次关系，统一调度，使水库综合效益尽可能大。其工作内容主要包括：拟定各项水利任务的调度方式；编制水库调度规程、调度方案和年调度计划；确定面临时段（月、旬）水库蓄泄计划；确定日常实时操作规则。

三、水库调度的分类

1. 按调度目标分类

根据水库调度的主要目标，可将水库调度分为防洪调度、兴利调度、综合利用调度等。防洪调度是指根据河流上、下游及水库自身的防洪要求、自然条件、洪水特性、工程情况等，拟定合理的运行方式，控制水库蓄泄洪水的过程；兴利调度是指为满足发电、灌溉、供水、航运等兴利部门的需要，拟定合理的水库运行方式，一般包括发电调度、灌溉调度、供水调度和航运对水库调度的要求等；综合利用调度则是指对综合利用水库，根据综合利用原则，拟定合理的水库运行方式，使国民经济各部门的要求得到较好的协调，获得较好的综合利用效益。

2. 按调度周期分类

根据水库调度的周期，水库调度包括长期调度、短期调度及厂内经济运行。其中，长期调度是指对于具有年调节以上性能的水库，制定合理的运行方式和蓄水、供水方案，将较长时期（季、年、多年）内的水量（能量）合理分配到较短的时段（月、旬、周、日）；短期调度则是将水库长期调度分配给当前时段的水量（能量）在更短的时段间进行合理分配；厂内经济运行是指根据水电站设备的动力特性和动力指标，将水电站的总负荷在机组间进行合理分配，并合理确定运行机组台数、组合和启动、停用计划。

3. 按水库数目分类

根据进行调度的水库数目，水库调度又可分为单一水库调度和水库群（梯级、并联、混联）的联合调度。

4. 按调度方法分类

根据水库调度的方法，水库调度可分为常规调度和优化调度。常规调度是指根据已有的实测水文资料，计算和编制水库调度图，并以此为依据进行水库控制运用的调度方法。优化调度是指遵循优化调度准则，运用最优化技术，寻求较理想的调度方案，使发电、防洪、灌溉、供水等各部门在整个分析期内总体效益最大的调度方法。根据水库数目，水库优化调度可分为单一水库优化调度和水库群优化调度。根据对入库径流的描述和处理方法，水库优化调度又分为确定型优化调度和随机型优化调度。

四、水库调度所需的基本资料

水库调度的基础资料主要分为以下三类。

（1）水库调度的政策法规及标准。如水利水电工程设计及运行管理方面的现行规程、规范等技术标准，《中华人民共和国水法》《中华人民共和国电力法》《中华人民共和国防洪法》等有关法律规定及有关政策文件。这些文件是指导水库调度的依据。

（2）水库调度运用的主要参数及水利动能指标。例如，设计洪水位、校核洪水位、防洪高水位、防洪限制水位、正常蓄水位、综合利用部门要求的运用下限水位和死水位等参数；市政及工业供水量、农业供水量，水电站保证出力及相应的保证率等指标及保证出力图；其他综合利用要求，如灌溉、航运等部门的要求。这些指标都是进行水库调度运用的依据，应根据规划设计文件、上级决定和有关协议文件的规定给予明确。

（3）其他基本资料。例如实测径流资料，包括径流时历特性资料（如历年逐月或旬的平均来水流量资料）和统计特性资料（如年或月的频率特性曲线）以及洪水资料；水库特性资料和下游水位、流量关系资料；水电站水轮机运行综合特性曲线和有压引水系统水头损失特性资料；有关水工建筑物的技术资料；下游河道资料及其他自然地理、社会经济、水文气象资料。

第二节 水库常规调度

水库常规调度是根据水库调度图进行的调度。水库调度图不仅可用以指导水库的运行调度，提高各水利部门的工作可靠性和水量利用率，更好地发挥水库的综合利用作用；同时也可用来合理地确定和校核水库电站的主要参数（装机容量、正常蓄水位和死水位）。大型水利枢纽在规划设计阶段也常用调度图来全面反映综合利用要求以及它们内在的矛盾，以便寻求解决矛盾的途径。

水库调度图是根据过去的水文资料绘制出来的，它只是反映了以往资料中几个带有控制性的典型情况，而未能包括将来可能出现的各种径流特性。实际来水量变化情况与编制调度图时所依据的资料是不尽相同的，如果机械地按调度图操作水库，就可能出现不合理的结果，如发生大量弃水或者汛末水库蓄不满等情况。因此，为了能够使水库做到有计划蓄水、泄水和利用水，充分发挥水库的调蓄作用，获得尽可能大的综合利用效益，必须把调度图和水文预报结合起来考虑，根据水文预报成果和各部门的实际需要进行合理的水库调度。水库基本调度图如图 8-1 和图 8-2 所示。

一、水库常规兴利调度

水库常规兴利调度包括发电、灌溉、供水、航运等兴利部门的用水调度，其主要任务是：依据规划设计的开发目标、运用参数和兴利部门间的主、次关系及要求，合理调配水量、水能，改善水质，充分发挥水库综合利用效益。为了完成这一任务，进行水库兴利调度时，既要遵循兴利调度的原则，又要服从水库调度的总原则。在制订计划时既要保重点任务，又要兼顾其他方面的要求，最有效地综合利用水资源；在核定各用水部门的用水要求时要强调节约用水，计划用水，贯彻"一水多用"的原则；要根据水库调节性能和各用水部门的用水特点，来拟定水库供水原则和调度方式，在设计枯水年份保证正常供水，在丰水年份尽可能增大兴利部门的效益，在特枯年份尽量使各用水部门因供水不足而引起的损失减至最小；库内引水也应纳入水库水量统一分配和统一调度，以保障水资源的综合利用；在制订调度运用计划时，还应注意水环境保护；在实施调度计划时，应参照中、长期水文气象预报成果，适时修正计划以提高水库调度的科学性和合理性。下面以水电站为例，介绍水库兴利调度图中基本调度线的绘制方法。

（一）年调节水电站水库基本调度线的绘制

1. 供水期基本调度线

在水电站水库正常蓄水位和死水位已定的情况下，年调节水电站供水期水库调度的任务是：对于频率等于及小于设计保证率的来水年份，应在发足保证出力的前提下，尽量利用水库的有效蓄水（包括水量及水头的利用）加大出力，使水库在供水期末泄放至死水位。对于设计保证率以外的特枯年份，应在充分利用水库有效蓄水的前提下，尽量减少水电站正常工作的破坏程度。供水期水库基本调度线就是为完成上述调度任务而绘制的。

根据水电站保证出力图与各年流量资料以及水库特性等数据，用列表法或图解法由死水位逆时序进行水能计算，可以得到各种年份指导水库调度的蓄水指示线，如图 8-1 (a) 所示。图 8-1 (a) 上的 ab 线是根据设计枯水年资料作出。它的意义是：天然来水情况一定时，使水电站在供水期按照保证出力图工作，各时刻水库应该具有的蓄水位。设计枯水年供水期初如水库水位在 b 处（$Z_蓄$），则按保证出力图工作到供水期末时，水库水位恰好消落至 a 处（$Z_死$）。由于各种水文年天然来水量及其分配过程不同，如按照同样的保证出力图工作，则可以发现天然来水越丰的年份，其蓄水指示线的位置越低［图 8-1 (a) 上②线］，意即对来水较丰的年份即使水库蓄水量少一些，仍可按保证出力图工作，满足电力系统电力电量平衡的要求；反之，来水越枯的年份其指示线位置越高［图 8-1 (a) 上③线］。

在实际运行中，由于事先不知道来水属于何种年份，只好绘出典型水文年的供水期水库蓄水指示线，然后在这些曲线的右上边作一条上包线 AB［图 8-1 (b)］作为供水期的上基本调度线。同样，在这些曲线的左下边做下包线 CD，作为下基本调度线。两基本调度线间的这个区域称为水电站保证出力工作区。只要供水期水库水位一直处在该范围内，则不论天然来水情况如何，水电站均能按保证出力图工作。

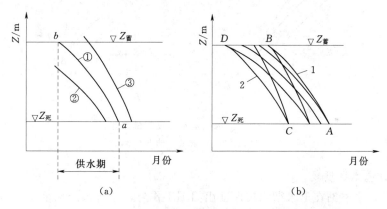

图 8-1 供水期基本调度线
1—上基本调度线；2—下基本调度线

实际上，只要设计枯水年供水期的水电站正常工作能得到保证，丰水年、中水年供水期的正常工作得到保证是不会有问题的。因此，在水库调度中可取各种不同典型的设计枯水年供水期蓄水指示线的上、下包线作为供水期基本调度线，来指导水库的运用。

基本调度线的绘制步骤可归纳如下。

（1）选择符合设计保证率的若干典型年，并对之进行必要的修正，使它满足两个条件：一是典型年供水期平均出力应等于或接近保证出力；二是供水期终止时刻应与设计保证率范围内多数年份一致。为此，可根据供水期平均出力保证率曲线，选择 4～5 个等于或接近保证出力的年份作为典型年。将各典型年的逐时段流量分别乘以各年的修正系数，以得出计算用的各年流量过程。

（2）对各典型年修正后的来水过程，按保证出力图自供水期末死水位开始进行逐时段（月）的水能计算，逆时序倒算至供水期初，求得各年供水期按保证出力图工作所需的水库蓄水指示线。

（3）取各典型年指示线的上、下包线，即得供水期上、下基本调度线。上基本调度线表示水电站按保证出力图工作时，各时刻所需的最高库水位，利用它就使水库管理人员在任何年供水期中（特枯年例外）有可能知道水库中何时有多余水量，可以使水电站加大出力工作，以充分利用水资源。下基本调度线表示水电站按保证出力图工作所需的最低库水位。当某时刻库水位低于该线所表示的库水位时，水电站就要降低出力工作了。

运行中为了防止由于汛期开始较迟，较长时间在低水位运行引起水电站出力的剧烈下降而带来正常工作的集中破坏，可将两条基本调度线结束于同一时刻，即结束于洪水最迟的开始时间。处理方法是：将下调度线（图8-2上的虚线）水平移动至通过A点［图8-2（a）］，或将下调度线的上端与上基本调度线的下端连起来，得出修正后的下基本调度线［图8-2（b）］。

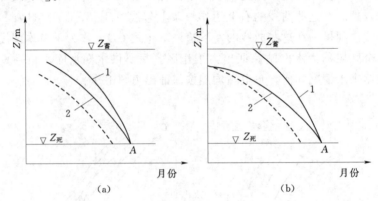

图 8-2 供水期基本调度线的修正
1—上基本调度线；2—修正后的下基本调度线

2. 蓄水期基本调度线

一般地说，水电站在丰水期除按保证出力图工作外，还有多余水量可供利用。水电站蓄水期水库调度的任务是：在保证水电站工作可靠性和水库蓄满的前提下，尽量利用多余水量加大出力，以提高水电站和电力系统的经济效益。蓄水期基本调度线就是为完成上述重要任务而绘制的。

水库蓄水期上、下基本调度线的绘制，也是先求出许多水文年的蓄水期水库水位指示线，然后作它们的上、下包线求得。这些基本调度线的绘制，也可以和供水期一样采用典型年的方法，根据前面选出的若干设计典型年修正后的来水过程，对各年蓄水期从正常蓄水位开始，按保证出力图进行出力为已知情况的水能计算，逆时序倒算求得保证水库蓄满的水库蓄水指示线。为了防止由于汛期开始较迟而过早降低库水位引起正常工作的破坏，常常将下调度线的起点h'向后移至洪水开始最迟的时刻h点，并作gh光滑曲线，如图8-3所示。

上面介绍了采用供、蓄水期分别绘制基本调度线的方法，但有时也用各典型年的供、蓄水期的水库蓄水指示线连续绘出的方法，即自死水位开始逆时序倒算至供水期初，又接着算至蓄水期初再回到死水位为止，然后取整个调节期的上、下包线作为基本调度线。

3. 水库基本调度图

将上面求得的供、蓄水期基本调度线绘在同一张图上，就可得到基本调度图，如图 8-4 所示。该图上由基本调度线划分为 5 个主要区域。

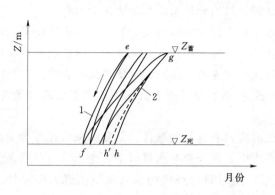

图 8-3 蓄水期水库调度线
1—上基本调度线；2—下基本调度线

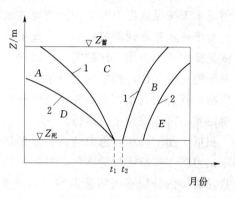

图 8-4 水库基本调度图
1—上基本调度线；2—下基本调度线

（1）供水期出力保证区（A 区）。当水库水位在此区域时，水电站可按保证出力图工作，以保证电力系统正常运行。

（2）蓄水期出力保证区（B 区）。其意义同上。

（3）加大出力区（C 区）。当水库水位在此区域内时，水电站可以加大出力（大于保证出力图规定的）工作，以充分利用水能资源。

（4）供水期出力减小区（D 区）。当水库水位在此区域内时，水电站应及早减小出力（小于保证出力图所规定的）工作。

（5）蓄水期出力减小区（E 区）。其意义同上。

由上述可见，在水库运行过程中，该图是能对水库的合理调度起到指导作用的。

（二）多年调节水电站水库基本调度线的绘制

1. 绘制方法及其特点

如果调节周期历时比较稳定，多年调节水电站水库基本调度线的绘制，原则上可用和年调节水库相同的原理及方法。所不同的是要以连续的枯水年系列和连续的丰水年系列来绘制基本调度线。但是，往往由于水文资料不足，包括的水库供水周期和蓄水周期数目较少，不可能将各种丰水年与枯水年的组合情况全包括进去，因而作出这样的曲线是不可靠的。同时，方法比较繁杂，使用也不方便。因此，实际上常采用较为简化的方法，即计算典型年法，其特点是不研究多年调节的全周期，而只研究连续枯水系列的第一年和最后一年的水库工作情况。

2. 计算典型年及其选择

为了保证连续枯水年系列内都能按水电站保证出力图工作，只有当多年调节水库的多年库容蓄满后还有多余水量时，才能允许水电站加大出力运行；在多年库容放空，而来水又不足以发出保证出力时，才允许降低出力运行。根据这样的基本要求，分析枯水年系列第一年和最后一年的工作情况。

对于枯水年系列的第一年，如果该年末多年库容仍能够蓄满，也就是该年供水期不足水量可由其蓄水期多余水量补充，而且该年来水正好满足按保证出力图工作所需要的水量，那么根据这样的来水情况绘出的水库蓄水指示线即为上基本调度线。显然，当遇到来水情况丰于按保证出力图工作所需要的水量时，可以允许水电站加大出力运行。

对于枯水年系列的最后一年，如果该年年初水库多年库容虽已经放空，但该年来水正好满足按保证出力图工作的需要，因此，到年末水库水位虽达到死水位，但仍没有影响电力系统的正常工作，则根据这种来水情况绘制的水库蓄水指示线，即可以作为水库下基本调度线。只有遇到水库多年库容已经放空且来水小于按保证出力图工作所需要的水量时，水电站才不得不限制出力运行。

根据上面的分析，选出的计算典型年最好应具备这样的条件：该年的来水正好等于按保证出力图工作所需要的水量。我们可以在水电站的天然来水资料中，选出符合所述条件而且径流年内分配不同的若干年份为典型年，然后对这些年的各月流量值进行必要修正（可以按保证流量或保证出力的比例进行修正），即得计算典型年。

3. 基本调度线的绘制

根据上面选出的各计算典型年，即可绘制多年调节水库的基本调度线。先对每一个年份按保证出力图自蓄水期末的允许最高兴利蓄水位（正常蓄水位或防洪限制水位），逆时序倒算（逐月计算）至蓄水期初的年消落水位。然后再自供水期末从年消落水位倒算至供水期初相应的正常蓄水位。这样就求得各年按保证出力图工作的水库蓄水指示线，如图 8-5 上的虚线。取这些指示线的上包线即得上基本调度线（图 8-5 上的 1 线）。

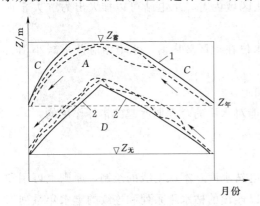

图 8-5　多年调节水库基本调度图
1—上基本调度线；2—下基本调度线

同样，对枯水年系列最后一年的各计算典型年，供水期末自死水位开始按保证出力图逆时序计算至蓄水期初又回到死水位为止，求得各年逐月按保证出力图工作时的水库蓄水指示线。取这些线的下包线作为下基本调度线。

将上、下基本调度线同绘于一张图上，即构成多年调节水库基本调度图，如图 8-5 所示。图上 A、C、D 区的意义同年调节水库基本调度图，这里的 A 区就等同于图 8-4 上的 A、B 两区。

（三）加大出力和降低出力调度线的绘制

在水库运行过程中，当实际库水位落于上基本调度线之上时，说明水库可有多余水量，为充分利用水能资源，应加大出力予以利用；而当实际库水位落于下基本调度线以下时，说明水库存水不足以保证后期按保证出力图工作，为防止正常工作被集中破坏，应及早适当降低出力运行。

1. 加大出力调度线

在水电站实际运行过程中，供水期初总是先按保证出力图工作。但运行至 t_i 时，发现水库实际水位比该时刻水库上调度线相应的水位高出 ΔZ_i（图 8-6）。相应于 ΔZ_i 的这部分水库蓄水称为可调余水量；可用它来加大水电站出力，但如何合理利用，必须根据具体情况来分析。一般来讲，有以下三种运用方式。

（1）立即加大出力。使水库水位在时段末 t_{i+1} 就落在上调度线上（图 8-6 中的①线）。这种方式对水量利用比较充分，但出力不够均匀。

（2）后期集中加大出力（图 8-6 中的②线）。这种方式可使水电站较长时间处于较高水头下运行，对发电有利，但出力也不够均匀。如汛期提前来临，还可能发生弃水。

（3）均匀加大出力（图 8-6 中的③线）。这种方式使水电站出力均匀，也能充分利用水能资源。

当分析确定余水量利用方式后，可用图解法或列表法求算加大出力调度线。

2. 降低出力调度线

如水电站按保证出力图工作，经过一段时间至 t_i 时，由于出现特枯水情况，水库供水的结果使水库水位处于下调度线以下，出现水量不足的情况。这时，系统正常工作难免要遭受破坏。对这种情况，水库调度有以下三种方式。

（1）立即降低出力。使水库蓄水在 t_{i+1} 时就回到下调度线上（图 8-6 中的④线）。这种方式破坏时间也比较短。

（2）后期集中降低出力（图 8-6 中的⑤线）。水电站一直按保证出力图工作，水库有效蓄水放空后按天然流量工作。如果此时不蓄水量很小，将引起水电站出力的剧烈降低。这种调度方式比较简单，且系统正常工作破坏的持续时间较短，但破坏强度大是其最大缺点。采用这种方式时应持慎重态度。

（3）均匀降低出力（图 8-6 中的

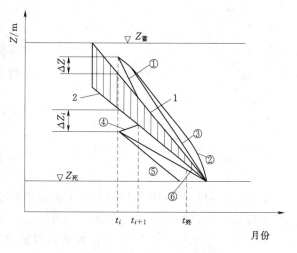

图 8-6　加大出力和降低出力的调度方式
1—上基本调度线；2—下基本调度线

⑥线）。这种方式使破坏时间长一些，但破坏强度最小。时间较长，系统补充容量较易。

一般情况下，常按上述第三种方式绘制降低出力线。

将上、下基本调度线及加大出力和降低出力调度线同绘于一张图上就构成了以发电为主要目的的调度全图。根据它可以比较有效地指导水电站的运行。

二、水库常规防洪调度

对于以防洪为主的水库，在水库调度中当然应首先考虑防洪的需要。对于以兴利为主结合防洪的水库，要考虑防洪的特殊性，《中华人民共和国水法》中明确规定，"开发利用水资源应当服从防洪的总体安排"，故对这类水库，所划定的防洪库容在汛期调度运用时应严格服从防洪的要求，决不能因水库是兴利为主而任意侵占防洪库容。

防洪调度是指运用防洪工程及非工程措施，对汛期发生的洪水，有计划地进行控制调节的工作。水库常规防洪调度是指以防洪调度图为依据，指导水库防洪运行调度。

（一）防洪调度图

防洪调度是水电站水库调度的重要内容，防洪调度图（flood control operation chart）由防洪调度线、防洪限制水位等汛期各个时刻蓄水指示线及由这些指示线所划分的汛期各级调洪区构成，调度图中的校核洪水位、设计洪水位、防洪高水位都是以防洪限制水位为起调水位，分别对水库的校核洪水、设计洪水及相应于下游洪水标准的洪水进行调洪计算推求而来的。可见，防洪限制水位的推求对调度图的确定起着重要的作用。图 8-7 为某水库兴利调度和防洪调度图。其中，1、2 线分别为兴利调度中的上、下基本调度线。水库的防洪调度区也就是汛期为防洪调度预留的水库蓄水区域，其下边界是防洪限制线水位 $Z_限$，右边界是防洪调度线，上边界是对应各标准设计洪水的防洪特征水位（$Z_防$、$Z_设$、$Z_校$）。

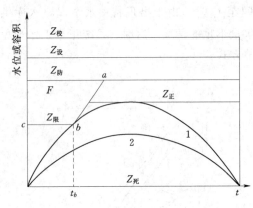

图 8-7　某水库兴利调度和防洪调度图

（二）防洪调度图的绘制方法

防洪调度线的绘制要根据设计洪水可能出现的最迟日期在兴利调度图的上基本调度线上定出汛期防洪限制水位，其与防洪高水位之间的水库容积即为防洪库容值。根据防洪库容值及下游防洪标准的洪水过程线经水库调洪演算得出水库蓄水量变化过程线（对一定的溢洪道方案），然后将该线移到水库兴利调度图上得到防洪限制区。实际工作中，为了确保防洪安全应选择几个不同的典型洪水过程线，分别绘制其蓄水过程，然后取其下包线，即为防洪调度线。

由于防洪和兴利在库容利用上的矛盾客观存在。就防洪来讲，要求水库在汛期预留充足的库容，以备拦蓄可能发生的某种设计频率的洪水，保证下游防洪及大坝的安全。就兴利来讲，总希望汛初就能开始蓄水，保证汛末能蓄满兴利库容，以补充枯水期的不足水量。但是，只要认真掌握径流的变化规律，通过合理的水库调度是可以消除或缓和矛盾的。因此，在绘制防洪调度图时，要分防洪库容和兴利库容结合和不结合两种情况。

1. 防洪库容和兴利库容结合的情况

对位于南方河流上的水库，若历年洪水涨落过程平稳，洪水起止日期稳定，丰枯季节界限分明，河川径流变化规律易于掌握，那么防洪库容和兴利库容就有可能部分结合甚至完全结合。

根据水库的调节能力及洪水特性，防洪调度线的绘制可分为以下三种情况。

（1）防洪库容与兴利库容完全结合，汛期防洪库容为常数。对于这种情况，可根据设计洪水可能出现的最迟日期 t_k，在兴利调度图的上基本调度线上定出 b 点［图 8-8（a）］，该点相应水位即为汛期防洪限制水位。由它与防洪高水位（与正常蓄水位重合）即可确定防洪库容值。根据这库容值和设计洪水过程线，经调洪演算得出水库蓄水量变化过程线（对一定的溢洪道方案）。然后将该线移到水库兴利调度图上，使其起点与上基本调度线上的 b 点相合，由此得出的 abc 线以上的区域 F 即为防洪限制区，c 点相应的时间为汛期开始时间。在整个汛期内，水库蓄水量一超过此线，水库即应以安全下泄量或闸门全开进行泄洪。为便于掌握，可对下游防洪标准相应的洪水过程线和下游安全泄量，从汛期防洪限制水位开始进行调洪演算，推算出防洪高水位。在实际运行中遇到洪峰，先以下游安全泄量放水，到水库中水位超过防洪高水位时，则将闸门全开进行泄洪，以确保大坝安全。

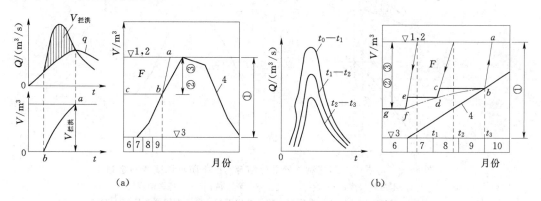

图 8-8　防洪库容与兴利库容完全结合情况下防洪调度线的绘制
1—正常蓄水位；2—设计洪水位；3—死水位；4—上基本调度线
①—兴利库容；②—拦洪库容；③—共有库容

（2）防洪库容与兴利库容完全结合，但汛期防洪库容随时间变化。这种情况就是分期洪水防洪调度问题。如果河流的洪水规律性较强，汛期越到后期洪量越小，则为了汛末能蓄存更多的水来兴利，可以采取分段抬高汛期防洪限制水位的方法来绘制防洪调度线。到底应将整个汛期划分为怎样的几个时段？回答这个问题首先应当从气象上找到根据，从分析本流域形成大洪水的天气系统的运行规律入手，找出一般的、普遍的大致时限，从偏于安全的角度划分为几期，分期不宜过多，时段划分不宜过短。另外，还可以从统计上了解洪水在汛期出现的规律，如点绘洪峰出现时间分布图，统计各个时段内洪峰出现次数、洪峰平均流量、平均洪水总量等，以探求其变化规律。

这里选用了一个分三段的实例，三段的洪水过程线如图 8-8（b）所示。作防洪调度线时，先对最后一段［图 8-8（b）中的 t_2—t_3 段］进行计算，调度线的具体做法同前，然后决定第二段（t_1—t_2）的拦洪库容，这时要在 t_2 时刻从设计洪水位逆时序进行计算。推算出该段的防洪限制水位。用同法对第一段（t_0—t_1）进行计算，推求出该段的 $Z_{汛限}$。连接 $abdfg$ 线，即为防洪调度线。

应该说明，影响洪水的因素甚多，即使在洪水特性相当稳定的河流上，用任何一种设计洪水过程线都很难在时间上和形式上包括未来洪水可能发生的各种情况。因此，为可靠起见，应按同样方法求出若干条防洪蓄水限制线，然后取其下包线作为防洪调度线。

（3）防洪库容与兴利库容部分结合的情况。

在这种情况下，防洪调度线 bc 的绘法与情况（1）相同。如果情况（1）中的设计洪水过程线变大或者它保持不变而下泄流量值减小（图8-9），则水库蓄水量变化过程线变为 ba'。将其移到水库调度图上的 b 点处时，a' 点超出 $Z_蓄$ 而到 $Z_汛限$ 的位置。这时只有部分库容是共用库容（图8-9中的③所示），专用拦洪库容（图8-9中④所示）就是因比情况（1）降低下泄流量而增加的拦洪库容 $\Delta V_拦洪$。

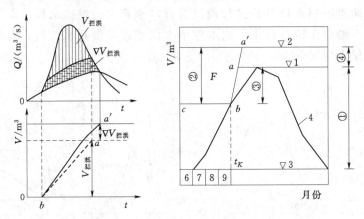

图8-9 防洪库容与兴利库容部分结合情况下防洪调度线的绘制

1—正常蓄水位；2—设计洪水位；3—死水位；4—上基本调度线

①—兴利库容；②—拦洪库容；③—共用库容；④—专用拦洪库容

上面讨论的情况，防洪与兴利库容都有某种程度的结合。在生产实践中两者能不能结合以及能结合多少，不是人们主观愿望决定的，而应该根据实际情况，拟定若干比较方案，经技术经济评价和综合分析后确定。这些情况下的调度图都是以 $Z_汛限$（一个或几个）和 $Z_蓄$ 的连线组成整个汛期限洪调度的下限边界控制线，以 $Z_校洪$ 作为其上限边界控制线（左右范围由汛期的时间控制），上、下控制线之间为防洪调度区。

通常，防洪与兴利的调度图是绘制在一起的，称为水库调度全图。当汛期库水位高于或等于 $Z_汛限$ 时，水库按防洪调度规则运用，否则按兴利调度规则运用。

2. 防洪库容和兴利库容完全不结合的情况

如果汛期洪水猛涨猛落，洪水起讫日期变化无常，没有明显规律可循，则不得不采用防洪库容和兴利库容完全分开的办法。从防洪安全要求出发，应按洪水最迟来临情况预留防洪库容。这时，水库正常蓄水位即是防洪限制水位，作为防洪不限边界控制线。

对设计洪水过程线根据拟定的调度规则进行调洪演算，就可以得出设计洪水位（对应于一定的溢洪道方案）。

应该说明，即使从洪水特性来看，防洪库容与兴利库容难以结合，但如做好水库调度工作，仍可实现部分结合。例如，兴利部门在汛前加大用水就可腾出部分库容，或者在大洪水来临前加大泄水量就可预留出部分库容。由此可见实现防洪预报调度就可促使防洪与兴利的结合。这种措施的效果是显著的，但如使用不当也可能带来危害。因此，使用时必须十分慎重。最好由水库管理单位与科研单位、高等院校合作进行专门研究，提出从实际出发的、切实可行的水库调度方案，并经上级主管部门审查批准后付诸实施。应该指出，这里常遇到复杂的风险决策问题。

三、综合利用水库常规调度

对于以发电为主兼顾防洪、灌溉、航运等综合利用要求的水库，其调度图的绘制必须贯彻综合利用的原则，以取得最大综合效益。编制综合利用水库的调度图时，首先遇到的一个重要问题是各用水部门的设计保证率不同，例如发电和供水的设计保证率一般较高，而灌溉和航运的一般较低。在绘制调度线时，应根据综合利用原则，使国民经济各部门要求得到较好的协调，使水库获得较好的综合利用效益。以下重点阐述具有防洪任务的发电水库调度和具有发电和灌溉任务的水库调度。

1. 具有防洪任务的发电水库调度

当分别绘制了防洪和兴利调度线后，需要将两者结合起来，由于防洪和兴利的水库调度方式是不同的，其间的矛盾是由于不能准确预知径流而引起的。解决矛盾的办法是掌握径流（特别是洪水径流）的特性，分析洪水的规律，合理地确定各个时期的防洪限制水位和调洪方式。对各种频率的洪水进行调洪演算，确定相应的防洪库容及其库水位，在调度图中将各时期防洪限制水位以上的区域作为调洪区，尽可能使同一水库既能用于防洪，又能用于兴利。

在防洪调度区（实际上主要是各时期防洪限制水位）已经确定的前提下，可将兴利调度线和防洪调度线绘于同一调度图上，如图 8-10 所示，图中，整个汛期防洪限制水位分为 $Z_{限1}$、$Z_{限2}$ 两级，防洪限制水位约束了发电蓄水高程，而发电调度图同样仍可分为保证出力区、加大出力区与降低出力区三部分。

若所绘制的防洪调度线和兴利调度线不相交或仅交于一点，说明该图即为满足防洪和兴利要求的调度图。在这种情况下，汛期因防洪要求而限制兴利蓄水位，并不影响兴利水位保证运行方式，仅影响发电水库的季节性电能。若防洪调度线和兴利的防破坏线相交，则表示汛期按兴利要求的蓄水位将超过防洪限制水位，即不保证满足下游的防洪要求；若汛期控制兴利蓄水位不超过防洪限制水位，汛后将不能保证设计保证率以内年份的正常供水，将影响兴利效益的发挥。此时需要做如下处理：

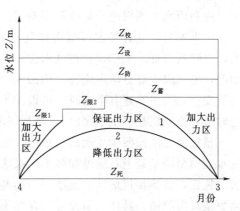

图 8-10 具有防洪任务的发电水库调度图

若水库以兴利为主，兴利正常运行方式必须予以保证，此时可适当降低防洪要求，则不需变动原设计的防破坏线位置。根据水库防洪限制蓄水的截止时间 t_b，在防洪破坏线上求得相应时间的点 b [图 8-11 (a)]，b 点所对应的水位即为水库降低了防洪要求的防洪限制水位，显然防洪库容比原设计减少。若正常兴利要求和防洪要求都要满足，则可将防洪高水位作相应抬高，使修改后的防洪库容等于原设计的防洪库容 [图 8-11 (b)]。显然，能否实现上述调度，还要看水库的条件是否允许。要考虑此时水库的设计洪水位和校核洪水位可能也会有所抬高，进而需要增加坝高。

若水库以防洪为主，则应保持防洪调度线不变，修正兴利调度线，即将防破坏线下

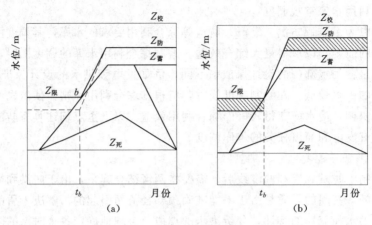

图 8-11　防洪与兴利调度线组合图

移，正常蓄水位降低。修正计算条件为：入库径流采用设计枯水年的资料，供水量降低，控制 b 点进行调节计算，所求的最高蓄水位即为正常蓄水位。显然，修正后的调度图，为了满足防洪要求，降低了兴利效益。

经过上述修正处理，得到年调节水电站水库防洪兴利联合调度全图，该调度图可用于设计阶段的水能指标复核，也可用于指导水库的实际运行调度。

需要指出，为了充分发挥水库的效益，使防洪与兴利尽可能地结合起来，实际工作中，应利用水文预报进行防洪预报调度。对水库规划设计而言，考虑预报进行预泄，从而减少防洪库容，或者考虑预报提前判别洪水是否超过标准，从而减少防洪库容、调洪库容，以降低设计洪水位、校核洪水位；对已建成的水库防洪控制运用而言，考虑预报进行预泄，可以腾空部分防洪库容，增加水库的抗洪能力，或更大程度地削减洪峰，保证下游防洪安全；当水库建有电站时，可以减少泄水弃水量，增加发电量，并可以利用洪水预报适时地超蓄或抓住"洪水尾巴"，增加兴利蓄水量等。

预报的方法按照预见期的长短可以分为短期水文预报和中期水文预报，大多是在不同的水文模型的基础上，通过如最小二乘法、卡尔曼滤波法等数学手段及系统理论方法进行实时校正，改善预报估计值或模型中的参数，使以后阶段的预报误差尽可能减小，预报结果更接近实测值。具体模型及方法在此不做详述。在常规调度图的基础上，通过洪水预报指导实际水库调度，将大大增加对洪水资源利用与管理的效益。

2. 具有发电和灌溉任务的水库调度

灌溉部门从水库上游侧取水时，一般可先从天然来水中扣去引取的水量，再根据剩下来的天然来水用前述方法绘出水库调度线。但是，应注意到各部门用水在要求保证程度上的差异。例如发电与灌溉的用水保证率是不同的，目前一般是从水库不同频率的天然来水中或相应的总调节水量中，扣除不同保证率的灌溉用水，再以此进行水库调节计算。对不小于灌溉设计保证率相应的来水年份，一般按正常灌溉用水扣除，对保证率大于灌溉设计保证率但小于发电设计保证率的来水年份，按折减后的灌溉用水扣除（例如折减 20%～30% 等）。对与发电设计保证率相应的来水年份，原则上也应扣除折减后的灌溉用水，但如计算时段的库水位消落到相应时段的灌溉引水控制水位以下时，则可不扣除。总之，在从天然来水中扣除某些需水部门的用水量时，应充分考虑到各部门的用水特点。

当综合利用水部门从水库下游取水（对航运来说是要求保持一定流量），而又未用再调节水库等办法解决各用水部门间及与发电的矛盾时，那么应将各用水部门的要求都反映在调度线中。这时调度图上的保证供水区要分为上、下两个区域。在上保证供水区中各用水部门的正常供水均应得到保证，而在下保证供水区中保证率高的用水部门应得到正常供水，对保证率低的部门要实行折减供水。上、下两个保证供水区的分界线姑且称它为中基本调度线。图 8-12 所示是某多年调节综合利用水库的调度图，图中 A_1 区是发电和灌溉的保证供水区，A_2 区是发电的保证供水区和灌溉的折减供水区，D 和 C 区代表的意义同前。

对于综合利用水库，其上基本调度线是根据设计保证率较低（例如灌溉要求的 80%）的代表年和正常供水的综合需水图经调节计算后作成，中基本调度线是根据保证率较高（例如发电要求的 95%）的设计代表年和降低供水的综合需水图经调节计算后作出，具体做法与前面介绍的相同。

这里要补充一下综合需水图的做法。做这种综合需水图时，要特别重视各部门的引水地点、时间和用水特点。例如同一体积的水量同时给若干部门使用时，综合需水图上只要表示出各部门需水量中的控制数字，不要把各部门的需水量全部加在一起。这里举一简单的例子来说明其做法。某水库的基本用户为灌溉、航运（保证率均为 80%）和发电（95%），发电后的水量可给航运和灌溉用，灌溉水要从水电站下游引走。各部门各月的需水量列入表 8-1 中。综合需水图的纵坐标值也列入同一表中。

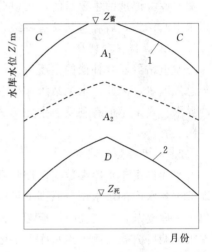

图 8-12 某多年调节综合利用水库
调度图
1—上基本调度线；2—下基本调度线

表 8-1		各 部 门 总 需 水 量												单位：m³/s
序号	项 目		月 份											备 注
			1	2	3	4	5	6	7	8	9	10	11	12	
1	下游需水量	灌溉	0	0	30	70	60	63	115	115	63	14	21	16	已知
2		航运	0	0	150	150	150	150	150	150	150	150	150	0	已知
3		小计	0	0	180	220	210	265	265	265	213	164	171	16	
4	发电需水量		176	176	176	176	176	176	176	176	176	176	176	176	已知
5	各部门总需水量		176	176	180	220	210	213	265	265	213	176	176	176	3、4 两项取大值

作降低供水的综合需水图时，是根据这样的原则：①保证率高的部门的用水量仍要保证；②保证率低的部门的用水量可以适当缩减，本例中采取灌溉和航运用水均打八折。其具体数值列入表 8-2 中。

表 8 - 2　　　　　　　　　　　降低供水情况各部门总需水量　　　　　　　　　单位：m³/s

序号	项目		月　份												说　明
			1	2	3	4	5	6	7	8	9	10	11	12	
1	下游需水量	灌溉	0	0	24	56	48	50	92	92	50	11	17	13	已知
2		航运	0	0	120	120	120	120	120	120	120	120	120	0	已知
3		小计	0	0	144	176	168	170	212	212	170	131	137	13	
4	发电需水量		176	176	176	176	176	176	176	176	176	176	176	176	已知
5	各部门总需水量		176	176	176	176	176	176	212	212	176	176	176	176	3、4两项取大值

四、水库群联合调度

进行水库群或称一系列水库的联合调度、统一管理，目的是合理充分地利用水资源。根据水库群调度的主要目的，可以分为水库群兴利调节和水库群防洪调度两类，前者一般指水电站梯级，后者包括航运梯级、防洪梯级以及灌溉、排沙梯级水库群。

1. 水库群兴利调度

水电站群联合补偿的主要目的是提高总保证出力，通过采用合理的蓄、泄水方式增加年总发电量。因此，水电站水库群总调度图的基本要求是提出水电站群总保证出力工作区的界限。当采用最有利蓄、泄水方式时，还需提出总加大出力和总降低出力的工作区的界限。

2. 水库群防洪调度

水库群由于水库参数间密切联系、相互影响以及各水库上、下游的防洪要求，尽管水库群中各水库的洪水调节原则上可以采用与单一水库相同的方法进行，但其防洪调度远比单一水库复杂，在调度时，应考虑梯级之间蓄、泄洪量的相互影响。以对下游有防洪保护要求的调度方式为例，当水库下游区间流域面积不大，区间和入库洪水不同步，应按下游区间洪水特性以及水库入库洪水的组成情况，进行补偿调节。此外，由于是多库对同一防护对象进行防洪，还需要研究防洪库容的分配、蓄泄洪水的次序等问题。

对于这类问题，首先根据水库群的结构（并联或串联）确定水库群的总防洪库容以及各水库的必需防洪库容。接着对防洪库容进行分配，可采用的方法有各水库蓄洪抵偿系数分配法、各水库总兴利效益最大或总兴利损失最小法、总年费用最小分配法。在分配方案选定后，采用不同典型的设计洪水进行各水库调洪和下游泄流演算校核是否满足下游防洪要求，否则进行适当调整，必要时还可加大总防洪库容。最后选定水库群的防洪调度方式（固定下泄量方式、补偿调度方式等），进行水库群调度。

第三节　水库优化调度简介

上述的水库常规调度方法，是在实测资料的基础上绘制调度图来指导水库的运用，具有简单直观和保证一定可靠性的特点。但是由于这样的调度图带有一定的经验性，因而调度成果一般不是最优解。同时，调度图的绘制过程中，往往不考虑短期或中长期预报，或者即使按某些判别式进行调度，又考虑本时段的预报来水量，所得的结果也只是局部最优解而非全局最优。此外，当要求满足各种约束，考虑不同的最优准则，进行水库群和水利系统的联合调度时，常规调度显然难以适应。因此，需要应用系统分析的方法来研究水库和库群的优化调度，即将单一目标水库或综合利用水库，或整个库群看作一个系统，应用优化方法来研究水库优化调度的问题。

水库优化调度是在水库常规调度的基础上，引入优化算法，通过模型构建将水库调度问题转化为非线性约束条件下的目标优化问题。水库优化调度根据水库所承担的水利水电任务的主次和规定的运用原则，凭借水库的调蓄能力，在保证大坝安全和下游防洪安全的前提下，对水库的入库水量过程进行优化调节，经济合理地利用水资源及水能资源，以获得最大的综合利用效益。

水库优化调度是一项复杂的工作，包含时间、空间等多维多层次的决策过程，根据不同的标准可划分为不同的调度阶段和调度类型，可根据调度操作中水库的个数分为单库调度和水库群调度；根据调度周期长度分为以月（旬）为周期的中长期调度和以日（时）为周期的短期调度；还可以根据水库调度任务的不同分为发电调度、供水调度、防洪调度、生态调度等。

自20世纪60年代以来，国内外许多单位和专家学者开展了水库优化调度理论和实践的研究。纵观国内外的水库优化调度进程，大都经历了由单库优化调度到水库群联合优化调度，再到考虑河流生态环境需求的水库多目标优化调度的过程，水库优化调度理论的发展主要体现在水库调度模型的构建和调度模型的优化求解方法上。

关于水电站水库调度中采用的优化准则，目前较常用的是在满足各综合利用水利部门一定要求的前提下水电站群发电量最大的准则。常见的表示方法如下。

（1）在满足电力系统水电站群总保证出力一定要求（符合规定的设计保证率）的前提下，使水电站群的年发电量期望值最大，这样可不至于发生因发电量绝对值最大而引起保证出力降低的情况。

（2）对火电为主、水电为辅的电力系统中的调峰、调频电站，使水电站供水期的保证电能值最大。

（3）对水电为主、火电为辅的电力系统中的水电站，使水电站群的总发电量最大，或者使系统总燃料消耗量最小，也有的用电能损失最小来表示。

根据实际情况选定优化准则后，拟定该准则的数学式，就是进行以发电为主水库的水库优化调度工作时所用的目标函数。而其他条件如工程规模、设备能力以及各种限制条件（包括政策性限制）和调度时必须考虑的边界条件统称为约束条件，也可以用数学式来表示。

根据前面介绍的水库常规兴利调度，可以知道编制水库调度方案中蓄水期、供水期的上、下基本调度线问题，均是多阶段决策过程的最优化问题。每一计算时段（例如1个月）就是一个阶段，水库蓄水位就是状态变量，各综合利用部门的用水量和水电站的出力、发电量均为决策变量。

多阶段决策过程是指这样的过程，如将它划分为若干互相有联系的阶段，则在它的每一个阶段都需要作出决策，并且某一阶段的决策确定以后，常常不仅影响下一阶段的决策，而且影响整个过程的综合效果。各个阶段所确定的决策构成一个决策序列，通常称它为一个策略。由于各阶段可供选择的决策往往不止一个，因而就组合成许多策略供我们选择。因为不同的策略其效果也不同，多阶段决策过程的优化问题，就是要在提供选择的那些策略中，选出效果最佳的最优策略。

动态规划是解决多阶段决策过程最优化的一种方法。所以国内许多单位都在用动态规划的原理研究水库优化调度问题。当然，动态规划在一定条件下也可以解决一些与时间无关的静态规划中的最优化问题，这时只要人为地引进"时段"因素，就可变为一个多阶段决策问题。例如，最短路线问题的求解，也可利用动态规划。

动态规划的概念和基本原理比较直观，容易理解，方法比较灵活，所以在工程技术、经济、工业生产及军事等部门都有广泛的应用。许多问题利用动态规划去解决，常比线性规划或非线性规划更为有效。不过当维数（或者状态变量）超过 3 个时，解题时需要计算机的储存量相当大，或者必须研究采用新的解算方法。这是动态规划的主要弱点，在采用时必须留意。

可以这么说，动态规划是靠递推关系从终点逐时段向始头方向寻取最优解的一种方法。然而，单纯的递推关系是不能保证获得最优解的，一定要通过最优化原理的应用才能实现。

关于最优化原理，结合水库优化调度的情况来讲，就是若将水电站某一运行时间（例如水库供水期）按时间顺序划分为 t_0—t_n 个时刻，划分成 n 个相等的时段（例如月）。设以某时刻 t_i 为基准，则称 t_0—t_i 为以往时期，t_i—t_{i+1} 为面临时段，t_{i+1}—t_n 为余留时期。水电站在这些时期中的运行方式可由各时段的决策函数——出力及水库蓄水情况组成的序列来描述。如果水电站在 t_i—t_n 内的运行方式是最优的，那么包括在其中的 t_{i+1}—t_n 内的运行方式也必定是最优的。如果已对余留时期 t_{i+1}—t_n 按最优调度准则进行了计算，那么面临时段 t_i—t_{i+1} 的最优调度方式可以这样选择：使面临时段和余留时期所获得的综合效益符合选定的最优调度准则。

根据上面的叙述，启发我们得出寻找最优运行方式的方法，就是从最后一个时段（时刻 t_{n-1}—t_n）开始（这时的库水位常是已知的，例如水库期末的水库水位是死水位），逆时序逐时段进行递推计算，推求前一阶段（面临时段）的合适决策，以求出水电站在整个 t_0—t_n 时期的最优调度方式。很明显，对每次递推计算来说，余留时期的效益是已知的（例如发电量值已知），而且是最优策略，只有面临时段的决策变量是未知数，所以是不难解决的，可以根据规定的调度准则来求解。

对于一般决策过程，假设有 n 个阶段，每阶段可供选择的决策变量有 m 个，则这种过程的最优策略实际上就需要求解 mn 维函数方程。显然，求解维数众多的方程，既需要花费很多时间，也不是一件容易的事情。上述最优化原理利用递推关系将这样一个复杂的问题化为 n 个 m 维问题求解，因而使求解过程大为简化。

如果最优化目标是使目标函数（例如取得的效益）极大化，则根据最优化原理，可将全周期的目标函数用面临时段和余留时期两部分之和表示。对于第一个时段，目标函数 f_1^* 为

$$f_1^*(s_0,x_1)=\max[f_1(s_0,x_1)+f_2^*(s_1,x_2)] \tag{8-1}$$

式中　　　　s_i——状态变量，下标数字表示时刻；

　　　　　　x_i——决策变量，下标数字表示时段；

$f_1(s_0,x_1)$——第一时段状态处于 s_0 作出决策 x_1 所得的效益；

$f_1^*(s_1,x_2)$——从第二时段开始一直到最后时段（即余留时期）的效益。

对于第二时段至第 n 时段及第 i 时段至第 n 时段的效益，按最优化原理同样可以写成以下的式子：

$$f_2^*(s_1,x_2)=\max[f_2(s_1,x_2)+f_3^*(s_2,x_3)] \tag{8-2}$$

$$f_i^*(s_{i-1},x_i)=\max[f_i(s_{i-1},x_i)+f_{i+1}^*(s_i,x_{i+1})] \tag{8-3}$$

对于第 n 时段，f_n^* 可写为

$$f_n^*(s_{n-1},x_n)=\max[f_n(s_{n-1},x_n)] \tag{8-4}$$

以上就是动态规划递推公式的一般形式。如果我们从第 n 时段开始，假定不同的时段初状态 s_{n-1}，只需确定该时段的决策变量 x_n（在 x_{n1}、x_{n2}、…、x_{nm} 中选择）。对于第 $n-1$ 时段，只要优选决策变量 x_{n-1}，一直到第一时段，只需优选 x_1。前面已说过，动态规划根据最优化原理，将本来是 mn 维的最优化问题，变成了 n 个 m 维问题求解，以上递推公式便是最好的说明。

在介绍了动态规划基本原理和基本方法的基础上，要补充说明以下几点。

（1）对于输入具有随机因素的过程，在应用动态规划求解时，各阶段的状态往往需要用概率分布表示，目标函数则用数学期望反映。为了与前面介绍的确定性动态规划区别，一般将这种情况下所用的最优化技术称为随机动态规划。其求解步骤与确定性的基本相同，不同之处是要增加一个转移概率矩阵。

（2）为了克服系统变量维数过多带来的困难，可以采用增量动态规划。求解递推方程的过程是：先选择一个满足诸约束条件的可行策略作为初始策略；再在该策略的规定范围内求解递推方程，以求得比原策略更优的新的可行策略；然后重复上述步骤，直至策略不再增优或者满足某一收敛准则为止。

（3）当动态规划应用于水库群情况时，每阶段需要决策的变量不只是一个，而是若干个（等于水库数）。因此，计算工作量将大大增加。在递推求最优解时，需要考虑的不只是面临时段一个水库 S 个（S 为库容区划分的区段数）可能放水中的最优值，而是 M 个水库各种可能放水组合即 SM 个方案中的最优值。

为加深对方法的理解，下面举一个经简化过的水库调度例子。

某年调节水库 11 月初开始供水，来年 4 月末放空至死水位，供水期共 6 个月，如每个月作为一个阶段，则共有 6 个阶段。为了简化，假定已经过初选，每阶段只留 3 个状态（以圆圈表示出）和 5 个决策（以线条表示），由它们组成 $S_0 \sim S_6$ 的许多种方案，如图 8-13 所示。图中线段上面的数字代表各月根据入库径流采取不同决策可获得的效益。

用动态规划优选方案时，从 4 月未死水位处开始逆时序递推计算。对于 4 月初，3 种状态各有一种决策，孤立地看，以 $S_{51} \sim S_6$ 的方案较佳，但从全局来看不一定是这样，暂时不能做决定，要再看前面的情况。

将 3 月和 4 月的供水情况一起研究，看 3 月初情况，先研究状态 S_{41}，显然是 $S_{41}S_{52}S_6$

较 $S_{41}S_{51}S_6$ 为好，因前者两个月的总效益为 14，较后者的总效益大，应选前者为最优方案。将各状态选定方案的总效益写在线段下面的括号中，没有写明总效益的均为淘汰方案。同理可得另外两种状态的最优决策。$S_{42}S_{53}S_6$ 优于 $S_{42}S_{52}S_6$ 方案，总效益为 16；$S_{43}S_{53}S_6$ 的总效益为 12。对 3 月和 4 月来说，在 S_{41}、S_{42}、S_{43} 三种状态中，以 $S_{42}S_{53}S_6$ 这个方案较佳，它的总效益为 16（其他两方案的总效益分别为 14 和 12）。

再看 2 月初情况，2 月是其面临时段，3 月和 4 月是余留时期。余留时期的总效益就是写在括号中的最优决策的总效益。这时的任务是选定面临时段的最优决策，以使该时段和余留时期的总效益最大。以状态 S_{31} 为例，面临时段的两种决策中以第 2 种决策较佳，总效益为 $13+16=29$；对状态 S_{32}，则以第 1 种决策较佳，总效益为 28；同理可得 S_{33} 的总效益为 19（唯一决策）。

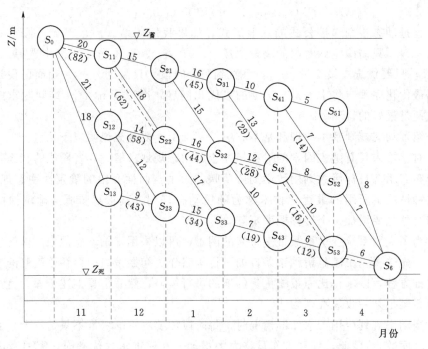

图 8-13 采用动态规划法进行水库调度的简化例子

继续对 1 月初、12 月初、11 月初的情况进行研究，可由递推的办法选出最优决策。最后决定的方案是 $S_0S_{11}S_{22}S_{32}S_{42}S_{53}S_6$，总效益为 82，用双线表示在图 8-13 上。

应该说明，如果时段增多，状态数目增加，决策数目增加，而且决策过程中还要进行试算，则整个计算是比较繁杂的，一定要用电子计算机来进行计算。

国内已有数本水库调度的专著出版，书中对优化调度有比较全面的论述，可供参考。

第四节 水风光互补调度简介

一、水风光互补调度原则

风电和光伏发电并网运行后，一定程度上挤占了水电的发电空间。因此，水电与风光能源的消纳需求之间存在竞争，这导致电力系统原始负荷的腰荷和部分基荷因消纳风电光伏而转变为峰荷，传统电力系统中的稳定的基荷区不再存在，峰荷、腰荷和基荷之间的区分模糊化。要实现风电光伏的高效消纳，必须针对电力系统的发（送）、用（受）电特性，统筹安排风电、光伏和水电机组的多时间尺度调度方式，利用水库群调蓄库容和水力机组的快速调节能力，在中长期时间尺度上进行电量互补，在短期时间尺度上进行电力互补，从而在实现电力电量平衡的基础上，提高电网运行的经济性和清洁能源发电的利用率。

1. 中长期电量互补

受资源约束，水风光发电的中长期特性有较大差异。风电的年际和年内发电量有较大波动，年际变化可以超过20%，年内的发电量集中在春、冬两季，通常3月、4月、5月为高峰期，7月、8月为低谷期；光伏年际间发电量相对稳定，最大相差在10%左右，但季节性差异较大，一般情况下冬季光伏发电量较大，夏、秋两季发电量相近且较低。水电受降雨量的不确定性影响，在年际间发电量波动较大，年内在不同季节上呈现出"丰大枯小"的特征，汛期出力较大，枯水期出力较小。因此，在中长期时间尺度上水电可以蓄丰补枯、优化分配可用水量，发挥长期电量补充效益。

中长期互补调度策略应根据水电站不同水期作相应调整。在汛期，当调节库容富余时，水电可通过调节其水位与风光发电进行互补；否则，水电大都是满负荷发电，几乎没有调节能力，难以与风光发电进行互补。在非汛期，水电根据风光出力特点调整水电调度策略；在风光发电量较大时期，水电放缓水库消落的速度，甚至进行蓄水；在风光发电量较小时期，水电加快水库消落的速度，以达到增加水电发电量的目的。需要注意的是，在满足新能源消纳需求的同时，还需注意防洪、灌溉、供水、生态等水电站综合利用任务对水电站发电尤其是调峰能力的影响。

2. 短期电力互补

风电日出力特性一般呈反调峰特性，夜间出力大、白昼出力小，而光伏日出力容易受光照调节的影响，时间集中在6点到18点之间，无法起到晚峰顶峰的作用。因此，在短期内，可以通过对风电、光伏、来水的短期预测，合理安排水风光发电的日前发电计划，实现水风光出力互补。其中，在依托电网互补调度模式下，通常以系统运行成本最低为调度目标，考虑电网潮流等运行约束，综合安排水电、风电、光伏的发电计划。而在基于水风光打捆互补调度模式下，水风光联合发电系统集控中心基于电网发电指令，以最大化资源利用为目标，进行厂内机组组合和负荷分配。在日内实际运行中，风电、光伏实际出力波动变化快，可能偏离日前预测出力，特别是多云天气时由于云层遮挡干扰，出力短时间波动更为明显。水电机组启停灵活、响应速度快。因此，在短期时间尺度上水电可以平抑风光出力，发挥短期电力补偿效益。

二、水风光互补调度模式

水风光互补调度模式指将水风光打捆为一个调度单元，电网下发指令到水风光电源集控中心，调度中心协调各个电源的出力，满足调度指令以满足系统负荷需求。一般来说，水风光互补调度模式应具备以下特点：各个发电单元应由同一业主投资运行；梯级水电之间具有强水力耦合联系；水风光电力通过同一个并网点接入电网。通过具有日及以上调节能力的水电出力调节，跟踪新能源的出力变化，在新能源出力较大时，通过蓄水等方式降低水电站出力；在新能源出力较小时，加大水电站出力，将新能源电量以水库蓄水的形式进行转化，以实现新能源发电的储存和再利用，最终共同满足系统负荷需求，促进新能源消纳。

考虑风光电源短期灵活性调节和长期电量消纳需要，调节梯级水电站调度运行方式，尤其是水电站群长期运行方式或调度规则，协调多时间尺度、多维调度目标效益，充分发挥流域风、光、水资源的互补效益，使流域风光水能资源的综合效益和资源利用率最大化，就显得尤为重要。

三、水风光互补系统调度模型

水风光互补系统的调度按照时间尺度可分为中长期调度和短期调度。中长期调度旨在利用水、风、光能资源的季节性分布规律和互补特性，提高系统在长时间尺度的全景发电效益，为短期调度提供能够兼顾系统长远效益的边界条件，保证发电系统在长时间运行中效益相对较优。短期调度基于长期调度提供的水量、电量控制条件来指导电站实时运行，目标主要集中于出力波动性最小、新能源利用率最大、耗水量最小、运行成本最低等方面。为保证电网的稳定高效运行，通常要尽可能地减小发电系统出力波动并使得出力尽量靠近负荷曲线。

1. 模型目标

中长期调度的目标包括发电量最大、发电收益最大、最小出力最大、发电保证率最高等方面。

短期调度基于长期调度提供的水量、电量控制条件来指导电站实时运行，其目标主要包括系统总出力波动性最小、源荷匹配度最大、耗水量最小、风光出力消纳最大等方面。

2. 模型约束条件

水风光互补系统调度模型的约束条件主要包括水量平衡约束、库容约束、流量约束、电站出力约束、电网传输能力约束等。

特别地，在短期调度阶段，为实现多尺度调度模型的嵌套，短期优化调度模型除了需要满足长期优化调度模型中各种约束外，还需要满足长期优化调度模型提供的末水位边界条件，以及水电站的爬坡约束等。

四、水风光互补调度模型求解方法

根据水风互补系统的"源随荷动"发展趋势，水风光联合调度需要具备快速的计算能力和良好的算法适应性。目前，水风光调度求解方法可分为传统优化调度方法和启发式智能优化调度方法两类。传统算法主要包括线性规划、非线性规划和混合整数规划等，这些方法计算简单、操作灵活，适用于解决单目标的线性问题或水电群问题中目标函数和约束条件存在的非线性问题。然而，面对非线性问题或大规模复杂问题时，这些方法的求解结果可能存在误差较大、计算占用内存大、耗时长等缺点。

启发式智能优化调度方法主要包括遗传算法、人工神经网络、蚁群算法和粒子群算法等。这些方法能够全面搜索解空间，寻求尽可能接近最优解的解决方案。然而，这些方法也存在一些缺点，如遗传算法的寻优速度和精度较低，人工神经网络的适用性较窄，蚁群算法的运行时间较长且缺乏初始信息素，粒子群算法容易陷入局部最优解等。

随着系统规模的不断扩大，求解模型的计算量也急剧增大，采用并行计算的方法可以显著提高计算效率。通过将计算任务分成多个独立的相同子任务，并分配到多个独立的计算资源中同时进行计算，对大规模复杂任务的计算求解有非常重要的现实意义。因此，对于水风光联合调度问题，采用并行计算的方法可以有效提高计算效率，缩短计算时间。

思　考　题

1. 什么是水库调度？水库调度有何特点？

2. 什么是水库常规调度？什么是水库优化调度？

3. 试述年调节水电站水库调度图的绘制方法和步骤。

4. 年调节水库的基本调度图由哪些指示线组成？如何运用？试用简图表示之。

5. 试述多年调节水电站水库调度图的绘制方法和步骤。

6. 绘制水库兴利调度图为什么要进行逆时序调节计算？

7. 试述水库常规防洪调度图的绘制方法及应用。

8. 简述具有防洪任务的发电水库调度的绘制方法。

9. 简述具有发电和灌溉任务的水库调度图的绘制方法。

10. 简述水库优化调度的内涵和调度准则，如何建立水库优化调度模型？常用的求解方法有哪些？

11. 简述水风光互补调度原则及模式。

12. 如何构建水风光互补中长期调度和短期调度模型？常用求解方法有哪些？

第九章　水资源评价与水资源供需平衡分析

水资源评价是水资源规划的一项基础工作，是开展水资源规划与水资源管理工作的前提条件，为水资源规划提供依据。水资源供需平衡分析是水资源合理配置的重要内容之一，是在一定的行政或流域范围内对不同时期的可供水量和需水量的关系进行分析。本章主要介绍水资源评价的内容和要求，水资源数量评价、质量评价和综合评价，水资源需求分析，以及水资源供需平衡分析的理论与方法。

第一节　水资源评价的内容与要求

关于水资源评价（water resources assessment），联合国教科文组织（UNESCO）和世界气象组织（WMO）推荐的定义为："水资源评价是指对水的来源、数量范围、可依赖程度及水的质量等方面的确定。这种评价不限于已列入水文整编目录的可供水资源量，还根据社会经济和环境的考虑对水的各方面进行评价。"2006年出版的《中国水利百科全书》则进一步明确提出："水资源评价是对某一地区或流域水资源的数量、质量、时空分布特征、开发利用条件、开发利用现状和供需发展趋势作出的分析估价。它是合理开发利用和保护管理水资源的基础工作，为水利规划提供依据。"

从上述定义可以看出，水资源评价的主要任务是科学分析区域流域水资源的特点，准确把握其在数量、质量等方面的特性，展望水资源开发利用前景，合理开发利用和保护水资源，以达到水资源可持续利用、支撑经济社会可持续发展的目标。同时，水资源评价是在经济社会用水量持续增长、水资源开发利用程度不断提高、供需矛盾和水污染日益突出、生态环境不断退化的时代背景下发展起来的，其工作内容也随着各国国情相应变化，并都随着经济社会的发展而不断充实。

1977年，联合国在阿根廷马德普拉塔召开的世界水会议的第一项决议中指出：没有对水资源的综合评价，就谈不上对水资源的合理规划与管理。这次会议通过了"马德普拉塔行动纲领"，并提出"对于那些以工业、农业、城市生活供水和水能利用为目的而进行的水资源开发与管理活动，如果不在事先对可供水资源的量和质进行估计，就不可能合理进行"。换句话说，水资源评价是保证水资源持续开发利用和管理的前提，是进行与水有关活动的基础。

一、水资源评价的内容和技术原则

适时开展水资源评价已成为人们的共识，《中华人民共和国水法》明确规定为查明水资源状况，必须进行水资源评价。同时为了统一技术标准，保证成果质量，水利部于1999年编制并实施了 SL/T 238—1999《水资源评价导则》，在总结全国第一次水资源调查评价以来国内水资源评价实践的基础上，明确规定水资源评价的内容包括水资源数量评价、水资源质量评价、水资源利用评价及综合评价，并对水资源评价的内容和精度、分区原则、资料收集及评价方法等做了较为详细的说明，适用于全国及区域水资源评价和专项工作中的水资源评价。

水资源评价工作要求客观、科学、系统、实用，并遵循以下技术原则：

（1）地表水与地下水统一评价。

（2）水量水质并重。

（3）水资源可持续利用与社会经济发展和生态环境保护相协调。

（4）全面评价与重点区域评价相结合。

二、水资源评价的一般要求

（1）水资源评价是水资源规划的一项基础工作。首先应该调查、搜集、整理、分析利用已有资料，在必要时再辅以观测和试验工作。水资源评价使用的各项基础资料应具有可靠性、合理性与一致性。

（2）水资源评价应分区进行。各单项评价工作在统一分区的基础上，可根据该项评价的特点与具体要求，再划分计算区或评价单元。水资源评价尽可能按流域水系划分，保证大江大河干支流的完整性，对自然条件差异显著的干流和较大支流可分段划分。分区基本上要能反映水资源条件在地区上的差异，自然地理条件和水资源开发利用条件基本相同或相似的区域划归同一分区，同一供水系统划归同一分区。对于边界条件清楚、区域基本封闭的地区，尽量照顾行政区划的完整性，以便于资料收集和整理，且可以与水资源开发利用与管理相结合。全国性水资源评价的行政分区要求按省（自治区、直辖市）和地区（市、自治州、盟）两级划分；区域性水资源评价的行政分区可按省（自治区、直辖市）、地区（市、自治州、盟）和县（市、自治县、旗、区）三级划分。各级别的水资源评价分区应统一，上下级的分区要一致，下一级别的分区应参考上一级别的分区结果。

目前，我国以流域水系为主体共划分了 10 个水资源一级区，即松花江、辽河、海河、黄河、淮河、长江、珠江、东南诸河、西南诸河和西北诸河。在一级区下，按照基本保留河流水系完整性的原则，划分了 80 个二级区，在此基础上，考虑流域分区与行政分区相结合的原则，划分了 214 个三级区。

（3）全国及区域水资源评价应采用日历年，专项工作中的水资源评价可根据需要采用水文年。计算时段应根据评价的目的和要求选取。

（4）应根据社会经济发展需要及环境变化情况，每隔一定时期对前次水资源评价成果进行全面补充修订或再评价。

第二节 水资源数量评价

水资源数量评价是指对评价区内的地表水资源、地下水资源及水资源总量进行估算和评价，是水资源评价的基础部分，因此也称为基础水资源评价。

一、地表水资源量的计算与评价

（一）地表水资源数量评价的内容和要求

按照中华人民共和国行业标准 SL/T 238—1999《水资源评价导则》的要求，地表水资源数量评价应包括下列内容。

(1) 单站径流资料统计分析。

(2) 主要河流 (一般指流域面积大于 $5000 \mathrm{km}^2$ 的大河) 年径流量计算。

(3) 分区地表水资源数量计算。

(4) 地表水资源时空分布特征分析。

(5) 入海、出境、入境水量计算。

(6) 地表水资源可利用量估算。

(7) 人类活动对河川径流的影响分析。

单站径流资料的统计分析应符合下列要求。

(1) 凡资料质量较好、观测系列较长的水文站均可作为选用站,包括国家基本站、专用站和委托观测站。各河流控制性观测站为必须选用站。

(2) 受水利工程、用水消耗、分洪决口影响而改变径流情势的观测站,应进行还原计算,将实测径流系列修正为天然径流系列。

(3) 统计大河控制站、区域代表站历年逐月的天然径流量,分别计算长系列和同步系列年径流量的统计参数;统计其他选用站的同步期天然年径流量系列,并计算其统计参数。

(4) 主要河流年径流量计算。选择河流出山口控制站的长系列径流量资料,分别计算长系列和同步系列的平均值及不同频率的年径流量。

分区地表水资源量计算应符合下列要求。

(1) 针对各分区的不同情况,采用不同方法计算分区年径流量系列;当区内河流有水文站控制时,根据控制站天然年径流量系列,按面积比修正为该地区年径流系列;在没有测站控制的地区,可利用水文模型或自然地理特征相似地区的降雨径流关系,由降水系列推求径流系列;还可通过绘制年径流深等值线图,从图上量算分区年径流量系列,经合理性分析后采用。

(2) 计算各分区和全评价区同步系列的统计参数和不同频率 ($P = 20\%$、50%、75%、95%) 的年径流量。

(3) 应在求得年径流系列的基础上进行分区地表水资源量的计算。入海、出境、入境水量的计算应选取河流入海口或评价区边界附近的水文站,根据实测径流资料,采用不同方法换算为入海断面或出、入境断面的逐年水量,并分析其年际变化趋势。

地表水资源时空分布特征分析应符合下列要求。

(1) 选择集水面积为 $300 \sim 5000 \mathrm{km}^2$ 的水文站 (在测站稀少地区可适当放宽要求),根据还原后的天然年径流系列,绘制同步期平均年径流深等值线图,以此反映地表水资源的地区分布特征。

(2) 按不同类型自然地理区选取受人类活动影响较小的代表站,分析天然径流量的年内分配情况。

(3) 选择具有长系列年径流资料的大河控制站和区域代表站,分析天然径流的多年变化。

（二）地表水资源量的计算

地表水资源量一般通过河川径流量的分析计算来表示。河川径流量是指一段时间内河流某一过水断面的过水量，它包括地表产水量和部分或全部地下产水量，是水资源总量的主体。

在无实测径流资料的地区，降水量和蒸发量是间接估算水资源的依据。在多年平均情况下，一个封闭流域的河川年径流量是区域年降水量扣除区域年总蒸散发量后的产水量，因此河川径流量的分析计算，必然涉及降水量和蒸发量。水资源的时空分布特点也可通过降水、蒸发等水量平衡要素的时空分布来反映。因此要计算地表水资源数量，需要了解降水、蒸发以及河川径流量的计算方法，下面对其进行简要说明。

1. 降水量计算

降水量（amount of precipitation）计算应以雨量观测站的观测资料为依据，且观测站和资料的选用应符合下列要求。

（1）选用的雨量观测站，其资料质量较好、系列较长、面上分布较均匀。在降水量变化梯度大的地区，选用的雨量观测站要适当加密，同时应满足分区计算的要求。

（2）采用的降水资料应为经过整编和审查的成果。

（3）计算分区降水量和分析其空间分布特征时，应采用同步资料系列；而分析降水的时间变化规律时，应采用尽可能长的资料系列。

（4）资料系列长度的选定，既要考虑评价区大多数观测站的观测年数，避免过多地插补延长，又要兼顾系列的代表性和一致性，并做到降水系列与径流系列同步。

（5）选定的资料系列如有缺测和不足的年、月降水量，应根据具体情况采用多种方法插补延长，经合理性分析后确定采用值。

降水量用降落到不透水平面上的雨水（或融化后的雪水）的深度来表示，该深度以mm计，观测降水量的仪器有雨量器和自记雨量计两种。其基本点是用一定的仪器观测记录下一定时间段内的降水深度，作为降水量的观测值。

降水量计算应包括下列内容。

（1）计算各分区及全评价区同步期的年降水量系列、统计参数和不同频率的年降水量。

（2）以同步期均值和 C_v 点据为主，不足时辅之以较短系列的均值和 C_v 点据，绘制同步期平均年降水量和 C_v 等值线图，分析降水的地区分布特征。

（3）选取各分区月、年资料齐全且系列较长的代表站，分析计算多年平均连续最大4个月降水量占全年降水量的百分率及其发生月份，并统计不同频率典型年的降水月分配。

（4）选择长系列观测站，分析年降水量的年际变化，包括丰枯周期、连枯连丰、变差系数、极值比等。

（5）根据需要，选择一定数量的有代表性测站的同步资料，分析各流域或地区之间的年降水量丰枯遭遇情况，并可用少数长系列测站资料进行补充分析。

根据实际观测，一次降水在其笼罩范围内各地点的大小并不一样，表现了降水量分布的不均匀性。这是由于复杂的气候因素和地理因素在各方面互相影响所致。因此，工程设计所需要的降水量资料都有一个空间和时间上的分布问题。

流域平均降水量的常用计算方法有算术平均法、等值线法和泰森多边形法。当流域内雨量站实测降水量资料充分时，可以根据各雨量站实测年降水量资料，用算术平均法或者泰森多边形法算出逐年的流域平均降水量和多年评价年降水量，对降水量系列进行频率分析，可求得不同频率的年降水量。当流域实测降水量资料较少时，可用降水量等值线图法计算。对于年降水量的年内分配通常采用典型年法，按实测年降水量与某一频率的年降水量相近的原则选择典型年，按同倍比法或者同频率法将典型年的降雨量年内分配过程乘以缩放系数得到。

2. 蒸发量计算

蒸发是影响水资源数量的重要水文要素，其评价内容应包括水面蒸发、陆面蒸发和干旱指数。

（1）水面蒸发（evaporation from open-water surface）是反映蒸发能力的一个指标，它的分析计算对于探讨水量平衡要素分析和水资源总量计算都有重要作用。水量蒸发量的计算常用水面蒸发器折算法。选取资料质量较好、面上分布均匀且观测年数较长的蒸发站作为统计分析的依据，选取的测站应尽量与降水选用站相同，不同型号蒸发器观测的水面蒸发量，应统一换算为 E-601 型蒸发器的蒸发量。其折算关系为

$$E = \varphi E'$$ (9-1)

式中　E——水面实际蒸发量；

　　　E'——蒸发器观测值；

　　　φ——折算系数。

水面蒸发器折算系数随时间而变，年际和年内折算系数不同，一般呈秋高春低，晴雨天、昼夜间也有差别。折算系数在地区分布上也有差异，在我国，有从东南沿海向内陆逐渐递减的趋势。

（2）陆面蒸发（land evaporation）指特定区域天然情况下的实际总蒸散发量，又称流域蒸发。陆面蒸发量常采用闭合流域同步期的平均年降水量与年径流量的差值来计算。亦即水量平衡法，对任意时段的区域水量平衡方程有如下基本形式：

$$E_i = P_i - R_i \pm \Delta W$$ (9-2)

式中　E_i——时段内陆面蒸发量；

　　　P_i——时段内平均降水量；

　　　R_i——时段内平均径流量；

　　　ΔW——时段内蓄水变化量。

（3）干旱指数（drought index）是反映气候干湿程度的指标，是指年蒸发能力与年降水量的比值，公式为

$$r = E/P$$ (9-3)

式中　r——干旱指数；

　　　E——年蒸发能力，常以 E-601 水面蒸发量代替；

　　　P——年降水量。

当 $r<1.0$ 时，表示该区域蒸发能力小于降水量，该地区为湿润气候，r 越小，湿润

程度就越大；当 $r>1.0$ 时，表示该区域蒸发能力大于降水量，该地区为干燥气候，r 越大，干燥程度就越重。我国用干旱指数将全国分为 5 个气候带：十分湿润带 ($r<0.5$)、湿润带 ($0.5 \leqslant r<1.0$)、半湿润带 ($1.0 \leqslant r<3.0$)、半干旱带 ($3.0 \leqslant r<7.0$) 和干旱带 ($r \geqslant 7.0$)。

3. 河川径流量计算

根据水资源评价要求，河川径流量的分析与计算，主要是分析研究区域的河川径流量及其时空变化规律，阐明径流年内变化和年际变化的特点，推求区域不同频率代表年的年径流量及其年内时程分配。河川径流量的计算方法有代表站法、等值线法、年降水-径流函数关系法、水文模型法等，下面对这四种方法进行简要说明。

（1）代表站法。在计算区域内，如果能够选择一个或几个基本能控制区域大部分面积、实测径流资料系列较长、精度满足要求的代表性水文站，且区域内上、下游自然地理条件比较一致时，可以用代表性水文站年径流量推算区域多年平均径流量。

若计算区内各河流的进口和出口均有控制站，可有出口断面与进口断面的年径流量之差，再加上区间的还原水量，得出计算区的河川径流量。

若计算区仅有一个控制站，且上、下游的降水量差别较大，自然地理条件也不太一致，但下垫面却相差不大，这样，可以用降水量作为权重来计算区域多年平均年径流量，即

$$R = R_a \left(1 + \frac{P_b f_b}{P_a f_a}\right) \tag{9-4}$$

式中　R——区域多年平均年径流量；

　　　R_a——控制站以上面积的实测径流量；

P_a、f_a——控制站以上面积的平均年降水量、集水面积；

P_b、f_b——控制站控制面积以外的平均年降水量、集水面积。

（2）等值线法。在区域面积不大且缺乏实测径流资料的情况下，或者是在有实测径流资料但区域面积较大且不能控制全区的情况下，可以借用包括该区在内的较大面积的多年平均年径流深等值线图，以图上查算出区域内的平均年径流深与区域面积的乘积来计算区域多年平均年径流量。有时，为了确保计算结果的可靠性，还可以用邻区有实测径流资料的相似流域，采用均值比法进行适当修正和验算。

（3）年降水-径流函数关系法。假如本区域有足够年份的实测降水、径流资料或相邻相似代表区域有足够年份的实测降水、径流资料，可建立年降水-径流函数关系。这样，就可以用年降水资料来推算年径流量。通常可用类似式（9-5）的数学模型：

$$R = A e^{BP} \tag{9-5}$$

式中　A、B——模型经验参数；

　　　P——年降水量；

　　　R——径流量。

这种方法的关键是要根据大量的实测资料来建立降水-径流函数关系模型。

（4）水文模型法。在研究区域上，选择具有实测降水径流资料的代表站，建立降雨径流模型，用于研究区域的水资源评价。常用的水文模型有萨克拉门托模型、水箱模型、新

安江水文模型等。其中新安江水文模型是河海大学赵仁俊1973年研制的一个分散参数的概念性降雨径流模型，是国内第一个完整的流域水文模型，在我国湿润与半湿润地区广为应用。近几十年来，新安江水文模型不断改进，已成为我国特色应用较广泛的一个流域水文模型。新安江水文模型把全流域按一定方法进行分块，每一块为单元流域，对每个单元流域作产汇流计算，得出单元流域的出口流量过程，再进行出口以下的河道洪水演算，求得流域出口的流量过程。把每个单元流域的出流过程相加，求出流域出口的总出流过程。

二、地下水资源量的计算与评价

（一）地下水资源数量评价的内容和要求

地下水资源（groundwater resources amount）数量评价内容包括：补给量、排泄量、可开采量的计算和时空分布特征分析，以及人类活动对地下水资源的影响分析。

在地下水资源数量评价之前，应获取评价区以下资料。

（1）地形地貌、地质构造及水文地质条件。

（2）降水量、蒸发量、河川径流量。

（3）灌溉引水量、灌溉定额、灌溉面积、开采井数、单井出水量、地下水实际开采量、地下水动态、地下水水质。

（4）包气带及含水层的岩性、层位、厚度及水文地质参数，对岩溶地下水分布区还应搞清楚岩溶分布范围、岩溶发育程度。

地下水资源数量评价应符合下列要求。

（1）根据水文气象条件、地下水埋深、含水层和隔水层的岩性、灌溉定额等资料的综合分析，确定地下水资源数量评价中所必需的水文地质参数，主要包括：给水度、降水入渗补给系数、潜水蒸发系数等。给水度是指地下水位下降单位深度所排出的水层厚度，与地下水埋深、土壤特性等有关，降水入渗补给系数指降水入渗补给量与降水量的比值，潜水蒸发系数指潜水蒸发强度与同期水面蒸发强度的比值。

（2）地下水资源数量评价的计算系列尽可能与地表水资源数量评价的计算系列同步，应进行多年平均地下水资源数量评价。

（3）地下水资源数量按水文地质单元进行计算，并要求分别计算、评价流域分区和行政分区地下水资源量。

（二）地下水资源量的计算

地下水资源量是指浅层地下水体在当地降水补给条件下，经水循环后的产水量。在计算地下水资源量，即地下水补给量时，由于山丘区与平原区的补给方式不同、获得资料的途径不同，其计算方法也不同，常常分开进行计算后再汇总。一般山丘区、岩溶区及黄土高原丘陵沟壑区地下水资源量的计算方法大体相同，这些地方统称为山丘区；一般平原区、山间盆地平原区、黄土高原塬台阶地区、沙漠区及内陆闭合盆地平原区地下水资源量的计算方法相近或类同，这些地方统称为平原区。

1. 平原区地下水资源量计算

在平原区，地下水资源量为总补给量扣除井灌回归补给量，同时要满足水量平衡原理，即年均总补给量和年均总消耗量应相等。

总补给量包括降雨入渗补给量、河道渗漏补给量、山前侧向流入补给量、渠系渗漏补给量、水库湖泊渗漏补给量、田间灌溉入渗补给量、越流补给量、人工回灌补给量等。可以采用分类型计算补给水量再求和的方法来计算地下水总补给水量。即有下面一般计算式：

$$U=U_{pf}+U_{rf}+U_{kf}+U_{cf}+U_{df}+U_{ff}+U_{jf}+q_{mf} \tag{9-6}$$

式中　U——平原区多年年平均地下水补给量；

　　　U_{pf}——平原区多年年平均降水入渗补给量；

　　　U_{rf}——平原区多年年平均河道渗漏补给量；

　　　U_{kf}——平原区多年年平均山前侧向流入补给量；

　　　U_{cf}——平原区多年年平均渠系渗漏补给量；

　　　U_{df}——平原区多年年平均水库、湖泊渗漏补给量；

　　　U_{ff}——平原区多年年平均田间灌溉入渗补给量；

　　　U_{jf}——平原区多年年平均越流补给量；

　　　q_{mf}——平原区多年年平均人工回灌补给量。

降雨入渗补给量是指降水入渗到包气带后在重力作用下渗透补给潜水的水量，是浅层地下水重要的补给来源，计算公式为

$$U_{Pf}=\alpha PF \tag{9-7}$$

式中　U_{Pf}——降雨入渗补给量；

　　　α——降雨入渗补给系数，与给水度、地下水埋深、包气带岩性、降雨量大小有关；

　　　P——降雨量；

　　　F——计算面积。

河道渗漏补给量指当江河水位高于两岸地下水水位时，河水渗入补给地下水的水量，可以通过水文分析法确定，即利用上下游水文站实测径流资料估算河道渗漏补给量，计算公式为

$$U_{rf}=(R_A-R_B)(1-\lambda)\frac{L}{L'} \tag{9-8}$$

式中　U_{rf}——河道渗漏补给量；

　R_A、R_B——上下游水文站实测年径流量；

　　　λ——上下游水文站间河段内水面及两侧浸润带蒸发量与 (R_A-R_B) 之比值；

　　　L——计算河段长度；

　　　L'——上下游水文站间的距离。

山前侧向流入补给量指山丘区山前地下径流补给平原区浅层地下水的水量，可由达西公式分段计算，然后进行累加求得。如山丘区与平原区交界处水力坡度很小（小于1/5000），则山前侧向流入补给量可忽略不计。

渠系渗漏补给量指灌溉渠道水位高于地下水位时，各级渠道在输水过程中渗漏补给地下水的水量。计算公式为

$$U_{cf} = m \overline{W}_0 \qquad\qquad (9-9)$$

式中　U_{cf}——渠系渗漏补给量；

　　　m——渠系渗漏系数；

　　　$\overline{W}_0$——渠首引水量，当缺乏实测资料时，可由毛灌溉定额乘以灌溉面积得到。

水库、湖泊渗漏补给量指当水库、湖泊等蓄水体的水位高于周边地下水位时，渗漏补给地下的水量。可以用水量平衡法进行估算，公式为

$$U_{df} = P + W_{in} - E - W_{out} \qquad\qquad (9-10)$$

式中　U_{df}——水库、湖泊渗漏补给量；

　　　P——降雨量；

　　　E——水面蒸发量；

W_{in}、W_{out}——入库、出库水量。

田间灌溉入渗补给量指灌溉水进入田间后，经过包气带渗漏补给地下水的水量，计算公式为

$$U_{ff} = \beta W_f \qquad\qquad (9-11)$$

式中　U_{ff}——田间灌溉入渗补给量；

　　　β——田间灌溉入渗补给系数；

　　　W_f——田间灌溉水量。

越流补给量是指深层地下水通过弱透水层对浅层地下水的补给量。越流补给量相对较少时，一般情况下忽略不计。若数量较大不能忽略，则可按达西公式计算，公式如下：

$$U_{jf} = K_D \frac{\Delta h}{D} FT \qquad\qquad (9-12)$$

式中　U_{jf}——越流补给量；

　　　K_D——弱透水层的渗透系数；

　　　Δh——深层承压水和浅层潜水的水头差；

　　　D——弱透水层的厚度；

　　　T——计算时段；

　　　F——计算面积。

人工回灌补给量按实际回灌量计算。

总消耗量则包括潜水蒸发量、河道排泄量、侧向排出量、越流排泄量、人工开采地下水净消耗量等，计算公式为

$$WC = WC_e + WC_r + WC_l + WC_g + WC_m \qquad\qquad (9-13)$$

式中　WC——总消耗量；

　　　WC_e——潜水蒸发量；

　　　WC_r——河道排泄量；

　　　WC_l——侧向流出量；

　　　WC_g——越流排泄量；

　　　WC_m——人工开采地下水净消耗量。

潜水蒸发量是指浅层地下水在毛细管引力作用下，向上运动形成的蒸发量。它是浅层

地下水消耗的重要途径。计算公式为

$$WC_e = CE_0 TF \tag{9-14}$$

式中　C——潜水蒸发系数；

　　E_0——计算时段内平均水面蒸发强度；

　　T——计算时段；

　　F——计算区面积。

河道排泄量指当地下水高于河道水位时，地下水补给河道所消耗的水量，计算方法同河道渗漏补给量。

侧向流出量指以地下潜流形式流出计算区的地下水量，估算方法同山前侧向流入补给量。

越流排泄量指当浅层地下水的水头高于深层承压水的水头时，浅层地下水通过弱透水层向深层地下水补给，形成浅层地下水的逆流排泄量。计算方法同越流补给量。

人工开采地下水净消耗量是水资源开发利用程度较高地区的主要消耗量，采用用水调查统计和分析的成果。

2. 山丘区地下水资源量计算

在山丘区，由于受到资料条件的限制，常常难于直接采用公式来计算地下水补给量，而是根据"多年平均总补给量等于总排泄量"这一原理，一般采用计算地下水的总排泄量来近似作为总补给量，即有下式：

$$Q_m = R_{gm} + R_{um} + U_{km} + Q_{sm} + E_{gm} + q_m \tag{9-15}$$

式中　Q_m——山丘区多年年平均地下水补给量；

　　R_{gm}——山丘区多年年平均河川基流量；

　　R_{um}——山丘区多年年平均河床潜流量；

　　U_{km}——山丘区多年平均山前侧向流出量；

　　Q_{sm}——山丘区未计入河川径流的多年平均山前泉水出露量；

　　E_{gm}——山丘区多年平均潜水蒸发量；

　　q_m——山丘区多年平均实际开采的净消耗量。

总排泄量中以河川基流量为主要部分，也是分析的主要内容。对于我国南方降水量较大的山丘区，其他各项排泄量相对较小，一般可忽略不计。河川基流量为地下水对河道的排泄量。山丘区河流坡度陡，河床切割较深，水文站实测的逐日平均流量过程线既包括来自地表径流，又包括来自地下径流的河川基流量。河川基流量可通过分割实测流量过程的方法近似求得。

三、水资源总量的计算与评价

（一）水资源总量评价的内容与要求

水资源总量（gross amount of water resources）评价，是在地表水和地下水资源数量评价的基础上进行的，主要内容包括"三水"（降水、地表水、地下水）关系分析、水资源总量计算和水资源可利用总量估算。

"三水"转化和平衡关系的分析内容应符合下列要求。

（1）分析不同类型区"三水"转化机理，建立降水量与地表径流、地下径流、潜水蒸发、地表蒸散发等分量的平衡关系，提出各种类型区的水资源总量表达式。

（2）分析相邻类型区（主要指山丘区和平原区）之间地表水和地下水的转化关系。

（3）分析人类活动改变产流、入渗、蒸发等下垫面条件后对"三水"关系的影响，预测水资源总量的变化趋势。

水资源总量分析计算应符合下列要求。

（1）分区水资源总量的计算途径有两种（可任选其中一种方法计算）：一是在计算地表水资源数量和地下水补给量的基础上，将两者相加再扣除重复水量；二是划分类型区，用区域水资源总量表达式直接计算。

（2）应计算各分区和全评价区同步期的年水资源总量系列、统计参数和不同频率的水资源总量；在资料不足地区，组成水资源总量的某些分量难以逐年求得时，则只计算多年平均值。

（3）利用多年均衡情况下的区域水量平衡方程式，分析计算各分区水文要素的定量关系，揭示产流系数、降水入渗补给系数、蒸散发系数和产水模数的地区分布情况，并结合降水量和下垫面因素的地带性规律，检查水资源总量计算成果的合理性。

（二）区域水资源总量的计算

根据目前水资源评价工作的实际情况，在水资源总量评价中，多采用将河川径流量作为地表水资源量，将地下水补给作为地下水资源量分别进行评价，再根据转化关系，扣除互相转化的重复水量的方法计算各水资源评价区的水资源总量，即

$$W = R + Q - D \tag{9-16}$$

式中　W——水资源总量；

R——地表水资源量；

Q——地下水资源量；

D——地表水和地下水互相转化的重复水量。

分区重复水量的确定方法，根据不同地貌类型有所不同，其水资源总量计算方法也有所区别，一般可分为以下三种类型。

1. 单一平原区水资源总量

平原区大气降水落到地面以后，除枝叶截流、填洼和雨期蒸发外，其他部分可形成地表径流量、地下水补给量和包气带土壤水增量。因包气带水可以直接为作物所吸收或形成土壤蒸发，在水资源评价中不予计算。

根据地下水补排相等原理，平原区地下水中的降水入渗补给量 P_r 可用式（9-17）表示：

$$P_r = R_g + E_g \pm \Delta S_g + U_g \tag{9-17}$$

式中　R_g——河道排泄地下径流量（基流）；

E_g——潜水蒸发量；

ΔS_g——地下水储蓄量变量；

U_g——地下水潜流量。

而在地表水资源评价中计算河川径流量为

$$R = R_s + R_g \tag{9-18}$$

式中 R——河川径流量;

R_s——地表径流量(不包括河川基流量)。

从以上可以看出:平原区河川径流量与地下水补给量中,R_g 是重复计算量。所以平原区水资源总量可用式(9-19)计算:

$$W = R_s + P_r = R + P_r - R_g \tag{9-19}$$

2. 单一山丘区水资源总量

地表水资源量为河川径流量,地下水资源量按地下水补排平衡原理,即为总排泄量,用式(9-20)计算:

$$P'_r = R_g + R_{侧} + R_{深} + U_g + Q_{泉} + q + E_g \tag{9-20}$$

式中 P'_r——山区降雨入渗补给量;

R_g——河道排泄地下径流量(河川基流量);

$R_{侧}$——山前侧向排泄量;

$R_{深}$——向深层渗漏量;

U_g——地下水潜流量;

$Q_{泉}$——山前泉水出露总量;

q——浅层地下水实际开采净耗量;

E_g——潜水蒸发量。

因山区地下水埋深较大,潜水蒸发量较小,向深层渗漏量不大,可忽略不计,即

$$P'_r = R_g + R_{侧} + U_g + Q_{泉} + q \tag{9-21}$$

河道排泄量 R_g 已包括在河川径流量中,故山区水资源总量为

$$W' = R' + P'_r - R_g = R' + R_{侧} + U_g + Q_{泉} + q \tag{9-22}$$

式中 W'——山区水资源总量;

R'——山区河川径流量(地表水资源)。

3. 不同地貌类型混合区的水资源总量

对包括山区和平原的闭合区域,其水资源总量可采用式(9-23)计算:

$$W'' = R + R' + P''_r - \sum R_i \tag{9-23}$$

式中 W''——混合区的水资源总量;

P''_r——混合区地下水补给总量;

$\sum R_i$——重复计算量。

四、水资源可利用量

(一)水资源可利用量的计算的内容和要求

水资源可利用量(available water resources)是指在水资源总量中,在不影响生态环境状态情况下,采用合理的技术经济手段后可以用于人类生活、生产和生态目的的水量。主要内容包括地表水资源可利用量和地下水资源可开采量。

地表水资源可利用量估算应符合下列要求。

(1)地表水资源可利用量是指在经济合理、技术可能及满足河道内用水并顾及下游用水的前提下,通过蓄、引、提等地表水工程措施可能控制利用的河道外一次性最大水量

（不包括回归水的重复利用）。

（2）某一分区的地表水资源可利用量，不应大于当地河川径流量与入境水量之和再扣除相邻地区分水协议规定的出境水量。

地下水资源可开采量估算应符合下列要求。

（1）地下水可开采量是指在经济合理、技术可能且不发生因开采地下水而造成水位持续下降、水质恶化、海水入侵、地面沉降等水环境问题和不对生态环境造成不良影响的情况下，允许从含水层中取出的最大水量，地下水可开采量应小于相应地区地下水总补给量。

（2）深层承压地下水的补给、径流、排泄条件一般很差，不具有持续开发利用意义。需要开发利用深层地下水的地区，应查明开采含水层的岩性、厚度、层位、单位出水量等水文地质特征，确定出限定水头下降值条件下的允许开采量。

（二）地表水资源可利用量的计算

地表水资源可利用量应按流域水系进行分析计算，以反映流域上下游、干支流、左右岸之间的联系以及整体性。省（自治区、直辖市）按独立流域或控制节点进行计算，流域机构按一级区协调汇总。

在估算地表水资源可利用量时，应从以下方面加以分析。

（1）必须考虑地表水资源的合理开发。所谓合理开发是指要保证地表水资源在自然界的水文循环中能够继续得到再生和补充，不致显著地影响到生态环境。地表水资源可利用量的大小受生态环境用水量多少的制约，在生态环境脆弱的地区，这种影响尤为突出。将地表水资源的开发利用程度控制在适度的可利用量之内，即做到合理开发，既会对经济社会的发展起促进和保障作用，又不至于破坏生态环境；无节制、超可利用量的开发利用，在促进经济社会发展的同时，会给生态环境带来不可避免的破坏，甚至会带来灾难性的后果。

（2）必须考虑地表水资源可利用量是一次性的，回归水、废污水等二次性水源的水量都不能计入地表水资源可利用量内。

（3）必须考虑确定的地表水资源可利用量是最大可利用水量。所谓最大可利用水量是指根据水资源条件、工程和非工程措施以及生态环境条件，可被一次性合理开发利用的最大水量。然而，由于河川径流的年内和年际变化都很大，难以建设足够大的调蓄工程将河川径流全部调蓄起来，因此，实际上不可能把河川径流量都通过工程措施全部利用。此外，还需考虑河道内用水需求以及国际界河的国际分水协议等，所以，地表水资源可利用量应小于河川径流量。

在估算地表水资源可利用量时，各地应根据流域水系的特点和水资源条件，可采用适宜的方法估算地表水资源可利用量。在水资源紧缺及生态环境脆弱的地区，应优先考虑最小生态环境需水要求，可采用从地表水资源量中扣除维护生态环境的最小需水量和不能控制利用而下泄的水量的方法估算地表水资源可利用量。在水资源较丰沛的地区，上游及支流重点考虑工程技术经济因素可行条件下的供水能力，下游及干流主要考虑满足较低标准的河道内用水。沿海地区独流入海的河流，可在考虑技术可行、经济合理措施和防洪要求的基础上，估算地表水资源可利用量。国际河流应根据有关国际协议及国际通用的规则，结合近期水资源开发利用的实际情况估算地表水资源可利用量。

（三）地下水资源可开采量的计算

地下水资源可开采量评价的地域范围为目前已经开采和有开采前景的地区。在估算地下水资源可开采量时，应从以下方面加以分析。

（1）平原区多年平均浅层地下水资源可开采量的确定方法有实际开采量调查法（适用于浅层地下水开发利用程度较高、浅层地下水实际开采量统计资料较准确完整且潜水蒸发量不大的地区）、可开采系数法（适用于含水层水文地质条件研究程度较高的地区）、多年调节计算法和类比法（用于缺乏资料地区）等。

（2）在深层承压水开发利用程度较高的平原区，要求估算多年平均深层承压水可开采量。深层承压水可开采量评价成果不参与水资源可利用总量计算。

（3）山丘区多年平均地下水资源可开采量可根据泉水流量动态监测、地下水实际开采量等资料计算，也可采用水文地质比拟法估算。其中，在估算的地下水资源可开采量中，凡已纳入评价的地表水资源量的部分，均属于与地表水资源可利用量间的重复计算量。

（四）水资源可利用总量

水资源可利用总量的计算，可采取地表水资源可利用量与浅层地下水资源可开采量相加再扣除地表水资源可利用量与地下水资源可开采量两者之间重复计算量的方法估算。两者之间的重复计算量主要是平原区浅层地下水的渠系渗漏和渠灌田间入渗补给量的开采利用部分，可采用式（9-24）估算：

$$W_{总}=W_{地表}+W_{地下}-W_{重} \tag{9-24}$$

其中

$$W_{重}=\rho(W_{渠}+W_{田}) \tag{9-25}$$

式中　$W_{总}$——水资源可利用总量，m^3；

$W_{地表}$——地表水资源可利用量，m^3；

$W_{地下}$——浅层地下水资源可开采量，m^3；

$W_{重}$——重复计算量，m^3；

$W_{渠}$——渠系渗漏补给量，m^3；

$W_{田}$——田间地表水灌溉入渗补给量，m^3；

ρ——可开采系数，是地下水资源可开采量与地下水资源量的比值。

第三节　水资源质量评价

一、评价的内容和要求

水资源质量（water resources quality）的评价，应根据评价的目的、水体用途、水质特性，选用相关的参数和相应的国家、行业或地方水质标准进行评价。内容包括：河流泥沙分析、天然水化学特征分析、水资源污染状况评价。

河流泥沙是反映河川径流质量的重要指标，主要评价河川径流中的悬移质泥沙。天然水化学特征是指未受人类活动影响的各类水体在自然界水循环过程中形成的水质特征，是水资源质量的本底值。水资源污染状况评价是指地表水、地下水资源质量的现状及预测，其内容包括污染源调查与评价、地表水资源质量现状评价，地表水污染负荷总量控制分析、地下水资源质量现状评价、水资源质量变化趋势分析及预测、水资源污染危害及经济损失分析、不同质量的可供水量估算及适用性分析。

对水质评价，可按时间分为回顾评价、预断评价；按用途分为生活饮用水评价、渔业水质评价、工业水质评价、农田灌溉水质评价、风景和游览水质评价；按水体类别分为江河水质评价、湖泊水库水质评价、海洋水质评价、地下水水质评价；按评价参数分为单要素评价和综合评价；对同一水体更可以分别对水、水生物和底质进行评价。

地表水资源质量评价应符合下列要求。

（1）在评价区内，应根据河道地理特征、污染源分布、水质监测站网，划分成不同河段（湖、库区）作为评价单元。

（2）在评价大江、大河水资源质量时，应划分成中泓水域与岸边水域，分别进行评价。

（3）应描述地表水资源质量的时空变化及地区分布特征。

（4）在人口稠密、工业集中、污染物排放量大的水域，应进行水体污染负荷总量控制分析。

地下水资源质量评价应符合下列要求。

（1）选用的监测井（孔）应具有代表性。

（2）应将地表水、地下水作为一个整体，分析地表水污染、纳污水库、污水灌溉和固体废弃物的堆放、填埋等对地下水资源质量的影响。

（3）应描述地下水资源质量的时空变化及地区分布特征。

二、评价方法介绍

水资源质量评价是水资源评价的一个重要方面，是对水资源质量等级的一种客观评价。无论是地表水还是地下水，水资源质量评价都是以水质调查分析资料为基础，可以分为单项组分评价和综合评价。单项组分评价是将水质指标直接与水质标准比较，判断水质属于哪一等级。综合评价是根据一定评价方法和评价标准综合考虑多因素进行的评价。

水资源质量评价因子的选择是评价的基础，一般应按国家标准和当地的实际情况来确定评价因子。

评价标准的选择，一般应依据国家标准和行业或地方标准来确定。同时还应参照该地区污染起始值或背景值。

水资源质量单项组分评价就是按照水质标准（如 GB/T 14848—2017《地下水质量标准》、GB 3838—2022《地表水环境质量标准》）所列分类指标划分类别，代号与类别代号相同。不同类别的标准值相同时从优不从劣。例如，地下水挥发性酚类Ⅰ、Ⅱ类标准值均为 0.001mg/L，若水质分析结果为 0.001mg/L 时，应定为Ⅰ类，不定为Ⅱ类。

对于水资源质量综合评价，有多种方法，大体可以分为：评分法、污染综合指数法、一般统计法、数理统计法、模糊数学综合评判法、多级关联评价方法、Hamming 贴近法等，不同的方法各有优缺点。现介绍几种常用的方法。

1. 评分法

这是水资源质量综合评价的常用方法。其具体要求与步骤如下：

（1）首先进行各单项组分评价，划分组分所属质量类别。

（2）对各类别分别确定单项组分评价分值 F_i，见表 9-1。

表 9-1　　　　　　　　　　　　　各类别分值 F_i 表

类　别	I	II	III	IV	V
F_i	0	1	3	5	10

（3）按式（9-26）计算综合评价分值 F：

$$F = \sqrt{\frac{\overline{F}^2 + F_{\max}^2}{2}}$$

$$\overline{F} = \frac{1}{n} \sum_{i=1}^{n} F_i \tag{9-26}$$

式中　$\overline{F}$——各单项组分评分值 F_i 的平均值；

　　$F_{\max}$——单项组分评分值 F_i 中的最大值；

　　n——项数。

（4）根据 F 值，按表 9-2 的规定划分水资源质量级别，如"优良（I类）""较好（III类）"等。

表 9-2　　　　　　　　　　　　　F 值与水质级别的划分

级　别	优良	良好	较好	较差	极差
F	<0.80	0.80～2.50	2.50～4.25	4.25～7.20	≥7.20

2. 污染综合指数法

污染综合指数法是以某一污染要素为基础，计算污染指数，以此为判断依据进行评价。计算公式为

$$I = \frac{C_i}{C_0} \tag{9-27}$$

式中　C_i——水中某组分的实测浓度；

　　I——单要素污染综合指数；

　　C_0——背景值或对照值。

当背景值为一区间值时，采用下式计算 I 值：

$$I = |C_i - \overline{C_0}| / (C_{0\max} - \overline{C_0}) \tag{9-28}$$

或　　　　　　　　$I = |C_i - \overline{C_0}| / (\overline{C_0} - C_{0\min}) \tag{9-29}$

式中　$C_{0\max}$、$C_{0\min}$——背景值或对照值的区间最大值和最小值；

　　　　$\overline{C_0}$——背景值或对照值的区间中值；

其他符号意义同前。

这种方法可以对各种污染组分在不同时段（如枯、丰水期）分别进行评价。当 $I \leqslant 1$ 时为未污染；当 $I > 1$ 时为污染，并可根据 I 值进行污染程度分级。该方法因其直观、简便，被广泛应用。

3. 一般统计法

这种方法是以检测点的检出值与背景值或饮用水卫生标准做比较，统计其检出数、检出率、超标率等。一般以表格法来反映，最后根据统计结果来评价水资源质量。

其中，检出率是指污染组成占全部检测数的百分数。超标率是指检出污染浓度超过水质标准的数量占全部检测数的百分数。对于受污染的水体，可以根据检出率确定其污染程度，比如单项检出率超过 50%，即为严重污染。

4. 多级关联评价方法

多级关联评价方法是一种复杂系统的综合评价方法。它是依据监测样本与质量标准序列间的几何相似分析与关联测度，来度量监测样本中多个序列相对某一级别质量序列的关联性。关联度越高，就说明该样本序列越贴近参照级别，这就是多级关联综合评价的信息和依据。它的特点是：①评价的对象可以是一个多层结构的动态系统，即同时包括多个子系统；②评价标准的级别可以用连续函数表达，也可以在标准区间内做更细致的分级；③方法简单可行，易与现行方法对比。

第四节　水资源综合评价

一、水资源综合评价的内容

水资源综合评价（water resources evaluation）是在水资源数量、质量和开发利用现状评价以及环境影响评价的基础上，遵循生态良性循环、资源永续利用、经济可持续发展的原则，对水资源时空分布特征、利用状况与社会经济发展的协调程度所作的综合评价，主要包括水资源供需发展趋势分析、水资源条件综合分析和分区水资源与社会经济协调程度分析等三方面的内容。

水资源供需发展趋势分析，是指在将评价区划分为若干计算分区，摸清水资源利用现状和存在问题的基础上，进行不同水平年、不同保证率或水资源调节计算期的需水和可供水量的预测和水资源供需平衡计算，分析水资源的余缺程度，进而研究分析评价区社会和经济发展中水的供需关系。

水资源条件（water resources condition）综合分析是对评价区水资源状况及开发利用程度的总括性评价，应从不同方面、不同角度进行全面综合和类比，并进行定性和定量的整体描述。

分区水资源与社会经济协调程度分析包括建立评价指标体系、进行分区分类排序等内容。评价指标应能反映分区水资源对社会经济可持续发展的影响程度、水资源问题的类型及解决水资源问题的难易程度。另外，应对所选指标进行筛选和关联分析，确定重要程度，并在确定评价指标体系后，采用适当的理论和方法，建立数学模型对评价分区水资源与社会经济协调发展情况进行综合评判。

水资源不足在我国普遍存在，只是严重程度有所不同，不少地区水资源已成为经济和社会发展的重要制约因素。在水资源综合评价的基础上，应提出解决当地水资源问题的对策或决策，包括可行的开源节流措施或方案，对开源的可能性和规模、节流的措施和潜力应予以科学的分析和评价；同时，对评价区内因水资源开发利用可能发生的负效应特别是对生态环境的影响进行分析和预测。进行正负效应的比较分析，从而提出避免和减少负效应的对策，供决策者参考。

二、水资源综合评价的评价体系

水资源评价结果，以一系列的定量指标加以表示，称为评价指标体系，由此可对评价区的水资源及水资源供需的特点进行分析、评估和比较。

（一）综合评价指标

《中国水资源利用》（1989 年）中对全国 302 个三级分区，计算下列 10 项指标，以从不同方面综合评价各地区水资源供需情况，研究解决措施和对策。

（1）耕地率。

（2）耕地灌溉率。

（3）人口密度。

（4）工业产值模数，工业总产值与土地面积之比。

（5）需水量模数，现状计算需水量与土地面积之比。

（6）供水量模数，现状 $P=75\%$ 供水量与土地面积之比。

（7）人均供水量，现状 $P=75\%$ 供水量与总人数之比。

（8）水资源利用率，现状 $P=75\%$ 供水量与水资源总量之比。

（9）现状缺水率，现状水平年 $P=75\%$ 的缺水量与需水量之比。

（10）远景缺水率，远景水平年 $P=75\%$ 的缺水量与需水量之比。

（二）综合评分

通过综合评分，可以分析评价区是否缺水。对上述 10 项指标，按其变化幅度分为六级，每级给定一评分值作为评分标准。

根据评分标准，对评价区进行综合评分。综合评分值按式（9-30）计算：

$$J^* = \sum_{i=1}^{10} a_i J_i \qquad\qquad (9-30)$$

式中　J^*——综合评分值；

　　　J_i——第 i 项指标的评分；

　　　a_i——第 i 项指标的权重。

《中国水资源利用》中取用的权重是，耕地率、耕地灌溉率、人口密度、工业值模数、现状缺水率，$a=0.5$；需水量模数、远景缺水率，$a=1.0$；水资源利用率、供水量模数、人均供水量，$a=1.5$。

经综合评分后，当 $J^*>10$ 为缺水区，$5 \leqslant J^* \leqslant 10$ 为基本平衡区，$3 \leqslant J^* < 5$ 为平衡区，$J^* < 3$ 为余水区。

（三）分类分析

1. 缺水率及其变化

缺水率大于 10% 的地区，可认为是缺水地区。从现状到远景的缺水率变化趋势分析，缺水率增加的地区，缺水矛盾趋于严重，而缺水率减少地区，缺水矛盾有所缓和，在一定程度上可认为不缺水。如果现状需水指标定得过高，或未考虑新建水源工程已开始兴建即将生效，虽然现状缺水率高，也不列为缺水区。

2．人均供需水量对比

首先根据自然及社会经济条件，拟定出各地区人均需求量范围。如全国山地、高原及北方丘陵，一般在 $200 \sim 400 m^3 / $ 人；北方平原、盆地及南方丘陵区一般在 $300 \sim 600 m^3 / $ 人；南方平原及东北三江平原在 $500 \sim 800 m^3 / $ 人；而西北干旱地区，没有水就没有绿洲，人均需水量最大，达 $2000 m^3 / $ 人以上。如果实际人均供水量小于人均需水量的下限时，则认为该地区缺水。

3．水资源利用率程度

一般说来，当水资源利用率已超过 50% 、用水比较紧张、水资源继续开发利用比较困难的地区，绝大部分应属于缺水地区。某些开发条件较差的地区，其水资源利用率已大于 25% 的，也可能存在缺水现象。

第五节　水资源需求分析

水资源需求分析（water demand analysis）是水资源长期规划的基础，也是水资源管理的重要依据。区域或流域的需水预测，可以为政府或水行政主管部门提供未来社会经济发展所需的水资源量数据，以便为今后的区域发展提供参考依据，预测并提前处理可能出现的各类水问题。

一、用水户分类

按照水资源的用途和对象，可将需水类型分为生产需水、生活需水和生态环境需水（称"三生"需水）。生活需水包括城镇居民生活用水和农村居民生活用水。生产需水是指有经济产出的各类生产活动所需的水量，包括第一产业（种植业、林牧渔业）、第二产业（工业、建筑业）及第三产业（商饮业、服务业）。生态环境需水分为维护生态环境功能和生态环境建设两类，并按河道内与河道外用水划分。用水户分类及其层次结构见表 9 - 3。

表 9 - 3　　　　　　　　　　　　用水户分类及其层次结构

一级	二级	三级	四　级	备　　注
生活	生活	城镇生活	城镇居民生活	仅为城镇居民生活用水（不包括公共用水）
		农村生活	农村居民生活	仅为农村居民生活用水（不包括牲畜用水）
生产	第一产业	种植业	水田	水稻等
			水浇地	小麦、玉米、棉花、蔬菜、油料等
		林牧渔业	灌溉林果地	果树、苗圃、经济林等
			灌溉草场	人工草场、灌溉的天然草场、饲料基地等
			牲畜	大、小牲畜
			鱼塘	鱼塘补水
	第二产业	工业	高用水工业	纺织、造纸、石化、冶金
			一般工业	采掘、食品、木材、建材、机械、电子、其他［包括电力工业中非火（核）电部分］
			火（核）电工业	循环式、直流式
		建筑业	建筑业	建筑业

续表

一级	二级	三级	四级	备注
生产	第三产业	商饮业	商饮业	商业、饮食业
		服务业	服务业	货运邮电业、其他服务业、城市消防用水、公共服务用水及城市特殊用水
生态环境	河道内	生态环境功能	河道基本功能	基流、冲沙、防凌、稀释净化等
			河口生态环境	冲淤保港、防潮压碱、河口生物等
			通河湖泊与湿地	通河湖泊与湿地等
			其他	根据河流具体情况设定
	河道外	生态环境功能	湖泊湿地	湖泊、沼泽、滩涂等
		其他生态建设	城镇生态环境美化	绿化用水、城镇河湖补水、环境卫生用水等
			其他	地下水回补、防沙固沙、防护林草、水土保持等

注　1. 农作物用水行业和生态环境分类等因地而异，可根据各地区情况确定。

　　2. 分项生态环境用水量之间有重复，提出总量时取外包线。

　　3. 河道内其他非消耗水量的用户包括水力发电、内河航运等，未列入本表。

二、生活需水

生活需水分城镇居民和农村居民两类，可采用人均日用水量方法进行预测。

根据经济社会发展水平、人均收入水平、水价水平、节水器具推广与普及情况，结合生活用水习惯和现状用水水平，参照建设部门已制定的城市（镇）用水标准，参考国内外同类地区或城市生活用水定额，分别拟定各水平年城镇和农村居民生活用水净定额；根据供水预测成果以及供水系统的水利用系数，结合人口预测成果，进行生活净需水量和毛需水量的预测。

城镇和农村生活需水量年内相对比较均匀，可按年内月平均需水量确定其年内需水过程。对于年内用水量变幅较大的地区，可通过典型调查和用水量分析，确定生活需水月分配系数，进而确定生活需水的年内需水过程。

三、生产需水

生产需水包括第一产业、第二产业和第三产业需水。

（一）第一产业需水

第一产业需水也称农业需水，包括农田灌溉和林牧渔畜需水。

1. 农田灌溉需水

对于井灌区、渠灌区和井渠结合灌区，应根据节约用水的有关成果，分别确定各自的渠系及灌溉水利用系数，并分别计算其净灌溉需水量和毛灌溉需水量。农田净灌溉定额根据作物需水量考虑田间灌溉损失计算，毛灌溉需水量根据计算的农田净灌溉定额和比较选定的灌溉水利用系数进行预测。

农田灌溉定额，可选择具有代表性的农作物的灌溉定额，结合农作物播种面积预测成果或复种指数加以综合确定。有关部门或研究单位大量的灌溉试验所取得的有关成果，可作为确定灌溉定额的基本依据。对于资料条件比较好的地区，可采用彭曼公式计算农作物蒸腾蒸发量、扣除有效降雨并考虑田间灌溉损失后的方法计算而得。

有条件的地区可采用降雨长系列计算方法设计灌溉定额，若采用典型年方法，则应分别提出降雨频率为50％、75％和95％的灌溉定额。灌溉定额可分为充分灌溉和非充分灌溉两种类型。对于水资源比较丰富的地区，一般采用充分灌溉定额；而对于水资源比较紧缺的地区，一般可采用非充分灌溉定额。预测农田灌溉定额应充分考虑田间节水措施以及科技进步的影响。

2. 林牧渔畜需水

包括林果地灌溉、草场灌溉、牲畜用水和鱼塘补水等4类。林牧渔业需水量中的灌溉（补水）需水量部分，受降雨条件影响较大，有条件的或用水量较大的要分别提出降雨频率为50％、75％和95％情况下的预测成果，其总量不大或不同年份变化不大时可用平均值代替。

根据当地试验资料或现状典型调查，分别确定林果地和草场灌溉的净灌溉定额；根据灌溉水源及灌溉方式，分别确定渠系水利用系数；结合林果地与草场发展面积预测指标，进行林地和草场灌溉净需水量和毛需水量预测。鱼塘补水量为维持鱼塘一定水面面积和相应水深所需要补充的水量，采用亩均补水定额方法计算，亩均补水定额可根据鱼塘渗漏量及水面蒸发量与降水量的差值加以确定。牲畜需水可由大、小牲畜的需水定额与牲畜数量来确定。

3. 农业需水量月分配系数

农业需水具有季节性特点，为了反映农业需水量的年内分配过程，要求提出各分区农业需水量的月分配系数。农业需水量月分配系数可根据种植结构、灌溉制度及典型调查加以综合确定。

（二）第二产业需水

第二产业需水包括工业需水和建筑业需水。

工业需水预测分高用水工业、一般工业和火（核）电工业三类。

高用水工业和一般工业需水可采用万元增加值用水量法进行预测，高用水工业需水预测可参照国家商务部编制的工业节水方案的有关成果。火（核）电工业分循环式和直流式两种用水类型，采用发电量单位（亿 kW·h）用水量法进行需水预测，并以单位装机容量（万 kW）用水量法进行复核。

有关部门和省（自治区、直辖市）已制定的工业用水定额标准，可作为工业用水定额预测的基本依据。远期工业用水定额的确定，可参考目前经济比较发达、用水水平比较先进国家或地区现有的工业用水定额水平结合当地发展条件确定。

工业用水定额预测方法包括重复利用率法、趋势法、规划定额法和多因子综合法等，以重复利用率法为基本预测方法。

在进行工业用水定额预测时，要充分考虑各种影响因素对用水定额的影响。这些影响因素主要有：①行业生产性质及产品结构；②用水水平、节水程度；③企业生产规模；④生产工艺、生产设备及技术水平；⑤用水管理与水价水平；⑥自然因素与取水（供水）条件。

工业用水年内分配相对均匀，仅对年内用水变幅较大的地区，通过典型调查进行用水过程分析，计算工业需水量月分配系数，确定工业用水的年内需水过程。

建筑业需水预测以单位建筑面积用水量法为主，以建筑业万元增加值用水量法进行复核。建筑业用水量年内分配比较均匀，仅对年内用水量变幅较大的地区，通过典型调查进行用水量分析，计算需水月分配系数，确定用水量的年内需水过程。

（三）第三产业需水

第三产业需水包括商饮业和服务业需水，可采用万元增加值用水量法进行预测，根据这些产业发展规划成果，结合用水现状分析，预测各规划水平年的净需水定额和水利用系数，进行净需水量和毛需水量的预测。第三产业用水量年内分配比较均匀，仅对年内用水量变幅较大的地区，通过典型调查进行用水量分析，计算需水月分配系数，确定用水量的年内需水过程。

四、生态环境需水

生态环境需水是指为维持生态与环境功能和进行生态环境建设所需要的最小需水量。我国地域辽阔，气候多样，生态环境需水具有地域性、自然性和功能性特点。按照修复和美化生态环境的要求，可按河道内和河道外两类生态环境需水分别进行预测。根据各分区、各流域水系不同情况，分别计算河道内和河道外生态环境需水量。河道内生态环境用水一般分为维持河道基本功能和河口生态环境的用水。河道外生态环境用水分为城镇生态环境美化和其他生态环境建设用水等。城镇绿化用水、防护林草用水等以植被需水为主体的生态环境需水量，可采用定额预测方法；湖泊、湿地、城镇河湖补水等，以规划水面面积的水面蒸发量与降水量之差为其生态环境需水量。对以植被为主的生态需水量，要求对地下水水位提出控制要求。其他生态环境需水，可结合各分区、各河流的实际情况采用相应的计算方法。

河道内其他生产活动用水（包括航运、水电、渔业、旅游等）一般来讲不消耗水量，但因其对水位、流量等有一定的要求，因此，为做好河道内控制节点的水量平衡，亦需要对此类用水量进行估算。具体可根据其各自的要求，按照其特点，参照有关计算方法分别估算，并计算控制节点的月需水量外包线。

第六节　水资源供需平衡分析

一、供水预测

供水预测是以现状情况下水资源的开发利用状况为基础，以当地水资源开发利用潜力分析为控制条件，通过经济技术综合比较，制定出不同水平年的水资源开发利用方案，从而进行可供水量预测。为水资源的供需分析与合理配置提供参考依据。

（一）供水系统的分类

按供水工程情况分类，供承系统包括蓄水工程（水库、塘坝）、引水工程、提水工程和调水工程。

按供水水源分类，供水系统包括地表水供水工程，浅层地下水供水工程，其他水源供水工程（包括深层承压水、微咸水、雨水集蓄工程及污水处理再利用工程、海水利用工程）。

按供水用户来分类，供水系统包括城市供水工程、农村供水工程和混合供水工程。

（二）相关概念的界定

1. 供水能力

供水能力（water supply capacity）是指区域供水系统能够提供给用户的供水量的大小。它反映了区域内由所有供水工程组成的供水系统，依据系统的来水条件、工程状况、需水要求及相应的运行调度方式和规则，提供给用户不同保证率下的供水量大小。

2. 可供水量

可供水量（available water）是指在不同水平年、不同保证率或不同频率情况下，通过各项工程设施，在合理开发利用的前提下，可提供的能满足一定水质要求的水量。可供水量的概念包含以下内涵：①可供水量并不是实际供水量，而是通过对不同保证率情况下的水资源供需情况进行分析计算后，得出的工程设施"可能"或"可以"提供的水量，是对未来情景进行预测分析的结果。②可供水量既要考虑到当前情况下工程的供水能力，又要对未来经济发展水平下的供水情况进行预测分析。③计算可供水量时，要考虑丰、平、枯不同来水情况下，工程能够提供的水量。④可供水量是通过工程设施为用户提供的，没有通过工程设施而为用户利用的水量（例如农作物利用的天然降水、吸收的地下水）不能算作可供水量。⑤可供水量的水质状况必须能达到一定的使用标准。

3. 开发利用潜力

水资源开发利用潜力是指通过对现有工程加固配套和更新改造、新建工程投入运行和非工程措施实施后，与现状条件相比所能提高的供水能力。

4. 可供水量与可利用量的区别

水资源可供水量与可利用量是两个不同的概念。通常情况下，由于兴建的供水工程的实际供水能力同水资源的丰、平、枯水量在时间分配上存在着矛盾，这大大降低了水资源的利用水平，所以可供水量总是小于可利用量。现状条件下的可供水量是根据用水需要能提供的水量，它是水资源开发利用程度和能力的现实状况，并不能代表水资源的可利用量。

（三）影响可供水量的因素

影响可供水量的因素主要有以下几个方面。

1. 来水条件

来水条件对可供水量的影响较大，不同年份的来水变化以及年内来水随季节的变化，都会直接影响到可供水量的大小。来水条件的差异将导致水源供水能力的变化，这就需要通过供水系统的优化调度措施来保证满足区域需水要求。

2. 用水条件

用水条件是多方面的，包括产业结构、规模以及用水性质、节水意识和节水水平等。对于不同区域，由于用水条件不同，算出的可供水量也可能不同。此外，由于水资源是一个相互作用、相互关联的大系统，往往一个地区的用水条件也会限制其他地区的可供水量。如流域上游用水会影响下游的可供水量，河道内的生态用水会影响河道外地区的可供水量。

3. 水质条件

供水的水质必须要达到一定的使用标准，如工业用水水质要求达到Ⅳ类水，生活用水要求达到Ⅲ类水以上，水源地的水质状况会直接影响可供水量的大小。因此，虽然有的地区水资源总量较大，但由于水质差，可供水量少，从而造成水质型缺水。

4. 工程条件

工程条件决定了供水能力的大小，也就影响可供水量的多少。另外，不同的工程调度运行方式和不同时期设施的变更扩建等，也能导致可供水量的变化。

（四）可供水量计算

1. 地表水可供水量计算

地表水可供水量大小取决于地表水的可引水量和工程的引提水能力。假如地表水有足够的引用量，但引提水工程能力不足，则其可供水量也不大；相反，假如地表水可引水量小，再大能力的引提水工程也不能保证有足够的可供水量。地表水可供水量的计算通式如下：

$$W_{地表可供} = \sum_{i=1}^{t} \min(Q_i, Y_i) \qquad (9-31)$$

式中　Q_i、Y_i——i 时段满足水质要求的可引水量、工程的引提水能力；

　　　　t——计算时段数。

地表水的可引水量 Q_i 应不大于地表水的可利用量。

可供水量预测应考虑不同规划水平年工程状况的变化，既要分析现有工程更新改造和续建配套后新增的供水量，又要估计因工程老化、水库淤积和上游用水增加造成的来水量减少等因素对工程供水能力的影响。

2. 地下水可供水量计算

一般，可供地下水主要是指矿化度不大于 2g/L 的浅层地下水。地下水可供水量大小取决于机井提水能力和地下水可开采量，其计算通式如下：

$$W_{地下可供} = \sum_{i=1}^{t} \min(G_i, W_i) \qquad (9-32)$$

式中　G_i、W_i——i 时段机井提水能力、当地地下水可开采量；

　　　　t——计算时段数。

3. 其他水源的可供水量

雨水集蓄利用、微咸水利用、污水处理回用、海水利用和深层承压水利用等，在一定条件下可以作为供水水源，并参与水资源供需分析。因此，在可供水量计算时它们也应被包括进来。当然，这些水源的开发利用区域性特点明显，并具有一定的利用对象和范围。

雨水集蓄利用，主要是指收集储存在屋顶、场院、道路等场所的降雨或径流的微型蓄水工程，包括水窖、水池、水柜、水塘等。可以通过调查、分析现有雨水集蓄工程的供水量大小及其作用和对河川径流的影响，来综合确定现状水平年可供水量。对于规划水平年，在现状水平年可供水量的基础上，再考虑雨水集蓄工程增加的供水量及对河川径流的影响，提出规划水平年雨水集蓄工程的可供水量。

微咸水是指矿化度为 2～3g/L 的水，一般可用以补充农业灌溉用水，某些地区矿化度超过 3g/L 的咸水也可与淡水混合利用。可以通过对微咸水的分布及其可利用地域范围和需求的调查分析，综合评价微咸水的开发利用潜力和需求量，提出不同水平年微咸水的可供水量。

城市污水经集中处理后，在满足一定水质要求的情况下，可用于农田灌溉及生态环境用水。对缺水较严重城市，污水处理再利用的对象可扩大到水质要求不高的工业冷却用水，以及改善生态环境和市政用水，如城市绿化、冲洗马路、河湖补水等。污水处理回用量的确定主要考虑两方面：一是供水方面，达到一定水质要求的回用水到底有多少；二是需水方面，可以利用回用水的用水户到底需要多少回用水。经过两方面的综合分析，提出不同水平年污水处理回用可供水量。

海水利用包括海水淡化和海水直接利用两种方式。由于技术和成本较高等原因，至今海水利用还受到很大限制。因此，在确定海水利用量时，要结合海水利用现状，充分考虑技术经济条件和海水利用的范围、途径等因素。

深层承压水在一些缺水地区也被开发利用。其可供水量的确定要经过详细的勘察和论证后，才能掌握深层承压水的分布、补给和循环规律，综合评价深层承压水可开发利用潜力，提出各水平年可供水量。

二、供需平衡分析

水资源供需平衡分析（balance analysis of water resources supply and demand），是指在一定区域、一定时段内，对某一水平年（如现状或规划水平年）及某一保证率的各部门供水量和需水量平衡关系的分析。水资源供需平衡分析的实质是对水的供给和需求进行平衡计算，揭示现状水平年和规划水平年在不同保证率时水资源供需盈亏的形势，这对水资源紧缺或出现水危机的地区具有十分重要的意义。

水资源供需平衡分析的目的，是通过对水资源的供需情况进行综合评价，明确水资源供给和需求状况，分析导致水资源短缺和产生生态环境问题的主要原因，揭示水资源在供、用、排环节中存在的主要问题，以便找出解决问题的办法和措施，使有限的水资源发挥更大的社会经济效益。

水资源供需平衡分析的内容包括：①分析水资源供需现状，查找当前存在的各类水问题；②针对不同水平年，进行水资源供需状况分析，寻求在将来实现水资源供需平衡的目标和问题；③最终找出实现水资源可持续利用的方法和措施。

水资源供需分析计算一般采用长系列月调节计算方法，以反映流域或区域的水资源供需的特点和规律。主要水利工程、控制节点、计算分区的月流量系列应根据水资源调查评价和供水预测部分的结果进行分析计算。无资料或资料缺乏的区域，可采用不同来水频率的典型年法。工作过程中还会出现一次供需分析、二次供需分析和三次供需分析。

一次供需分析是考虑人口的自然增长、经济的发展、城市化程度和人民生活水平的提高，按供水预测的"零方案"，即在现状水资源开发利用格局和发挥现有供水工程潜力的情况下，进行水资源供需分析。若一次供需分析有缺口，则在此基础上进行二次供需分析，即考虑强化节水、污水处理再利用、挖潜配套以及合理提高水价、调整产业结构、合理抑制需求和保护生态环境等措施进行水资源供需分析。若二次供需分析仍有较大缺口，应进一步加大调整经济布局和产业结构及节水的力度，具有跨流域调水可能的，应考虑实施跨流域调水，并进行三次供需分析。实际操作按流域或区域具体情况确定。水资源供需分析时，除考虑各水资源分区的水量平衡外，还应考虑流域控制节点的水量平衡。

（一）基准年供需分析

基准年水资源供需分析是在现状的基础上，扣除现状供水中不合理开发的水量部分（如地下水超采量、未处理污水直接利用量和不符合水质要求的供水量以及超过分水指标的引水量等），并按不同频率的来水和需水进行供需分析。

基准年供需分析的目的是摸清水资源开发利用在现状条件下存在的主要问题，分析水资源供需结构、利用效率和工程布局的合理性，提出水资源供需分析中的供水满足程度、余缺水量、缺水程度、缺水性质、缺水原因及其影响、水环境状况等指标。缺水程度可用缺水率（指缺水量与需水量的比值，用百分比表示，以反映供水不足时缺水的严重程度）表示。

通过基准年供需分析，不仅可以了解到不同水源的来水情况，各类水利工程设施的实际供水能力和供水量，还可以掌握各用水单位的用水需求和用水定额，为不同水平年的水资源供需分析和对今后的水资源合理配置提供依据。

基准年的供需分析方案要根据不同水平年的需水预测、节约用水、水资源保护以及供水预测等部分工作的成果，以供水预测的"零方案"和需水预测的基本方案相结合作为方案集的下限；以供水预测的高方案和需水预测的强化节水方案相结合作为方案集的上限。方案集上、下限之间为方案集的可行域。在方案集可行域内，针对不同流域或区域存在的供需矛盾等问题，如工程性缺水、资源性缺水和污染性缺水等，结合现实可能的投资状况，以方案集的下限为基础，逐渐加大投入，逐次增加边际成本最小的供水与节水措施，提出具有代表性、方向性的方案，并进行初步筛选，形成水资源供需分析计算方案集。方案的设置应依据流域或区域的社会、经济、生态、环境等方面的具体情况有针对性地选取增大供水、加强节水等各种措施组合。如对于资源性缺水地区可以偏重采用加大节水以及扩大其他水源利用量的措施，提高用水效率；对于水资源丰沛的工程性缺水地区，可侧重加大供水投入；对于因水质较差而引起的污染性缺水，可侧重加大污水处理再利用的措施和节水措施。可以考虑各种可能获得的不同投资水平，在每种投资水平下根据不同侧重点的措施组合得到不同方案，但对加大各种供水、节水和治污力度时所得方案的投资需求应与可能的投入大致相等。

（二）规划水平年供需分析

在对基准年供需分析的基础上，还要对将来不同水平年的水资源供需状况进行分析，这样便于及早进行水资源规划和社会经济发展规划，使水资源的开发利用与社会经济发展相协调。不同水平年的水资源供需分析也包括两部分内容：一是分析在不同来水保证率情况下的供需情况，计算出水资源供需缺口和各项供水、用水指标，并做出相应的评价；二是在供需不平衡的条件下，通过采取提高水价、强化节水、外流域调水、污水处理再利用、调整产业结构以抑制需求等措施，进行重复调整试算，以便找出实现供需平衡的可行方案。

（三）水资源供需分析方法

水资源供需平衡分析方法有典型年法及动态模拟分析。

1. 典型年法

典型年法（又称代表年法）：是指对某一范围的水资源供需关系，只进行典型年份平衡分析计算的方法，优点是可以克服资料不全（如系列资料难以取得时）及计算工作量太大的问题。

根据需要来选择不同频率的若干典型年。我国规范规定：特别丰水年 P 为 5%，丰水年 P 为 25%，平水年 P 为 50%，一般枯水年 P 为 75%，特别枯水年 P 为 90%（或 95%）。

在进行区域水资源供需平衡分析时，北方干旱和半干旱地区一般要对 $P=50\%$ 和 $P=75\%$ 两种代表年的水供需进行分析，在南方湿润地区，一般要对 $P=50\%$、$P=75\%$ 和 $P=90\%$（或 95%）三种代表年的水供需进行分析。

2. 动态模拟分析

动态模拟分析方法的基本思路是：将某一区域的水资源系统，根据其物理原理、规划方案运行策略建立一个整体模拟模型，运行这一模型（计算），分析解释该模型的输出，得出水资源供需平衡结果和规划方案。因为水资源供需平衡分析是分析现状和今后的供需情况，所以动态模拟方法的实质就是建立模型和应用模型做模拟试验，以实现了解未来情况得出有用成果的一套方法。

一个区域的水资源供需系统是由供水水源、用水系统、输配水系统等组成的大系统。供水水源：有不同的来水、储水系统、如地面水库和地下水库等、有区内产水和区外来水或调水，而且彼此互相联系，互相影响。用水系统：由生活、工业、农业、环境等用水部门组成。输、配水系统：即相对独立于以上的两个子系统又起到相互联系的作用。

与典型年法相比，水资源供需平衡动态模拟分析有以下特点。

（1）该方法不是对某个典型年进行分析，而是在较长的时间系列里对一个地区的水资源供需的动态变化进行逐个时段模拟和预测。

（2）该方法可以对整个区域的水资源进行动态模拟分析，由于采用不同子区和不同水源（地表水与地下水、当地水资源和外域水资源等）之间的联合调度，能考虑它们之间的相互联系和转化。

（3）该方法采用系统分析方法中的模拟方法，仿真性好，能直观形象地模拟复杂的水资源供需关系和管理运行方面的功能。

（4）水资源供需平衡问题可以看作是由许多子系统组成的大系统，各子系统又可看成由低一层次的分系统组成，根据实际情况还可以继续划分小系统，这样关系明确，便于分析。系统之间存在相互关联、依赖和制约的关系。

（5）系统有一个或多个服务目的或者目标。系统是可以控制的，控制的任务是为目标服务，控制的原则是统筹兼顾、全面规划、协调发展。

（6）它是长系列逐个时段分析的，比典型年法只分析个别代表年更具有代表性。它是动态的，不管是来水还是用水的动态都可逐时段得到反映，例如地面水库的用水调度，地下水位随时间变化的动态。这在典型年法中由于典型年隔断了该年前后的时间联系，很难反映上述动态。

由于水资源系统比较复杂，考虑的方面很多，诸如水量和水质；地表水和地下水的联合调度；地表水库的联合调度；本地区和外区水资源的合理调度；各个用水部门的合理配水；污水处理及其再利用等。因此在这样庞大而又复杂的系统中有许多非线性关系和约束条件在最优化模型中无法解决，而模拟模型具有很好的仿真性能，这些问题在模型中就能得到较好的模拟运行。

水资源系统动态模拟分析一般需要经过模型建立、调参与检验、运行方案的设计等几个步骤。

（1）模型的建立。建立模型是水资源系统模拟的前提。建立模型就是把实际问题概化成一个物理模型，按照一定的规则建立数学方程来描述有关变量间的定量关系。这一步骤包括有关变量的选择，以及确定有关变量间的数学关系。模型只是真实事件的一个近似的表达，并不是完全真实，因此，模型应尽可能简单，所选择的变量应最能反映其特征。

一个简单的水库的调度，其有关变量包括水库蓄水量、工业用水量、农业用水量、水库的损失量（蒸发量和水库渗漏量）以及入库水量等，用水量平衡原理来建立各变量间的数学关系，并按一定的规则来实现水库的水调度运行，具体的数学方程如下所示：

$$W_t = W_{t-1} + WQ_t - WI_t - WA_t - WEQ_t \qquad (9-33)$$

式中　　W_t、W_{t-1}——t 时段末、初的水库蓄水量，m^3；

WI_t、WA_t——t 时段内水库供给工业、农业的水量，m^3；

WEQ_t——t 时段内水库的蒸发、渗漏损失，m^3；

WQ_t——t 时段内水库水量，m^3。

（2）模型的调参和检验。模拟就是利用计算机技术来实现或预演某一系统的运行情况。水资源供需平衡分析的动态模拟就是在制定各种运行方案下重现现阶段水资源供需状况和预演今后一段时期水资源供需状况。但是，按设计方案正式运行模型之前，必须对模型中有关的参数进行确定以及对模型进行检验来判定该模型的可行性和正确性。

（3）模型中运行方案的设计。在模拟分析方法中，决策者希望模拟结果能尽可能接近最优解，同时，还希望能得到不同方案的有关信息，如高、低指标方案，不同开源节流方案的计算结果。

在运行方案设计中，首先要考虑运行所用水文系列，就历史系列来说，可用一次历史序列，也可用历史资料循环系列等。其次要考虑开源工程的不同方案和开发次序和不同节流方案，不同经济发展速度和用水指标的选择。在方案设计中不是方案越多越好，而是要根据需要和可能、主观和客观等条件，排除一切明显不合理的方案，选择合理的方案进行计算，得出有用的数据进行分析。选定了方案就要制定实现这些方案的规则和在模型中的运行指令。

第七节　水资源规划步骤与内容

一、水资源规划概述

水资源规划（water resources planning）作为国民经济发展总体规划的重要组成部分

和基础支撑规划，其目标就是要在国家的社会和经济发展总体目标要求下，根据自然条件和社会发展情势，为水资源的可持续利用与管理，制定未来水平年（或一定年限内）水资源的开发利用与管理措施，以利于人类社会的生存发展对水的需求，促进生态环境和国土资源的保护。因此，水资源规划工作必须坚持可持续发展的指导思想，这是水资源规划的必然要求，也是指导当前水资源规划工作的重要指导思想和基本出发点。具体来讲，水资源规划的指导思想包括以下几个方面。

（1）水资源规划需要综合考虑社会效益、经济效益和生态环境效益，确保社会经济发展与水资源利用、生态环境保护相协调。

（2）水资源规划需要考虑水资源的可承载力水平，使水资源利用在可持续利用的允许范围内，确保当代人与后代人之间的协调。

（3）水资源规划需要从流域或区域整体角度出发，考虑河流上下游、左右岸以及不同区域间用水的平衡，确保流域或区域社会经济的协调发展。

（4）水资源规划需要与社会经济发展密切结合，注重全社会公众的广泛参与，注重从社会发展根源上来寻找解决水问题的途径，配合采取一些经济手段，确保人与自然协调发展。

水资源规划根据不同规划对象和目的，可以分为流域水资源规划、区域水资源规划、跨流域水资源规划和专业水资源规划。

1. 流域水资源规划

流域水资源规划（watershed water resources planning）是以整个河流流域为对象的水资源规划，也称流域规划。流域水资源规划涉及国计民生的广阔领域，而且开发治理项目众多，包括防洪、除涝、灌溉、水力发电、工业和城市供水、航运、养殖、环境改善等。各江河由于地理位置和自然条件不同、流域面积大小不一、开发价值高低不同，其规划的重点往往有较大差别。例如，黄河流域以水土保持规划为重点，淮河流域以水资源保护规划为重点。

2. 区域水资源规划

区域水资源规划（planning for regional water resources）是以行政区域或经济区、工程影响区等为对象的水资源规划，亦称地区水资源规划。区域水资源规划的工作内容大致与流域水资源规划相似，依据地区范围的大小、特点，经济发展方向和对水资源开发治理要求，其重点是服务于农业生产的防洪、灌溉、排水工程，工业能源发展的水力发电，工业和城市供水等工程，制订区域水资源规划时，既要把重点放在研究区域，又要同时兼顾更大范围或者流域水资源的总体规划，不能只顾局部利益而忽视整体利益。

3. 跨流域水资源规划

跨流域水资源规划是指修建跨越两个或者两个以上流域的引水、调水工程，以达到在地区间调剂水量为目的的水资源规划，例如南水北调水资源规划、"引黄入晋""引黄济青"工程规划等。跨流域引调水关系相邻地区工农业的发展，涉及有关流域的水资源重新分配和可能引起的社会生活条件和生态变化。因此，必须全面考虑跨流域的水量平衡关系，综合协调地区间、经济部门间可能产生的矛盾和环境质量可能变坏而引起的影响，考虑工程对水资源利用的可持续性及其策略。

4. 专业水资源规划

专业水资源规划是以解决流域或地区内某一单项工程为目的的水资源规划，例如流域或地区内的防洪规划、水力发电规划、灌溉规划等。专业水资源规划针对性强，但是在规划时还要考虑其对流域或者区域的影响以及流域或区域水资源利用的总体战略，一般是在流域或者地区水资源规划的基础上进行的，并成为相应规划的组成部分。

二、水资源规划一般步骤

水资源规划是一个系统分析的过程，也是一个宏观决策过程，其步骤可分为：问题剖析阶段，规划或管理模型制定阶段，方案优选与优化阶段，影响评价阶段，规划方案评价阶段，工程实施阶段，运行、反馈与调整阶段七个步骤。

（一）问题剖析阶段

这个阶段包括对流域的野外勘察、水文、地质等基本资料的收集，以及针对提出的问题确定目标和计算方法的初步设想，其具体内容如下。

1. 社会调查

规划工作一开始，就必须征询各级政府和各公众团体的意见，以了解和确定规划工作必须涉及的问题和范围，了解社会要求，探索解决问题的途径，并向政府有关单位、专业机构和民间团体调查和搜集有关的规划资料。然后把调查和搜集的原始资料进行整编加工，形成技术概念与参数，用来指导规划方案的拟定。资料整编的目的有两个：一是便于按社会、经济和环境等问题进行分类，为制订、评价规划方案做准备；二是便于揭示各技术参数之间的依存关系，以便分项列出规划要求。

2. 界定规划地区范围

规划工作的研究范围应依据规划问题与规划目标所必须设计的地理范围来确定。有时，提出研究的规划问题本身或其影响已超出原来规定的研究范围，这时就有必要将研究范围扩大；有时，研究范围也可能比原来规定的小，这时可适当缩小研究范围，但缩小研究范围不应影响主要规划问题，并且必须保证不得由于研究范围的缩小而略去任何可能的解决方案。规划工作所要研究的地区范围以及确定的规划问题与规划目标，应按地理位置划分，标示在示意图上。

3. 明确资源利用方向

规划人员对社会提出的各项要求，必须逐一进行分析研究，以弄清这些要求能否通过水土资源的合理利用予以满足。规划人员还必须研究没有提出的各种"传统"要求。因此，对资源利用问题，规划人员除应通过资料分析研究外，还必须与各级政府部门和各社会团体反复进行磋商，使规划问题更明确、更集中。这一步工作是确定规划问题和规划目标的关键，也是各级政府部门、各社会团体与专业规划人员的意见能否取得一致的关键。

4. 分析资源潜力

在研究范围及资源利用方向确定之后，就可着手提出一份能满足近期与远期需要的资源供应能力或资源潜力清单。该项工作就是要有选择地编制规划地区水土资源质量和特性明细表，并弄清这些资源是否能在今后加以利用。资源明细表应包括环境、经济和社会等方面的基础背景或现状的数据和资料，例如水文气象资料，土质和土地利用的分类资料（分区图），经济、文化和习俗资料，现有和规划设想的用水要求资料等。在分析资源潜力时，对规划管辖范围内的投资与预算能力应加以考虑。

5. 远景趋势预估

在制订远景规划时，为了能很好地反映社会、环境和经济条件的变化，在整个规划分析期内，对水资源问题所产生的影响，应选定若干年份进行预估分析。分析中，应考虑几种远景规划条件，以检查各水资源规划方案与不同的远景水资源需要是否先适应；要预测规划分析期内可能出现的环境问题和环境要求；必须事先考虑规划地区特有的环境问题。当根据原有的或专为规划研究而编制的基本资料预测远景时，应当考虑所有重要因素之间的相互关系。

6. 选定规划目标

规划目标一般是指资源利用要求，而不是指满足这些要求的具体生产水平。它是国家和地方为了促进国家和地方的经济发展或提高环境质量，而就某一规划地区提出的特定问题及其解决途径。水资源规划的目标内容一般可概括为三类：一是经济发展目标，它是寻求通过投资来增加国家和地方的财政收入，以获取最大净效益。只要在对环境质量无重大不利影响时，经济发展目标通常可用使效益超过费用的总额为最大，已获得最大的纯经济利润来确定。二是环境质量目标，它是通过管理、保护、保存、创造、恢复或改善某一自然、文化、资源与生态系统质量的各种措施，来提高国家总的环境质量。衡量环境质量目前还没有统一的指标和方法，主要依靠规划人员与其他有关人员的分析和判断能力确定。三是社会目标，它指与上述目标无直接关系的一些要求，比如法律、政策、社会和文化条件等，当这些问题可能对规划起重要作用时，也应列入规划目标，以满足社会稳定的要求。

（二）规划或管理模型制定阶段

这一阶段的主要任务是，对水资源的各种功能及供需要求进行初步排队，确定约束条件，确定目标和建立规划或管理模型。如对于生活、工业、农业需水的排队，可以优先考虑生活需水，其次是工业需水，最后是农业需水，在农业需水中，涉及粮食作物的灌溉需水则需满足一定的灌溉保证率要求。水资源的规划目标充分利用有限的水资源，以满足某一时期、某一地区社会经济发展、人民生活水平提高和生态环境质量改善的需要。在建立规划或管理模型时，一般以供水保证率最大或者缺水量最小等为目标，以可供水量、需水量、河道最小流量、投入资金等约束条件。

（三）方案筛选与优化阶段

该阶段的任务是，在模型建立后，根据输入对各种可行方案进行演算，并提出最优化规划和管理策略，具体步骤如下。

1. 确定可能的规划措施

拟定规划比较方案，一般应从编制规划措施入手。这些规划措施应满足前面所确定的各项规划要求。为了使规划措施不受传统习惯的影响，在规划方案拟定的过程中，要集思广益，减少对某些规划方案的偏见。

2. 规划措施的分类组合

在选取了可满足各项规划任务要求的措施后，应将这些措施加以组合，形成各种不同的规划方案。值得注意的是无规划状况也应按一种规划方案对待，即将现有的水资源利用状况和计划沿用到"最可能的远景时期"，作为方案实施效果比选的基础。

3．编制规划方案

在编制规划方案时，一般应提出三种类型的方案，包括：满足经济发展目标的规划方案，满足环境质量目标的规划方案，既考虑国家经济发展目标又考虑环境质量目标的混合方案。编制规划方案的数量视具体的规划任务而定。但在编制规划方案时，必须充分考虑或利用其他机构所编制的规划，以减少规划的工作量。

（四）影响评价阶段

影响评价是对规划方案实施以后预期可能产生的各种经济、社会、环境影响进行鉴别、描述和衡量，为以后规划方案的综合评价打下基础。影响评价是相对于"无规划状况"而言。影响评价包括以下内容。

1．鉴别影响源

为了进行影响评价，必须注意弄清各有关影响源，特别是关于各规划方案及其各项规划措施在投入产出方面的影响源。各个比较方案的规划措施及其投入产出情况，都要与"无规划状况"进行比较，以确定实施以后会发生什么变化。

2．估量影响大小

这项工作就是对已鉴别出的各种变化进行定量或定性的描述。一般先要进行的估量是"无规划状况"与"有规划状况"之间预期会出现的变化，然后估量不同"有规划状况"方案间预期产生的变化。这种方案间差别就是规划方案的影响，它将为规划评价工作打下基础。

3．说明影响范围

产生各种影响的地点、时间和历时都应逐一加以确定。区域性影响，应从研究地区到全国范围都加以说明。影响发生的时间应结合规划实施的情况进行说明。

（五）规划方案评价阶段

规划方案评价是确认规划和实施规划前的最后一步。这一阶段首先要确定各比较方案实施后相对"无规划状况"而言有利与不利的影响，在从相对有利的规划方案中根据制定的目标找出最佳方案。规划方案评价主要包括下述内容。

1．目标满足程度评价

根据规划开始时制定的规划目标，对每一非劣方案进行目标改善性判断。由于水资源规划的多目标性，期望某一方案在实现所有目标方面都达到最优是不现实的。因此，首先要对各方案产生的各种单项效益标准化，并对有利的和不利的程度做出估量，然后加以综合判断。各规划方案的净效益由该方案对所有规划目标的满足情况综合确定。综合评价时，应区分"潜在效益"（可能达到的效益）与"实际效益"，这些效益在规划方案的反复筛选和逼近的过程中，可能使某些"潜在效益"变成"实际效益"或变成无效益。

2．效益指标评价

对各规划方案的所有重要影响都应进行评价，以便确定各方案在促进国家经济发展、改善环境质量、加速地区发展与提高社会福利方面所起到的作用。比较分析应包括对各规划方案的货币指标、其他定量指标和定性资料的分析对比。分析对比应逐个方案进行，并将分析结果加以汇总，以便清楚地反映出入选方案与其他方案之间的利弊。

3. 合理性检验

规划作为宏观决策的一种，必须接受决策合理性检验。虽然实践才是检验真理的唯一标准，但对宏观决策而言，必须有一定标准可对决策方案的正确性进行预评估，这个标准一般包括方案的可接受性、可靠性、完备性、有效性、经济性、适应性、可调性、可逆程度和应变能力等。

4. 确定规划方案

通过分析比较，一些通过上述评价检验的方案即可作为规划的预备方案，予以进一步研究。在规划方案的经济效益与环境质量矛盾的评价与取舍中，可以采用最大最小原则，即将那些纯效益最大的方案列为经济发展规划的待选方案，将能够改善生态环境或对环境危害最小的方案列为环境质量规划的待选方案，将能够改善生态环境或对环境危害最小的方案列为环境质量规划的待选方案，将这些待选方案提供给决策者们反复对比，经协商后选定。当没有一个方案能够满足提高环境质量目标时，选用一个对环境质量危害最小的方案是相对明智的。

（六）工程实施阶段

根据方案决策及工程的优化开发程序，进行水资源工程的建设或管理工程的实施。

（七）运行、反馈与调整阶段

工程建成后，按照系统分析所提供的优化调度运行方案，进行实时调度运行。这一阶段也就是产生各种功能（效益）的阶段。

三、水资源规划的原则和内容

水资源综合规划（comprehensive water resources planning）是指根据社会经济发展需要和水资源开发利用现状编制的开发、利用、节约、保护水资源和防治水害的总体部署。我国 2002 年水资源综合规划技术大纲提出，水资源综合规划的目标是：为我国水资源可持续利用和管理提供规划基础，要在进一步查清我国水资源及其开发利用现状、分析和评价水资源承载能力的基础上，根据经济社会可持续发展和生态环境保护对水资源的要求，提出水资源合理开发、优化配置、高效利用、有效保护和综合治理的总体布局及实施方案，促进我国人口、资源、环境和经济的协调发展，以水资源的可持续利用支持经济社会的可持续发展。

（一）水资源规划原则

水资源规划应遵循以下原则。

（1）全面规划。制订规划应根据经济社会发展需要和水资源开发利用现状，对水资源的开发、利用、治理、配置、节约、保护、管理等做出总体安排。应坚持开源节流治污并重，除害兴利结合，妥善处理上下游、左右岸、干支流、城市与农村、流域与区域、开发与保护、建设与管理、近期与远期等关系。

（2）协调发展。水资源开发利用应与经济社会发展的目标、规模、水平和速度相适应。经济社会发展应与水资源承载能力相适应，城市发展、生产力布局、产业结构调整以及生态环境建设应充分考虑水资源条件。

（3）可持续利用。统筹协调生活、生产和生态环境用水，合理配置地表水与地下水、当地水与外流域调水、水利工程供水与多种其他水源供水。强化水资源的节约与保护，在保护中开发，在开发中保护。

（4）因地制宜。根据各地水资源状况和经济社会发展条件，确定适合当地实际的水资源开发利用与保护模式及对策，提出各类用水的优先次序，明确水资源开发、利用、治理、配置、节约、保护的重点。

（5）依法治水。规划要适应社会主义市场经济体制的要求，发挥政府宏观调控和市场机制的作用，认真研究水资源管理的体制、机制、法制问题。制定有关水资源管理的法规、政策与制度，规范和调节水事活动。

（6）科学治水。应用先进的科学技术，提高规划的科技含量和创新能力。要运用现代化的技术手段、技术方法和规划思想，科学配置水资源，缓解面临的主要水资源问题，应用先进的信息技术和手段，科学管理水资源，制订出具有高科技水平的水资源规划。

（二）水资源规划内容

水资源规划的主要内容包括水资源调查评价、水资源开发利用情况调查评价、水资源需水预测、节约用水、水资源保护、供水预测、水资源配置、总体布局与实施方案、规划实施效果评价等内容，见图9-1。

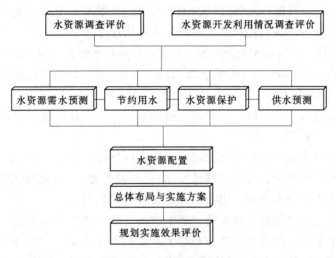

图9-1　水资源规划内容

1. 水资源调查评价

（1）根据水文资料积累条件，并考虑系列代表性要求，采用长系列水文资料作为水资源评价的基本依据。

（2）分区计算降水量、天然径流量、降水补给地下水量和水资源总量的长系列值。

（3）根据近期水质监测资料，对河流、湖泊、水库和地下水的水质进行评价，并对主要供水水源地水质单独进行评价。

（4）综合考虑河川径流特征、地下水开采条件、生态环境保护要求及技术经济等因素，估算地表水可利用量和地下水可开采量，为水资源承载能力分析提供依据。

（5）对水资源情势变化较大的流域或区域，应分析变化原因和主要影响因素。

2. 水资源开发利用情况调查评价

（1）以水资源分区为统计单元，收集整理与用水关联的主要经济社会指标，调查统计基准年的供水基础设施及其供水能力，调查统计供水量和用水量，估算用水消耗量，全面分析供、用、耗水量的组成情况及其变化趋势。

（2）水资源开发利用情况调查评价中需水预测和供需分析及合理配置工作依照水资源分区，区别河道内与河道外用水，分城镇和农村，按生活、生产和生态环境用水三大类分别进行。

（3）根据地表水取水口、地下水开采井的水质监测资料及其供水量，分析估算现状年各类用户不同水质的供水量，对供水水质进行评价。

（4）对现状年的点污染源（工业和城市生活）、面污染源、入河（湖、库）排污口等情况进行调查，结合水功能区划分，统计分析各水资源分区的废污水和主要污染物的排放量，以及排入河湖库的废污水量和主要污染物量。

（5）在经济社会指标和用水调查统计的基础上，分析各分区的综合用水指标，评价各地区的节水水平和用水效率。调查分析一些城市和不同类型灌区的供水水价及用水管理指标，为分析各地区的节水潜力和需水预测提供基础数据。

（6）选取某一计算时段，对各流域的地表水资源开发率、平原区浅层地下水开采率及水资源消耗率进行分析计算，评价水资源的开发利用程度。

（7）选择重点研究河段，调查分析河道内生态环境用水和生产用水情况。对地表水过量引用、地下水超采、水体污染等不合理开发利用所造成的生态环境问题进行调查和评价。

3. 水资源需水预测

（1）需水预测用水户分生活、生产和生态环境三大类，并按城镇和农村两类分别进行统计。

（2）对现状年经济社会发展指标和用水指标进行分析。根据当地实际情况，选取有代表性和具有一定规模的灌区、城市（城镇）、企业（或行业）、重要河流和区域开展调查，分析确定各类用水户的用水定额、用水结构等现状用水数据。

（3）提交与节约用水部分相对应的"基本方案"和"强化节水方案"两套需水预测成果。在现状节水水平和相应的节水措施基础上确定的需水方案为"基本方案"；在进一步加大节水投入力度、强化需求管理条件下，进一步提高节水水平的需水方案为"强化节水方案"。"强化节水方案"需水预测成果应和"节约用水"部分推荐方案相协调。

（4）需水预测应采用"多种方法、综合分析、合理确定"的原则确定其成果。定额预测为基本方法，同时应采用趋势法、机理法、人均用水量法、弹性系数法等其他方法进行复核，经综合分析后提出需水预测成果。

4. 节约用水

（1）节约用水内容主要包括：现状用水调查与用水及节水水平分析，各地区、分类节水标准与指标的确定，节水潜力分析与计算，确定不同水平年的节水目标，落实节水措施，拟定节水方案等。

（2）在现状用水和节水水平综合评价的基础上，充分利用有关专业规划成果，结合计算分区的水资源条件、供需发展趋势、经济社会发展水平等综合因素，按照因地制宜、突出重点、注重实效的原则，分阶段提出计算分区的节水目标，确定节水工作的重点以及需采取的主要节水措施，包括工程措施和技术、经济、管理等非工程措施。

（3）根据各地实际情况，分析各类节水措施的投入与效果，提出实现节水目标的各类措施的组合方案。对各组合方案进行投入产出分析和经济技术比较，提出推荐的节水方案与实施机制。

（4）节水分为城镇生活、工业、农业节水。要与需水预测以及水资源配置部分进行相互衔接与反馈，要为需水预测提供不同节水力度方案，同时要为水资源配置提供多种可供选择的节水方案和有关技术经济参数成果。

5. 水资源保护

（1）水资源保护（water resources protection）部分的工作包括地表水与地下水保护以及与水相关的生态与环境的修复与保护。其中，江河湖库的水资源保护是工作重点，同时要提出对地下水保护以及与水相关的生态环境的修复与保护的对策措施。

（2）江河、湖泊、水库的水质保护以水功能区划为基础，根据不同水功能区的纳污能力，确定相对应陆域水污染物排放总量控制目标。

（3）水资源保护的工作范围应与水功能区划的范围一致，以一、二级水功能区为基本单元，统计和估算入河污废水量及污染物排放量，并将其成果归并到水资源三级区。

（4）现状和规划期水功能区纳污能力的确定，应与水资源开发利用情况调查评价、水资源配置成果及河道内用水要求相适应。以此为依据，在制定入河污染物总量控制方案的基础上，提出排污总量控制方案，提出监督管理的措施，实施综合治理。

（5）统一采用COD、氨氮作为污染物控制指标，湖泊增加总磷和总氮指标。各流域和区域可根据实际情况，增选当地主要污染物控制指标。

（6）在地下水污染严重、地下水超采、海水入侵和地下水水源地等地区，应在现状开发利用调查评价的基础上，结合经济社会发展和生态环境建设的需要，研究地下水资源保护和防治水污染的措施。

（7）针对水资源开发利用现状情况调查评价中与水相关的生态环境问题的调查评价成果，以及需水预测、供水预测和水资源配置等部分对与水相关的生态环境问题的分析成果，制定相应的保护对策措施。

6. 供水预测

（1）在对现有供水设施的工程布局、供水能力、运行状况，以及水资源开发利用模式与管理及存在问题等综合调查分析的基础上，进行水资源开发利用潜力分析。

（2）水资源开发利用潜力是指现有工程加固配套和更新改造、新建工程投入运行和非工程措施实施后，分别以地表和地下水可供水量以及其他水源可能的供水型式，与现状条件相比所能提高的供水能力。

（3）按照流域或区域的供水系统，依据系统来水条件、工程状况、需水要求及相应的运用调度方式和规则，提出可供不同用水户，不同保证率的可供水量。

（4）可供水量的估算要充分考虑技术经济因素、水质状况以及对生态环境的影响，预测不同水资源开发利用模式与方案条件下的可供水量，并进行技术经济比较。要分析各水平年当地水资源的可供水量及其相应的耗水量。

7. 水资源配置

（1）水资源配置（water resources allocation）是指在流域或特定的区域范围内，遵循公平、高效和可持续利用的原则，通过各种工程与非工程措施，考虑市场经济的规律和资源配置准则，通过合理抑制需求、有效增加供水、积极保护生态环境等手段和措施，对多种可利用水源在区域间和各用水部门间进行的调配。

（2）水资源配置应将流域水资源循环转化为与人工用水的供、用、耗、排水过程相适应并互相联系的一个整体，通过对区域之间、用水目标之间、用水部门之间水量和水环境容量的合理调配，实现水资源开发利用和流域（区域）经济社会发展与生态环境保护的相互协调，促进水资源的持续利用，提高水资源的承载能力，缓解水资源供需矛盾，遏制生态环境恶化的趋势，支撑经济社会的可持续发展。

（3）水资源配置以水资源供需分析为手段，在现状供需分析和对抑制需求的不合理增长、有效增加供水、积极保护生态环境的各种可能措施进行组合及分析的基础上，对各种可行的水资源规划方案进行评价和比选，提出推荐方案。

（4）水资源配置以水资源调查评价、水资源开发利用情况调查评价为基础，结合需水预测（包括河道内及河道外用水）、节约用水、供水预测、水资源保护进行，所推荐的方案应作为制定总体布局与实施方案的基础。在分析计算中，数据的分类口径和数值应协调一致，相互进行反馈，配置方案与各项措施相互协调。水资源配置的主要内容包括基准年供需分析、方案生成、规划水平年供需分析、方案比选和推荐方案评价以及特殊干旱年的应急对策等。

（5）在流域和省级行政区范围内以水资源三级区套地级行政区为基本计算分区进行水资源供需分析。计算分区内应按城镇和农村划分，重点要对城市的水资源进行供需分析计算。流域与行政区的供需分析方案和成果应相互协调，提出统一的供需分析结果和合理配置方案。

（6）水资源配置在多次反馈并协调平衡的基础上，一般按 2～3 次水资源供需分析进行。一次供需分析是考虑人口的自然增长、经济的发展、城市化程度和人民生活水平的提高，按供水预测提出的"零方案"，在现状水资源开发利用格局和发挥现有供水工程潜力情况下，进行水资源供需分析。若一次供需分析有缺口，则在此基础上进行二次供需分析，即考虑进一步强化节水、治污与污水处理再利用、挖潜等工程措施，以及合理提高水价、调整产业结构、抑制需求的不合理增长和改善生态环境等措施进行水资源供需分析。若二次供需分析仍有较大缺口，应进一步加大调整产业布局和结构的力度，当具有跨流域调水可能时，应增加外流域调水并进行三次水资源供需分析。实际操作按流域或区域具体情况确定。水资源供需分析时，除考虑各水资源分区的水量平衡外，还应考虑流域控制节点的水量平衡。

（7）水资源配置应利用水资源保护的有关成果，在进行水量平衡分析中考虑水质因素，即水功能区的纳污能力与污染物入河总量控制应相协调，对于超过纳污能力的排放量要进行削减和治理。按照水功能区纳污能力和水质要求制定对入河污染物量和水资源量的区域与时程调配，供需分析中的供水应满足不同用水户水质要求，不满足水质要求时应进行处理。

（8）水资源配置应通过对水资源需求、投资、综合管理措施（如水价、结构调整）等因素的变化进行风险性和不确定性分析。根据实际需要与可能形成各种工程与非工程措施的组合方案集，方案制定应考虑市场对资源配置的作用，如提高水价对水需求的抑制作用，市场对产业结构调整的影响及其对需水的影响等。在对供需分析方案集进行计算和经济、社会、环境以及技术等指标比较的基础上，提出实现水资源供需基本平衡和水环境容量基本平衡的推荐方案。

（9）在分析其水文情势和水资源配置推荐方案的基础上，应制定遇特殊干旱年旱情紧急情况下水量调度预案，制订年度水量分配方案和调度计划，制定应急对策。

8. 总体布局与实施方案

（1）依据水资源配置提出的推荐方案，统筹考虑水资源的开发、利用、治理、配置、节约和保护，研究提出水资源开发利用总体布局、实施方案与管理方式，总体布局要求工程措施与非工程措施紧密结合。

（2）制定总体布局要根据不同地区自然特点和经济社会发展目标要求，努力提高用水效率，合理利用地表水与地下水资源；有效保护水资源，积极治理利用废污水、微咸水和海水等其他水源；统筹考虑开源、节流、治污的工程措施。在充分发挥现有工程效益的基础上，兴建综合利用的骨干水利枢纽，增强和提高水资源开发利用程度与调控能力。

（3）水资源总体布局要与国土整治、防洪减灾、生态环境保护与建设相协调，与有关规划相互衔接。

（4）实施方案要统筹考虑投资规模、资金来源与发展机制等，做到协调可行。

9. 规划实施效果评价

（1）综合评估规划推荐方案实施后可达到的经济、社会、生态环境的预期效果及效益。

（2）对各类规划措施的投资规模和效果进行分析。

（3）识别对规划实施效果影响较大的主要因素，并提出相应的对策。

思 考 题

1. 什么是水资源评价？水资源评价包括哪些内容？

2. 解释水资源总量和水资源可利用量的概念。如何进行地表水资源量和地下水资源量的计算？

3. 平原区和山丘区的水资源总量计算有何区别？

4. 水质评价的内容是什么？主要方法有哪些？

5. 在进行水资源需求分析时用户是如何分类的？

6. 基准年和规划水平年的供需平衡分析分别如何进行？

7. 试述水资源供需平衡动态模拟分析法的特点和过程？

8. 试述水资源规划的工作流程和主要内容？

第十章 水资源管理与保护

水资源管理与保护是水利工作的一项重要内容，是水资源规划方案的具体实施过程，通过水资源合理分配，优化调度、科学管理、有效保护，实现水资源开发、社会经济发展和生态环境保护相互协调的目标。本章主要介绍水资源管理与保护的基本知识，并简要探讨水资源优化配置的基本内容和水资源系统分析方法。

第一节 水 资 源 管 理

一、水资源管理的涵义

根据《中国大百科全书·大气科学·海洋科学·水文科学》指出，水资源管理（water resources management）指水资源开发利用的组织、协调、监督和调度。运用行政、法律、经济、技术和教育等手段组织各种社会力量开发水利和防治水害；协调社会经济发展与水资源开发利用之间的关系，处理各地区、各部门之间的用水矛盾；监督、限制不合理开发水资源和危害水资源的行为；制订用水系统和水库工程的优化调度方案，科学分配水量。联合国教科文组织（UNESCO）国际水文计划工程组（1996 年）则将可持续水资源管理定义为：支撑从现在到未来社会及其福利而不破坏它们赖以生存的水文循环及生态系统完整性的水的管理与使用。

随着人们对水问题认识的不断深化，水资源管理不仅是一门专业技术，更多的是与社会、经济、生态等其他学科密切相关的综合学科，其内容十分丰富。在 1992 年 6 月召开的联合国环境与发展大会文件中，提出与水资源管理相关的详细内容包括：制订目标明确的有关水资源的国家实施计划和投资方案，并应进行成本核算；实施保护和养护潜在水资源的措施，包括查清水资源的情况，并辅之以制订土地利用规划，森林资源利用规划和山坡、河岸保护规划，以及其他有关的开发和养护活动；研制交互式数据库、水情预报模型和经济规划模型，制定水资源管理和规划的方法，包括环境影响评价方法；在自然、社会和经济的制约条件下，实行最适度的水资源分配；通过需求管理、价格机制和调控措施，实行对水资源合理分配的政策；加强水旱灾害的预防工作，包括对灾害的风险分析以及对环境社会影响的分析；通过不断提高公众的觉悟，加强宣传教育，征收水费以及使用其他经济措施，推广合理用水的方法；实行跨流域调水，特别是向干旱和半干旱地区调水；推动开展淡水资源的国际合作；开发新的和替代的供水水源，如海水淡化、人工回灌、劣质水的利用、废水的回用等；对水的数量和质量进行综合管理，包括地表和地下水源；促进一切用水户提高用水效率，并最大限度地减少浪费水的现象，以推动节约用水；支持用水单位优化当地水资源管理的行为；制定使公众参与决策的方法，特别要提高妇女在水资源规划中的作用；根据具体情况，开展并加强各级有关部门之间的合作；加强有关水资源信息和业务准则的传播和交流，广泛开展对用水户的教育，并特别在联合国"世界水日（每年3月22日）"加强这一活动。

二、我国水资源管理现状

（一）水资源管理体制方面

依据 2002 年 10 月 1 日开始实施的《中华人民共和国水法》的规定，我国对水资源实行流域管理与行政区管理相结合的管理体制。国务院水行政主管部门（即水利部）负责全国水资源的统一管理和监督工作。国务院水行政主管部门在国家确定的重要江河、湖泊设立的流域管理机构，在所管辖的范围内行使法律、行政法规规定的和国务院水行政主管部门授予的水资源管理和监督职责。县级以下地方人民政府水行政主管部门按照规定的权限，负责行政区域内水资源的统一管理和监督工作。

《中华人民共和国水法》确立了流域管理机构的法律地位，作为水利部的派出机构，流域管理机构代表水利部在本流域行使部分水行政管理职能，发挥"规划、管理、监督、协调、服务"的作用。按照这种管理体制，理应是以流域统一管理为主，以区域行政管理为辅。然而，在我国流域管理的实践中，跨行政区的流域管理权很容易受到不同地区政府的分割，各个部门在履行职责时往往只追求各自部门物质或非物质的收益。流域管理机构虽然拥有一定的行政职能，但在流域水资源的综合管理中，流域管理机构实际上仅有有限的监控权和执行权，控制流域水资源分配的实际权力也有限，很难有权直接介入地方水资源开发、利用与保护。对水资源的管理也难以从水量的使用、污染物的排放量和流量的控制等方面在全流域范围内进行合理调配，难以统一指挥调度，而且，流域管理机构的财政权过小，不能有效促进水资源管理及政策的实施。此外，由于行政区域与流域边界不一致，各行政区水资源利用取向均是最大程度地为本地区谋利，上下游缺乏一致的水质目标。但区域环境损害或污染以及由此导致的环境失调，却最大限度地扩散到全流域范围中。流域管理是一个跨行政区域管理的问题，如何统一和协调流域内各个行政区域之间的水资源开发利用、保护与管理，将成为实现流域良性管理的关键之一。

（二）水资源管理法制方面

自 20 世纪 80 年代以后，我国政府开始了依法治水、依法管水的努力，开始了水资源管理立法的尝试。迄今为止，全国人大及其常委会先后制定了《中华人民共和国水法》《中华人民共和国水土保持法》《中华人民共和国水污染防治法》《中华人民共和国环境保护法》《中华人民共和国防洪法》。国务院及其所属部门先后颁布了《中华人民共和国饮用水源保护区污染防治管理规定》《中华人民共和国河道管理条例》等一系列水行政法规和政府规章，各省、自治区、直辖市先后出台了相应的地方性法规和政府规章。可以说，我国水资源法律制度正在建立并逐步形成体系，水资源的管理和利用正步入规范化、法治化的轨道。但是，从形势发展来看，这些法律还不尽完善，仍需进一步加以改善，还存在以下问题。

1. 法律覆盖范围不全面

尽管我国与水有关的法律、法规和规范性文件在数量上已大大超过了其他自然资源立法，但现有法律仍不全面，尚不能调整所有水事关系。例如，目前尚没有一部综合性的资源环境基本法。同时，目前的法律规定过于简单，或法律效力等级不高，不能反映出问题的严重性。例如，现行法律侧重国家权力对水资源配置和管理的作用，带有浓厚的行政管理色彩，对水权只做了原则的、抽象的规定，缺乏对水权具体权项的划分、配置等规定。

2. 不同部门、不同时期颁布的法律法规之间存在交叉、冲突和矛盾

由于我国长期以来在水资源管理方面处于多龙管水、政出多门的状况，不同部门和地区之间从自身利益出发，在制定相关法律法规时不可避免地会出现冲突和矛盾。例如，水质与水量在水资源可持续维持中是相互影响的。但是，按照《中华人民共和国水污染防治法》的规定，县级以上人民政府环境保护主管部门对水污染防治实施统一监督管理；而按照《中华人民共和国水法》的规定，各级水行政主管部门负责管辖区内水资源的统一监督和管理工作。根据这两部法律的规定，在我国水资源管理的实际工作中，水量、水质管理实际上分属于水利和环保两个部门。这种职能交叉使得水量与水质管理关系不明确，不仅造成两部门间决策的分歧，影响工作效率，而且从本质上看，这种不明确本身就违背了水资源"统一管理和监督"的法律规定。

3. 管理机构同时拥有执法权、监督权，难以保证法律的效力

根据有关规定，环保部门负责对水污染防治实施统一监督管理，包括组织拟定和监督实施国家确定的重点区域、重点流域污染防治规划；拟定和组织实施水体污染的防治法规和规章；拟定并组织实施全国污染物排放总量控制计划。从其赋予的职能与权力上看，其拥有污染防治规划、法规和规章的制定，组织实施与监督三个职能。水利部门具有"负责水资源统一管理和监督工作""拟定水资源保护规划；控制向饮水区等水源排污；监测江河湖库的水量水质，审定水域纳污能力"等从制定法规、执法到监督的职能。实际上，任何一个部门同时拥有制定法规、执法、监督三项职能都是不合理的，容易助长部门利益与部门权力的扩大，削弱监督、控制能力和滋生部门内部的腐败。

此外，我国水资源管理的法律法规还存在部门倾向明显、影响法律效力，许多法律条文的规定过于原则、不便于操作等弊端，这些都直接影响了水资源管理的效果，水资源管理需要不断完善。

（三）水资源权属管理方面

《中华人民共和国水法》规定："水资源属于国家所有。水资源的所有权由国务院代表国家行使。"可见，我国目前选择实施的是共有水权形式，其中又以国有水权为主，中央政府是法定的水权代表。

在水权获得方面，《中华人民共和国水法》规定："国家对水资源实行流域统一管理与行政区域管理相结合的管理制度。"地方政府和流域组织相应地成为一级水权所有人代表。同一流域的水源通常以直接的行政调配方式分到各个地区，再通过取水许可制度分配给不同用水者。取水许可制度是我国实施水资源权属管理的重要手段，自1993年国务院颁布《取水许可制度实施办法》以来，我国已逐步形成了一套比较完整的取水许可管理机制。《取水许可制度实施办法》规定，利用水工程或者机械提水设施直接从江河、湖泊或地下取水的一切取水单位和个人，都应该向水行政主管部门或者流域管理机构申请取水许可证，并缴纳水资源费，取得用水权。2006年，国务院颁布的《取水许可和水资源费征收管理条例》则使取水许可管理机制得到进一步完善。

但是，目前我国的水权制度还存在如下一些问题。

（1）《中华人民共和国水法》明确了国家是水资源所有权主体，但没有具体规定国家如何去行使其所有权。在全面实行取水许可制度、进而使水资源所有权和使用权相分离的情况下，如何保障国家作为所有权人的利益不被侵犯，没有具体的法律规定。实行水资源有偿使用、征收水资源费，虽可作为保障国家收益权的一种途径，但是现行征收标准难以体现水权的真正价值。同时，从目前的取水制度实施过程看，事实上混淆了水资源国家所有权和各级政府行使的水资源管理权，无论是中央政府还是地方政府，实际上都承担着水权所有人和水资源管理者的双重身份。

（2）目前我国法律对水资源使用权等概念还没有明确的规定，在水资源使用权、收益权的权利主体和权限范围、获取条件等方面缺乏可操作性的法律条文。在共有水权形式下，水资源使用权的模糊使得水权排他性和行使效率降低，造成各地区、各部门在水资源开发利用方面的冲突，也不利于水资源保护和可持续利用。

（3）目前实施的取水许可制度还存在许多不确定性，例如没有规定取水的优先顺序，特别是在水资源短缺时缺乏灵活的调节机制，极易引起不同用水者之间的矛盾。同时，取水许可制度的实施过多依赖行政手段，水行政主管部门承担水资源分配、调度以及论证取水许可证合理性等诸多责任，常常会因技术、资金等客观条件的限制而难以保证用水权利在不同行业、不同申请者之间的高效配置。

（4）在水权转让方面，我国的水权转让市场尚未真正建立起来。一般说来，国有水权形式下的水权转化可以分为两个层次：第一层次是中央或地方政府、流域组织以行政分配手段或取水许可形式将水资源使用权转让给用水单位或个人，实现水资源所有权和使用权的分离；第二层次则是取水许可证在不同用水单位和个人之间的转让，这一层次的转让应该最为活跃，对高效配置水资源的作用也最大。随着社会经济的发展和市场化改革的进行，水资源供需矛盾日益加剧，借助水权转让、以市场方式配置水资源的客观需求日趋强烈。2006年国务院发布的《取水许可和水资源费征收管理条例》对水权转让作出了如下规定：依法获得取水权的单位或者个人，通过调整产品和产业结构、改革工艺、节水等措施节约水资源的，在取水许可的有效期和取水限额内，经原审批机关批准，可以依法有偿转让其节约的水资源，并到原审批机关办理取水权变更手续。但是，鉴于水权转让的复杂性，条例并未对有关取水权"有偿转让"的形式、程序、价格等如何规范管理的问题做出具体规定，尚待有关部门进一步研究和进行相关的制度设计。

三、我国水资源管理改革

水资源管理是一项复杂的水事行为，包括很广泛的管理内容。针对我国现状水资源管理方面存在的缺陷，必须采取有效措施，深化水资源管理改革。需要建立一套严格的管理体制，保证水资源管理制度的实施；需要公众的广泛参与，建立水资源管理的良好群众基础；水资源是有限的，使用水资源应该是有偿的，需要采用经济措施及其他间接措施，以实现水资源宏观调控；针对复杂的水资源系统和多变的社会经济系统，必须具有实施水资源调度的能力。

（一）水资源管理体制改革

目前我国水资源管理体制改革的重点在于明晰事权、加强沟通、创新管理手段和完善监督机制，以精简、高效的水资源行政管理体制，保障水资源的可持续利用，进而促进整个社会的可持续发展。

针对目前的水资源管理层次，不同部门间职能交叉重复的问题，有两种调整方式：一种方式是现有分部门管理基础不变，进一步明晰各部门职能，减少交叉，同时成立一个委员会形式的协调机构，承担信息沟通、交流和协调冲突的职能；另一种方式是将分散的部门职能向一个部门集中。具体采用哪种方式，应根据管理层次、管理内容而定。一般来说，在国家一级由于水资源行政管理内容繁杂、涉及面广，过度的集中会造成机构臃肿庞大，不利于管理效率的提高，且调整成本和阻力也会比较大，因此可在保持现有分部门管理基础不变的情况下，进一步明晰各部门职能，减少交叉，并通过成立国家水资源管理委员会进行协调。在流域（区域）管理层次，流域组织本身就承担着协调功能，由于受到时间、地区差异的影响，流域管理与区域管理的结合模式，应根据实际情况在实践中进一步探索。而在市、县一级，由于管理内容相对具体，范围小，可以考虑成立水务局进行集中管理。

（二）水权制度完善

对比国内外水资源权属管理的实践，我国的水资源权属管理可以取水许可制度为中心，利用许可证进行水权界定和分配并通过许可证转让来提高水资源配置效率。

1. 明晰水权

明晰水权是完善我国水权制度的最迫切需要。由于长期以来我国水行政主管部门具有水资源所有权人代表和管理者的双重身份，取水许可证实际上意味着国有水资源所有权人已经向许可证持有人转让了国有水资源使用权。但是，还需要在法律上给予明确规定。

明晰水权主体。我国实行的是国有水权制度，因此水资源所有权主体只能是国家，由中央政府代为行使权利，而水资源使用权主体则可以是企业法人、事业单位，也可以是自然人。这样就建立起了水资源所有权和使用权分离的制度，便于水权的流转和水资源市场化配置。

明确流域组织、地方政府和水行政主管部门的权力，他们只能作为管理者，拥有行政管理权利，即参与水权的界定、规制、统一协调管理等，而不能成为水权主体，否则，政府既是水权拥有者又是水权管理者的双重身份不利于保障水权制度的公平性，也容易造成地方政府削弱国家的权力。

2. 水市场

考虑到水资源的公共性、多功能性及地域、行业间差别较大等特点，结合我国的基本国情和现阶段经济正处于转型期的实际。我国水市场很难成为一种完全的市场，而只能是一种政府行政调控与市场调控相结合的"准市场"。在相关法律和规定日趋健全的基础上，建立起一个自由开放的水市场进行水权的转换，也应当成为当前工作目标之一。

3. 水权转化

在这种"准市场"的框架下，首先，根据水法的相关规定、流域规划和水中长期供求规划，以流域为单元制定水量分配方案；其次，通过发放取水许可证的形式进行初始水权的分配，即在区域内对水资源使用权进行进一步的排他性界定，其权利主体细化为企业法人、事业单位、自然人等；最后，对于竞争性经济用水，允许许可证持有人在不损害第三方合法权益和危害水环境状况的基础上，通过市场机制，进行水权转换，依法转让取水权。为此，应尽快就有关取水权"有偿转让"的形式、程序、价格等如何规范管理的问题进行相关的制度设计，为水市场的规范、有序、有效运转提供保障。

应该指出，我国水权制度的完善是一个长期的过程，需要因地制宜，分流域分区域逐步进行。

4. 健全法制保障

水资源管理法制建设及执法能力建设是水资源管理实施的法律基础。加强和完善水资源管理的根本措施之一，就是要建立健全水资源管理法制体系。将水资源管理纳入法制化轨道，走"依法治水"的道路。

随着社会主义市场经济体制的建立和完善以及我国经济、社会的迅速发展，水资源管理领域出现了许多新情况、新问题，国家要有针对性地加强立法，逐步完善水法规体系，使所有水事行为都有法可依，有章可循。同时，已经或即将实现水务一体化管理的地区，要尽快出台相关的地方性法规和政策，为水务统一管理提供法制保障。

5. 公众参与

公众参与，是实施水资源可持续利用战略的重要方面。一方面，公众是水资源管理执行人群中一个重要部分，只有绝大部分人群理解并参与水资源管理，才能保证水资源管理政策的实施，进而实现水资源可持续利用的目标；另一方面，公众参与能够使水资源管理决策者在做出决策前，充分考虑不同利益群体的利益和要求，使所做的决策更合理、更科学，从而使决策实施过程更顺畅。

此外，水资源管理不仅是对水量的管理，还应加强生态管理，保护水质，这部分内容在下一节中介绍。

在水资源管理技术手段方面，随着信息技术的发展，3S、数据库、多媒体等信息技术在水资源管理中得到应用，我国正逐步实现水资源信息系统管理的目标，水资源管理也正在进入系统化管理阶段。通过运用系统论、信息论、控制论和计算机技术，建立水资源管理信息系统。信息技术的应用以其实用性、先进性、简捷性、标准化、灵活性的特点，使得在水资源管理中能够更及时地掌握水资源信息和水利工程运行情况，提高水量水质预报准确度，更有效地防御洪水灾害和对水资源进行合理配置，加强公众参与和对水资源管理的监督，提高水资源管理水平，最终实现水资源可持续开发利用。

四、最严格水资源管理制度

2011 年中央一号文件《中共中央、国务院关于加快水利改革发展的决定》（中发〔2011〕1 号）明确提出要"实行最严格的水资源管理制度"，要求确立水资源开发利用控制红线、用水效率控制红线、水功能区限制纳污红线等"三条红线"，建立用水总量控制制度、用水效率控制制度、水功能区限制纳污制度、水资源管理责任和考核制度等"四项制度"。

"三条红线"：一是确立水资源开发利用控制红线，到 2030 年全国用水总量控制在7000 亿 m³ 以内。二是确立用水效率控制红线，到 2030 年用水效率达到或接近世界先进水平，万元工业增加值用水量降低到 40m³ 以下，农田灌溉水有效利用系数提高到 0.6 以上。三是确立水功能区限制纳污红线，到 2030 年主要污染物入河湖总量控制在水功能区纳污能力范围之内，水功能区水质达标率提高到 95％以上。为实现上述红线目标，进一步明确了 2015 年和 2020 年水资源管理的阶段性目标。

"三条红线"是从水资源统一管理的高度，着眼于水资源的可持续利用和经济社会与资源环境的协调发展提出的。三者之间既有区别，又有密切关系。水功能区管理目标达标了，可以增加供水量，水质性缺水问题就可以很好地解决。用水效率提高，可以有效帮助总量控制和减少入河排污量，反之用水总量控制好了，也可以促进用水效率提高和减少排污量从管理层次上。用水总量控制可以用来对流域或者较大区域进行水资源的宏观管理，用水效率可以用来对特定行业或者用水户进行微观用水管理，限制纳污可以对水体内在质量进行管理，三者一起构成一个完整的水资源管理体系。

"四项制度"：一是用水总量控制制度。加强水资源开发利用控制红线管理，严格实行用水总量控制，包括严格规划管理和水资源论证，严格控制流域和区域取用水总量，严格实施取水许可，严格水资源有偿使用，严格地下水管理和保护，强化水资源统一调度。二是用水效率控制制度。加强用水效率控制红线管理，全面推进节水型社会建设，包括全面加强节约用水管理，把节约用水贯穿于经济社会发展和群众生活生产全过程，强化用水定额管理，加快推进节水技术改造。三是水功能区限制纳污制度。加强水功能区限制纳污红线管理，严格控制入河湖排污总量，包括严格水功能区监督管理，加强饮用水水源地保护，推进水生态系统保护与修复。四是水资源管理责任和考核制度。将水资源开发利用、节约和保护的主要指标纳入地方经济社会发展综合评价体系，县级以上人民政府主要负责人对本行政区域水资源管理和保护工作负总责。

五、河湖长制

2016 年 12 月，中国中共中央办公厅、国务院办公厅印发了《关于全面推行河长制的意见》，并发出通知，要求各地区各部门结合实际认真贯彻落实。2017 年 12 月 26 日，中办、国办印发《关于在湖泊实施湖长制的指导意见》，要求在湖泊全面建立湖长制。

河湖长制即河长制、湖长制的统称，是由各级党政负责同志担任河湖长，负责组织领导相应河湖治理和保护的一项生态文明建设制度创新。"河长制"即由地方各级党政主要负责人担任"河长"，负责组织领导相应河湖的管理和保护工作。"湖长制"，即由湖泊最高层级的湖长担任第一责任人，对湖泊的管理保护负总责，其他各级湖长对湖泊在本辖区内的管理保护负直接责任，按职责分工组织实施湖泊管理保护工作。"湖长制"是"河长制"基础上及时和必要的补充，其实施有利于促进绿色生产生活方式的形成，有利于建立流域内社会经济活动主体之间的共建关系，形成人人有责、人人参与的管理制度和运行机制。

全面推行河湖长制是落实绿色发展理念、推进生态文明建设的内在要求，是解决复杂水问题、维护河湖健康生命的有效举措，是完善水治理体系、保障水安全的制度创新。河湖长负责统筹协调水环境治理、水污染防治、水资源保护、水域岸线管理、水生态修复与执法监管六方面工作。河湖长制办公室负责组织编制各项制度，承担河湖长制组织实施具体工作，督促河湖长确定事项的落实，分解下达河湖长制年度工作任务，组织开展日常检查、考核和评价，全面掌握河湖管理状况，做好河湖长制和河湖保护舆论监督宣传和信息报送工作。各成员单位根据各自职责，参与河湖管理保护、监督考核工作。

"河湖长制"工作的主要任务包括六个方面：①加强水资源保护，全面落实最严格水资源管理制度，严守"三条红线"；②加强河湖水域岸线管理保护，严格水域、岸线等水生态空间管控，严禁侵占河道、围垦湖泊；③加强水污染防治，统筹水上、岸上污染治理，排查入河湖污染源，优化入河排污口布局；④加强水环境治理，保障饮用水水源安全，加大黑臭水体治理力度，实现河湖环境整洁优美、水清岸绿；⑤加强水生态修复，依法划定河湖管理范围，强化山水林田湖系统治理；⑥加强执法监管，严厉打击涉河湖违法行为。

1. 加强水资源保护

执行最严格水资源管理制度，严守水资源开发利用控制、用水效率控制、水功能区限制纳污三条红线，强化地方各级政府责任，严格考核评估和监督。实行水资源消耗总量和强度双控行动，防止不合理新增取水，切实做到以水定需、量水而行、因水制宜。坚持节水优先，全面提高用水效率，水资源短缺地区、生态脆弱地区要严格限制发展高耗水项目，加快实施农业、工业和城乡节水技术改造，坚决遏制用水浪费。严格水功能区管理监督，根据水功能区划确定的河流水域纳污容量和限制排污总量，落实污染物达标排放要求，切实监管入河湖排污口，严格控制入河湖排污总量。

2. 加强河湖水域岸线管理保护

严格水域岸线等水生态空间管控，依法划定河湖管理范围。落实规划岸线分区管理要求，强化岸线保护和节约集约利用。严禁以各种名义侵占河道、围垦湖泊、非法采砂，对岸线乱占滥用、多占少用、占而不用等突出问题开展清理整治，恢复河湖水域岸线生态功能。

3. 加强水污染防治

落实《水污染防治行动计划》，明确河湖水污染防治目标和任务，统筹水上、岸上污染治理，完善入河湖排污管控机制和考核体系。排查入河湖污染源，加强综合防治，严格治理工矿企业污染、城镇生活污染、畜禽养殖污染、水产养殖污染、农业面源污染和船舶港口污染，改善水环境质量。优化入河湖排污口布局，实施入河湖排污口整治。

4. 加强水环境治理

强化水环境质量目标管理，按照水功能区确定各类水体的水质保护目标。切实保障饮用水水源安全，开展饮用水水源规范化建设，依法清理饮用水水源保护区内违法建筑和排污口。加强河湖水环境综合整治，推进水环境治理网格化和信息化建设，建立健全水环境风险评估排查、预警预报与响应机制。结合城市总体规划，因地制宜建设亲水生态岸线，加大黑臭水体治理力度，实现河湖环境整洁优美、水清岸绿。以生活污水处理、生活垃圾处理为重点，综合整治农村水环境，推进美丽乡村建设。

5. 加强水生态修复

推进河湖生态修复和保护，禁止侵占自然河湖、湿地等水源涵养空间。在规划的基础上稳步实施退田还湖还湿、退渔还湖，恢复河湖水系的自然连通，加强水生生物资源养护，提高水生生物多样性；开展河湖健康评估；强化山水林田湖草沙系统治理，加大江河源头区、水源涵养区、生态敏感区保护力度，对三江源区、南水北调水源区等重要生态保护区实行更严格的保护。积极推进建立生态保护补偿机制，加强水土流失预防监督和综合整治，建设生态清洁型小流域，维护河湖生态环境。

6. 加强执法监管

建立健全法规制度，加大河湖管理保护监管力度，建立健全部门联合执法机制，完善行政执法与刑事司法衔接机制。建立河湖日常监管巡查制度，实行河湖动态监管。落实河湖管理保护执法监管责任主体、人员、设备和经费。严厉打击涉河湖违法行为，坚决清理整治非法排污、设障、捕捞、养殖、采砂、采矿、围垦、侵占水域岸线等活动。

第二节 水 资 源 保 护

一、水资源保护内容

水资源保护（water resources protection）是指为了防治水污染和合理利用水资源，采取行政、法律、经济、技术等综合措施，对水资源进行的积极保护与科学管理。当前，我国水资源的短缺已成为可持续发展的严重制约因素，可以说已经成为我国可持续发展的瓶颈。从目前情况看，我国人均水资源量约为 2098.5m³，属于轻度缺水的国家；水资源时空分布严重不均，人口众多和传统工业经济发展速度较快加剧了缺水问题；严重的水污染又使缺水问题日益严重。近年来，水资源保护已经成为非常尖锐的问题。水污染防治是水资源保护的当务之急。

水质保护的目标是减少和消除有害物质进入环境，防治水污染，维护水资源的水文、生物和化学等方面的自然功能，使人类活动适应于水生态系统的承载能力，最终保护水资源的永续利用，造福人类、贻惠子孙。

水资源保护的主要内容包括水量保护和水质保护两个方面。在水量保护方面，主要是对水资源统筹规划、涵养水源、调节水量，科学用水、节约用水、建设节水型工农业和节水型社会；在水质保护方面，主要制定水质规划，提出防治措施，制定水环境保护法规和标准，进行水质调查、监测与评价，研究水体中污染物质迁移、污染物质转化和污染物质降解与水体自净作用的规律，建立水质模型，制定水环境规划，实行科学的水质管理。

二、水资源保护规划

（一）规划内容

《中华人民共和国水法》第十四条规定，开发、利用、节约、保护水资源和防治水害，应当按照流域、区域统一制定规划，同时明确规定水资源保护规划是流域规划和区域规划所包括的专业规划之一。我国从 1983 年开始，在传统的江河流域规划中增加了水资源保护的内容。各流域机构会同省市水利、环保部门开展了长江、黄河、淮河、松花江、辽河、海河、珠江等七大江河流域水资源保护规划。2000 年，水利部又在全国布置开展水资源保护规划编制工作，2003 年，根据规划成果印发了《全国水资源保护规划初步报告》。2010 年，水资源保护规划又纳入全国水资源综合规划进行编制。

水资源保护规划的内容主要包括：在调查分析河流、湖泊、水库等污染源分布、排放量和方式等情况的基础上，与水文状况和水资源开发利用情况相联系，利用水质模型等手段，探索水质变化规律，评价水质现状和趋势，预测各规划水平年的污染状况；划定水体功能分区的范围和确定水质标准，按功能要求制定环境目标，计算水环境容量和与之相应的污染物消减量，并分配到有关河段、地区、城镇，提出符合流域或区域的经济合理的综合防治措施；结合流域或区域水资源开发利用规划，协调干支流、左右岸、上下游、地区之间的水资源保护；水质水量统筹安排，对污染物的排放实行总量控制，单项治理与综合治理相结合，管理与治理相结合。

（二）规划原则

制定水资源保护规划应遵循的基本原则主要有：可持续发展原则，全面规划、统筹兼顾、重点突出的原则，水质与水量统一规划、水资源与生态保护相结合的原则，地表水与地下水统一规划原则，突出与便于水资源保护监督管理原则。

（三）规划编制步骤

水资源保护规划是一个反复协调决策的过程，通过这个过程，寻求一个统筹兼顾的最佳规划方案。一个实用性的最佳规划方案应该使整体与局部、局部与局部、主观与客观、现状与远景、经济与水质、需要与可能等各方面协调统一，在具体工作中又往往表现为社会各部门各阶层之间的协调统一。概括起来，规划过程可分为四个环节，即规划目标、建立模型、模拟优化以及评价决策。每个环节都有各自相应的工作和准备工作，且各个环节的工作内容往往又是相互穿插和反复进行的。具体编制水资源保护规划报告时，其工作步骤一般分以下三个阶段。

1. 第一阶段

收集与综述现有的数据、资料、报告及总结过去的工作，内容涉及以下方面。

（1）自然条件。地理位置、地形地貌、气候气温、降雨量、风向、面积与分区等。

（2）人口状况。市区人口、乡镇人口、常住人口、流动人口、人口密度与空间分布、自然增长率、人口预测等。

（3）城市建设总体规划。城市的规模、性质，城镇体系（如规划市区、卫星城或县城、中心镇、一般建制镇等），城市建设用地性质（居民住宅、公共建筑、工业等）。

（4）社会经济发展现状及预测。包括国内生产总值、工业结构、产值分布、产业结构、不同产业的分布特征、工业发展速度（现状与预测值）、国内生产总值的发展速度等。

（5）环境污染与水资源保护现状。污染源、污染性质、污染负荷、水体特征（水文的、水力的）、水质监测状况（布点、监测频率、监测因子）及历年统计资料、数据与结果。

（6）水资源保护目标、标准及水功能区划分状况。水功能区划是指水资源保护类别及水质目标的确定，它是水资源保护规划的基础。根据对现有的数据和资料的收集、归类与初步分析，应确定尚需补充收集的数据与资料，并制订补充取样分析、监测的计划。在此阶段还应确定规划水域。

2. 第二阶段

建立数据管理系统地理信息系统，开展污染负荷计算等，内容涉及以下几方面。

（1）建立数据管理系统地理信息系统，将适宜的有关数据、技术参数及资料输入上述系统，提出尚需补充的数据及资料。

（2）确定各类污染源及污染负荷，包括工业废水污染源、农村污染源、生活污水污染源、城市粪便量、雨水量及初期暴雨径流量挟带的污染物量。

（3）模型选择、采用、校正与检验。在水资源保护规划中，需采用模型进行水量、水质预测，并对推荐规划方案进行优化决策，以达到最小费用。目前一般采用多参数综合决策分析模型或最小费用模型，这类模型需要输入各种费用数据及水资源质量参数等。

（4）酝酿制定可能的推荐规划方案，提出解决水环境污染及改善水质的战略、途径、方法与措施，对制定长期的水资源保护战略提出意见和建议。

3. 第三阶段

规划方案确定及实施计划安排。

（1）应提出各种战略、对策及解决问题措施的清单。

（2）对提出的规划方案进行技术、经济分析，以达到技术上的可行和经济上的合理。如果通过模型的模拟运行计算和分析，达不到既定水质目标，或技术上不可行或经济上不合理，则需要提出在技术、经济上更为可行的规划方案，通过一次或两次计算，最后制定出推荐的规划方案。

（3）应制定各工程项目实施的优先顺序和实施计划（不同规划年各工程项目的实施计划）。

（4）应对水资源保护与管理提出体制、法规、标准、政策等方面的意见和建议。最后还应考虑当地政府财政上的支撑能力，以期获得批准和实施。

（四）规划的主要技术措施

水资源保护规划编制过程中，基本上采用系统工程的分析方法，但对其中各专题内容，可根据其特性分别采用现状调查、类比分析、实测计算、历史比较、未来预测、可行性分析、系统分析、智能技术、决策技术、可靠性分析等方法。

水资源保护规划中的主要技术措施包括水功能区划、水质监测、水质评价、水污染防治等。

1. 水功能区划

水功能区划是水资源规划和保护的一项基础性工作。水资源对人类社会具有各种使用功能和用途，不同功能对水质的要求也不同，水功能区划的目的在于按照水功能区（water function area）的目标要求进行水环境反馈管理和污染控制，使有限的水资源发挥最大的经济、社会和环境效益，在合理开发利用水资源的同时，也不破坏水域的保护目标，以促进我国经济和社会的可持续发展。

我国水功能区划采用二级体系，即一级区划（流域级）和二级区划（省、市级）。一级功能区划包括保护区、保留区、开发利用区和缓冲区四类。它从宏观上解决水资源开发利用和保护的问题，站在可持续发展的高度协调地区间用水关系。一级功能区的划分对二级功能区划分具有宏观指导作用。一级功区划中的缓冲区是为协调省际、矛盾突出的地区用水关系，以及在保护区与开发利用区之间为满足保护区水质而划定的水域。根据水功能区划分技术导则，缓冲区范围的大小由行政区协商划定，省际和功能区间水质差异较大时缓冲区可长一些，反之则可短一些。一级水功能区由流域管理机构会同流域内省级人民政府水行政主管部门划分确定。

二级功能区划主要协调用水部门之间的关系，它是在一级功能区划的基础上对开发利用区进行的细划，包括饮用水源区、工业用水区、农业用水区、渔业用水区、景观娱乐用水区、过渡区和排污控制区七类，其中，排污控制区与过渡区的划分是二级功能区划中最复杂的，也是最敏感的环节。目前我国的水功能区划对排污控制区、过渡区还缺乏明确的界定。一般而言，排污控制区指生活、生产污废水排污口比较集中的水域；过渡区指为使水质要求有差异的相邻功能区顺利衔接而划定的水域。水功能区划技术导则对排污控制区与过渡区的范围及水质保护目标规定为：入河排污口所在排污控制区范围为该河段上游第一个排污口上游 100m 至最末一个排污口下游 200m；该区域内污染物浓度可以超过 V 类水标准，但排放浓度必须低于地表水排放标准，并保证通过过渡区后达到下游功能区水质的要求。

一般河流都按照其功能划分并加以保护，但对于特殊区域，在划分功能区、确定保护标准时还需考虑更多的因素。我国经济相对发达地区的湖泊、水库、感潮河网等特殊水域，由于其特殊的社会、自然特性、水动力特征和污染特征，这些水域的水资源保护规划与一般河流相比具有很大差异。例如，对于太湖、滇池这样的浅水湖泊而言，将整个区都作为保护区是不可行的。根据风生湖流占据主导地位，不同风况下湖泊流动形态差异极大，从而形成不同的污染分布状态和污染物迁移途径。所以在进行水域功能区划时，需要充分考虑到湖泊（尤其是湖湾）环流形态和自净能力的时空变化。对于受潮汐影响的珠江三角洲河网，由于河道四通八达，受潮汐、径流共同作用河流流向不定，因而其水资源保护规划的制定要比一般河流更为困难。在对水功能区范围、水功能区保护标准、污染排放区的大小、污染物的允许排放量等进行定量化时，首先需要真实掌握河网的水动力特性。只有掌握了河网的水动力特性，才能把握不同水文条件下污染物的流动去向和分布特征。进而可通过一维河网数学模型（必要时还可包括二维、三维局部数学模型）手段进行计算，得到水体纳污能力。

《中国水功能区划》（2002 年）报告中对全国 2069 条河流、248 个湖泊水库进行了水功能区划分，其中水功能一级区 3397 个，区划总计河长 21.4 万 km，在全国 1333 个开发利用区中，共划分水功能二级区 2813 个，河流总长 7.4 万 km。区划中确定了各水域的主导功能及功能顺序，制定了水域功能不遭破坏的水资源保护目标，将水资源保护和管理的目标分解到各功能区单元，从而使管理和保护更具有针对性，通过各功能区水资源保护目标的实现，保障水资源的可持续利用。

2. 水质监测

水质监测是为了掌握水体质量动态，对水质参数进行测定和分析，是水资源保护规划以及水污染防治的基础。

早在 1957 年水利系统就规划建立了全国水化学站网，70 年代开始了水污染监测，1984 年颁发了《水质监测规范》（SD 127—84），重新规划了全国水质站网。各流域与各省（自治区、直辖市）于 1985 年先后完成了本区的站网规划，并进行了全国汇总和审定。截至 2000 年年底，开展水质监测的测站共有 2718 个，其中与水文相结合的水质监测站占各类水质测站总数的 62.3%，形成了水利系统较为健全的监测体系。作为水资源保护、规划、预测预报、调查评价、环境监督管理、环境工程等方面的基础工作，已经受到重视，并得到了很快发展。

在监测技术方面，当前监测分析手段有物理、化学和生物学的方法，对监测要求具有完整性、及时（瞬时）性、连续性和精确性。在进行水质监测时，要对监测参数、采样地点、采样频数、采样时间、采样方法以及样品保管、运输、分析方法、统计方法等多方面进行规划设计。在贯彻执行《水质监测规范》（SD 127—84）中，长江水资源保护局还编制了《底质监测技术规定》和《水生生物监测技术规定》，可适用于不同水系、不同水质特点的水质监测技术和水质分析方法的研究，受到了各大流域单位的重视。

近几年水质监测工作范围不断扩大，部分城市开展了地下水水质和降水水质监测、城市暴雨径流水质监测、矿泉水的水质化验分析、饮用水水源地的水质动态监视性监测、主要排污口的水质监测、水污染的沿程监测、污水团的追踪监测等。此外，有关部门通过编制水资源质量年报、水质简报、水质季报和整编水质年鉴等项工作，为水资源保护和国民经济建设提供服务。

3. 水质评价

水质评价是水资源污染治理、衡量水资源保护效果的标准之一，它是根据水体的用途，按照一定的评价参数、水环境质量标准和评价方法，对水体质量进行定性或定量评定的过程。水环境质量预测是根据水体质量的历史资料或现状，结合未来人口和经济的发展需求，经过定性的经验分析或通过水质数学模型的计算，探讨水环境质量的变化趋势，为控制水污染的计划和决策提供依据，具体内容可参阅第九章第三节。

4. 水污染防治

尽管在水资源规划时要将水污染作为一个约束条件，避免走上"先污染后治理"的老路，但是当前我国的经济情况决定了无论怎么预防也不能彻底消灭所有污染源。人类在生活和生产过程中必然会排放出各种各样的废污水，这就要求必须妥善地处理废污水。

我国严重的水污染现象形成的原因包括：人口增加和经济增长的压力；工业结构不合理及粗放型的发展模式；废水处理率不高，大量废水在没有净化达标的情况下直接排放；面源污染严重，没有采取有效措施控制；环境保护意识淡薄、环境管理措施跟不上、环境执法力度不够；排污收费等经济制约机制还不完善。

因此，应当尽快调整我国的水污染防治战略。第一，应当从末端治理转向源头控制；第二，从单纯的工业点源污染治理，转向面源污染和内源污染统一的综合治理；第三，在加快城市污水处理厂建设的同时，实行废水资源化利用。同时，提倡节约用水，进行清洁生产与污染全过程控制，大力开展污水治理，充分利用水体自净能力，这些是控制水污染的基本途径。

对于水污染防治，除了利用行政、法律、经济、宣传等手段外，还要充分利用科学技术手段，从改革生产工艺、整顿产业结构入手，最大限度地压缩单位产品的污水量和污染物排放量；实行工艺改革与无害化处理、集中治理与分散治理、人工处理与自然净化相结合，提高污水处理的设施运行率、设备利用率、污染物去除率。

水污染处理的技术方法按其作用原则可分为三大类：物理法、化学法、生物法。

（1）物理法。主要利用物理作用分离废水中呈悬浮状态的污染物质，在处理过程中不改变其化学性质。具体方法有沉淀（重力分离）法、过滤法、离心分离法、浮选法、蒸发结晶法和反滤法等。

（2）化学法。利用化学反应原理及方法来分离回收废水中的污染物，或改变污染物的性质，使其从有害变为无害。包括混凝法、中和法、氧化还原法、电解法、汽提法、萃取法、吹脱法、吸附法和电渗析法。

（3）生物法。主要是利用微生物的作用，使得废水中呈溶解和胶体状态的有机污染物化为无害的物质。包括活性污泥法、生物膜法、生物（氧化）塘及污水灌溉等方法。

以上各种处理方法，各有其特点和适用条件，对于具体的某种废水处理，究竟采用哪一种方法或者哪几种方法联合使用，必须根据废水状况、回收要求和经济价值、排放标准等因素综合比较确定，因地制宜地选择适当的方法进行处理，以达到环保部门允许的排放标准。

水资源管理和保护效果与社会-经济-自然复合生态系统可持续的、稳定的发展密切相关。水资源管理和保护体制法规的不断完善，技术方法的创新性研究，不仅有助于国家决策、主管部门和公众加深水利对国民经济发展及社会进步的保障支撑作用的认识，而且能充分展现水资源管理的科学性、优越性，进而更自觉地按照经济发展规律合理配置水资源、优化水资源管理、科学制订水利发展规划；不仅有利于政府对整个国民经济的宏观调控，而且有利于对国民经济实施产业结构调整和优化，进而也有利于水利自身的发展。

第三节 水资源优化配置

一、水资源优化配置概述

（一）水资源优化配置的涵义

水资源优化配置（water resources optimal allocation）是指在特定的流域或区域范围内，遵循公平性、高效性和可持续的原则，以水资源的可持续利用和经济社会的可持续发展为目标，通过各种工程与非工程措施，考虑市场经济规律和资源配置准则，通过合理抑制需求、有效增加供水、积极保护生态环境等手段和措施，对多种可利用水资源在时间上、空间上和不同受益者之间进行科学合理的分配，实现有限水资源的经济、社会和生态环境综合净效益（福利）最大化，以及水质水量的统一和协调。水资源优化配置的实质就是提高水资源的配置效率，一方面是提高水的分配效率，合理解决各部门和各行业（包括环境和生态用水）之间的竞争用水问题；另一方面则是提高水的利用效率，促使各部门或各行业内部高效用水。

从宏观上讲，水资源优化配置是在水资源开发利用过程中，对洪涝灾害、干旱缺水、水环境恶化、水土流失等问题实行统筹规划、综合治理，实现除害兴利结合、防洪抗旱并举、开源节流并重，协调上下游、左右岸、干支流、城市与乡村、流域与区域、开发与保护、建设与管理、近期与远期等各方面的关系。

从微观上讲，水资源优化配置包括取水方面的优化配置、用水方面的优化配置，以及取水用水综合系统的水资源优化配置。取水方面是指地表水、地下水、污水等多水源之间的优化配置；用水方面是指生活用水、生产用水和生态环境用水之间的优化配置；各种水源、取水点和各类用水部门形成了复杂的取用水系统，加上供需双方在时间、空间的变化，水资源优化配置的作用更加明显。

水资源优化配置也可以从以下三个层次进行理解。在区域发展层次，保持人与自然的和谐，不断调整发展进程中的"人-地"和"人-水"关系，兼顾除害与兴利、当前与长远、局部与全局，进行社会经济用水与生态环境用水的合理分配，在社会经济发展与生态环境保护之间进行权衡，提高区域水循环的有效部分和可控部分。在经济层次，对水资源需求侧与供给侧同时优化，使社会经济发展与资源承载能力相适应。依据边际成本替代准则，在需求侧进行生产力布局调整、产业结构调整、水价格调整和分行业节水等措施，抑制需求过度增长并提高水资源利用效率；在供给侧统筹安排降雨、洪水污水资源化、地表水和地下水联合调度，增加水资源对区域发展的综合保障功能。在工程建设与调度管理层次，调动各种手段改善水资源的时空分布和水环境质量以满足区域发展需求；通过水资源统一管理解决水资源利用中存在的市场失效现象与外部不经济性；在发展过程寻求经济合理、技术可行、生态环境无害的利用方式。

从强调保护生态环境的角度出发，水资源优化配置特别考虑生态环境需水的高后效性和紧迫性，并将生态环境需水作为一个独立的用水部门参与水资源优化配置，生态环境效益与经济、社会效益并重，促进区域的可持续发展。此外，由于水资源同时具有自然、社会、经济和生态环境属性，其优化配置问题必然涉及国家与地方等多个决策层次、部门和地区等多个决策主体、近期与远期等多个决策时段以及社会、经济、生态环境等多个决策目标，是一个高度复杂的多目标决策问题。

（二）水资源优化配置的原则

水资源优化配置需遵循公平性、高效性和可持续原则。

1. 公平性原则

公平性原则属于社会学和伦理学范畴。可持续发展侧重于伦理方面的定义，强调发展应在满足当代人需要的同时，也不损害后代人满足其自身需要能力的发展。该原则实质上表述了水资源可持续利用在代内和代际的发展机会的公平性。代内公平指一个地区为发展需要开发利用水资源时不损害其他地区开发利用水资源的机会。公平性原则有时候与效率原则一致，有时候与效率原则冲突，它实质上体现一种各目标的协调发展、权利与义务结合的开发利用方式。

2. 高效性原则

按照经济学观点，高效性原则可解释为经济上有效的水资源分配，即水资源利用的边际效益在各用水部门中都相等。换言之，在某一用水部门增加一个单位的水资源利用所产生的效益，在任何其他部门也是相同的，否则将分配这部分水资源给效益或回报更大的部门。传统的配置方式是以水资源利用的经济效益最大化为目标，但是因其忽略了用水部门效益函数下包含的实施成本，且不能传达出水资源稀缺性的信息，使效率原则的实现受到一定程度的影响。

3. 可持续原则

可持续原则的实质是为了实现水资源可持续利用，也可以理解为水资源优化配置的代际公平性原则。代际公平指当代人为发展的需要开发利用水资源时不损害后代人开发利用水资源的机会。水资源的可再生性为后代人以平等机会开发利用水资源创造了条件，如果人类活动能维持水资源的再生能力，使后代人得到不减少的可利用水量从而满足其需要，即可认为实现了水资源开发利用的代际公平。代际公平指当代人和后代人在利用水资源、满足自身利益、谋求生存与发展上权利均等，即当代人必须留给后代人生存和发展的必要水资源。水资源是通过水文循环得到恢复与更新的，不同赋存条件的水资源，其循环更新周期不同，所以应区别对待。例如，地下水（尤其是深层地下水），其循环周期长，其资源量大体是一个常数，过度开发不仅会在质量与数量上影响子孙后代对水资源的利用，而且还会引起一系列生态环境问题。对地表水，由于水文循环比较频繁，当代人不可能少用一部分水资源而留给后代人，但也不可能提前支用下一代人的水资源。可持续原则要求当代人在开发利用水资源时，保持水资源循环的整体性和再生能力，使后代人具有平等的发展机会，而不是掠夺性开发利用，甚至破坏。

上述原则存在着辩证统一：发展是整个优化配置问题的核心，公平性、高效性、可持续原则的最终目的都是达到高速度、高质量的发展。公平性原则更注重人们基本权利的享有、财富分配的合理、社会保障体系的健全、社会组织结构的有序和社会心理的稳定等一系列目标的实现，体现出人与人关系的和谐；高效性原则更多地注重在资源的利用、经济的增长、财富的积累与物质能量的有效转化和供需均衡，追求一种人类社会自身的和谐；可持续原则强调经济发展与保护资源、保护生态环境的一致，是为了让子孙后代能够享有充分的资源和良好的自然环境，是纵向意义上的公平。

（三）水资源优化配置的目标及手段

水资源优化配置的目标是：通过对水资源在时间、空间、数量和质量上的分配，解决各种水资源供需矛盾（包括各地区与各部门用水竞争、经济与生态环境用水效益、当代社会与未来社会用水等等），从有限的水资源获得最大的利用效益，满足社会、经济、生态的协调的、可持续的发展。可见，水资源优化配置要兼顾水资源开发利用的当前与长远利益，不同地区与部门间的利益，水资源开发利用的社会、经济和环境利益，以及兼顾效益在不同受益者之间的公平分配。水资源优化配置的技术手段包括以下几个方面。

1. 以可持续发展为指导，以系统工程为技术手段

可持续发展是科学发展观的核心内容之一，实现经济社会全局协调和持续发展，建立良性循环机制是水资源规划的中心任务。系统集成是建立水资源利用良性循环机制的理论基础。运用系统工程实现水资源的优化配置是通过对系统内部元素及其关系的描述，建立起系统内部元素之间的动力关系或因果关系，也就是说，系统工程用联系的、对立统一的思想看待系统内部的组成元素，与传统方法相比，更具科学性，更能反映事物的本质。

水资源系统是一个复杂的大系统。它包括地表水、地下水、外调水、中水等水源，也包括生产（农业、工业、建筑业、第三产业、林牧渔业）、生活（城镇生活和农村生活）和生态（城镇景观生态和自然河湖生态）等用户，同时还包含连接水源与用户的渠道、管道、河流等水利工程。运用系统工程的方法可以通过建立水源、输水工程和各用户之间的联系，实现水资源分配的效率目标、公平目标和安全目标。

2. 优化技术和模拟技术相结合，优化指导模拟，模拟验证和修正优化

系统工程处理水资源问题要采用优化技术和模拟技术。优化技术的特点在于从宏观上配置资源，整体上使系统的运行达到最佳状态，使既定的目标达到最优。由于各种优化技术都建立在数学方法基础上，并且寻优的过程就是一个非常复杂的计算过程，因而优化技术往往需要对系统进行概化，对系统描述不可能特别精确，因而不适于反

映水资源系统随时段的动态变化。对于资源配置问题，优化技术能够给出宏观的、方向性的空间资源分配比例，换言之，优化技术"擅长"解决空间上的公平和效率问题，适于制定"战略"。

模拟技术的最大优势在于对系统的状态和行为进行精确和符合实际的模拟，因而更具可操作性。区域水资源系统包含有许多随机因素，使系统的发展带有不确定性，优化模型只能从平均的概念出发求得水资源配置的空间战略对策，而系统在实际运行过程中受随机因素的影响将会偏离预想情况，偏离的程度如何，用优化方法来解答是困难的，这就需要采用模拟技术。因而，模拟技术"擅长"解决时间尺度上的合理性和可操作性问题，适于制定"战术"。

另外，模拟模型还可以通过长系列模拟，分析计算基本单元和大区域各自的供水保证率、需水和缺水情况，避免常规算法中的同频率相加带来的大区域丰水年供水量大于实际供水量，枯水年供水量小于实际供水量的弊端。而优化模型只能进行典型年的优化，大区域的某种频率的典型年，并不一定能代表其中每个计算单元的相同频率。

而采用优化模型与模拟模型技术相结合的方法则可以对配置方案给出合理（优化）而详细的描述。水资源配置可采用优化与模拟相结合的方法，首先通过优化模型确定一般年景（$P=50\%$）情况下的水资源配置方案，取得对关键水源和用户的配置数量和比例。其次以优化获得的配置的比例为输入，带入模拟模型，对系统进行长系列实时供水模拟，从而得出不同来水条件下供水破坏的程度、缺水程度及水供需平衡状况，进而分析其可行性和保证率。最后通过优化和模拟模型的不断调整和反馈，逐步获得不同水平年不同频率下的水资源合理的、具有可操作性的配置方案。

3. 以大系统分解协调理论和遗传算法技术处理系统的多目标优化问题

水资源系统是一个多目标、多单元、多层次的复杂系统，每个层次和单元都有自己的运行目标。因此应引入大系统分解协调理论，协调总目标与各层次、各单元目标之间的关系，保证系统总目标优化的同时，使各层次、各单元的目标也能达到优化（满意）。

处理多目标优化应寻求一种比较简捷的优化方法。水资源系统中几乎所有关系都是非线性的，遗传算法是新崛起的解决非线性优化问题的一种先进计算方法，它既可避免线性规划对系统描述的失真，又可避免动态规划出现"维数灾"问题。

4. 进行多方案模拟比较，进一步寻优

无论优化和模拟，都将受到数学、计算手段、计算工具方面的限制。在模拟和优化之前应制定合理、可行的不同的供水、需水方案并进行组合，常数方法的方案比选是减少系统复杂性、增加结果的可操作性的有效方法。同时模型输出结果也需要经过方案比选而后确定。在优化模型和模拟模型操作过程中，宜采用定量分析与定性分析相结合的方法，而且需要专家系统对输出结果进行必要的修正。

二、水资源优化配置方法

1. "以需定供"的水资源配置

"以需定供"的水资源配置方法认为水资源是取之不尽、用之不竭的，通过经济规模预测相应的需水量，并以此得到的需水水量进行供水工程规划。这种思想将各水平年的需水量及过程均作定值处理，而忽视了影响需水的诸多因素间的动态制约关系，着重考虑了供水方面的各种变化因素，强调需水要求，通过修建水利工程的方法从大自然无节制地索取水资源。其结果必然带来不利影响，诸如河道断流、土地荒漠化、地面沉降、土地盐碱化等。另外，由于以需定供没有体现水资源的价值，毫无节水意识，不利于节水高效技术的应用和推广，必然造成水资源浪费。

2. "以供定需"的水资源配置

"以供定需"的水资源配置，是以水资源的供给可能性进行生产力布局，强调资源的合理开发利用，以资源背景布置产业结构，它是"以供定需"的进步，有利于保护水资源。但是，水资源的开发利用水平与区域经济发展阶段和发展模式密切相关，比如，经济的发展有利于水资源开发投资的增加和先进技术的应用推广，必然影响水资源开发利用水平。因此，水资源可供水量是随经济发展相依托的一个动态变化量，"以供定需"在可供水量分析时与地区经济发展相分离，没有实现资源开发与经济发展的动态协调，可供水量的确定显得依据不足，并可能由于过低估计区域发展的规模，使区域经济不能得到充分发展。这种配置理论也不适应经济发展的需要。

3. 基于宏观经济的水资源配置

无论是"以需定供"还是"以供定需"，都将水资源的需求和供给分开来考虑，要么强调需求，要么强调供给，并忽视了与区域经济发展的动态协调。于是结合区域经济发展水平并同时考虑供需动态平衡的基于宏观经济的水资源优化配置理论应运而生。某一区域的全部经济活动就构成了一个宏观经济系统。制约区域经济发展的主要影响因素有以下三个方面。

（1）各部门之间的投入产出关系。投入是指各部门和各企业为生产一定产品或提供一定服务所必需的各种费用（包括利税）；产出则是指按市场价格计算的各部门各企业所生产产品的价值。在某一经济区域内其总投入等于总产出。通过投入产出分析可以分析资源的流向、利用效率以及区域经济发展的产业结构等。

（2）年度间的消费和积累关系。消费反映区域的生活水平，而积累又为区域扩大再生产提供必要的物质基础和发展环境。因此，保持适度的消费、积累比例，既有利于人民生活水平的提高，又有利于区域经济的稳步发展。

（3）不同地区之间的经济互补（调入调出）关系。不同的进出口格局必然影响区域的总产出，进而影响产业的结构调整和资源的重新分配。

4. 基于可持续发展理论的水资源配置

水资源优化配置的主要目标就是协调资源、经济和生态环境的动态关系，追求可持续发展的水资源配置。可持续发展的水资源优化配置是基于宏观经济的水资源配置的进一步升华，遵循人口、资源、环境和经济协调发展的战略原则，在保护生态环境（包括水环境）的同时，促进经济增长和社会繁荣。

三、水资源优化配置模型

水资源优化配置要实现的效益最大化，是从社会、经济、生态三个方面来衡量的，是综合效益的最大化。从社会方面来说，要实现社会和谐，保障人民安居乐业，促使社会不断进步；从经济方面来说，要实现区域经济持续发展，不断提高人民群众的生活水平；从生态方面来说，要实现生态系统的良性循环，保障良好的人居生存环境；总体上达到既能促进社会经济不断发展，又能维护良好生态环境的目标。因此，水资源优化配置模型也包含经济、社会、生态环境三个方面，其一般形式为

$$\text{opt}\{f_1(X), f_2(X), f_3(X)\}$$

$$\text{s. t. } X \in G(X)$$

(10-1)

式中　　　　　　　opt——优化方向，包括最大化方向和最小化方向；

X——决策向量，一般以水源向用户的供水量作为决策变量；

$f_1(X)$、$f_2(X)$、$f_3(X)$——经济效益、社会效益和生态环境效益目标；

$G(X)$——约束条件集，包括水量平衡约束、水源可供水量约束、水源输水能力约束、用户需水能力约束、变量非负约束等。

1. 经济效益目标

经济效益目标反映水资源充分利用程度和生产效率的高低。国内生产总值（GDP）是指一个国家或地区所有常住单位在一定时期内（通常为一年）生产活动的最终成果，即所有常住机构单位或产业部门一定时期内生产的可供最终使用的产品和劳务的价值。这一指标能够全面反映经济社会活动的总规模，是衡量一国或地区经济实力、评价经济形势的重要综合指标，同时也具有资料收集全面、良好的统计数据支持和计算简便易行等特点。

2. 社会效益目标

社会效益目标体现社会分配的公平性和区域的和谐关系。目前常用的社会效益度量方法有生活供水保证率法、社会安全饮用水比例法、人均粮食产量法、人均 GDP 法、公平性法等。其中公平性法是引进经济学有关公平性的理论建立的。供水公平性可借用经济学中"基尼系数（Gini coefficient）"的概念来度量。基尼系数由意大利经济学家 Gini 于 1922 年提出，是国际上用来综合考察居民收入分配平均程度的一个重要指标。

3. 生态环境效益目标

生态环境效益目标的度量是国内外研究的热点之一。生态环境效益主要体现水资源对生态系统的压力或维持作用，并取不同的优化方向。目前的研究主要有三种方式，其一是类货币化方法，即将生态环境所对应的价值进行货币量化，以 Costanza 等在 1997 年提出的生态系统服务（ecosystem services）理论为代表；其二是生物物理类指标，以 Wackernagel 等在 1996 年提出的生态足迹（ecological footprint）理论和由 Odum 等在 1996 年提出的能值分析（energy analysis）理论为代表；其三是国内普遍采用的污染物排放量法（如 BOD_5、COD_{Mn} 等）、污径比、生态环境供水满足程度、生态环境缺水量法等，用来衡量人类生活、生产行为对生态环境造成的破坏程度或生态环境未满足程度。

4. 模型的约束条件

水资源优化配置必须要受到条件约束：生存条件约束、承载能力约束、可投入资金约束和相关数学约束等。生存条件约束要求水资源优化配置首先必须要解决人类生存问题，即满足人类最基本的生活需水要求。承载能力约束包括水源可供水量约束、水源输水能力约束和退水污染物约束。具体来说，约束条件包括水量平衡约束、水源可供水量约束、输水能力约束、工程供水规模约束、用水户需水约束、可投入资金约束、退水污染物约束、变量非负约束等。

第四节　水资源系统分析

一、水资源系统分析的基本概念

系统分析是从运筹学派生出来的一种实用的分析方法。它是用系统论的观点进行寻优决策，是运筹学在各个学科领域中的应用和发展。水资源系统分析就是用系统分析的方法去解决水资源的规划、设计、运行、施工和管理等问题，并提出经济合理的有效方案。

水资源系统通常是多目标、多层次的，是由自然系统和人工系统组成的复合系统。例如，在研究水资源开发利用问题时，就要考虑经济效益、生态环境质量、社会福利等目标，涉及水子系统、人工的用户子系统和工程建设子系统等。这些子系统将共同组成水资源系统问题。各子系统也可有各自的目标。当子系统的目标与系统的总目标产生矛盾时，各子系统的目标应服从系统的总目标。水资源系统规模一般较大，模型结构复杂、变量较多，因此，常采用分解模型，进行多层次的多级优化。

水资源系统分析的步骤如下。

(1)问题的确定。明确研究的对象和问题，建立系统，确定问题的目标、约束条件、可控变量，以及有关技术经济参数，搜集有关资料。

(2)建立数学模型。把问题中的可控变量、参数和目标与约束之间的关系用数学模型表示出来。

(3)求解数学模型。选择适当的方法求解数学模型，其解可以是最优解、次优解、满意解。

(4)模型的验证。首先检查求解步骤和程序有无错误，然后检查解是否反映实际问题。

(5)灵敏度分析。研究模型中所含参数的变化范围及其对解的影响。

(6)系统可行方案的综合评价。利用模型计算结果和各种分析资料，对比各种可行方案的利弊，从系统的整体观点出发，进行综合分析，选出满意的方案。

(7)研究结果的实施。将所选方案、有关文件和软件交付实施单位，与决策实施人员密切合作，对可能出现的问题及时进行调整和修改，以适应变化了的情况。

在水利上应用系统分析方法起始于 20 世纪 60 年代，在水资源领域主要应用方面有水资源政策与宏观决策、水资源开发利用规划、水资源工程的设计与施工以及水资源管理等。

二、水资源系统分析方法

在水资源系统分析中，常用的分析方法包括最优化方法和系统模拟技术两种。

(一)最优化方法

最优化方法(optimization method)是处理系统优化问题的基本方法，是在一定的约束条件下寻求合理的决策方案，使系统的总体效果达到最优。解决这类问题的方法即为系统优化方法。

在水资源系统的规划、设计、施工、运行管理中，经常会提出一些问题，即"如何合理地利用、分配有限的人力、物力、财力等资源，才能使整个系统效果最好(效益最大、费用最省或损失最小)"。这类问题属于水资源系统优化问题。

系统最优化的一般模型可以表示为

目标函数：

$$\text{opt}Z(X) \tag{10-2}$$

约束条件：

$$g_i(X) \geqslant b_i, \ j=1,2,\cdots,m \tag{10-3}$$

$$x_1 \leqslant x_i \leqslant x_n, \ i=1,2,\cdots,n \tag{10-4}$$

在以上模型中 $X=(x_1,x_2,\cdots,x_n)^T$ 为决策向量；$Z(X)$ 为目标函数，opt 表示最优化（包括最小化 min 与最大化 max）；式（10-3）、式（10-4）表示约束条件。根据目标函数、约束条件的性质，最优化模型有不同的类型，需要采用相应的优化方法进行求解。

如果系统目标只有一个，或者多个目标是可以公度的（例如水资源系统中灌溉效益、发电效益、供水效益等均可用货币来度量），则目标函数是一个标量，相应的优化模型属于单目标优化模型。在单目标优化模型的求解方法中，线性规划适用于目标函数与约束函数均为线性函数的情况，整数规划适用于决策变量为整数的情况，非线性规划适用于目标函数或约束函数存在非线性函数的情况，动态规划适用于可以表示为多阶段决策过程的情况。

如果多个目标间是不可公度的（如经济效益、社会效益、生态环境效益），则目标函数为一向量，相应的优化模型属于多目标规划模型。多目标优化问题的求解方法主要包括：①化多目标为单目标，如主要目标法、加权和法、理想点法等；②目标规划法；③层次分析法。在求解过程中，一般都涉及决策者的价值取向，因此多目标问题的求解往往需要决策者的参与。

此外，很多水资源系统还具有一定的层次性，系统最优化问题属于多层次多目标优化问题，可以采用大系统优化方法（大系统分解协调原理）来求解。优化方法包括线性规划、整数规划、非线性规划、动态规划、多目标规划与决策。

（二）系统模拟技术

最优化方法是一种有效的系统分析方法，可以直接得到最优决策（单目标问题）或满意决策（多目标问题）。但对于复杂的水资源系统，优化模型还存在一定的局限性，如建立优化模型中的假设与简化可能导致实际系统运行与求解结果的差异，系统影响因素的随机性会影响模型的求解结果，对于复杂模型采用近似解法会影响求解精度。此外，有些问题难以采用优化模型来描述和求解；在水资源系统分析中，还往往需要了解系统的动态变化特性。系统模拟（system simulation）则为解决这类问题提供了强有力的工具。

系统模拟也称系统仿真，根据研究目的建立反映系统结构和行为的数学模型，通过计算机对模型进行模拟求解，得到所模拟系统的有关特性，为系统预测、决策等提供依据。利用这一方法可以对不同设计（运行）方案下系统状态的变化及其效益、损失等进行模拟，并根据模拟结果对方案进行比较与评价，从中选出最优或满意的设计（运行）方案。

系统模拟的主要类型有蒙特卡罗（Monte Carlo）模拟、连续时间过程模拟、离散时间过程模拟、离散事件模拟等。其中蒙特卡罗模拟主要用于对静态系统的模拟；对于连续时间过程，通常用微分方程来描述系统状态随时间的连续变化，通过数值积分法来进行模拟；对于离散时间过程，通常用差分方程来描述系统状态的变化，通过差分方程的求解进行系统模拟；离散事件模拟是针对离散事件系统（即状态变量只在一些离散的时间点上发生变化的系统）所进行的模拟。此外，对一些系统还需要考虑连续-离散组合模拟。

系统模拟方法在水文水资源领域的应用还包括水文过程的随机模拟、地表水地下水联合调度模拟、流域或区域水资源系统模拟、跨流域水资源系统模拟等。

除了以上传统的系统分析方法之外，一些新的系统理论和方法（如人工神经网络理论、遗传算法、分形与混沌方法、小波分析方法、风险分析方法等）不断地应用于水资源系统分析中。

第五节 智 慧 水 利

水利部 2016 年印发《水利信息化发展"十三五"规划》以来，水利信息化建设开始在全国范围内推广。2019 年，水利部陆续印发了《水利业务需求分析报告》《加快推进智慧水利指导意见》《智慧水利总体方案》《水利网信水平提升三年行动方案（2019—2021年）》等重要成果，标志着智慧水利进入全面建设阶段。

智慧水利是在水利信息化的基础上高度整合水利信息资源并加以开发利用，通过物联网技术、云计算等新兴技术与水利信息系统的结合，实现水利信息共享和智能管理，有效提升水利工程运用和管理的效率和效能。智慧水利涵盖了水文、水质、水资源、供水、排水、防汛防涝等各个方面。是通过各种信息传感设备，测量雨量、水位、水量、水质等水利要素，通过无线终端设备和互联网进行信息传递，以实现信息智能化识别、定位、跟踪、监控、计算、管理、模拟、预测和管理。

智慧水利的建设是运用物联网、云计算、大数据等新一代信息通信技术，促进水利规划、工程建设、运行管理和社会服务的智慧化，提升水资源的利用效率和水旱灾害的防御能力，改善水环境和水生态，保障国家水安全和经济社会的可持续发展。其主要包括三个方面。

（1）新信息通信技术的应用。即信息传感及物联网、移动互联网、云计算、大数据、人工智能等技术的应用。

（2）多部门多源信息的监测与融合。包括气象、水文、农业、海洋、市政等多部门，天上、空中、地面、地下等全要素监测信息的融合应用。

（3）系统集成及应用，即集信息监测分析、情景预测预报、科学调度决策与控制运用等功能于一体。

水利行业作为基础产业理应在智慧城市浪潮中优先发展，为国民经济建设提供坚实的保障。智慧水利项目建设全国性的问题，而不是一市、一省的问题。智慧水利项目建设必须在国家、水利部关于智慧水利建设方针的指导下，在统一标准的前提下进行统一规划、联合建设，以实现互联互通、资源共享，促进水利事业的发展，推动水利行业技术优化升级，更好地为我国经济建设和社会发展服务，使之与国民经济基础建设和基础产业的地位相适应。各项职能和各个环节之间形成协调、统一的管理机制，对区域的防洪、排涝、供水、蓄水、节水、水资源保护、污水处理及其回用、农田水利、水土保持、农村水电、地下水回灌等实行统一规划、统一取水许可、统一配置、统一调度、统一管理。同时，在建设规划时我们比较从实际需求出发，综合考虑长期目标和近期目标，统筹规划，逐步实施，急用先建，分期建设。智慧水利必须进一步加快行业发展的步伐，加强对重点项目的跟踪服务，以防旱抗旱、水资源保护和水环境建设为重点，立足应用、着眼发展，利用已有资源，逐步建立完善完整的体系。在智慧水利项目建设中，应在保证系统的开放性和兼容性的前提下合理应用现代信息技术的最新成果，使其具有一定先进性和稳定性，也为以后系统设备更新和软件升级提供便利。在安全高质量的水利信息专网的基础上，充分有效利用现有资源避免重复建设。通过现有的公网和专网，整合各相关行业的信息资源，实现优势互补，资源共享。进一步加强专业人才队伍建设，不断提高水利人整体素质，为水利事业的可持续发展提供保障。

2020年，水利部选取苏州市、宁波市等市级水利部门，开展了智慧水利先行先试工作。

苏州智慧水利平台包括防汛排涝决策支持体系、生态河湖管理体系、供排水监管体系、信息化治理与支撑体系四大体系组成。防汛排涝决策支持体系由防汛指挥综合信息系统、精细化降雨数值预报系统、城市内涝预报预警系统、防汛物资调度管理系统组成。生态河湖监管体系从工程精细化运行管理、水利工程建设管理、河湖长制综合管理等方面进行建设。供排水监管体系建立可量化评估、可追溯的城市供排水厂站网一体化监管平台及业务应用体系。信息化治理与支撑体系之智慧水务物联管护平台实现全市站点的数据采集和感知设备的统一管理。

宁波智慧水利综合应用平台，以宁波市水利核心业务为重点，"看水一张网、治水一张图、管水一平台、兴水一盘棋"，以水利综合管理、智慧调度决策为导向，实现水利业务精细化管理，大幅提升水利协同化、智慧化管理和服务水平，实现智慧应用业务协同管理。平台由水利智能物联管护系统、宁波市数据资源服务系统、水旱灾害防御管理之山洪风险短历时预报预警系统、水旱灾害防御管理之宁波城市动态洪水风险预报预警系统、水资源管理之城镇供水动态预测预警系统、河湖管理之智能巡河系统、水利工程管理之"智慧水库"等组成。

智慧水利是水利现代化的重要内容，是实现水资源和水工程科学利用、高效管理和有效保护的基础和前提，也是体现水利现代化水平的重要标志，更是实现水利现代化的重要手段和目标。我们必须继续深入推进智慧水利建设，把高新技术应用于"智能"灌溉、水资源自动监测、工程远程控制、业务监管等水利工作各领域，通过采取加大资金投入、壮大技术力量、优化信息化工作体制等具体措施，全面提升水利部门的管理效率和社会服务水平。

"智慧水利"建设是重要的民生工程，也是智慧城市的重要组成部分，利用先进的信息技术，实现水利设施的智慧化管理和运行，进而为社会公众创造更美好的生活，促进人水的和谐、水利的可持续发展。

思 考 题

1. 简述水资源管理的涵义。
2. 简述水资源管理"三条红线"的内涵？如何实施最严格水资源管理制度？
3. 简述河湖长制的主要任务。

4. 水资源保护规划的内容有哪些？如何编制？
5. 什么是水资源优化配置？如何进行水资源优化配置建模？
6. 水资源系统分析常用方法有哪些？
7. 简述智慧水利的内涵和主要内容。

参 考 文 献

［1］ 周之豪，沈曾源，施熙灿，等．水利水能规划 ［M］．2 版．北京：中国水利水电出版社，1997.

［2］ 方国华．水资源规划及利用（原水利水能规划）［M］．3 版．北京：中国水利水电出版社，2015.

［3］ 叶秉如．水利计算及水资源规划 ［M］．北京：中国水利水电出版社，1995.

［4］ 顾圣平，田富强，徐得潜．水资源规划及利用 ［M］．北京：中国水利水电出版社，2009.

［5］ 黄强．水能利用 ［M］．4 版．北京：中国水利水电出版社，2009.

［6］ 方国华，周红梅，高玉琴．水能利用 ［M］．北京：中国水利水电出版社，2013.

［7］ 左其亭，窦明，吴泽宁．水资源规划与管理 ［M］．北京：中国水利水电出版社，2005.

［8］ 何俊仕，林洪孝．水资源规划及利用 ［M］．北京：中国水利水电出版社，2006.

［9］ 畅建霞，王丽学．水资源规划及利用 ［M］．郑州：黄河水利出版社，2010.

［10］ 翁文斌，王忠静，赵建世．现代水资源规划——理论、方法和技术 ［M］．北京：清华大学出版社，2004.

［11］ 余铭正，孟宪生．水电规划与管理 ［M］．北京：水利电力出版社，1994.

［12］ 电力工业部成都勘测设计院．水能设计 ［M］．北京：电力出版社，1981.

［13］ 国家发展改革委，建设部．建设项目经济评价方法与参数 ［M］．3 版．北京：中国计划出版社，2006.

［14］ 《中国电力年鉴》编辑委员会．2013 中国电力年鉴 ［M］．北京：中国电力出版社，2013.

［15］ 中华人民共和国水利部．2012 年全国水利发展统计公报 ［M］．北京：中国水利水电出版社，2013.

［16］ 娄岳．水库调度与运用 ［M］．北京：中国水利水电出版社，1995.

［17］ 虞锦江，梁年生，金琼，等．水电能源学 ［M］．武汉：华中工学院出版社，1987.

［18］ 长江流域规划办公室水文处．水利工程实用水文水利计算 ［M］．北京：水利出版社，1980.

［19］ 叶守泽．水文水利计算 ［M］．北京：水利电力出版社，1992.

［20］ 夏军，黄国和，庞进武，等．可持续水资源管理——理论、方法、应用 ［M］．北京：化学工业出版社，2005.

［21］ 谢新民，张海庆，尹明万，等．水资源评价及可持续利用规划理论与实践 ［M］．郑州：黄河水利出版社，2003.

［22］ 方国华．水利工程经济学 ［M］．2 版．北京：中国水利水电出版社，2017.

［23］ 方国华，黄显峰．多目标决策理论方法及其应用 ［M］．2 版．北京：科学出版社，2019.

［24］ 方国华，胡玉贵，徐瑶．区域水资源承载能力多目标分析评价模型及应用 ［M］．水资源保护，2006，22 (6)：9 - 13.

［25］ Mass A. Design of Wter Resources System ［M］. New York：Harvard University Press，1962.

［26］ Goodman A. S. Principles of Water Resources Planning ［M］. New Jersey：Prentice Hall Inc.，1984.

［27］ Young G J，Dooge J，Rodda J C，et al. Global Water Resources Issues ［M］. New York：Cambridge University Press，1994.

［28］ 水利部水利水电规划设计总院．全国水资源综合规划技术大纲 ［Z］.2002.

［29］ 水利部水利水电规划设计总院．全国水资源综合规划技术细则 ［Z］.2002.

［30］ 国家环境保护局．GB 3838—2022 地表水环境质量标准 ［S］．北京：中国环境科学出版社，2022.

[31] 中华人民共和国水利部.SL/T 238—1999 水资源评价导则［S］.北京：中国水利水电出版社，1999.

[32] 中华人民共和国水利部.SL 429—2008 水资源供需预测分析技术规范［S］.北京：中国水利水电出版社，2008.

[33] 中华人民共和国水利部.SL/T 278—2020 水利水电工程水文计算规范［S］.北京：中国水利水电出版社，2020.

[34] 中华人民共和国水利部.SL 201—97 江河流域规划编制规范［S］.北京：中国水利水电出版社，1997.

[35] 中华人民共和国水利部.SL 252—2017 水利水电工程等级划分及洪水标准［S］.北京：中国水利水电出版社，2017.

[36] 国家能源局.NB/T 35061—2015 水电工程动能设计规范［S］.北京：中国电力出版社，2016.

[37] 中华人民共和国水利部.SL 72—2013 水利建设项目经济评价规范［S］.北京：中国水利水电出版社，2013.

[38] 水电水利规划设计总院.中国可再生能源发展报告 2021［M］.北京：中国水利水电出版社，2022.

[39] 中华人民共和国水利部.2021 年中国水资源公报［M］.北京：中国水利水电出版社，2021.